《“中国制造2025”出版工程》
编　委　会

智能机电装备系统设计与实例

徐明刚 张从鹏 等著
罗学科 主审

化学工业出版社
·北 京·

内容简介

本书围绕智能制造装备系统展开，内容涵盖智能制造装备基础知识，智能制造装备机械本体的设计方法和数字化设计，智能制造装备驱动系统的设计和智能驱动系统，智能制造装备感知系统的设计和智能传感技术的发展趋势，智能制造装备控制系统的设计和实现，智能物联网系统的概念和应用，最后以作者所在课题组研发的自动涂胶机为例，介绍了中空玻璃成型工艺和高性能运动控制装备系统的设计和开发过程。

全书内容丰富，材料翔实，可供装备设计和控制系统研发人员使用，也可供高等院校相关专业师生阅读参考。

图书在版编目（CIP）数据

智能机电装备系统设计与实例/徐明刚等著.—北京：化学工业出版社，2021.10

“中国制造2025”出版工程

ISBN 978-7-122-39356-2

Ⅰ.①智…　Ⅱ.①徐…　Ⅲ.①机电设备-系统设计　Ⅳ.①TH122

中国版本图书馆CIP数据核字（2021）第123294号

责任编辑：张兴辉　金林茹　　装帧设计：刘丽华

责任校对：李　爽

出版发行：化学工业出版社（北京市东城区青年湖南街13号　邮政编码100011）

印　　装：三河市延风印装有限公司

710mm×1000mm　1/16　印张23½　字数428千字　2022年3月北京第1版第1次印刷

购书咨询：010-64518888　　售后服务：010-64518899

网　　址：http://www.cip.com.cn

凡购买本书，如有缺损质量问题，本社销售中心负责调换。

定　　价：109.00元　

京化广临字2021-08

序

制造业是国民经济的主体，是立国之本、兴国之器、强国之基。近十年来，我国制造业持续快速发展，综合实力不断增强，国际地位得到大幅提升，已成为世界制造业规模最大的国家。但我国仍处于工业化进程中，大而不强的问题突出，与先进国家相比还有较大差距。为解决制造业大而不强、自主创新能力弱、关键核心技术与高端装备对外依存度高等制约我国发展的问题，国务院于 2015 年 5 月 8 日发布了“中国制造 2025”国家规划。随后，工信部发布了“中国制造 2025”规划，提出了我国制造业“三步走”的强国发展战略及 2025 年的奋斗目标、指导方针和战略路线，制定了九大战略任务、十大重点发展领域。2016 年 8 月 19 日，工信部、国家发展改革委、科技部、财政部四部委联合发布了“中国制造 2025”制造业创新中心、工业强基、绿色制造、智能制造和高端装备创新五大工程实施指南。

为了响应党中央、国务院做出的建设制造强国的重大战略部署，各地政府、企业、科研部门都在进行积极的探索和部署。加快推动新一代信息技术与制造技术融合发展，推动我国制造模式从“中国制造”向“中国智造”转变，加快实现我国制造业由大变强，正成为我们新的历史使命。当前，信息革命进程持续快速演进，物联网、云计算、大数据、人工智能等技术广泛渗透于经济社会各个领域，信息经济繁荣程度成为国家实力的重要标志。增材制造（3D 打印）、机器人与智能制造、控制和信息技术、人工智能等领域技术不断取得重大突破，推动传统工业体系分化变革，并将重塑制造业国际分工格局。制造技术与互联网等信息技术融合发展，成为新一轮科技革命和产业变革的重大趋势和主要特征。在这种中国制造业大发展、大变革背景之下，化学工业出版社主动顺应技术和产业发展趋势，组织出版《“中国制造 2025”出版工程》丛书可谓勇于引领、恰逢其时。

《“中国制造 2025”出版工程》丛书是紧紧围绕国务院发布的实施制造强国战略的第一个十年的行动纲领——“中国制造 2025”的一套高水平、原创性强的学术专著。丛书立足智能制造及装备、控制及信息技术两大领域，涵盖了物联网、大数据、3D 打印、机器人、智能装备、工业网络安全、知识自动化、人工智能等一系列的核心技术。丛书的选题策划紧密结合“中国制造 2025”规划及 11 个配套实施指南、行动计划或专项规划，每个分册针对各个领域的一些核心技术组织内容，集中体现了国内制造业领域的技术发展成果，旨在加强先进技术的研发、推广和应用，为“中国制造 2025”行动纲领的落地生根提供了有针对性的方向引导和系统性的技术参考。

这套书集中体现以下几大特点：

首先，丛书内容都力求原创，以网络化、智能化技术为核心，汇集了许多前沿科技，反映了国内外最新的一些技术成果，尤其使国内的相关原创性科技成果得到了体现。这些图书中，包含了获得国家与省部级诸多科技奖励的许多新技术，因此，图书的出版对新技术的推广应用很有帮助！这些内容不仅为技术人员解决实际问题，也为研究提供新方向、拓展新思路。

其次，丛书各分册在介绍相应专业领域的新技术、新理论和新方法的同时，优先介绍有应用前景的新技术及其推广应用的范例，以促进优秀科研成果向产业的转化。

丛书由我国控制工程专家孙优贤院士牵头并担任编委会主任，吴澄、王天然、郑南宁等多位院士参与策划组织工作，众多长江学者、杰青、优青等中青年学者参与具体的编写工作，具有较高的学术水平与编写质量。

相信本套丛书的出版对推动“中国制造 2025”国家重要战略规划的实施具有积极的意义，可以有效促进我国智能制造技术的研发和创新，推动装备制造业的技术转型和升级，提高产品的设计能力和技术水平，从而多角度地提升中国制造业的核心竞争力。

中国工程院院士 潘重鹄

前言

智能制造装备是指具有感知、分析、推理、决策、控制功能的制造装备，它是先进制造技术、信息技术和人工智能技术的高度集成和深度融合。制造领域重点发展智能制造装备，核心是以高端数控技术为核心的智能成套生产线，智能控制系统，智能传感和测试仪器仪表关键基础零部件、元器件及通用的和专用的智能制造装备。

本书围绕智能制造装备系统展开，全书分 7 章内容。第 1 章对智能制造装备的概念和发展趋势进行介绍；第 2 章介绍智能制造装备机械本体的设计方法和数字化设计；第 3 章对智能制造装备驱动系统的设计和智能驱动系统进行介绍；第 4 章主要介绍智能制造装备感知系统的设计和智能传感技术的发展趋势；第 5 章讲述智能制造装备控制系统的设计和实现；第 6 章介绍智能物联网系统的概念和应用；第 7 章以笔者所在课题组研发的自动涂胶机为例，介绍了中空玻璃成型工艺和高性能运动控制装备系统的设计和开发过程。

全书内容丰富，材料翔实，可供装备设计和控制系统研发人员使用，也可供高等院校相关专业师生阅读参考。

本书由北方工业大学徐明刚、张从鹏等撰写，在写作过程中得到了徐宏海、毛潭、李凯、刘瑛、李玏一等人的帮助。本书由北京石油化工学院罗学科策划、审稿，并多次提出修改意见，在此表示感谢！

由于笔者水平有限，书中难免有不足之处，敬请各位专家学者批评指正。

著　者

目录

中国制造
2025

中国制造
2025

第 5 章　智能制造装备控制系统设计

中国制造
2025

第1章

智能制造装备概述

智能制造（Intelligent Manufacturing，IM）是由智能机器和人类专家共同组成的人机一体化智能系统，通过人机合作进行生产过程的分析、推理、判断、构思和决策等智能活动，可扩大、延伸和部分地取代人类专家在制造过程中的脑力劳动。它把制造自动化的概念更新，使其扩展到柔性化、智能化和高度集成化，具有自感知、自学习、自决策、自执行、自适应等功能。智能制造集自动化、柔性化、集成化和智能化于一身，具有自组织能力、自律能力、自学习和自维护能力及整个环境的智能集成、人机一体化等特征，涉及机器人技术、3D打印技术、虚拟现实技术等十项技术基础[1]。其主要特点是随着制造业再次成为全球经济稳定发展的驱动力，世界各主要工业国家都加快了工业发展的步伐，制造业正逐步成为各国发展的重中之重，引领未来制造业的方向也成为制造业强国竞争的一个战略制高点[2]。我国是制造业大国，智能制造是制造业的重要发展趋势。制造装备是国民经济及国家科技发展的基础性、战略性产业，是世界各国一直高度重视的产业。《中华人民共和国国民经济和社会发展第十三个五年规划纲要》《中国制造2025》和《国务院关于深化制造业与互联网融合发展的指导意见》等均对我国未来制造业提出了更高的要求。

《中国制造2025》提出，智能生产是“智能制造工程”的主战场；生产模式变革是“制造业服务化行动计划”的主战场，而智能制造装备则是“装备创新工程”的主战场。到2025年我国迈入制造强国行列，2035年制造业整体达到世界制造强国阵营中等水平。推进高端装备制造业创新，在实施互联网、高端数控装备、大飞机等专项的基础上，推进高端装备创新专项，通过智能制造带动产业数字化水平和智能化水平的提高[3]。图1-1所示为制造业发展趋势。

智能制造装备是高端装备制造业的重点发展方向和信息化与工业化深度融合的重要体现方式，大力培育和发展智能制造装备产业对于加快制造业转型升级，提升生产效率、技术水平和产品质量，降低能源资源消耗，实现制造过程的智能化和绿色化发展具有重要的现实意义。当今世界，第四次工业革命的浪潮已经到来[4]，智能制造装备不仅是海洋工程、高铁、大型飞机、卫星等高端装备的基础支撑，而且可通过将测量控制系统、自动化成套生产线、机器人等技术融入制造装备来实现产业的提升。对我国来说，智能制造发展瓶颈主要有创新能力不强，核心竞争力不足，产品附加值较低，品牌竞争力弱，能耗高、效率低[5]。

图 1-1 制造业发展趋势

我国智能制造装备重点发展高档数控机床与基础制造装备，自动化成套生产线，智能控制系统，精密和智能仪器仪表与试验设备，关键基础零部件、元器件及通用部件，智能专用装备，实现生产过程自动化、智能化、信息化、精密化、绿色化，带动工业整体技术水平的提升。

1.1 智能制造装备的概念、组成及特点

1.1.1 智能制造装备的概念

智能制造包含智能制造技术和智能制造系统。智能制造技术是指利用计算机模拟制造专家的分析、判断、推理、构思和决策等智能活动，并与智能机器有机地融合在一起，贯穿应用于整个制造企业的经营决策、采购、产品设计、生产计划、制造、装配、质量保证和市场销售等各个子系统，实现整个制造企业的高度柔性化和集成化，对制造业专家的智能信息进行收集、存储、完善、共享、继承和发展，并极大地提高生产效率的一种先进制造技术。智能制造系统是指基于智能制造技术，利用计算机综合应用人工智能技术、智能制造机器、材料技术、现代管理技术、制造技术、信息技术、自动化技术、并行工程、生命科学和系统工程理论与方法，在国际标准化和互换性的基础上，使整个企业制造系统中的各个子系统分别智能化，并使制造系统形成网络集成的、高度自动化的制造系统，目的是通过设备柔性和计算机人工智能控制自动完成设计、加工、控制管理过程，

提高高度变化环境下制造的有效性。

"工业4.0"以及"中国制造2025"战略的推进实施，对制造装备提出了更高的要求。工业4.0是德国BITKOM协会提出的，代表了通过自配置机自动化系统实现的不断进步的工业生产自动化[6]。工业4.0的提出及演变过程如图1-2所示，其本质是信息技术与传统制造相结合，通过工业物联网实现人与设备、产品的互联互通，构建数字化的智能制造模式，实现智能生产。其核心是通过智能

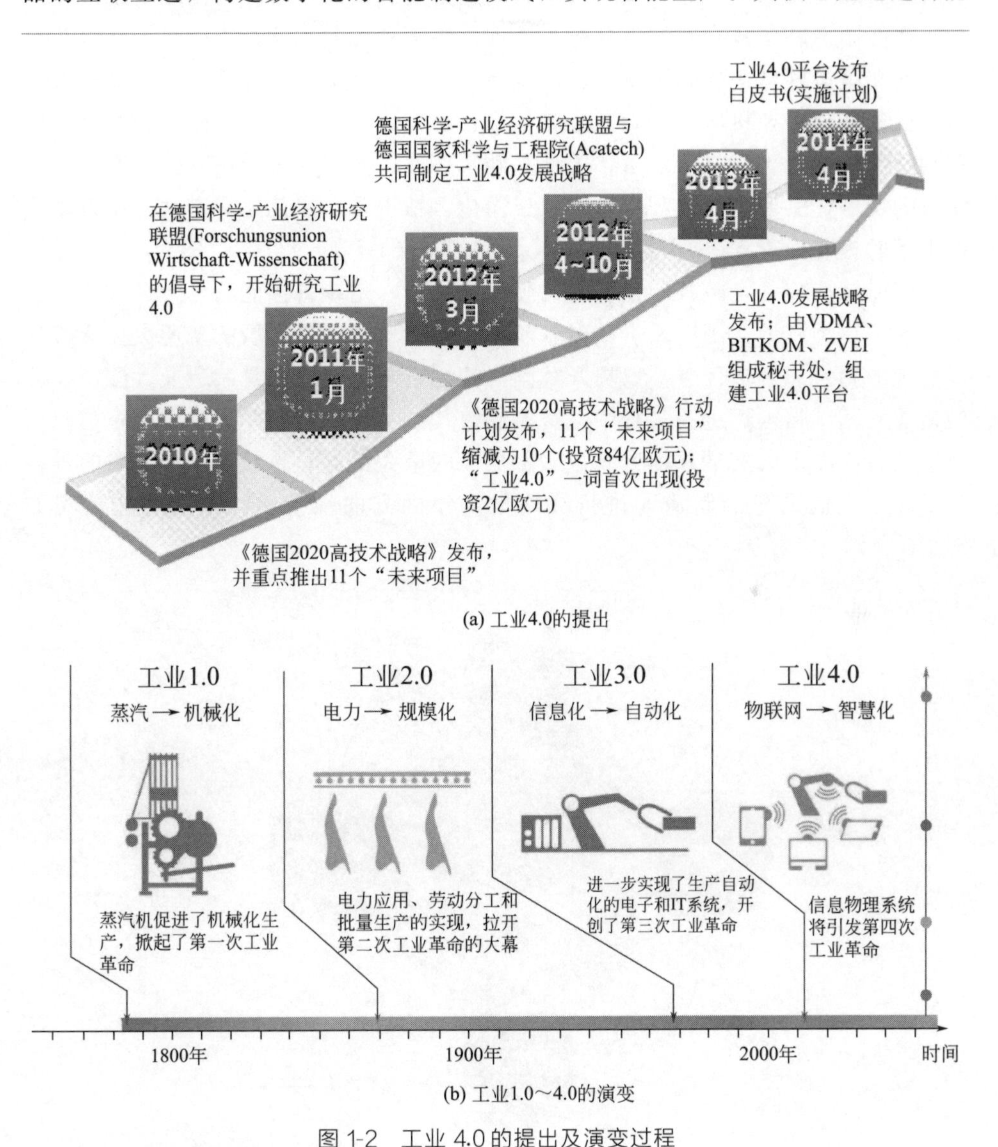

(a) 工业4.0的提出

(b) 工业1.0～4.0的演变

图1-2 工业4.0的提出及演变过程

机器、大数据分析来帮助工人甚至取代工人，实现制造业的全面智能化[7]。智能制造装备是指具有感知、分析、推理、决策、控制功能的制造装备，是先进制造技术、信息技术和智能技术集成和深度融合的产物，在我国建设制造业强国中的地位越来越重要。

智能制造装备主要分为智能机床和智能基础制造装备，是在数字化装备基础上改进而成的一种更先进、生产效率和制造精度更高的装备。与传统装备不同的是，智能制造装备具有感知、分析、推理、决策和控制功能，可以将传感器及智能诊断和决策软件集成到装备中，使制造工艺适应制造环境和制造过程的变化。它以推进高档数控机床与基础制造装备，自动化成套生产线，智能控制系统，精密和智能仪器仪表与试验设备，关键基础零部件、元器件及通用部件，智能专用装备的发展，实现生产过程自动化、智能化、精密化、绿色化，带动工业整体技术水平的提升为重点。

智能制造装备是数控制造装备的延续和发展，是装备性能的巨大飞跃，可以更有效、更经济地实现航天、核电、航空、激光核聚变等领域的普通数控装备难以实现的超常规制造任务，以提升我国的核心竞争力。我国是制造业大国，在从制造业大国到强国迈进的过程中，智能制造装备是制造装备发展的方向，是我国制造装备产品走向高端并提升其技术附加值的重大机遇，是我国经济战略的尖端技术领域，也是我国制造业进行战略性调整的方向性技术。智能制造范畴如图 1-3 所示。

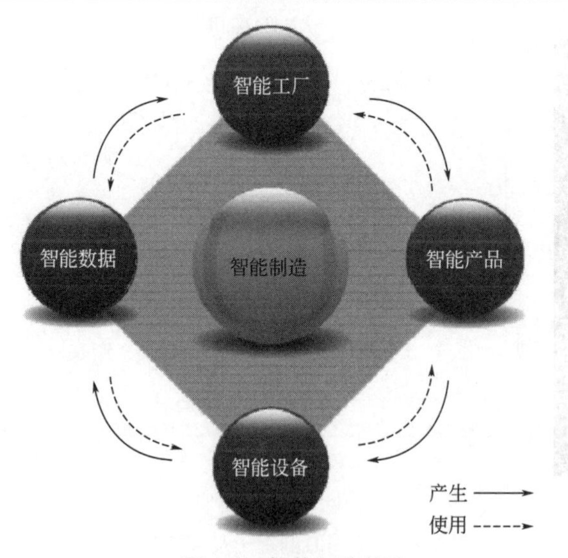

图 1-3 智能制造范畴

我国“十二五”规划提出装备制造业“调整转型、创新升级”战略，并制定了“推进装备制造业由大变强”的目标。作为装备制造业的核心和关键，高端智能装备制造业被列为战略性新兴产业之一。其发展目标是经过10年的努力，形成完整的智能制造装备产业体系，总体技术水平迈入国际先进行列，部分产品取得原始创新突破，基本满足国民经济重点领域和国防建设的需求。到2020年，将我国智能制造装备产业培育成具有国际竞争力的先导产业，建立完善的智能制造装备产业体系，实现装备的智能化及制造过程的自动化，产业生产效率、产品技术水平和质量得到显著提高，能源、资源消耗和污染物的排放明显降低。

《“十二五”国家战略性新兴产业发展规划》(2012）提出了我国战略性新兴产业发展的目标是：到2020年，力争使战略性新兴产业成为国民经济和社会发展的重要推动力量，增加值占国内生产总值比重达到15%，部分产业和关键技术跻身国际先进水平，节能环保、新一代信息技术、生物、高端装备制造产业成为国民经济支柱产业。《智能制造装备产业“十二五”发展规划》(2012）（以下简称“规划”）提出要大力培育和发展智能制造装备产业，并提出了智能制造装备产业发展的目标。按照《规划》，现阶段的高端装备制造业将重点发展航空装备、卫星及应用、轨道交通装备、海洋工程装备和智能制造装备。

随着智能制造领域政策密集出台，尤其是“中国制造2025”规划的提出，我国制造业向智能制造方向转型已是大势所趋。当前，以高档数控机床、先进工业机器人、智能仪器仪表为代表的关键技术装备取得了积极进展，成果丰富；智能制造装备和先进工艺在重点行业不断普及，制造装备的数字化、网络化、智能化步伐不断加快。中国制造愿景如图1-4所示。

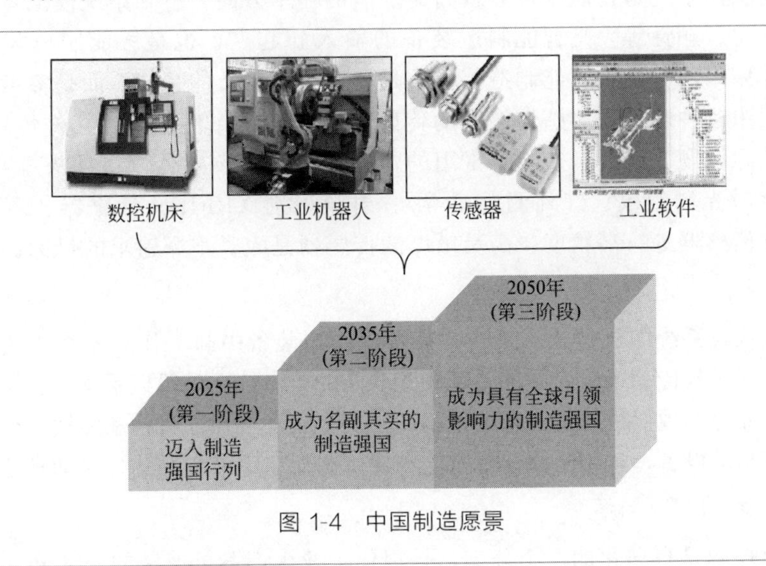

图1-4 中国制造愿景

1.1.2 智能制造装备的组成

智能制造装备的组成如图 1-5 所示，机械系统是智能制造装备的基础。除了机械系统，智能制造装备关键技术涉及智能感知系统、机械执行系统、运动控制系统和智能决策系统等模块，每一部分都有涉及软硬件的关键技术，具有广阔的发展空间。

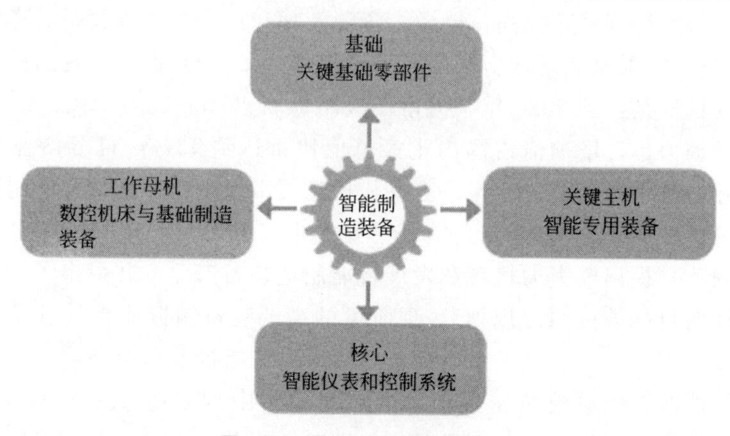

图 1-5 智能制造装备的组成

(1) 智能感知系统

智能感知系统是智能制造装备高速发展的一个方向。感知系统模拟智能体的视觉、听觉、触觉等，是智能制造装备的输入和起点，也是智能制造装备“智能”发挥作用的基础。智能制造装备不是完全仿真人类的智能，而是参考人类的智能，利用各种超越人类感知能力的传感器，比如超声传感器、红外传感器等，去解决实际问题。智能制造装备常用的传感器有视觉传感器（摄像头等）、距离传感器（激光测距仪、红外测距仪等）、射频识别（RFID）传感器、声音传感器、触觉传感器等。高精度、高灵敏度的传感器是人类不懈追求的目标。

(2) 机械执行系统

机械执行系统即机械执行机构，是智能制造装备中与工作对象直接接触、相互作用，同时与传动系统、支承系统相互联系的子系统，是机械系统中直接完成预期功能的部分。现代机械执行系统包括产生实际运动规律的机构和驱动机构运动的原动机等驱动设备，常用的原动机有电动机、内燃机、液压马达、气动马达等。

(3) 运动控制系统

运动控制是自动化的一个分支，是现代工业生产不可或缺的一部分。运动控制系统通过控制伺服机构的执行设备，如液压泵、线性执行机或电机等，来控制机器的位置或速度，使装备按照给定的指令进行复杂的操作，是实现设备智能化的桥梁。

(4) 智能决策系统

智能决策系统根据各种感知系统收集的信息，进行复杂的决策计算，优化出合理的指令，指挥控制系统来驱动执行系统，从而最终实现复杂的智能行为。智能决策系统是目前智能制造装备发展的瓶颈，目前工业领域还没有好的通用解决方案。

1.1.3 智能制造装备的特点及关键技术

现代生产对装备制造业提出了更高的要求，传统装备制造业亟待转型升级。传统装备制造业在产量与质量方面都有待提高，且生产周期长，产品设计、生产、投放市场以及产品更新换代的时间都有待提高。传统装备制造业生产效率低已经不能满足现代生产的需求，随着工业经济效益的持续增长，企业致力于扩大生产规模，制造产品的数量比之前有大幅度增加[8]。与此同时，传统设备节能降耗也不能满足现代环保的要求，一些传统装备制造企业是在大量的能源与材料消耗的基础上进行生产的，很少注意节能降耗的问题。因此，传统制造装备市场竞争能力弱，产品更新换代慢、生产工艺差、生产效益低，难以满足用户的个性化需求。因此，对传统制造装备提出了更高的要求，带动以智能制造装备为载体的先进制造技术的发展。先进制造技术的优势主要体现在以下几个方面：

① 高精度。速度、精度和效率是装备制造技术的关键性能指标。智能制造装备采用先进控制系统、高分辨率检测元件、高性能的交流数字伺服系统，并采取改善机床动、静态特性等有效措施，使生产速度、精度、效率大大提高。

② 自动化。先进制造技术的发展离不开自动化技术的发展。自动化技术，特别是智能控制技术，大多首先应用于先进制造技术的发展领域。现代的智能制造装备大规模采用工业机器人及智能机床，实现了加工过程的高度自动化。

③ 集成化。现代数控系统等智能制造装备的核心部分体积越来越小、功能越来越强大，其原因就是采用高度集成化的芯片和大规模可编程序集成电路，提高了数控系统的集成度和软硬件运行速度。通过提高集成电路密度等方式，还可以提高产品的性价比，减小组件尺寸，提高系统的可靠性。

④ 信息化。先进制造技术的发展离不开信息技术的发展，信息技术的发展也离不开制造技术的发展，制造业是发展信息产业的基础产业。制造技术的发展与信息技术的发展密不可分。

⑤ 柔性化。柔性制造系统（Flexible Manufacturing System，FMS）是指由

统一的信息控制系统、物料储运系统和一组数字控制加工设备组成，能适应加工对象变换的自动化机械制造系统。柔性制造的关键在于装备的柔性化，包含数控系统本身的柔性化和群控系统的柔性化。数控系统本身的柔性是指数控系统采用模块化设计，功能覆盖面广，系统可裁剪性强，便于满足不同用户的需求。群控系统的柔性是指同一群控系统能依据不同生产流程的要求，使物料流和信息流自动进行动态调整，从而最大限度地发挥群控系统的效能。

⑥ 图形化可视化。人机界面是数控系统与人之间的对话接口，良好的图形用户界面可以使操作者通过窗口和菜单进行操作，方便使用。可视化人机界面使用图形、图像、动画等可视信息高效处理和解释数据。“傻瓜式”的人机界面结合虚拟现实技术使其应用领域大大拓展，可以缩短产品设计周期、提高产品质量、降低产品成本。

⑦ 智能化。在科学技术快速发展的今天，人工智能试图用计算模型实现人类的各种智能行为，使其正朝着具有实时响应、更现实的领域发展，而实时系统也朝着具有智能行为、更复杂的应用发展。人工智能和实时系统相互结合，由此产生了实时智能控制这一新的领域。

⑧ 多媒体化。多媒体技术集计算机、声像和通信技术于一体，使计算机具有综合处理声音、文字、图像和视频信息的能力。在先进制造技术领域，应用多媒体技术可以实现信息处理综合化、智能化，在实时监控系统和生产现场设备的故障诊断、生产过程参数监测等方面有着重大的应用价值。

⑨ 网络化。随着物联网的快速发展，制造装备可进行远程控制和无人化操作，可在任何一台制造装备上对其他装备进行编程和操作。不同装备的画面可同时显示在任一台装备的屏幕上。

智能制造装备关键在于装备的“智能”。其核心技术离不开计算机技术、控制系统、工业物联网（IIOT）、大数据分析和人工智能等关键技术。

（1）人工智能

人工智能技术的发展促进了智能制造装备的发展。人工智能（Artificial Intelligence，AI）是研究、开发用于模拟、延伸和扩展人的智能的理论、方法、技术及应用系统，企图了解智能的实质，并生产出一种新的能以与人类智能相似的方式做出反应的智能机器，该领域的研究包括机器人、语言识别、图像识别、自然语言处理和专家系统等。装备本身具备工艺优化的智能化、知识化功能，能够根据运行状态变化实时自主规划、控制和决策。

（2）智能感知

智能感知是指对装备运行状态和环境的实时感知、分析和处理能力。研究内容包括高灵敏度、高精度、高可靠性和强环境适应能力的传感技术，新原理、新材料、新工艺的传感技术，微弱传感信号提取与处理技术，光学精密测量与分析仪器仪表技术，实时环境建模、图像理解和多源信息融合导航技术，力或负载实时感知和辨识技术，多传感器优化布置和感知系统组网配置技术。

(3) 智能编程与工艺规划

运用专家系统与计算智能的融合技术，提升智能规划和工艺决策的能力，建立规划与编程的智能推理和决策的方法，实现基于几何与物理多约束的轨迹规划和数控编程。建立面向典型行业的工艺数据库和知识库，完善机床、机器人及其生产线的模型库，根据运行过程中的监测信息，实现工艺参数和作业任务的多目标优化。通过深入研究各子系统之间的复杂界面行为和耦合关系，建立面向优化目标（效率、质量、成本等）的工艺系统模型与优化方法，实现加工和作业过程的分析、预测及仿真，使装备能够根据运行状态自主规划、控制和决策。装备本身具备工艺优化的智能化、知识化功能，采用软件和网络工具实现制造工艺的智能设计和实时规划。

(4) 智能数控系统与智能伺服驱动技术

研究智能伺服控制技术、运动轴负载和运行过程的自动识别技术，实现控制参数自动匹配、各种误差在线补偿、面向控形和控性的智能加工和成形，并研究基于智能材料和伺服智能控制的主动控制技术。单机系统和机群控制系统实现无缝链接，作业机群具备完善的信息通信功能、资源优化配置功能和调度功能，机群能高效协作施工，实现系统优化。完善机器人的视觉、感知和伺服功能及非结构环境中的智能诊断技术，实现生产线的智能控制与优化。运用人工智能与虚拟现实等智能化技术，实现语音控制和基于虚拟现实技术的智能操作，发展智能化人机交互技术。

(5) 物联网+工业互联网

物联网（Internet of Things，IoT）就是物物相连的互联网，指通过各种信息传感设备，实时采集任何需要监控、连接、互动的物体或过程等的各种信息，与互联网结合形成的一个巨大网络。其目的是实现物与物、物与人、所有的物品与网络的连接，方便识别、管理和控制。物联网的发展促进了智能制造装备“感觉”的发展，这些“感觉”是制造自动化的基础。

工业互联网的本质是通过对工业数据深度感知、实时传输、快速计算及高级建模分析，实现生产及运营组织方式的变革。工业互联网融合了联网装置、传感器、自动化设备、数据存储、大数据分析、人工智能、高效运算、4G/5G/物联网等新兴技术，覆盖计算机、通信、机械等多个行业。

(6) 故障自诊断及智能维护

预测与健康管理（Prognostics and Health Management，PHM）是综合利

用现代信息技术、人工智能技术的最新研究成果而提出的一种全新的管理健康状态的解决方案。一般而言，系统主要由六部分构成：数据采集、信息归纳处理、状态监测、健康评估、故障预测决策、保障决策。在线和远程状态监测、故障诊断、智能维护，建立制造过程装备状况的参数表征体系及与装备性能表征指标的映射关系，实现智能识别，对自身性能劣化进行主动分析和维护、自愈合调控与智能维护，实现对故障的自诊断、自修复。

（7）工业大数据、云计算

随着“云”时代的到来，大数据获得了快速发展。工业大数据是将大数据理念应用于工业领域，使设备数据、运行数据、环境数据、服务数据、经营数据、市场数据和上下游产业链数据等相互连接，实现人与人、物与物、人与物之间的连接。工业大数据具有更强的专业性、关联性、流程性、时序性和解析性等特点，尤其是实现终端用户与制造、服务过程的连接，通过新的处理模式，根据业务场景对实时性的要求，实现数据、信息与知识的相互转换，使其具有更强的决策力、洞察力和流程优化能力。

云计算是分布式计算的一种，指的是通过网络“云”将巨大的数据计算处理程序分解成无数个小程序，然后通过多部服务器组成的系统对这些小程序进行处理和分析，得到结果并返回给用户。云计算早期就是简单的分布式计算，解决任务分发，并进行计算结果的合并，又称为网格计算。云计算可以在很短的时间内完成数以万计的数据的处理，从而实现强大的网络服务。

（8）网络集成和网络协同

基于网络的工厂内外环境智能感知技术，包括物流、环境和能量流的信息以及互联网和企业信息系统中的相关信息等。网络化集成制造综合运用现代设计技术、制造自动化技术、系统工程方法、动态联盟方法、并行工程方法、供应链管理技术、Agent 技术、知识管理技术、分布式数据库管理技术、Internet 和 Web 技术以及网络通信技术等，在计算机网络和分布式数据库的支撑下，将合作伙伴的信息、过程、组织和知识有机集成，并实现整个系统的综合优化，从而达到产品上市快、质量高、成本低、服务好和环境影响小的目标，使系统赢得竞争，取得良好的经济效益和社会效益。

（9）信息安全

工厂信息安全是将信息安全理念应用于工业领域，对工厂及产品使用维护环节所涵盖的系统及终端进行安全防护。所涉及的终端设备及系统包括工业以太网、数据采集与监控、分布式控制系统、过程控制系统、可编程逻辑控制器、远程监控系统等网络设备及工业控制系统，确保工业互联网及工业系统未经授权不能被访问、使用、泄露、中断、修改和破坏，为企业正常生产和产品正常使用提供信息服务。

1.1.4 智能装备应用领域

智能装备主要分布在制造业及农业中，智能设备应用领域广泛，几乎分布在生产生活的各个方面，但智能设备和智能装备的概念越来越模糊。如果以产品形态划分，可将智能装备大致分为三类：以某个制造行业过程加工、装配和分装等为侧重的过程自动化生产线，主要功能是高效生产和人工替代；相对以标准化产品形式出售的智能终端设备，具有拟人特征，可以完成特殊环境作业或高频重复作业；侧重探测和数据收集，往往集合多种探测元器件的设备，检测标的项目数据并给出综合评价反馈。

（1）智能制造

智能化是制造自动化的发展方向。智能制造技术是在现代传感技术、网络技术、自动化技术、拟人化智能技术等先进技术的基础上，通过智能化的感知、人机交互、决策和执行技术，实现设计过程、制造过程和制造装备的智能化，是信息技术、智能技术与装备制造技术的深度融合与集成，是面向产品全生命周期[9]，实现泛在感知条件下的信息化制造，是信息化与工业化深度融合的大趋势。智能制造日益成为未来制造业发展的重大趋势和核心内容，也是加快发展方式转变，促进工业向中高端迈进、建设制造强国的重要举措，也是新常态下打造新的国际竞争优势的必然选择。

2011年德国提出“工业4.0”的概念，即通过数字化和智能化来提升制造业的水平。中国也相应提出了“中国制造2025”的概念，其核心是通过智能机器、大数据分析来帮助工人甚至取代工人，实现制造业的全面智能化。在美国，特斯拉汽车公司已经尝试全部使用机器人来装配汽车，是“智能制造”的典范之一，不仅解放了人类的劳动，而且提高了产品的性能和质量[10]。

（2）智能传感器

传统传感器已经不能满足智能装备的需求。智能传感器（Intelligent Sensor）是具有信息处理功能的传感器，是智能装备的“感觉器官”。智能传感器体现在“智能”上，传感器自身带有微处理器（芯片），具有数据采集、处理、分析能力，是现代微电子技术、信息技术、材料技术、加工技术的产物，在智能装备上得到了广泛的应用。智能传感器的功能是通过模拟人的感官和大脑的协调动作，结合长期以来测试技术的研究和实际经验而提出来的。智能传感器是一个相对独立的智能单元，它的出现降低了对硬件性能的要求，借助软件使传感器的性能大幅度提高。相较于一般的传感器，智能传感器具有高精度、高可靠性、高性价比、功能多样化等特点，可以实现多传感器多参数综合测量，通过编程扩大测量与使用范围。它还有一定的自适应能力，可根据检测对象或条件相应地改变量程反输出数据的形式。智能传感器具有数字通信接口功能，直接送入远程计算机进行处理，具有多种数据输出形式，适配各种应用系统。智能传感器作为广泛智能装备系统前端感知器件，可以助推传统产业的升级，在工业自动化、天文探索、地海勘探、环保节能、医疗健康、国防、生物制药等诸多领域获得了广泛的应用。

（3）智能控制软件

智能制造装备的价值不仅体现在机械本体、传感器等硬件上，还体现在各种智能软件上，最高层次为实现最优控制、线性规划等调度层和决策层的软件。智能软件具有现场感应、自组织性与自适应性的能力，能够对所处环境进行感知、学习、推理、判断并做出相应的动作。通过智能控制软件的预测、判定和自适应调整功能，可实现装备的智能加工。智能控制软件为制造装备企业提供智能工艺优化与技术支撑，实力强的企业可将原来制造装备的企业体系发展为系统集成企业。

（4）工业机器人

工业机器人是广泛用于工业领域的多关节机械手或多自由度机械装置，具有一定的自动性，可依靠自身的动力源和控制能力实现各种工业加工制造功能。工业机器人被广泛应用于电子、物流、化工等工业领域中。工业机器人的推广是智能制造的典型代表，大大降低了工人的劳动强度，改善了生产环境。国产工业机器人主要以中低端为主，需以汽车、飞机、军工等行业应用的工业机器人为牵引，重点攻克控制器、减速器、伺服与电机等核心部件的共性技术，突破机械结构系统、驱动系统、感知系统、机器人-环境交互系统、人机交互系统和控制系统 6 个子系统，解决工业机器人自动化生产线与核心部件的设计工艺、可靠性、测试标准等问题，提高国产工业机器人的市场保有率，打破国外垄断，力争在汽车制造、数控加工、飞机装配、船舶制造等典型行业进行工业机器人生产线的示范应用，形成我国自主的工业机器人规范标准。

（5）增材制造

传统制造思维是根据使用目的形成三维构想，转化成二维图纸，再制造成三维实体。传统机加工是车、铣、刨、磨等去除材料的加工。与传统去除材料加工不同，增材制造（Additive Manufacturing，AM），也称为 3D 打印技术，是以计算机辅助设计、材料加工与成型等技术为基础，通过软件与数控系统将专用的非金属材料、金属材料以及医用生物材料，按照挤压、烧结、熔融、光固化、喷射等方式逐层堆积，制造出实体物品的制造技术，是一种“自下而上”材料累加的制造方法。

3D打印的特点是单件或小批量的快速制造，利用这一特点可以实现产品的快速开发和创新设计。以激光束、电子束、等离子或离子束为热源加热材料，使之结合直接制造零件的方法，称为高能束流快速制造。高能束流快速制造是增材制造领域的重要分支，在工业领域最为常见。金属、非金属或金属基复合材料的高能束流快速制造是当前发展最快的研究方向，在航空航天、工业领域有着广泛的应用前景，且应重点发展3D打印在航天航空、生物医疗等领域的高端应用产业，如控制中的复杂精密金属零部件制造。以3D打印技术在个性化消费产品、文化创意产业等领域的应用为牵引，加强其在产品开发中的技术研究及推广应用。以3D打印技术为依托，建立技术服务网络，形成产品设计、原材料、关键元器件、装备、工业应用等完整的产业链条，形成以互联网技术为依托的“云制造”模式，与传统制造业相融合，进行系统创新发展。充分发挥社会各个群体的创新能力，推动创新型社会的实现。

(6) 智慧农业

我国是农业大国，而非农业强国，农业生产仍然以传统生产模式为主。传统耕种只能凭经验施肥灌溉，不仅浪费大量的人力物力，而且对环境保护与水土保持构成严重威胁，给农业的可持续性发展带来严峻挑战。智慧农业（图1-6）与现代生物技术、种植技术等高新技术融于一体，对建设世界水平农业具有重要意义。

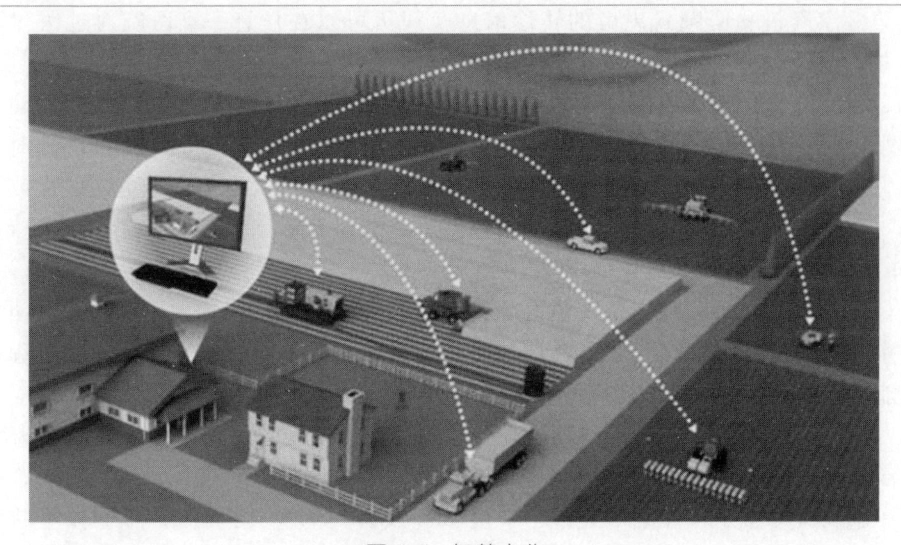

图1-6 智慧农业

智慧农业就是将物联网技术运用到传统农业中去，充分应用现代信息技术成果，集成应用计算机与网络技术、物联网技术、音视频技术、3S技术、无线通信技术及专家智慧与知识，通过手机、平板等移动终端或电脑平台对农业生产进行控制，使传统农业更具有“智慧”，实现农业生产环境的智能感知、智能预警、智能决策、智能分析、专家在线指导，做到农业可视化远程诊断、远程控制、灾变预警等智能管理，实现集约高效可持续发展的现代超前农业生产方式。

从传统农业到现代农业转变的过程中，农业信息化的发展大致经历了计算机农业、数字农业、精准农业和智慧农业4个过程。

(7) 智慧医疗

2020年，新型冠状病毒肺炎的全球蔓延对世界各国的医疗系统提出了严峻的考验，同时，也带来了医疗系统转型升级的巨大机遇。未来，医疗领域的智能装备将大规模投入使用，当面对不可预知的流行病毒或者其他危及人类健康的疾病时，可做到实时感知、处理和分析重大医疗事件，从而快速、有效地做出响应。

智慧医疗是发展趋势。互联网与医疗行业的融合产生了互联网医疗，即把互联网作为技术手段和平台，为用户提供医疗咨询、健康指标监测、健康教育、电子健康档案、远程诊断治疗、电子处方和远程康复指导等形式多样的健康管理服务[11]。通过无线网络，使用手持PDA便捷地联通各种诊疗仪器，使医务人员随时掌握每个病人的病案信息和最新诊疗报告，随时随地地快速制定诊疗方案；在医院任何一个地方，医护人员都可以登录距自己最近的系统查询医学影像资料和医嘱；患者的转诊信息及病历可以在任意一家医院通过医疗联网方式调阅。

医患信息仓库变成可分享的记录，整合并共享医疗信息和记录，以期构建一个综合的专业的医疗网络。借助大数据或区块链技术，经授权的医生能够随时查阅病人的病历、患史、治疗措施和保险细则，患者也可以自主选择更换医生或医院。医疗数据库的建立使从业医生能够搜索、分析和引用大量科学证据来支持他们的诊断。

在农村，智慧医疗支持乡镇医院和社区医院无缝地链接到中心医院，以便可以实时地获取专家建议、安排转诊和接受培训，提升乡镇医生从业知识和过程处理能力，进一步推动临床创新和研究。

智能机器人不仅能帮助诊断，还可以进行手术，如图1-7所示。机械手臂的灵活性远远超过人，且带有摄像机，可以进入人体内进行手术，手术创口小，并能实施高难度手术，相当于实现了“医生进入病人的身体进行治疗”。以甲状腺手术为例，之前需要在喉咙下方横向切一刀，患者会留下疤痕。现在机器人手术已经很成熟，可在腋窝、乳腺处开口使微型机械手进去，精准实施甲状腺切除手术。术后患者暴露部位无疤痕，大大改善了患者的手术效果和术后状态。腹腔镜机器人可以进行大部分的腹腔手术，大大提高了手术效率、精准性，并减轻了病人的出血量。在控制终端上，计算机可以利用几台摄像机拍摄的二维图像还原出人体内的高清晰度的三维图像，以监控整个手术过程。医生也可以远程对手术的过程进行人工干预。

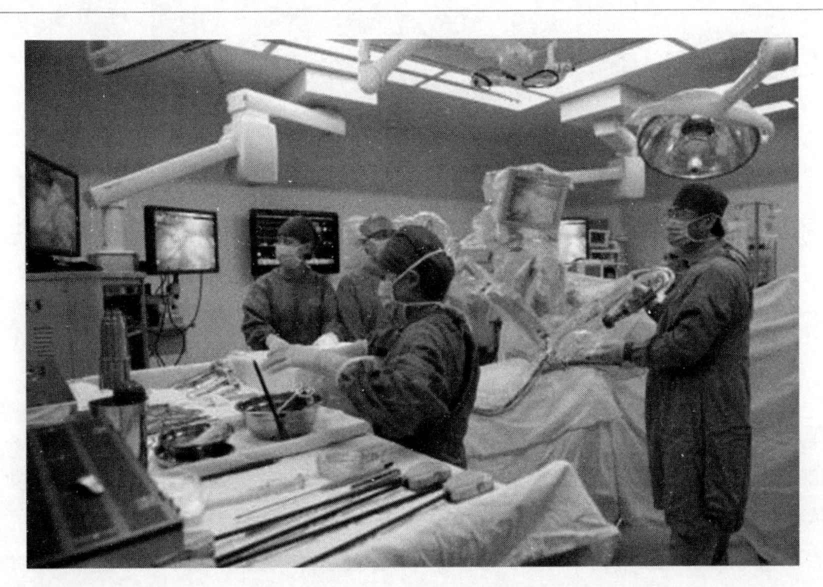

图 1-7 机器人手术

(8) 智慧环境

环境监测是环境监测机构对环境质量状况进行监测的活动，通过对反映环境质量的指标进行监视和测定，确定环境污染状况和环境质量。环境监测的内容主要包括物理指标的监测、化学指标的监测和生态系统的监测，是科学管理环境和环境执法监督的基础，是环境保护必不可少的基础性工作。环境监测的核心目标是提供环境质量现状及变化趋势的数据，判断环境质量，评价当前主要环境问题，为环境管理服务[12]。环境在线监测系统如图 1-8 所示。

环境监测智能化是发展趋势。随着物联网技术的发展，传统的环境监测方法已经逐渐被远程监测所取代。环保监测涵盖水质监测、环境空气质量监测、固定污染源监测（CEMS）、大气环境监测以及视频监测等多种环境在线监测应用。系统以污染物在线监测为基础，充分贯彻总量管理、总量控制的原则，包含了环境管理信息系统的许多重要功能，充分满足各级环保部门环境信息网络的建设要求，为相关职能部门决策提供可靠的数据支持。支持各级环保部门环境监理与环境监测工作，适应不同层级用户的管理需求。

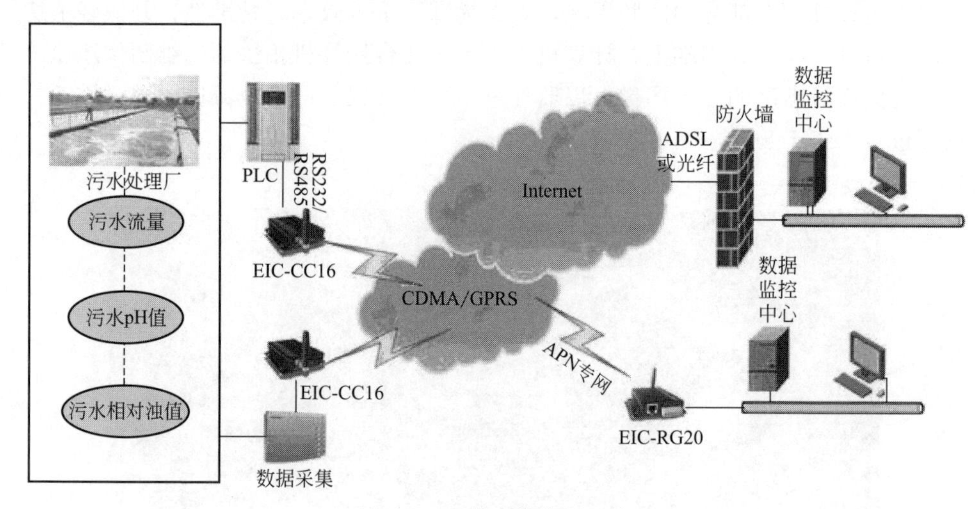

图 1-8 环境在线监测系统

在自动监测方面，某些发达国家已有成熟的技术和产品，如在大气、地表水、企业废气废水及城市污水等方面均有成熟的自动连续监测系统。笔者所在科研团队经过多年的努力，研发出了地下水水位水质、地表水水位水质等多种环境的智能监测设备，在一些省份的地下水、地表水水位水质监测以及多个灌区中获得了广泛的应用。

1.2 智能制造装备的发展概况

美国、德国、日本是当前世界数控机床实力较强的国家，是世界数控机床技术的开拓者，智能制造装备跨国企业也主要集中在这几个国家。智能制造的发展历程如图 1-9 所示。智能机床与基础制造装备主要由美、德、日等国的跨国公司进行提升研发，当前世界四大国际机床厂商数控机床技术方面的创新，主要体现了这些公司在智能制造装备方面的进展，数控装备的性能和效率有大幅度提升。智能制造装备的发展高度依赖于工程制造科学、技术基础与发展经验的积累，由此导致这一行业垄断性普遍很强，垄断力量主要来自发达国家和领先的跨国企业。

我国已成为世界第二大经济体和制造业大国，智能装备制造业仍处于由自动化向智能化发展的初级阶段，智能制造装备产业整体上水平不高，一些行业甚至连基本的装备自动化都没有完成。我国装备制造业数控化程度不高，大部分高精度和超高精度机床的性能还不能满足要求，数控机床装备基本上是中等规格的车

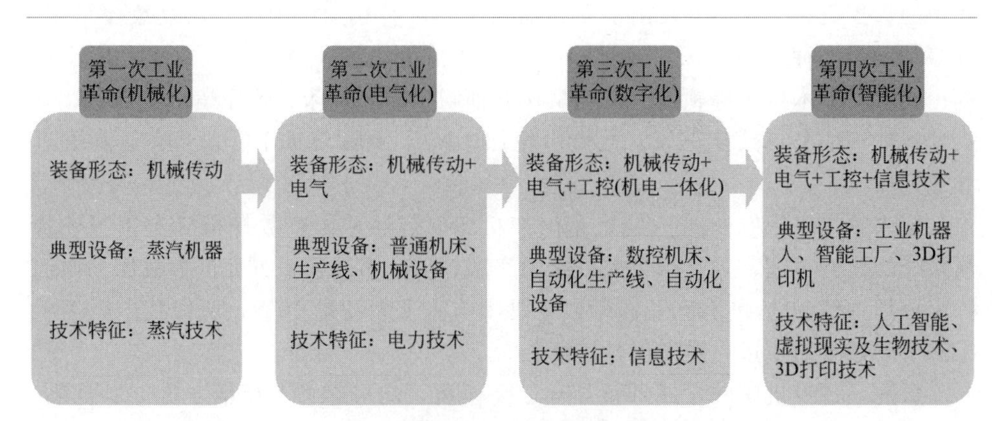

图 1-9　智能制造的发展历程

床、铣床和加工中心等[13]。我国发展智能制造装备的技术发展方向应是软硬件搭配，着力发展网络化、控制软件模块化。

智能制造技术是世界制造业未来发展的重要方向之一，为推动我国传统制造产业结构转型升级，国务院下发了《关于加快培育和发展战略性新兴产业的决定》，将高端装备制造业纳入其中，全面开展智能制造技术研究将是发展高端装备制造业的核心内容，也是提高我国国际竞争力、促进我国由制造大国向制造强国转变的必然。

1.2.1 数控机床发展现状

加工机床数字化是制造业的发展趋势。数控机床作为机床工业的主流代表产品，已成为实现装备制造业现代化的关键设备，是国防军工装备发展的战略物资。数控机床是数字控制机床的简称，是一种装有程序控制系统的自动化机床，能够逻辑地处理具有控制编码或其他符号指令规定的程序，并将其译码，用代码化的数字表示，通过信息载体输入数控装置。经运算处理由数控装置发出各种控制信号，控制机床的动作，按图纸要求的形状和尺寸自动地加工零件，是一种柔性的、高效能的自动化机床，较好地解决了复杂、精密、小批量、多品种的零件加工问题。

美、德、日三国是当今世界上数控机床科研、设计、制造、使用技术比较先进和经验比较丰富的国家。近些年，我国的数控技术有了一定的发展，每年国际机床展都会有国产新型数控机床问世，但和其他先进国家的相比，还是有一定差距。国产数控机床经历了 30 余年的发展，质量和可靠性可以满足大部分用户的需要。我国能自行设计系统配套，能自行设计及制造高速、高性能、多面、多轴联动的数控机床，先后开发出了立式加工中心、卧式加工中心，以及数控车床、数控铣床等多种数控机床，在重型机床、高精度机床、特种加工机床、锻压设备、前沿高技术机床等领域，特别是在五轴联动数控机床、数控超重型机床、立式卧式加工中心、数控车床、数控齿轮加工机床领域，部分技术已经达到先进水平。

国内数控机床有60%～70%是国产机床，但这些国产数控机床应用国外数控系统的比例很高，且高档数控机床国产率较低。市场需求方面低档机床和中档机床分别占约50%和40%，高档数控机床的需求大约是10%，所以我国数控机床的发展任重而道远，发展前景广阔。

目前，数控机床的发展日新月异，高速化、高可靠性、高精度化、复合化、智能化、开放化、网络化、新型功能部件、绿色化已成为数控机床发展的趋势和方向。

(1) 高速化

高速化主要体现在主轴转速、进给量、数控系统运算速度、换刀速度等方面。例如，现代数控机床普遍采用电主轴，其主轴最高转速达200000r/min；德国Chiron公司某刀库通过特殊设计，换刀时间仅0.9s。

(2) 高可靠性

与传统机床相比，数控机床复杂，加工周期长，加工的零件型面复杂，各类装置应用更多，导致机床出现失效的概率增大。同时，数控系统的稳定性、工业电网电压的波动和干扰、车间环境的因素等也可能影响数控机床的可靠性。所以可靠性是数控机床的发展方向之一。

(3) 高精度化

数控机床精度的要求现在已经不局限于静态的几何精度，机床的运动精度、热变形以及对振动的监测和补偿越来越受到重视。利用高速插补技术，并采用高分辨率位置检测装置提高精度。采用反向间隙补偿、丝杠螺距误差补偿和刀具误差补偿等技术，对设备的热变形误差和空间误差进行综合补偿。

(4) 功能复合化

在一台机床上实现或尽可能完成从毛坯至成品的多种要素加工。根据其结构特点可分为工艺复合型和工序复合型两类。工艺复合型机床如镗铣钻复合加工中心等；工序复合型机床如多面多轴联动加工的复合机床和双主轴车削中心等。

(5) 控制智能化

随着人工智能技术的发展，为了满足制造业生产柔性化、制造自动化的发展需求，数控机床的智能化程度在不断提高。具体体现在加工过程自适应控制技术、加工参数的智能优化与选择、智能故障诊断与自修复技术、智能故障回放和故障仿真技术、智能化交流伺服驱动装置、智能4M数控系统，将测量（Measurement）、建模（Modelling）、加工（Manufacturing）、机器操作（Manipulator）四者融合在一个系统中实现信息共享，促进测量、建模、加工、装夹、操作的一体化。

（6）体系开放化

现代数控机床软硬件接口都遵循公认的标准协议，新一代的通用软硬件资源更易于被现有系统采纳、吸收和兼容，同时国际上正致力于实现整个制造过程乃至各个工业领域产品信息的标准化。标准化的编程语言、标准化的接口既方便用户使用，又可以降低和操作效率直接有关的劳动消耗。

（7）信息交互网络化

随着物联网技术的发展，具有双向、高速的联网通信功能的数控机床可以保证信息流动畅通，企业既可以实现网络资源共享，又能实现数控机床的远程监视、控制，还可实现数控装备的数字化服务。例如，日本马扎克公司推出的新一代加工中心配备了信息塔，能够实现语音、图形、视像和文本的通信故障报警显示、在线帮助排除故障等功能。

（8）新型功能部件

高精度和高可靠性的新型功能部件能够提高数控机床各方面的性能，具有代表性的新型功能部件包括高频电主轴、直线电机、电滚珠丝杠等。新功能部件的使用可以简化机床结构，提高机床的性能。

（9）加工过程绿色化

随着资源与环境问题的日益突出，绿色制造越来越受到重视。近年来，不用或少用冷却液实现干切削、半干切削节能环保的机床不断出现，并处在进一步发展当中，是未来机床发展的主流。

1.2.2 工业机器人发展现状

人口老龄化、劳动力短缺是人类面临的一个问题。劳动力成本增加迫使人们用机器人来代替人进行生产，机器换人已是大势所趋。

工业机器人是智能制造业最具代表性的装备。根据国际机器人联合会发布的数据，2016年全球工业机器人销量继续保持高速增长，销量约29.0万台，其中中国工业机器人销量9万台，同比增长31%。国际机器人联合会预测未来十年，全球工业机器人销量年平均增长率将保持在12%左右。目前，工业机器人基本上按照它的用途进行分类，如焊接机器人、搬运机器人、加工机器人、装备机器人。工业机器人在主要行业的应用中，汽车行业占比38%，汽车行业自动化装备的生产线大部分使用工业机器人。国内自主品牌的工业机器人最应该出现的领域就是汽车领域，但是数据显示：国内汽车厂基本不用国内自主品牌的工业机器人。目前汽车厂商，尤其中国的汽车厂商，基本上都是使用国际机器人四大家（ABB、KUKA、FANUC、YASKAWA）的工业机器人。

ABB、KUKA、FANUC、YASKAWA在工业机器人产业内部称为国际四大家。ABB主要是瑞士和瑞典的合资公司，总部在欧洲；KUKA本是德国的公司，2015年被美的以300亿收购；FANUC、YASKAWA都是日本公司，也体现了日本在工业机器人领域的独特优势。人形机器人方面，最受人们喜爱的有Aldebaran公司的Nao，本田公司的ASIMO，川田公司的HRP-4，索尼公司的AIBO和QRIO[14]。

我国工业机器人市场发展前景广阔，国内相关机器人厂商竞争力、盈利能力正逐步加强。随着我国人口红利的不断消退，各地工业发展加速转型升级，由政府力推、企业力行的“机器换人”潮正加快部署，完全由机器人来代替人工进行生产的“黑灯工厂”不断涌现。自2013年起，中国已经成为全球第一大工业机器人市场。2013年，工信部《关于推进工业机器人产业发展的指导意见》指出，2020年工业机器人装机量达到100万台，大概需要20万与工业机器人应用相关的从业人员。此外，深部地下、深海、深空等极端危险环境下的作业也需要使用机器人来实现少人化和无人化。

我国机器人的一些核心部件（如RV减速器、伺服控制器、控制器等）已经逐渐国产化，对于低端的机器人已经实现了核心部件的国产化，但是高端还不行；随着新技术的出现，将会促进机器人技术的进一步发展。随着我国工业转型升级、劳动力成本不断攀升及机器人生产成本下降，“十三五”“十四五”期间，机器人成为重点发展对象之一，工业机器人有了一定的发展基础，目前正进入全面普及的阶段。未来我国工业机器人的行业需求将会持续增加，规模将进一步扩大[15]。

《机器人产业发展规划（2016～2020年）》提出，2020年我国自主品牌工业机器人年产量达到10万台，六轴及以上工业机器人年产量达5万台以上；工业机器人速度、载荷、精度、自重比等主要技术指标达到国外同类产品水平，平均无故障时间达到8万小时；机器人用精密减速器、伺服电机及驱动器、控制器的性能、精度、可靠性达到国外同类产品水平，在六轴及以上工业机器人中实现批量应用，市场占有率达到50%以上；完成30个以上典型领域机器人综合应用解决方案，并形成相应的标准和规范，实现机器人在重点行业的规模化应用。

但应该看到，我国国产机器人市场份额低。我国机器人产业这些年获得了长足发展，涌现出了一批高新产业。但总体上还是以中低端市场为主，国内应用自主品牌工业机器人最大的领域是电子行业，高端市场还是以进口为主。以汽车工业为例，国内汽车生产线基本上都是使用前文提到的国际四大家的工业机器人。

减速器、伺服控制器等核心零部件性能有待提高。高端减速器等核心部件进口比例太高。精密减速器在额定扭矩和传动效率等方面需要进一步提升。伺服系统的电机动态响应、过载能力、效率等均有很大的提升空间。

国内机器人高端技术人才比例与国际发达国家存在一定差距。机器人工程是一门在真实世界环境下将感知、决策、计算和执行驱动组合在一起的应用交叉学科和技术，是研究机器人的智能感知、优化控制与系统设计、人机交互模式等的一个多领域交叉的前沿学科。随着“中国制造 2025”的推进，国内高校正大力发展机器人专业。2015～2019 年，全国 249 所高校成功申报“机器人工程”专业。机器人教育呈现出旺盛的生命力，相信不久的将来，一大批机器人专业人才将走出校园，担负起我国机器人崛起的重任[16]。

1.2.3 未来的智能制造装备发展

未来，我国智能制造装备产业重点发展与国家重大需求、战略安全相关的制造行业，如航空航天、国防工业急需的难加工材料与新材料应用领域的装备。这些领域有国家支持，技术要求高、难度大，主要通过国家对大型骨干装备制造企业、有技术优势的高等院校和科研院所、国家级研究基地进行有计划和持续的支持研究，以攻坚克难，解决核心技术，扩大应用和市场推广。

以国家重大需求与战略安全相关的制造行业为对象，重点研制若干类自动化基础好、智能化要求迫切的制造装备。这些制造装备主要有高速加工中心、超精密机床、叶轮叶片加工机床、飞机大型柔性结构件加工机床、航空航天领域难加工材料加工机床、五轴曲面铣床等，为我国智能制造装备发展奠定基础。智能专用装备主要包括大型智能工程机械、高效农业机械、环保机械、自动化纺织机械、智能印刷机械、煤炭机械、冶金机械等各类专用装备，实现各种制造过程自动化、智能化、精益化，带动整体智能制造装备水平的提升。

大力开展工艺优化研究和智能传感器开发，发展可国产化的传感网络系统，发展传感器制造企业，支持学科交叉研究，开发实用的机床参数测量，着重发展 MEMS 与无线传感器。开发适合制造装备的智能数控系统，奠定智能制造装备的技术基础，形成智能制造装备的产业化链条。在推进大型制造装备企业发展智能型装备的同时，支持若干专业化科技型企业开展数控机床的智能化改造，形成自主品牌，开拓和占领国际市场。

1.3 智能制造装备研发内容

智能制造装备是具有感知、分析、推理、决策、执行功能的各类制造装备的统称，是先进制造技术、信息技术和智能技术的集成和深度融合。智能制造装备产业主要包括高档数控机床、智能测控装置、关键基础零部件、重大集成智能制造装备等，智能制造装备产业是衡量一个国家工业水平和核心竞争力的重要标志。

根据工业和信息化部制定和发布的《智能制造装备产业“十二五”发展路线图》规划，智能制造装备的发展包括以下内容：

① 关键智能基础共性技术。大力发展包括智能传感技术、模块化嵌入式控制系统设计技术、先进控制与优化技术、系统协同技术、故障诊断与健康维护技术、高可靠实时通信网络技术、功能安全技术、特种工艺与精密制造技术以及识别技术等在内的智能共性技术，是装备智能化的基础。

② 核心智能测控装置与部件。包括新型传感器及其系统、智能控制系统现场总线、智能仪表、精密仪器、工业机器人与专用机器人、精密传动装置、伺服控制机构、液压气动密封元件及系统。

③ 重大智能制造成套装备。包括石油石化智能成套设备集成、冶金智能成套设备集成、智能化成形和加工成套设备集成、自动化物流成套设备集成、建材制造成套设备集成、智能化食品制造生产线集成、智能化纺织成套装备集成、智能化印刷装备集成。

④ 重点应用示范推广领域。包括电力、节能环保、农业装备、资源开采、国防军工、基础设施建设等领域。

1.3.1 智能机床与基础制造装备

机床从诞生发展到智能化大致经历了三个阶段。第一阶段是 20 世纪 30 年代到 60 年代，从手动机床向机、电、液高效自动化机床和自动线发展，将工人从体力劳动中解放出来。第二阶段是 20 世纪 60 年代数控机床的诞生开始到 21 世纪初，数控机床的快速发展进一步解决了减少体力和部分脑力劳动的问题。第三阶段是智能机床。智能化机床的加速发展，将进一步解决减少脑力劳动问题。

现在的智能机床（图 1-10），有自动抑制振动的功能；能自动测量和自动补偿，减少高速主轴、立柱、床身热变形的影响；有自动防碰刀功能；自动补充润滑油和抑制噪声；语音信息系统具有人机对话功能，有远程故障诊断功能。智能数控机床的功能如图 1-11 所示。

图 1-10 某种型号的加工中心

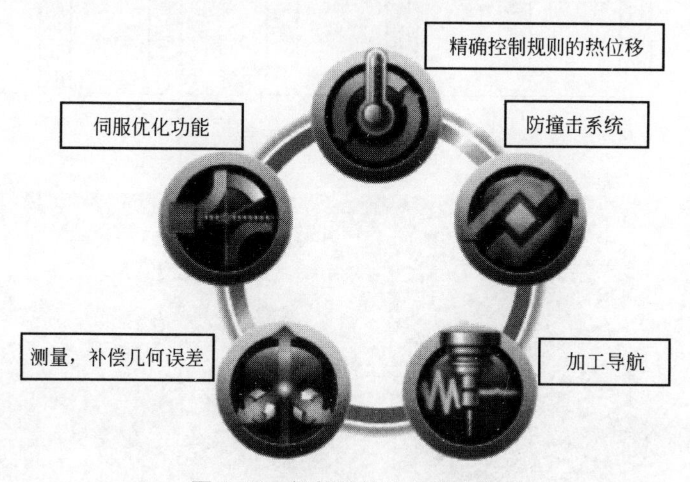

图 1-11 智能数控机床的功能

1.3.2 工业机器人

工业机器人是机器人领域的重要分支，是集机械、电子、控制、计算机、传感器、人工智能等诸多先进技术于一体的高度自动化装备，在现代工业、国防以及其他行业中发挥着重要作用。工业机器人结构框图如图 1-12 所示。汽车生产线的机器人应用如图 1-13 所示。

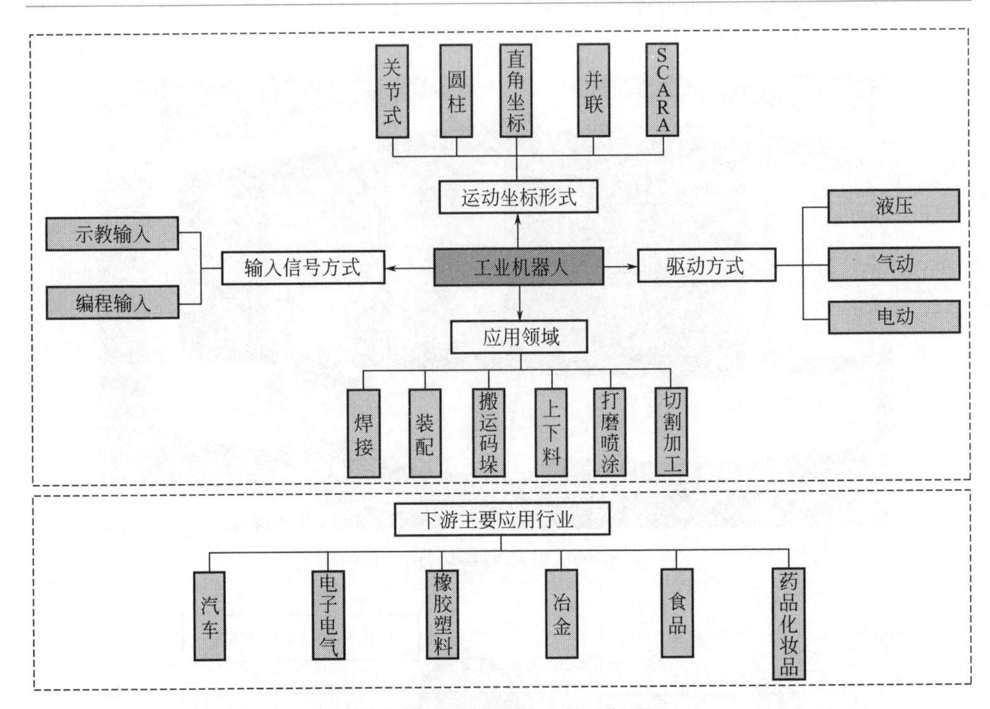

图 1-12 工业机器人结构框图

图 1-13 汽车生产线机器人应用

制造业中机器人技术的研究不断向智能化、协作化、模块化、多功能化以及高性能、自诊断、自修复的方向发展，以应对敏捷制造、多样化、个性化制造的需求，使机器人能够适应多变的作业环境，在机械制造业中获得广泛的应用。

（1）基于切削力控制的自主加工

国外相关学者根据给定的砂轮直径、进给速率和旋转速度，测量不同磨削法向力能够获得的磨削深度，通过这个测量曲线并依据初始的磨削深度来获得期望的磨削力，建立磨削深度和磨削力的模型，基于此力的反馈，机器人自主控制磨削参数，提高磨削效果。除了磨削，车削、铣削也是如此，系统可以根据切削力实时调整切削参数，达到最优的加工效果。

（2）基于机器视觉的自主焊接

机器人焊接是机器人重要的应用领域之一。基于视觉的机器人焊接系统使机器人长了“眼睛”，机器人可以自主弥补焊枪位置、夹具夹持位置和工件自身存在的位置偏差导致的焊接误差，提高焊接的精度和质量。国际一些著名的焊接设备制造厂商相继研发出基于视觉的智能焊接系统。

（3）基于视觉的工件检测

机器视觉是指用机器代替人眼来做测量和判断，属于人工智能的范畴，在感知、理解工作环境和工件信息的任务中具有出色的表现，在机器人领域获得了广泛的应用。通过机器视觉信息，工业机器人能够自动识别、定位工件，可应用到汽车生产线的很多工序中。国内外诸多公司相继研制出用于零件尺寸测量的视觉检测设备，在汽车工业和机械制造其他领域获得了越来越广泛的应用。

（4）基于力传感的自主装配

基于力传感（扭矩传感）的机器人控制技术是国内外知名院校和主要机器人公司的研究重点之一。工业机器人基于力传感器能够感知机械臂与工件之间的接触力，实现高精度的装配。ABB公司研发出基于力或位置混合控制的工业机器人平台。通过控制工业机器人末端操作器的接触力和力矩，使工业机器人具有对接触信息做出反应的能力，这种基于力控制的工业机器人装配系统已成功应用到汽车总成装配线中。日本FANUC公司主要研究基于力信息的三维装配技术，工业机器人在力或力矩控制器的控制下实现零部件的装配。

（5）人与机协调型单元生产技术

传统的多品种、变批量生产主要依靠人工完成，不仅培养熟练操作人员时间和物质的成本高，而且难以进行质量管理。通过在单元生产方式中加入机器人与人工协调工作，充分发挥机器的自主性和人的主观能动性，生产效率大幅提高。ABB公司等国际主要的工业机器人企业相继研制并推出了工业用双臂机器人与人协调生产，能够在视觉引导下配合工人完成装配工作。

（6）机器人自身的发展

工业机器人技术发展还包括工业机器人的机械结构向模块化、可重构化发展。例如，关节模块中的伺服电机、减速器、检测系统三位一体化，并配合关节模块、连杆模块用重组方式构造机器人整机。

工业机器人控制系统向基于个人电脑（Personal Computer，PC）的开放型控制器方向发展，使其向标准化、网络化模式发展。机器人器件集成度提高，控制器日渐小巧，且采用模块化结构，大大提高了系统的可用性、易操作性和可维修性[17]。

1.3.3 增材制造

（1）增材制造概述

增材制造（Additive Manufacturing，AM）技术是根据 CAD 设计数据，采用材料逐层累加的方法制造实体零件的技术，相对于传统的材料去除技术，是一种自下而上、材料累加的制造方法，又称为“快速原型”技术。增材制造是依据三维 CAD 数据将材料连接制作物体的过程，不需要传统的刀具、夹具及多道加工工序，在一台设备上可快速而精确地制造出任意复杂形状的零件，从无到有增材制造，缩短了生产周期，获得了广泛的应用。

3D 打印技术是增材制造技术的代表形式，其发展研究有以下几方面：

① 研究原创性技术、共性技术与标准。3D 打印技术是计算机图形学、计算机辅助设计、材料科学等多学科交叉和新技术广泛应用的制造技术，借助高端人才和科研团队，依托高校及科研院所研究原创性技术、共性技术与标准，并采用有活力的研发和运行模式进行发展研究。

② 原理创新及其相关支撑技术。建立数学、物理、化学、材料、生命等多学科交融的研究体系，研究新材料、新器件、新软件、新成形原理、新设备工艺，大力发展支撑技术并探索新的应用领域。开展关键器件、智能控制软件、原材料及成形工艺研发，打造 3D 打印智能制造装备产业链。

③ 以重大工程和行业应用为牵引推动 3D 打印技术产业化。开展关键领域如航空航天、生物、医疗、汽车、家电、微纳传感器等的应用技术研究，研究 3D 打印技术与传统制造技术的结合和工艺优化。某种型号的 3D 打印机如图 1-14 所示。

（2）增材制造的发展趋势

① 向日常消费品制造方向发展。3D 打印技术在科学教育、工业造型、产品创意、工艺美术等领域有着广泛的应用前景和商业价值，向着高精度、低成本、

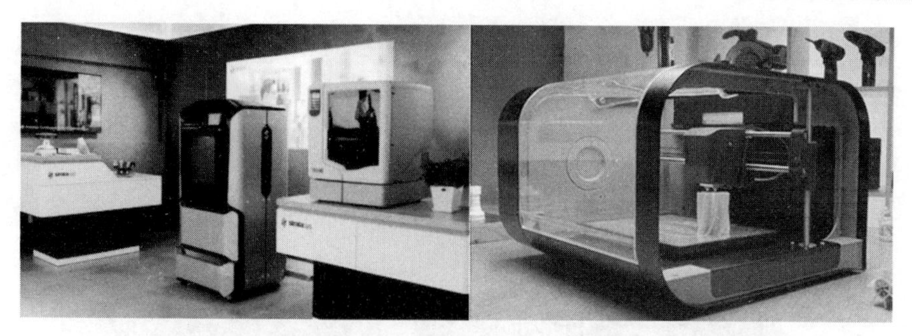

图 1-14 某种型号的 3D 打印机

图 1-15 3D 打印的汽车

高性能材料发展，3D 打印已经不是实验室的产品，正向日常消费品制造方向发展，如图 1-15 所示为 3D 打印的汽车。无论是 3D 打印机本身还是依托 3D 打印技术的产品，都正在逐渐走向家庭，一个庞大的消费市场正在形成。

② 向功能零件制造发展。3D 打印不仅局限于树脂、塑料等材料，还可以采用激光或电子束直接熔化金属粉，通过逐层堆积金属，形成金属直接成形技术。图 1-16 所示为 3D 打印的金属零件。该技术可以直接制造复杂结构金属功能零件，制件力学性能可以达到锻件性能指标。未来的发展方向是进一步提高精度和性能，同时向陶瓷零件的增材制造技术和复合材料的增材制造技术发展。

③ 向智能化装备发展。装备智能化是发展趋势，3D 打印也不例外。目前增材制造设备在软件功能和后处理方面还有许多问题需要优化，例如，成形过程中需要加支承件；软件智能化和自动化需要进一步提高；工艺参数与材料的匹配性需要智能化；加工完成后的粉料或支承件需要去除等问题。未来智能化 3D 打印装备将解决这些问题。

图 1-16　3D 打印的金属零件

④ 向组织与结构一体化制造发展。实现从微观组织到宏观结构的可控 3D 制造。例如，在制造复合材料时，将复合材料组织设计制造与外形结构设计制造同步完成，从微观到宏观尺度上实现同步制造，实现结构体的“设计－材料－制造”一体化。支撑生物组织制造、复合材料等复杂结构零件的制造，给制造技术带来革命性发展。

2020 年，在医疗保健中应用 3D 打印技术的市值达到 21.3 亿美元。例如，牙科行业的商业化运作已经非常成功，某公司预计每天都会有 50000 个客户定制化牙齿矫正器使用 3D 打印机打印出来。专家预测，在 20 年内将实现真正的全功能 3D 打印心脏（图 1-17）。而现在 3D 打印技术的难点在于打印复杂的血管。未来，3D 打印技术前景无限，打印心脏、肝脏和肾脏这样复杂的器官将不再是梦。3D 打印也向着两个极端方向发展，可以大型化，比如打印房屋；也可以小型化，比如使用小型化低成本的桌面打印机来打印活体细胞。

英国《经济学人》杂志认为增材制造会与其他数字化生产模式一起推动实现第三次工业革命，改变未来生产与生活模式，实现社会化制造，改变制造商品的方式以及人类的生活方式。美国已经将增材制造技术作为国家制造业发展的首要战略任务并给予支持。未来，3D 打印将走进千家万户，人们或许可以随时制造属于自己的产品，这些产品可能涉及生活的方方面面，3D 打印发展前景广阔。

图 1-17 3D 打印“心脏”

1.4 智能制造装备的发展趋势

1.4.1 智能机床装备

数控机床的发展历程见表 1-1。机床技术发展的前景是能够实现装备制造业自动化，由单机自动化向 FMC、CIM、CIMS 发展，提高加工精度、效率，降低制造成本。智能机床的出现，为未来装备制造业实现全盘生产自动化创造了条件。通过自抑制振动、减少热变形、防止干涉、自调节润滑油量、减少噪声等，可提高机床的加工精度、效率。机床自动化水平提高后，可以减少人在管理机床方面的工作量。数控系统的开发创新对机床智能化起到了极其重大的作用。

表 1-1 数控机床的发展历程

阶段	年代	发展历程
第一阶段	1930～1960 年	从手动机床向机、电、液高效半自动化、自动化机床和自动生产线发展，解决减少工人体力劳动的问题
第二阶段	1960～2006 年	数字控制机床发展，解决了进一步减少体力和部分脑力劳动的问题
第三阶段	2006 年至今	机床智能化阶段。智能化机床的加速发展，将进一步解决减少脑力劳动问题

随着人工智能技术的发展，为了满足制造业生产柔性化、制造自动化的发展

需求，数控机床的智能化程度在不断提高，智能化与网络化是大势所趋。智能机床是指对其加工制造过程能够进行智能决策、自动感知、智能监测、智能调节和智能维护的机床，能够实现加工制造过程的高效、优质和绿色的多目标优化运行。智能机床的功能特征有操作智能功能、管理智能功能、维护智能功能等(图 1-18)。具体体现在以下几个方面：

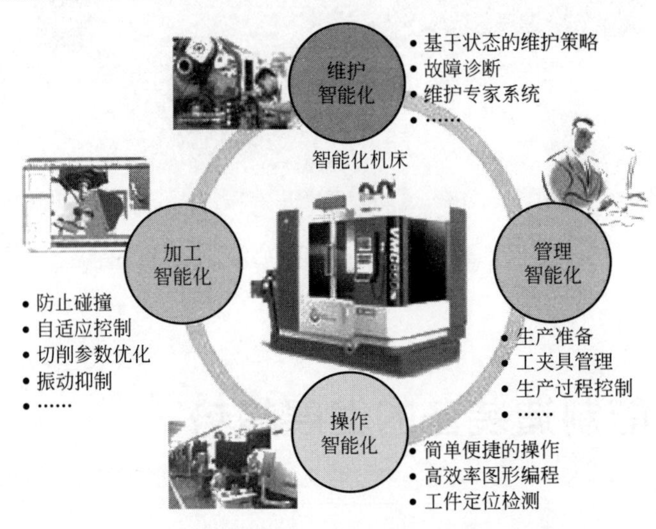

图 1-18 数控机床智能化需求

① 加工过程自适应控制技术。通过实时监测加工过程中的切削力、主轴和进给电机的功率、电流、电压等信息，系统自主辨识出刀具的受力、磨损、破损状态及机床加工的稳定性状态，并实时调整加工参数（主轴转速、进给速度）和加工指令，使设备处于最佳运行状态，提高加工精度，降低加工表面粗糙度，提高设备运行的安全性。

② 加工参数的智能优化与选择。构造基于专家系统或基于模型的“加工参数的智能优化与选择器”，获得优化的加工参数，提高编程效率和加工工艺水平，缩短生产准备时间。

③ 智能故障诊断与自修复技术。根据已有的故障信息，应用现代智能方法实现故障的快速准确定位；完整记录系统的各种信息，对数控机床发生的各种错误和事故进行回放和仿真，及时修复解决问题。

④ 智能化交流伺服驱动装置。智能机床控制系统能自动识别负载并自动调整参数，智能主轴交流驱动装置和智能化进给伺服装置能自动识别电机及负载的转动惯量，并自动对控制系统参数进行优化和调整。

⑤ 智能 4M 数控系统。随着大数据及云存储等技术的发展，智能机床可以

将测量（Measurement）、建模（Modelling）、加工（Manufacturing）、机器操作（Manipulator）融合在一个系统中，实现信息共享，促进测量、建模、加工、装夹等操作的一体化。

例如，Okuma的智能数字控制系统的名称为“THINK”，具备思考能力。Okuma认为当前经典的数控系统的设计、执行和使用三个方面已经过时，对它进行根本性变革的时机已经到来。“THINK”不仅可在无人工干预时，对变化了的情况做出聪明的决策，还可使机床到了用户厂后，以增量的方式使其功能在应用中自行增长，并更加自适应新的情况和需求，更加容错，更容易编程和使用。总之，在不受人工干预的情况下，机床将为用户带来更高的生产效率。公司推出开放式体系结构CNC数控系统“OSP suite”，如图1-19所示，基于OSP-P300控制平台，将视觉愉悦且易于使用的操作界面与可定制布局、机床应用程序、窗口小部件、快捷键和触摸屏技术进行了完美结合，提高车间生产效率。

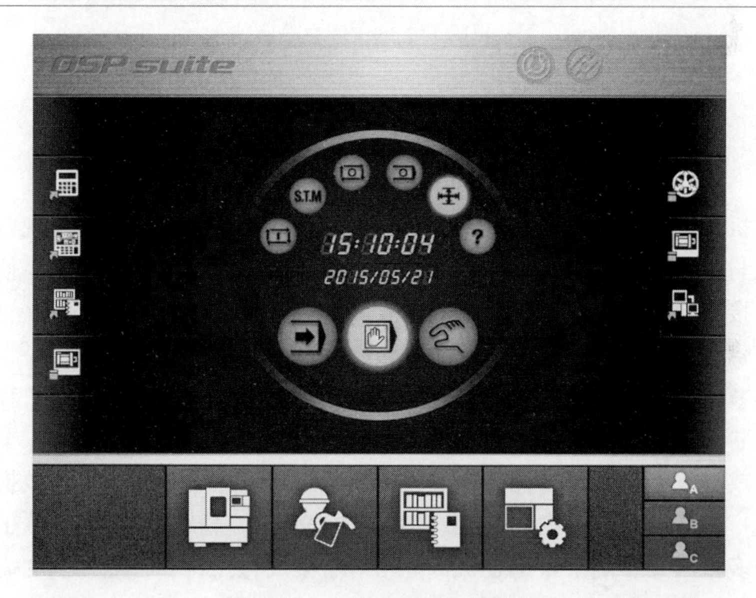

图1-19　OSP suite数控系统

值得一提的是，除了国外的数控产品，国内很多数控系统和数控机床表现也很优秀，如华中数控（图1-20）。以华中8型为代表的国产高档数控系统，综合性能可以和国外数控系统媲美，达到国际先进水平。华中数控已经在飞机制造、汽车制造等领域的重点企业，如成飞、沈飞等，获得了广泛应用。大力发展国产数控，尽快填补国内高档数控的空白，占领数控市场，为我国装备制造业的整体提升奠定基础。

图 1-20 我国的“华中数控”

1.4.2 智能工程机械

工程机械行业的智能化以及智能工程机械的发展，最为直接的体现就是机器人的引入与机器人技术的应用。现在，很多企业都在生产过程中大规模使用机器人进行焊接、涂装、装配等工作。

工程机械智能化不仅体现在智能工作上，而且还体现在故障诊断、产品寿命预估等环节上。借助大数据、物联网、深度学习等技术，企业能够对工程机械产品的基本状态进行实时掌握，并及时发现故障、及时做出应对。同时，企业还能通过无线或有线网络获取智能工程机械的实时运行数据，并实时进行数据分析和研判，进一步发挥这些数据的价值。不久的将来，在科技发展变化与施工项目要求变化等多重因素影响下，工程机械应用对于集成化操作和智能控制的需求会越来越高。而在信息化、智能化热潮推动下，新一代工程机械发展的目标将日益明确，步伐也会不断加快。

1.4.3 智能动力装备

智能动力装备不仅能提供动力，而且还是一台具有“智慧”的机器。通过传感器实时采集动力装备工作过程的数据，可以对智能动力装备的全生命周期进行监测和支持，并进行动力装备全生命周期故障诊断和全生命周期性能优化，达到设备动态自适应监测，通过数据分析与研判，实现健康状态预示与评估、故障预警和快速智能诊断、远程及现场快速动平衡维护以及智能维修决策等关键技术。

1.4.4 智能机器人

智能机器人的特点就是“智能”，它拥有相当发达的大脑（中央处理器）和神经中枢（智能传感器），可进行判断、逻辑分析、理解等智力活动，能够理解人类语言，用人类语言同操作者对话，能分析出现的情况，能调整自己的动作以达到操作者所提出的全部要求并拟定所希望的动作，而且能在信息不充分的情况下和环境迅速变化的条件下自主完成这些动作。智能机器人还有“五官”，其五官是形形色色的内部信息传感器和外部信息传感器，如视觉传感器、听觉传感器、触觉传感器、嗅觉传感器等。另外，智能机器人还有感知功能等[18,19]。

工业和信息化部、国家发展改革委、财政部三部委联合印发了《机器人产业发展规划（2016～2020年）》，指出机器人产业发展要推进重大标志性产品率先突破。智能机器人包括工业机器人和服务机器人两个领域。

在工业机器人领域，聚焦智能生产、智能物流，攻克工业机器人关键技术，提升可操作性和可维护性，重点发展弧焊机器人、真空（洁净）机器人、全自主编程智能工业机器人、人机协作机器人、双臂机器人、重载AGV 6种标志性工业机器人产品，引导我国工业机器人向中高端发展。

在服务机器人领域，重点发展消防救援机器人、手术机器人、智能型公共服务机器人、智能护理机器人4种标志性产品，推进专业服务机器人实现系列化，个人/家庭服务机器人实现商品化。

1.4.5 智能终端产品

现在我们生活在智能终端产品的世界里，日常生活接触的智能包括手机、智能电子产品、车载的导航、智能导航机器人等。未来，任何人用到的或与人有关联的机器、设备、工具等，都可能是一个“智能终端”，都具有信息采集、分析、处理的功能。

1.5 本章小结

本章主要对智能制造装备的概念、组成及特点，智能制造装备的发展概况、智能制造装备的研发内容、智能制造装备的发展趋势进行介绍，使读者对智能制造装备有充分的了解，以利于对后续章节内容的理解。

第2章

智能制造装备机械本体设计

智能制造装备的机械本体设计主要是机械部分的设计。机械设计就是根据使用要求确定产品应该具备的功能，构想出产品的工作原理、结构形状、运动方式、力和能量的传递以及所用材料等，并转化为具体的描述，例如图纸和设计文件等，以此作为制造的依据。机械设计是产品从需求分析、设计、制造、销售、使用到回收整个产品生命周期中的一个重要环节，对产品成本的影响占80%。

2.1 机械设计的基本要求

机械设计是产品设计中重要的环节，其主要任务如图2-1所示。机械设计的基本要求是：所设计的机械产品在完成规定功能的前提下，力求产品造型美观、性能优、生产效率高、使用成本低；在规定的使用周期内，产品要安全可靠、操

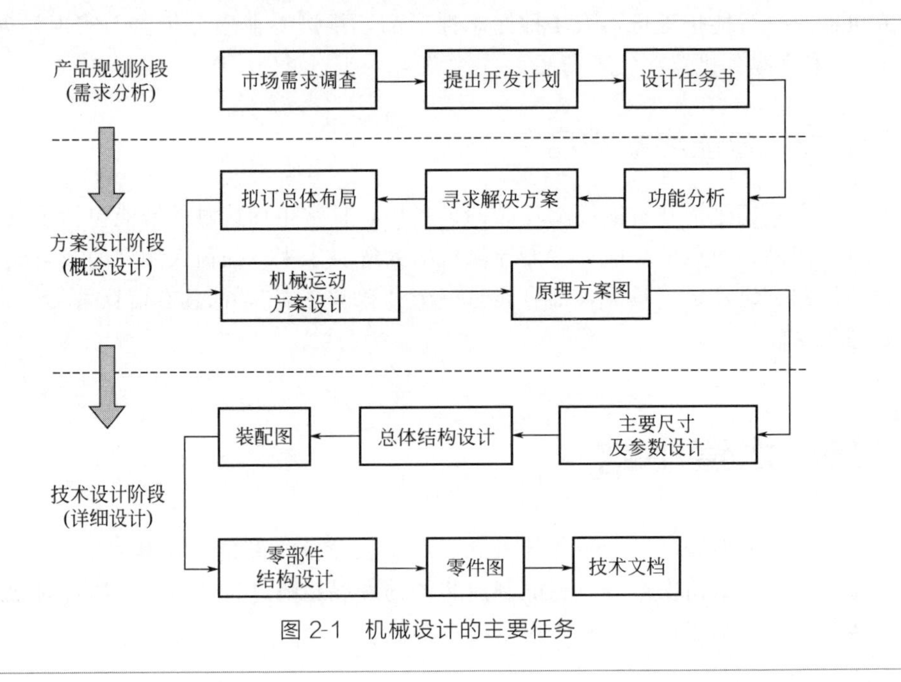

图2-1 机械设计的主要任务

作方便、维护简单等。在长期的工程设计与制造使用过程中，人们总结出九字评价方法：产（生产性），靠（可靠性），能（性能好，节能），修（维护方便），保（环保），用（好用），成（成本，包括制造成本和使用维护成本），灵（灵活性），美（美观）[20]。

机械设计一般应满足以下几方面要求：

（1）使用要求

使用要求是对机械产品的首要要求，也是最基本的要求。机械的使用要求是指机械产品必须满足用户对所需产品功能的具体要求，这是机械设计最根本的出发点。不能满足客户的使用要求，设计就失去了意义。

（2）可靠性和安全性要求

机械产品的可靠性和安全性是指在规定的使用条件下和寿命周期内，机械产品应具有的完成规定功能的能力。安全可靠是机械产品的必备条件，机械安全运转是安全生产的前提，保护操作者的人身安全是以人为本的重要体现。

（3）经济性和社会性要求

经济性要求是指所设计的机械产品在设计、制造方面周期短、成本低；在使用方面效率高、能耗少、生产率高、维护与管理的费用少等。此外，机械产品应操作方便，安全可靠，外观舒适，色调宜人，产品生产过程和使用过程均需符合国家环境保护和劳动法规的要求。

（4）其他要求

一些机械产品由于工作环境和要求不同，进行设计时会有某些特殊要求。例如设计航空飞行器时有质量小、飞行阻力小和运载能力大的要求；流动使用的机械（如塔式起重机、钻探机等）要便于安装、拆卸和运输；设计机床时应考虑长期保持精度的要求；对食品、印刷、纺织、造纸机械等应有保持清洁，不得污染产品的要求等。

根据机械设计的基本要求，设计机械产品时应遵循以下基本原则：

（1）以市场需求为导向

机械设计与市场是紧密联系在一起的。好的设计能够迅速占领市场并获取利润。从确定设计项目、使用要求、技术指标、设计与制造工期到拿出总体方案、进行可行性论证、综合效用分析、盈亏分析，再到具体设计、试制、鉴定、产品投放市场后的信息反馈等都是紧紧围绕市场需求来运作的。如何设计才能使产品具有竞争力，赢得市场，是机械设计人员时刻该思考的问题。

（2）创造性原则

创造就是把以前没有的事物生产出来，是典型的人类自主行为。创造是人类特有的，是有意识地对世界进行探索的劳动。设计只有作为一种创造性活动才具有强大的生命力。因循守旧，不敢创新，只能落后“挨打”。在世界科技飞速发展的今天，机械设计创造性原则尤为重要。

（3）“三化”原则

标准化、系列化、通用化简称为“三化”，是我国现行的一项很重要的技术政策。标准化是指将产品的质量、规格、性能、结构等方面的技术指标加以统一规定并作为标准来执行。常见的标准代号有 GB（中华人民共和国国家标准）、JB（机械工业标准）和 ISO（国际标准化组织标准）等。系列化是指对同一产品，在同一基本结构或基本条件下规定出若干不同的尺寸系列。通用化是指不同种类的产品或不同规格的同类产品尽量采用同一结构和尺寸的零部件。

执行“三化”可以减轻设计工作量，提高设计质量，缩短生产周期；减少刀具和量具的规格，便于设计与制造，降低成本；便于组织标准件的规模化、专门化生产；易于保证产品质量，节约材料，降低成本；提高互换性，便于维修；便于国家的宏观管理与调控以及内外贸易；便于评价产品质量，解决经济纠纷。

（4）整体优化原则

机械设计者要具有系统化和优化的思想，整体综合考虑产品。性能最好的机器其内部零件不一定是最好的，效益也未必最佳。设计人员要将设计方案放在大系统中去考虑，从经济、技术、社会效益等各方面去分析、计算，权衡利弊，寻求最优方案，使设计效果最佳，经济效益最好。

（5）联系实际原则

设计要为之所用，所有的设计都不能脱离实际。机械设计人员，在设计某一产品时，要综合考虑当前的物料供应情况、企业自身的生产条件、用户的使用条件和要求等，这样设计出来的产品才是符合实际需求的。

（6）人机工程原则

机器是为人服务的，但机器在工作过程中也是需要人去操作使用的，人始终是主导，是最活跃、最容易受到伤害的，好的产品设计需要符合人机工程学原理。人机工程强调的是不同的作业中人、机器及环境三者间的协调，研究方法和评价手段涉及心理学、生理学、医学、人体测量学、美学、设计学和工程技术等多个领域，通过多学科知识来指导工作器具、工作方式和工作环境的设计和改造，提高产品效率、安全、健康、舒适等方面的特性。如何使机器适应人的操作要求，投入产出比率高，整体效果最好，是设计人员应该考虑的问题。设计时要合理分配人机功能，尽量减少操作者干预或介入危险的机会。在确定机器相关尺寸时，要考虑人体参数，使机器装备适应人体特性。要有友好的人机界面设计以及合理的作业空间布置。

智能制造装备的机械系统主要分为动力系统、执行系统、传动系统、支承系统和操作控制系统五部分，其相互作用关系如图 2-2 所示。本章将重点介绍智能制造装备的机械本体设计，即传动系统、支承系统以及执行系统设计。

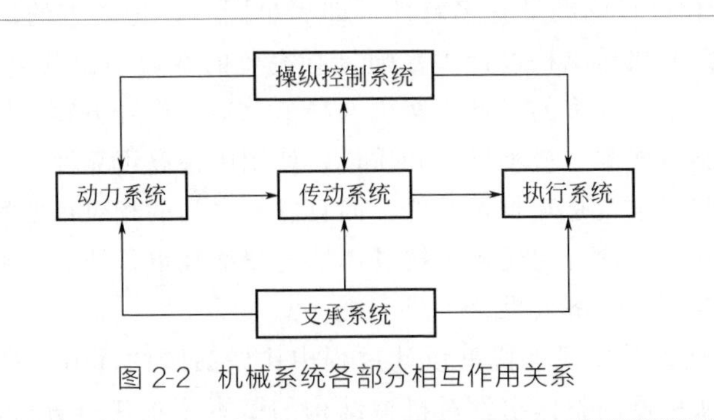

图 2-2 机械系统各部分相互作用关系

2.2 智能制造装备机械本体整体设计

2.2.1 机械结构设计的任务

结构设计的任务是在总体设计的基础上，根据机械原理方案，确定并绘出具体的机械结构图，满足实际要求的功能。结构设计过程是将抽象的工作原理具体化为某类构件或零部件，在确定结构件的材料、形状、尺寸、公差、热处理方式和表面状况等因素的同时，还需综合考虑零部件的加工工艺、强度、刚度、精度以及零部件之间的装配关系、互换等问题。机械结构设计的直接产物是技术图纸，包括三维模型、二维工程图、仿真分析等。机械结构设计的产物虽然是技术图纸，但结构设计工作不仅仅是简单的机械制图，图纸只是表达设计方案的语言，综合技术的具体化是结构设计的基本内容。

2.2.2 机械结构设计的特点

产品结构设计阶段包括外观建模及评审、外观手板制作、产品内部结构设计及评审等内容，是产品结构设计中的重要阶段[21]。机械结构设计是机械设计的主要工作。其主要特点有：

① 机械结构设计对机械设计的成败起着举足轻重的作用，是机械设计中涉及问题最多、最具体、工作量最大的阶段。结构设计是集思考、讨论、计算、绘

图（包括三维建模和二维工程图）、仿真、实验、快速原型样机于一体的设计过程。机械设计过程中约80%的时间用于结构设计，从事机械结构设计的工程师也最多。

② 机械结构设计问题具有多解性，即满足同一设计要求的机械结构并不是唯一的。因此需要机械结构设计工程师具有完备的专业知识及丰富的实践经验，能够根据实际要求在众多的设计方案中选择最合适的设计方案，以期达到最优工作性能、最低制造成本、最小尺寸和质量、使用中最高可靠性、最低消耗和最小环境污染。这些要求常是互相矛盾的，而且它们之间的相对重要性因机械种类和用途的不同而异。设计者的任务是按具体情况权衡轻重，统筹兼顾，使设计的机械有最优的综合技术经济效果。

③ 机械结构设计阶段是机械设计过程中比较活跃的环节，在进行机械结构设计时，必须从机器的整体出发对机械结构的基本要求进行分析，常常需反复、螺旋式上升进行。

2.2.3 机械结构件的结构要素和设计方法

（1）结构件的几何要素

机械结构的功能主要是靠机械零部件的几何形状及各个零部件之间的相对位置关系及相对运动关系实现的。各个几何表面构成了零部件的几何形状，一个零件通常有多个表面，在这些表面中有的与其他零部件表面直接接触，这一部分表面为功能表面，连接部分称为连接表面。零件的功能表面是决定机械功能的重要因素，功能表面的设计是零部件结构设计的核心问题。描述功能表面的主要几何参数有表面的几何形状、尺度、表面数量、位置、顺序等。对功能表面进行不同的设计可以实现同一技术要求的多种结构方案设计。

（2）结构件之间的连接

机械装备或产品任何零件都不是孤立存在的，而是相互关联的。因此在结构设计中除了研究零件本身的功能和其他特征外，还需研究零件之间的相互关系。零件的相关分为直接相关和间接相关两类。两零件有直接装配关系的，称为直接相关，否则为间接相关。间接相关又分为位置相关和运动相关两类。位置相关是指两零件在相互位置上有要求，如减速器中两相邻的传动轴，其中心距必须保证一定的精度，两轴线必须平行，以保证齿轮的正常啮合。运动相关是指一零件的运动轨迹与另一零件有关，如车床刀架的运动轨迹必须平行于主轴的中心线，靠床身导轨和主轴轴线的平行来保证。所以，主轴与导轨之间为位置相关，而刀架与主轴之间为运动相关。多数零件都有两个或更多的直接相关零件，每个零件都有两个或多个部位在结构上与其他零件有关。在进行结构设计时，两零件直接相关部位必须同时考虑，以合理地选择零件的热处理方式、形状、尺寸、精度及表面质量等因素。同时还必须考虑满足间接相关条件，如进行尺寸链和精度计算等。一般来说，若某零件直接相关零件越多，其结构就越复杂；零件的间接相关零件越多，其精度要求越高。

(3) 考虑结构件的材料及热处理

材料是人类赖以生存和发展的物质基础。信息、材料和能源是当代文明的重要组成部分，国际社会竞争的很多方面是材料的竞争。机械设计中可以选择的材料众多，不同的材料具有不同的性质，对应不同的加工工艺。结构设计中既要根据功能要求合理地选择适当的材料，又要根据材料的种类确定适当的加工工艺，并根据加工工艺的要求确定适当的结构，只有通过适当的结构设计才能使选择的材料最充分地发挥优势。设计者要做到正确地选择材料就必须充分地了解所选材料的力学性能、加工性能、使用成本等信息。结构设计中应根据所选材料的特性及其所对应的加工工艺而遵循不同的设计原则。

金属热处理是机械制造中重要的工艺之一，是机械产品性能得以提升的重要手段。与其他加工工艺相比，热处理一般不改变工件的几何形状和整体的化学成分，而是通过改变工件内部的显微组织，或改变工件表面的化学成分，改善工件的使用性能。热处理工艺一般包括淬火、正火、回火等。需要热处理的零件的结构设计要求是：零件的几何形状应简单、对称；具有不等截面的零件，其大小截面的变化要平缓，避免突变（如果相邻部分的变化过大，大小截面冷却不均，必然形成内应力）；避免锐边尖角结构（为了防止锐边尖角处熔化或过热，一般在槽或孔的边缘上切出2～3mm的倒角）；避免厚薄悬殊的截面（因其在淬火冷却时易变形，开裂的倾向较大）。

2.3 智能制造装备本体设计的主要内容

2.3.1 功能原理设计

方案设计是指根据实际需求进行产品功能原理设计，这个阶段是设计过程非常重要的阶段，主要进行设计任务的抽象、功能分解、建立功能结构、寻求求解方法、形成方案以及评价等内容。

(1) 功能分解

在机械设计过程中，需要设计的装备往往比较复杂，很难直接找到满足总功能的最优的原理方案。设计过程中可采用功能分析的方法进行功能分解，将总功能分解为多个功能元，抓住主要要求，兼顾次要要求。再通过对功能元进行求解和组合，得到原理方案的多种解。

例如，饮料自动灌装机用来实现饮料的自动灌装。其分功能包括饮料瓶、盖、饮料的贮存、输送、灌装、加盖、封口、喷码、贴商标、成品输送、包装。对于某机器，可以按照原动机、工作机、传动机、控制器、支承件等进行分解。

机械设计中常用的功能元有物理功能元、数学功能元和逻辑功能元。物理功能元反映了技术系统中物质、能量和信息在传递和变换中的基本物理关系，包括变换、放大与缩小、分离与合并、传导与阻隔、储存等；数学功能元包括加、减、乘、除、乘方、微分与积分等；逻辑功能元包括与、或、非三种逻辑关系。

（2）绘制功能结构

功能元的分解和组合关系称为功能结构。对任务进行分解与抽象，可明确产品的总功能。功能结构直观地反映了系统工作过程中物质、能量、信息的传递和转换过程。功能结构主要分为链式结构、并联结构和循环结构三种，如图 2-3 所示，图中 F_1、F_2、F_3 代表不同的功能。

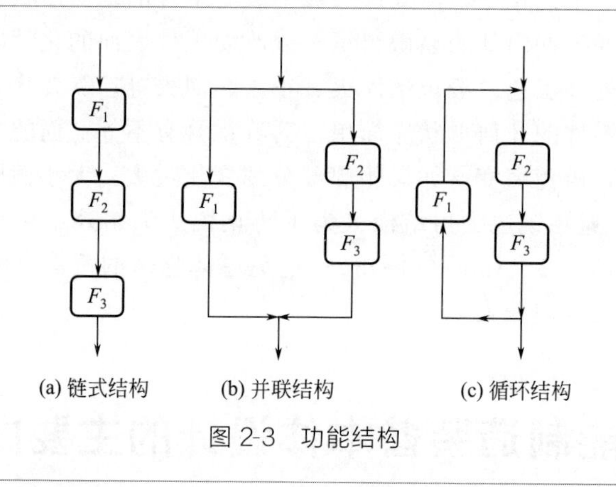

图 2-3 功能结构

不同功能层关系如图 2-4 所示。将不同的功能层的功能结构连接起来，层层传递，直至满足总功能的要求。

（3）功能元求解

功能元求解方法一般有设计目录求解法、创新性求解法等。设计目录是一种设计信息的载体，对设计过程中需要的大量信息按照某规则有规律地进行分类、排序、储存，方便设计人员查找和使用。设计目录分为对象目录、操作目录和解法目录三大类。图 2-5 为四杆机构运动转换求解目录，○表示可以，⊗表示不可以。

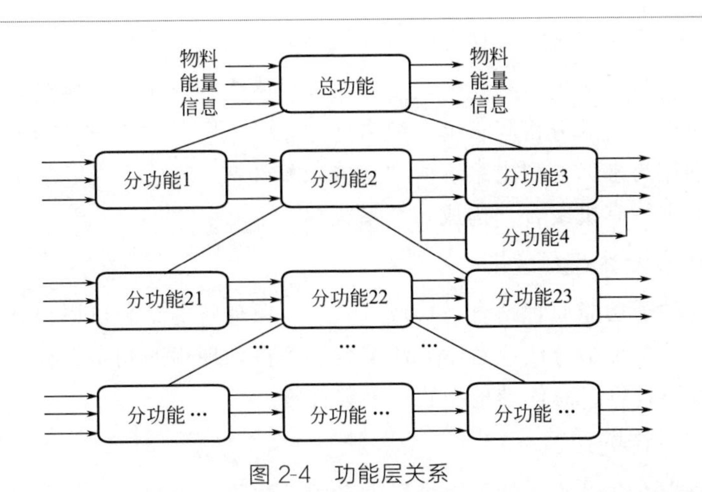

图 2-4 功能层关系

四杆机构图		运动副转换			四杆机构图		运动副转换		
		旋转/旋转	旋转/平移	平移/平移			旋转/旋转	旋转/平移	平移/平移
1	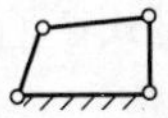	○	⊗	⊗	9	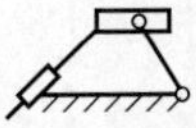	⊗	○	⊗
2	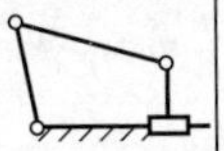	⊗	○	⊗	10	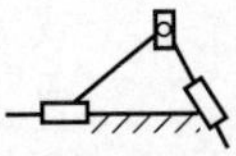	⊗	⊗	○
3	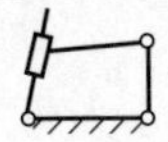	○	⊗	⊗	11	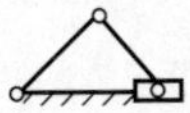	○	○	⊗
4	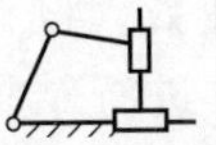	⊗	○	⊗	12	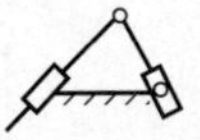	⊗	○	○
5		⊗	⊗	○	13	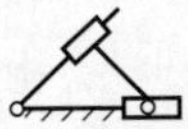	○	○	⊗
6		○	⊗	⊗	14	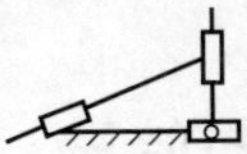	⊗	⊗	○
7	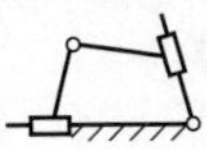	⊗	○	⊗	15	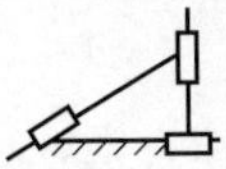	⊗	⊗	○
8	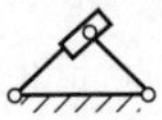	○	⊗	⊗	16		⊗	⊗	○

图 2-5 四杆机构运动转换求解目录

（4）原理方案求解

原理解就是能实现某种功能的工作原理以及实现该工作原理的技术手段和结构原理。原理方案的分析与求解一般借助形态学矩阵。将系统功能元和其对应的各个解分别作为坐标，列出系统的“功能求解矩阵”，然后从每个功能元中取出一个对应解进行有机组合，构成一个系统解[22]。

（5）初步设计方案成形

将所有的子功能原理结合，形成总功能。原理解的结合可以得到多个设计方案，可以采用系统结合法或数学方法结合法等得到理想的初步设计方案。然后就可以进行方案评价、总体结构布置、参数计算。

（6）总体结构布置

选定初步方案以后，就可以进行方案的具体化。比如对空间布局、质量、技术参数、材料、性能、工艺、成本、维护等进行量化。

机械系统的总体布置是结构设计的重要环节，应满足功能、性能合理，结构紧凑，层次清晰，比例协调，具有可扩展性等要求。总体布置的设计顺序应由简到繁，反复多次。按执行件的布置方向，分为水平式、倾斜式、直立式等。按执行件的运动方式，分为回转式、直线式、振动式等。按原动机的相对位置，分为前置式、中置式、后置式等。

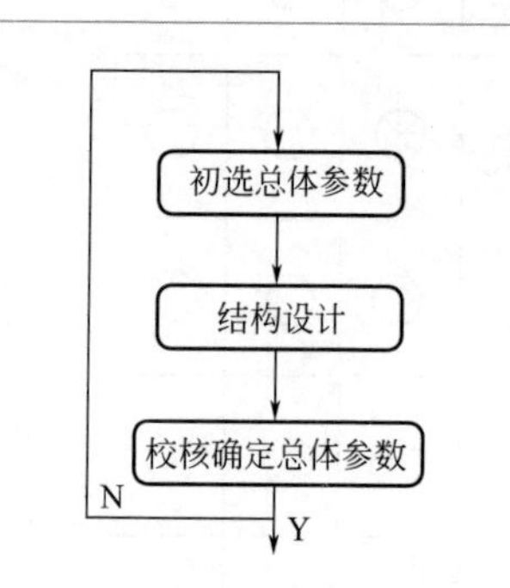

图 2-6　机械系统设计流程

（7）主要参数计算

机械系统的主要参数分为性能参数、尺寸参数、动力参数和运动参数。设计时，应根据实际要求，初选总体参数进行结构设计，校核确定总体参数，根据存在的问题调整参数和结构，直至总体技术参数满足要求为止（图 2-6）。做好初选总体参数需要一定的设计经验。

2.3.2 方案评价与筛选

（1）确定评价指标

产品总体方案评价是产品设计过程中的重要步骤，是确定总体设计之后进行详细设计的关键环节。在产品总方案评价指标体系中，既有定量的指标，又有定性的指标。定性指标评价值通常由于信息的不完全或者评价指标的定性属性而无法量化。不同的定量指标评价价值不具有可比性。而评价指标需要建立可以相互比较的同一量纲的评价指标值，因此需要对定性指标和定量指标规范化。对于定性指标，通常采用相同水平的模糊数表示指标评价值；对于定量指标，其性能评价常采用的方法有线性变换、标准 0-1 变换、向量规范化等。

（2）确定评价模型

评价指标是评价的依据。评价指标包括技术评价指标（即技术上的可能性和先进性，包括工作性能指标、可靠性、可维护性等），经济评价指标（包括成本、利润、实施费用及投资回收期等），社会评价指标（是否符合国家科技发展的政策和规划，是否有利于改善环境，是否有利于资源开发和节约能源等）。

通过对设计总目标的分析，选择要求和约束条件中最重要的几项作为评价指标。同时根据各评价目标的重要程度分别设置加权系数。一般取各评价指标加权系数 $W_i \in [0,1]$，且 $\sum W_i = 1$。常用的评价模型建立方法包括有效值评分法、模糊评价法、层次分析法等。

设计评价的内容很多，对智能机电装备的评价来说，主要有技术经济评价、可靠性评价、结构工艺性评价、人机工程学评价、产品造型评价、标准化评价等。

以结构工艺性评价为例进行介绍。结构工艺性评价可以降低生产成本，缩短生产时间，提高产品质量。结构工艺性的评价内容有加工工艺性、装配、维护等。

加工工艺性可以从产品结构的合理组合和零件加工工艺性两方面评价。产品是由部件、组件和零件组成的。组成产品的零部件越少，结构越简单，重量可能越轻，但可能导致零件的形状复杂，加工工艺性差。根据工艺要求，设计时应合理地考虑产品的结构组合，把工艺性不太好或尺寸较大的零件分解成多个工艺性好的小零件，使零件的尺寸与企业生产设备尺寸相适应，但增加了加工费用和装配费用，连接面增加也会使刚度、抗震性和密封性能皆有所降低。产品结构的合理组合也包括设计时把多个结构简单、尺寸较小的零件合并为一个零件，以减轻重量，减少连接面数量，节省加工和装配费用，改善结构的力学性能。

零件的结构形状、材料、尺寸、表面质量、公差和配合等确定了其加工工艺性。加工工艺性的评价没有统一标准，可以根据车间现有生产条件确定，比如传统的工艺习惯，车间的现有加工设备的加工能力和工装条件，外协加工条件和能力，材料、毛坯和半成品的供应情况和质量检验的可能性等。铸造类零件、锻造类零件、冷压类零件、车削加工零件、特种加工零件、铣削零件、磨削零件等，具有自己的工艺要求，篇幅关系这里不再详述，需要时可以参阅金属加工手册，供设计时参考。

产品设计不仅决定了零件加工的成本和质量，而且决定了装配的成本和质量。装配的成本和质量取决于装配操作的种类和次数，装配操作的种类和次数又与产品结构、零件及其结合部位的结构和生产类型有关。

便于装配的产品结构会将产品合理地分解成部件，部件分解成组件，组件再分解成零件，实现平行装配，缩短装配周期，保证装配质量。结构简单的零件合并为一个零件，以减少装配工作量；满足功能的前提下，尽可能减少零件、接合部位和接合表面的数量；装配时尽可能采用统一的工具、统一的装配方向和方法。零件接合部位结构的合理性可以改善装配工艺性和维修工艺性。

产品设计应充分考虑整个产品生命周期，设计之初就应考虑产品的维护：平均修复时间要短；维修所需元器件或零部件的互换性好，并容易寻找；设备零部件间有充足的操作空间；维修工具、附件及辅助维修设备的数量和种类少；维修成本低、工时少。

其他评价这里不再赘述。在形成的初步方案比较多的情况下，可以对方案进行初选，比如可以通过观察比较，先淘汰方案里面不能实现的方案，也可以给每个方案进行指标打分量化，通过得分来确定最终方案。

2.3.3 机械结构设计的基本要求

工业文明以来，人类创造了各种各样的机械产品，并应用于生产生活中，改变了人类的生活方式。机械结构设计的内容和要求千差万别，但不同的机械有共性部分。机械结构设计的要求可以从机械结构设计的三个不同层次来说明。

（1）功能原理设计

功能是对某产品的工作功能的抽象化描述，基本功能是产品所具有的用以满足用户某种需求的效能，即产品的用途或使用价值。产品的设计就是要给从无到有的机器或装置赋予使用价值，也就是说要有用。功能设计要满足主要机械功能要求，技术上要具体化，并以工程图纸等形式表达，如工作原理的实现、工作的可靠性、工艺、材料和装配等方面要求的具体化。功能原理设计首先要通过调查研究，确定符合客户要求的功能目标，然后进行创新，进行功能设计并进行原理验证，确定方案及评价，得出最优方案。具体来说包括功能原理分析、功能分解、分功能求解和功能原理方案确定。

（2）质量设计

质量设计非常重要，是现代工程设计的特征，是提高产品竞争力的重要因素。设计时兼顾各种要求和限制（操作、美观、成本、安全、环保等），提高产品的质量和性价比。统筹兼顾各种要求，提高产品的质量，是现代机械设计的关键所在，也是产品具有旺盛竞争力的关键所在。产品质量问题不仅仅是工艺和材料的问题，提高质量应始于设计。优秀的设计能让产品迅速占领市场，为企业赢得利润和竞争力。

(3) 优化设计和创新设计

随着市场对产品性能要求的提高，优化设计和创新设计在现代机械设计中的作用越来越重要，已成为未来技术产品开发的竞争焦点。企业要求得生存，需要不断地推出具有竞争力的创新产品。创新设计需依据市场需求发展的预测，进行产品结构的调整，用新的技术手段和技术原理，对传统产品进行改造升级，开发出新一代的产品，提升产品的附加值，改善其功能、技术指标，降低生产成本和能源消耗，采用先进的生产工艺，缩小与国内外先进同类产品之间的差距，提高产品的竞争能力[23]。创新设计是解决发明问题的设计，该过程的核心是概念设计[24]。优化设计和创新设计要求用结构设计变元等方法系统地构造优化设计空间，用创造性设计思维方法和其他科学方法进行优选和创新。机械设计的任务是在众多的可行性方案中寻求最优的方案。结构优化设计的前提是要能构造出大量可供优选的可行性方案，即构造出大量的优化求解空间，这也是结构设计最具创造性的地方。结构优化设计目前仍局限在用数理模型描述的此类问题上。建立在由工艺、材料、连接方式、形状、顺序、方位、数量、尺寸等结构设计变元所构成的结构设计解空间基础上的优化设计，更具发展潜力。

一般情况下，创新和优化设计需要从市场调研和需求预测开始。在市场调研的基础上，明确装备产品设计任务，进行产品的规划、方案设计、技术设计和施工设计等。最后，需要产品样机试制或者快速原型样机，进行产品试验，验证新产品的性能，然后进行中试。

2.3.4 机械结构基本设计准则

机械设计的最终结果是以一定的结构形式表现并按所设计的结构进行加工、装配、调试，形成新的产品。结构设计应满足产品在功能、可靠性、工艺性和经济性等诸多方面的要求，还应对零件的受力平衡、强度、刚度、精度和寿命等不断改进，因此机械结构设计是一项综合性的技术工作。错误的或不合理的结构设计会造成零部件的失效，使机器达不到设计精度的要求，给装配和维修带来极大的不方便。机械结构设计过程中应考虑的结构设计准则有：

(1) 明确预期功能

产品设计的主要目的是实现预定的功能要求，因此实现预期功能的设计准则是结构设计首先考虑的问题。原则是明确，简单，安全可靠。

① 明确功能。进行结构设计首先要明确产品功能，产品设计中的问题都应该在结构方案中有明确的体现，做到功能明确，工作原理明确，使用工况及应力状态明确。结构设计是根据零部件在机器中的功能和与其他零部件相互的连接关系，设计结构和尺寸参数。零部件主要的功能有承受载荷，传递运动和动力，以

及保证或保持有关零件或部件之间的相对位置或运动轨迹等。设计的结构首先应能满足机器的基本功能要求，在此基础上，再逐步优化。

② 功能合理分配。产品设计时，根据具体情况有时需要将任务进行合理的分配，将一个功能分解为多个分功能。每个分功能都要有确定的结构承担，各部分结构之间应具有合理、协调的联系，以实现总功能。多结构零件承担同一功能可以减轻单个零件负担，延长使用寿命。以带传动的V带为例，抗拉层纤维绳用来承受拉力；橡胶填充层承受带弯曲时的交变弯曲应力；包布层与带轮轮槽作用，产生传动所需的摩擦力。再如，承受横向载荷的螺纹连接中，如果只靠螺栓预紧产生的摩擦力来承受横向载荷，会使螺栓的尺寸过大或螺栓数目太多，在设计时可增加抗剪元件分担横向载荷。这样，连接主要靠螺栓完成，抗剪主要由抗剪元件完成，如图 2-7 所示。

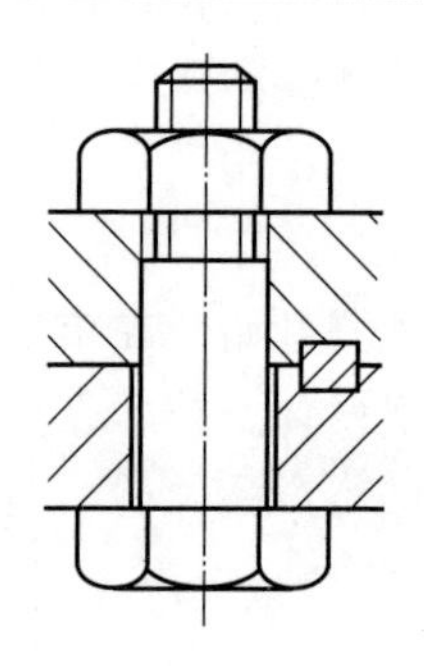
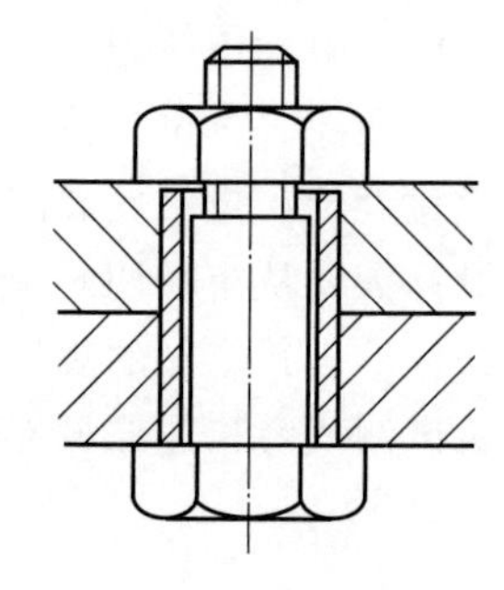
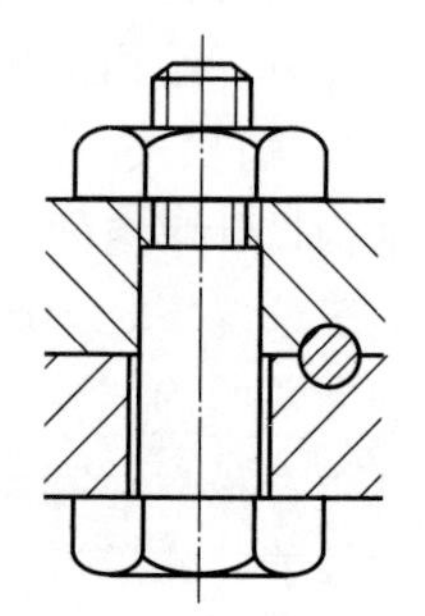

图 2-7 采用抗剪元件分担载荷

③ 功能集中。为了简化机械产品的结构、降低加工成本、便于安装，在某些情况下，可由一个零件或部件承担多个功能。功能集中有一定的优势，但过度会使零件的形状更加复杂，反而影响加工工艺、增加加工成本，设计时应根据具体情况而定。

④ 简单可靠。在确定结构方案时，零件数目和加工工序尽可能减少，零件形状结构要简单，尽量减少加工面，减少机加工次数及热处理工序。

(2) 满足强度要求的设计准则

① 等强度准则。零件截面尺寸的变化应与其内应力变化相适应，使各截面的强度相等。按等强度原理设计的结构，材料可以得到充分的利用，从而减轻重量、降低成本。如悬臂支架、阶梯轴、飞机机翼的设计（图 2-8）等。

② 力流结构要合理。力流就是力在传递过程中的轨迹。机械系统中的力是通过各个相互连接面传递的，力的传递方向即力流方向。为了直观地表示力在机械构件中传递的状态，可以用力流来表示。力流在结构设计中起着重要的作用。

力流在构件中不会中断，任何一条力线都不会突然消失，必然是从一处传入，从另一处传出。力流的另一个特性是它倾向于沿最短的路线传递，从而在最短路线附近力流密集，形成高应力区。其他部位力流稀疏，甚至没有力流通过，从应力角度上讲，材料未能充分利用。力在受载机械系统中的传递路线，遵循传递路径最短的规律。为了提高构件的刚度，应尽可能按力流最短路线来设计零件的形状，减少承载区域，从而使累积变形更小，提高材料利用率和整个构件的刚度。图 2-9 所示为根据力流结构设计的板簧和轴支承结构。

图 2-8 飞机机翼的等强度（悬臂梁）设计

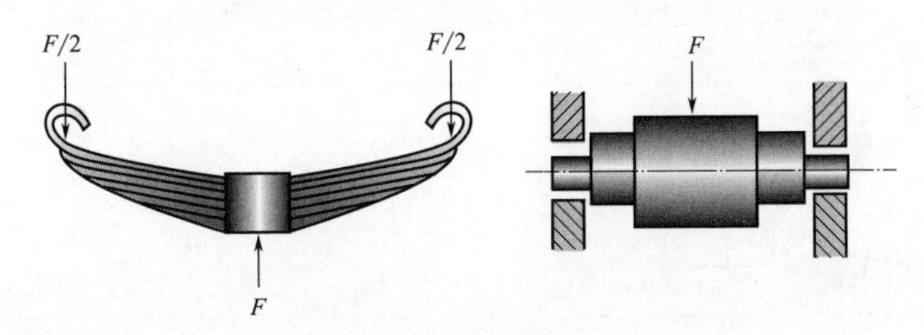

图 2-9 板簧和轴支承结构设计

③ 减小应力集中结构。力流方向急剧变化会引起应力集中，应力集中在结构设计中经常出现。设计时应在结构上采取措施，使力流转向平缓。应力集中是影响零件疲劳强度的重要因素，应尽量避免或减小应力集中。避免应力集中的措施可以查阅机械设计相关书籍或手册，如增大过度圆角、采用卸载结构等。图 2-10 所示为螺纹连接中减小应力集中的结构。表 2-1 给出了降低轴应力集中的措施。

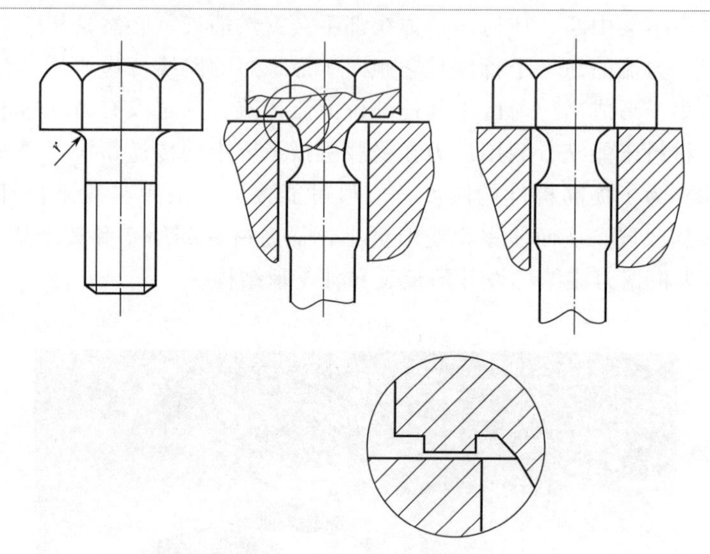

图 2-10　螺纹连接中减小应力集中的结构

表 2-1　降低轴应力集中的措施

结构名称	简图	措施
圆角	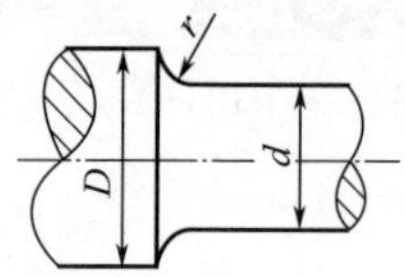	加大圆角半径 $r/d>0.1$ 减小直径差 $D/d<1.15\sim1.2$
	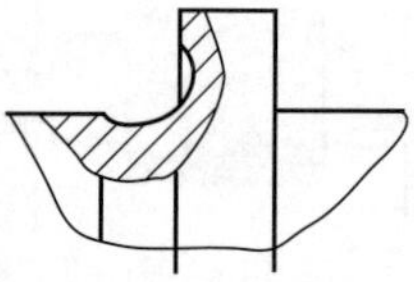	加入凹圆角
	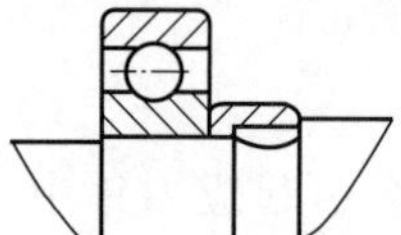	加大圆角半径，设中间环
	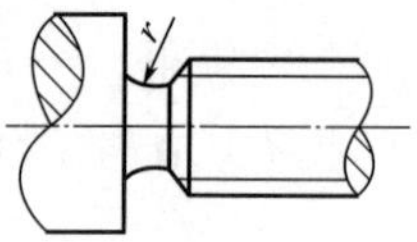	加退刀圆角

续表

结构名称	简图	措施
键槽	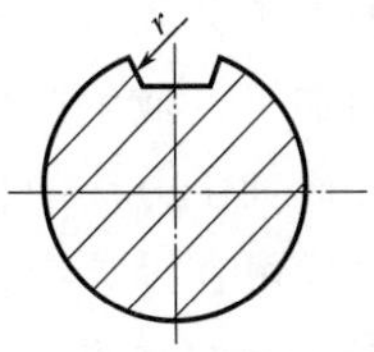	底部加圆角
	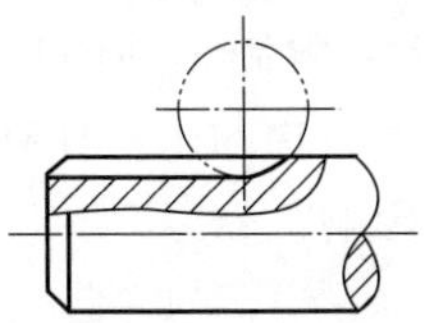	用圆盘铣刀
花键	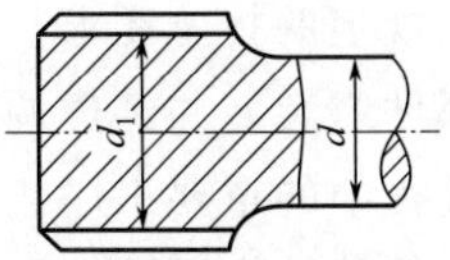	增大花键直径 $d_1=(1.1\sim1.3)d$
	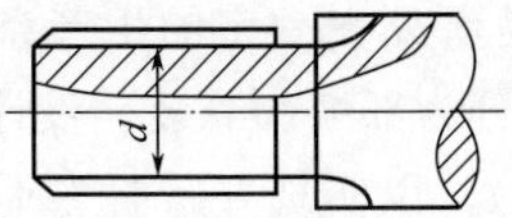	花键加退刀槽

④ 使载荷平衡。机器工作时，常产生一些无用的力，如惯性力、斜齿轮轴向力等，这些力增加了轴和轴瓦等零件的负荷，降低了其精度和寿命，同时也降低了机器的传动效率。所谓载荷平衡就是指采取结构措施平衡部分或全部无用力，以减轻或消除其不良的影响。这些结构措施主要包括平衡元件、对称布置等。

(3) 满足结构刚度

刚度是指材料或结构在受力时抵抗弹性变形的能力，表征材料或构件弹性变形的难易程度。构件变形常影响构件的工作，例如齿轮轴的过度变形会影响齿轮啮合状况，机床变形过大会降低加工精度等。影响刚度的因素是材料的弹性模量和结构形式，改变结构形式对刚度有显著影响。为保证机械零部件在使用周期内正常地实现其功能，必须使其具有足够的刚度。

(4) 考虑加工工艺

机械零部件结构设计的主要目的是使产品实现要求的功能，达到要求的性能。结构设计对产品零部件的加工工艺、生产成本及最终产品质量影响很大，因此，在结构设计中应力求产品有良好的加工工艺性。

机加工工艺是指利用机械加工的方法，按照图纸的图样和尺寸，使毛坯成为形状、尺寸、相对位置和性质合格的零件的全过程。常规加工工艺有车削、铣削、刨削、磨削、钳工、特种加工等，任何一种加工工艺都有其局限性，可能不适用某些结构的零部件的加工或者零件某一工序的加工，或生产成本很高，或质量受到影响。因此，对于机械设计师来说，熟悉常规加工方法的特点、适用范围非常重要，同时要了解本单位车间的加工能力，这样可在设计结构时尽可能地扬长避短。实际生产中，零部件结构工艺性受到诸多因素的制约，如生产批量的大小会影响坯件的生成方法；生产设备的条件可能会限制工件的尺寸；此外，造型、精度、热处理、成本等方面都有可能对零部件结构的工艺性有制约作用。因此，结构设计时应充分考虑上述因素对工艺性的影响。

(5) 考虑装配的设计准则

产品都是由若干个零件和部件组成的。按照规定的技术要求与装配图纸的设计，若干个零件接合成部件或将若干个零件和部件组装，并经过调试、检验使之成为合格产品的过程，称为装配，是产品制造过程中的重要工序。其中零部件的结构对装配的质量、成本有直接的影响。有关装配的结构设计准则有：

① 合理划分装配单元。装配的基本任务是研究在一定的生产条件下，以高效率和低成本装配出高质量的产品。装配可以分为部装和总装。设计的整机应能分解成若干个可单独装配的单元（部件或组件），以实现并行且专业化的装配作业，缩短装配周期，并且便于逐级技术检验和维修，延长产品的使用寿命。

② 正确安装零部件。保证零件准确配合定位，避免双重配合，防止装配错误。合理安排装配顺序和工序，尽量减少手工劳动量，满足装配周期的要求，提高装配效率。

③ 保证装配精度。装配精度不仅影响机械零部件的工作性能，而且还影响装备的使用寿命。装配精度的主要内容有：各零部件的相互位置精度，各运动部件间的相对运动精度，配合表面间的配合精度和接触质量。可采取适当的措施保证装配精度。

④ 使零部件便于装配和拆卸。结构设计中，应保证有足够的装配空间，如扳手空间；避免过长配合以增加装配难度，使配合面擦伤，如有些阶梯轴的设计；为便于拆卸零件，应给出安放拆卸工具的位置，如轴承的拆卸。

⑤ 尽量降低装配成本。

(6) 考虑维护修理的设计准则

① 产品的配置应根据其故障率的高低、维修的难易、尺寸和质量的大小以及安装特点等统筹安排，凡需要维修的零件部件、故障率高而又需要经常维修的部位及应急开关，都应具有最佳的可达性。

② 产品特别是易损件、常拆件和附加设备的拆装要简便，拆装时零部件进出要柔和，路线最好是直线或平缓的曲线。

③ 产品的检查点、测试点、观察孔、注油孔等维护点，都应布置在便于操作者接近的位置上。

④ 需要维修和拆装的产品，其周围要给操作者留足够的操作空间。

⑤ 考虑维护方便。维修时一般应能看见内部的操作，其通道除了能容纳维修人员的手或臂外，还应留有供观察的适当间隙。

(7) 考虑造型设计的准则

产品的设计不仅要满足功能要求，还应考虑工业设计，提高产品造型的美学价值，提高市场竞争力。技术产品的社会属性是商品，在买方市场的时代，为产品设计一个能吸引顾客的外观是一个重要的设计要求，时尚的有时代感的外观能迅速锁定消费者群，及时占领市场。造型设计应注意的问题有：

① 整机尺寸比例要协调。在进行机械结构设计时，应充分考虑外形轮廓各部分尺寸之间均匀协调的比例关系，尽可能地利用一些大众接受的审美原则，如“黄金分割法”来确定尺寸，使产品造型更具美感。

② 产品外观颜色。色彩是产品造型要素中的重要因素，具有先声夺人的效果，能够第一时间抓住消费者眼球，提高产品档次和竞争力。

③ 形状简单统一。机械产品的外形通常由长方体、圆柱体、锥体等基本的几何形体，通过差、交、并等组合而成。结构设计时，应使这些形状配合适当，基本形状应在视觉上平衡，尽量减少形状和位置的变化，避免过分凌乱，做到简约而不简单。

(8) 考虑成本的设计准则

设计成本是根据一定生产条件，依据产品的设计方案，通过技术分析和经济分析，采用一定方法确定的最合理的加工方法下的产品预计成本。产品成本虽然主要发生在制造阶段，但在很大程度上取决于设计阶段。设计中的成本浪费会造成成本控制的“先天”不足。设计成本控制是成本控制的关键。控制成本可以采取的措施有：

① 对产品进行功能分解，合并相同或相似功能，去除不必要的功能，尽可能地简化产品使用和维修操作。

② 在满足规定功能要求的条件下，尽可能简化结构，减少产品层次和组成单元的数量，简化零件的形状。

③ 为产品设计简便而可靠的调整机构，以排除磨损或漂移等引起的常见故障。对易发生局部耗损的贵重件，应设计成可调整或可拆卸的组合件，以便于局部更换或修复，避免或减少互相牵连的反复调校。

④ 合理安排各组成部分的位置，减少连接件、固定件，检测、更换零部件方便操作，尽量减少拆卸、移动。

⑤ 优先选用标准件。设计时应优先选用标准化的设备、元器件、零部件和工具等产品，并尽量减少其品种、规格。

⑥ 提高互换性和通用化程度。

2.3.5 机械结构设计步骤

机械的结构设计通常是确定完成既定功能零部件的形状、尺寸和布局。结构设计过程是综合分析、绘图、计算三者相结合的过程，是从内到外、从重要到次要、从局部到总体、从粗略到精细，权衡利弊，反复检查，逐步改进的过程。机械结构设计过程大致如下：

① 理清主次、统筹兼顾。明确待设计结构件的主要任务和限制，将实现其目的的功能分解成几个子功能。然后从实现机器主要功能（指机器中对实现能量或物料转换起关键作用的基本功能）的零部件入手，通常先从实现功能的结构表面开始，考虑与其他相关零件的相互位置、连接关系，逐渐同其他表面一起连接成一个零件，再将这个零件与其他零件连接成部件，最终组合成实现主要功能的机器。而后，再确定次要的、补充或支持主要部件的部件，如密封、润滑及维护保养部件等。

② 绘制草图。在绘制草图之前应该有机构的运动方案设计，在此基础上，在分析确定结构的同时，粗略估算结构件的主要尺寸，并按一定的比例绘制草图，初定零部件的结构。这个阶段绘制草图，应表示出零部件的基本形状、主要尺寸、运动构件的极限位置、空间限制、安装尺寸等。同时结构设计中要充分注意标准件、常用件和通用件的应用，并尽可能地系列化，即“三化”，以减少设计与制造的工作量，降低成本。

③ 综合分析，确定结构方案。综合过程的主要工作是找出实现产品功能目的各种可供选择的结构，然后分析、评价、讨论、比较，最终确定结构。通过改变工作面的大小、方位、数量及结构中的构件材料、表面特性、连接方式，可以产生新方案。

④ 计算、改进结构设计。对承载零部件的结构进行载荷分析，计算载荷作用下结构件的强度和刚度，根据计算结果改进设计，直到符合要求为止，目的是提高承载能力及工作精度。结构设计很重要的一部分内容是零部件装拆、材料、加工工艺对结构的要求，要根据实际情况对结构进行改进。

⑤ 完善结构设计。考虑产品全生命周期，按技术、经济和社会指标不断完善，寻找所选方案中的缺陷和薄弱环节，对照各种要求和限制，反复改进。考虑

零部件的通用化、标准化，减少零部件的品种，降低生产成本。在结构草图中注出标准件和外购件。重视安全与劳保，对结构进行完善。

⑥ 外观设计。综合考虑机械外观是否匀称、美观。外观不均匀会造成材料或机构的浪费，出现惯性力时会失去平衡，很小的外部干扰力作用就可能失稳，抗应力集中和抗疲劳的性能也会削弱。外观设计应该由有工业设计背景的设计人员来完成或参与完成，另外，必要的时候可以做市场调研，了解潜在客户的心理需求和定位，以此来指导产品的设计。

2.4 智能制造装备进给传动系统设计

进给传动系统是机械系统的重要组成部分，是将动力系统提供的运动和动力经过变换后传递给执行系统的子系统。进给传动系统由传动比准确的传动件组成，常用传动件有齿轮、蜗轮蜗杆、齿轮齿条等。

2.4.1 智能制造装备进给传动系统的功能要求

(1) 满足运动要求

进给传动系统需要实现执行件运动形式和规律的变换以及对不同执行件的运动分配功能，使执行件满足不同工作环境下的工作要求。最重要的是，进给传动系统需实现执行件的变速功能，并且实现从动力源到执行件的升、降速功能。系统要有良好的响应特性，低速进给或微量进给时不爬行，运动灵敏度高。

(2) 满足动力要求

进给传动系统应具有较高的传动效率，实现从动力源到执行件的功率和扭矩的动力转换；具有足够宽的调速范围，能够传递较大转矩，以满足不同的工况需求。

(3) 满足性能要求

进给传动系统中的执行件需要具有足够的强度、刚度和精度，刚度包括动刚度和静刚度，且加工和装配工艺要好。若传动件和执行元件集中在一个箱体里，传动件在运转过程中产生的振动会直接影响执行件运转的平稳性，传动件产生的热量也会使执行件产生热变形，影响加工精度。所以，执行件应同时具有良好的抗震性和较小的热变形特性。

(4) 满足经济性要求

进给传动系统在满足工作要求的前提下，应尽量减少传动件的数量，使其结构紧凑，减少效率损耗并且节省材料，降低成本。

目前装备上广泛应用的传动装置主要有滚珠丝杠螺母副、静压蜗轮蜗杆副、双导程蜗杆等。以数控机床为例，与传统进给传动系统相比，数控机床的进给系统中，每一个运动都由单独的伺服电机驱动，传动链大大缩短，传动系统相比传统进给系统采用大量齿轮传动的形式，不仅大大减少了传动件的数量，而且使结构简单化，同时也减小了传动误差，保证了传动精度。

2.4.2 智能制造装备进给传动系统的组成

（1）变速装置

变速装置又称变速箱，是最常见的用来改变原动机的输出转速和转矩以适应执行系统工作要求的变速装置，它能固定或分挡改变输出轴和输入轴传动比，由变速传动机构和操纵机构组成。常见的变速方式有齿轮系变速、带传动变速、离合器变速、啮合器变速等。变速装置应满足变速范围和级数的要求，传递效率高并传递足够的功率或扭矩，结构简单、重量轻并具有良好的工艺性和润滑、密封性。

（2）启停和换向装置

启停和换向是进给传统系统最基本的功能。启停和换向装置用来控制执行件的启停及运动方向的转换。装备中常用的启停和换向装置一般分为不频繁启停且无换向（自动机械）、不频繁换向（起重机械）、频繁启停和换向（通用机床）三种情况，常见的换向方式有动力机换向、齿轮-离合器换向、滑移齿轮换向等。启停和换向装置应满足结构简单、操作方便、安全可靠并能够传递足够的动力等要求。

（3）进给运动装置

进给运动装置的功能是装备某运动部件的线性或周向进给，也是进给传统系统最基本的功能之一。进给运动装置主要由滚珠丝杠螺母副、导轨等组成。现代的一些智能制造装备上，比如高速切削机床，广泛采用电主轴等进给传动装置。直线运动装置方面，直线电机也获得了广泛的应用。

（4）制动装置

制动装置是使执行件由运动状态迅速停止的装置，一般用于启停频繁、运动构件惯性大或运动速度高的传动系统，还可以用于装备发生安全事故或者紧急情况时紧急停车。常用的制动方式有电机制动和制动器制动两类，电机制动具有结构简单、操作方便、制动迅速等优点，但传动件受到的惯性冲击大；制动器制动通常用于启动频繁、传动链较长、传动惯性和传动功率大的传动系统。制动装置应具有结构简单、操作方便、耐磨性高、易散热和制动平稳迅速等特点。

（5）安全保护装置

安全保护装置是对传动系统中各传动件起安全保护作用的装置，避免因过载而损坏机件。常见的安全保护装置有销钉式安全联轴器、钢球式安全离合器、摩擦式安全离合器等。传动件要有外壳等保护装置，不要裸露于环境中，以免造成操作者人身伤害。装备应该设计有急停装置，发生意外时紧急断电。

2.4.3 智能制造装备传动系统的分析及计算

（1）传动系统图

为了便于分析机械系统的运动和传动情况，设计者通常需要绘制传动系统图，传动系统图是表示机械系统全部运动传动关系的示意图。传动系统图应尽量画在一个能反映传动件相互位置的投影面上，各传动件按照传动顺序以展开图的形式画出来。传动关系图只能表示传动关系，并不代表各元件的实际尺寸和空间位置。图中通常需标出齿轮（蜗轮）齿数、带轮直径、丝杠导程及头数、电机的转速、传动轴的编号等信息。图 2-11 所示为某机床传动系统图。

（2）齿轮齿数的确定

当各变速组的传动比确定之后，可确定齿轮齿数和带轮直径。一般来说，齿轮的齿数与齿轮间中心距呈正相关，而中心距又取决于传递的扭矩，主变速传动系是降速传动系，越后的变速组传递的扭矩越大，因此中心距也越大。但齿数和不应过大，一般推荐 $S_z \leqslant 100 \sim 120$。齿数和也不应过小，最小齿轮的齿数要尽可能小，但要满足不发生根切的最小齿数条件，并保证作主传动时具有较好的运动平稳性。受齿轮结构限制的最小齿数的各齿轮，应能可靠地进行安装，齿轮的齿槽到孔壁或键槽的壁厚 $a \geqslant 2m$（m 为模数），以确保有足够的强度，避免出现变形、断裂。最小齿数 $Z_{min} \geqslant 6.5 + D/m$（$D$ 为齿轮花键孔的大径；m 为齿轮模数）。两轴间最小中心距应取得适当，若齿数和 S_z 过小，将导致两轴的轴承及其他结构之间的距离过近或相碰。另外，分配传动比时，还要考虑润滑等情况。

传动比可表示为

$$i = \frac{n_1}{n_0} = \frac{Z_1}{Z_0} = \frac{d_1}{d_0}$$

式中，n_0、n_1 分别为主动、被动轴转速；Z_0、Z_1 分别为主动、被动齿轮（链轮）齿数；d_0、d_1 分别为主动、被动带轮直径。

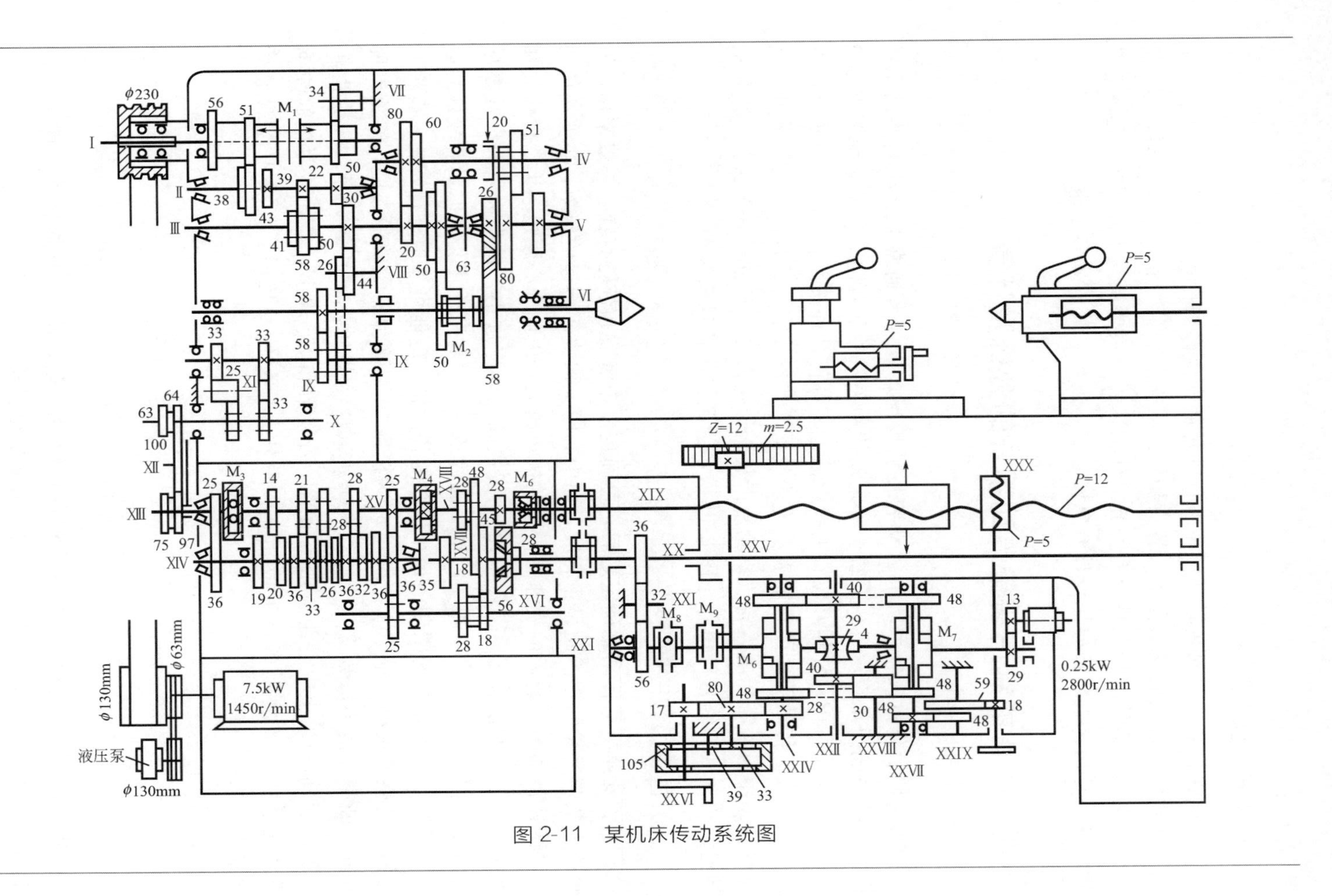

图 2-11 某机床传动系统图

2.4.4 智能制造装备传动系统结构的设计

（1）传动路线的确定

传动系统传动路线通常可分为串联单流传动、并联分流传动、并联混流传动、混合传动四类，如表 2-2 所示。

表 2-2　传动路线

串联单流传动	并联分流传动	并联混流传动	混合传动
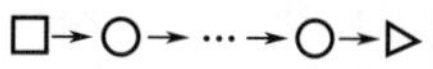 □→○→…→○→▷	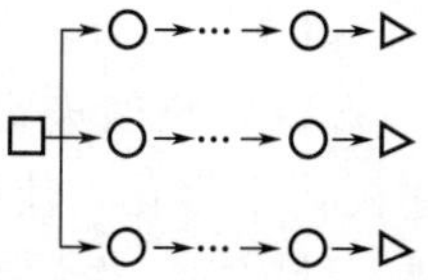 □→○→…→○→▷ □→○→…→○→▷ □→○→…→○→▷	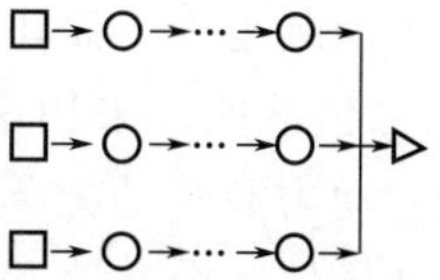 □→○→…→○→ □→○→…→○→▷ □→○→…→○→	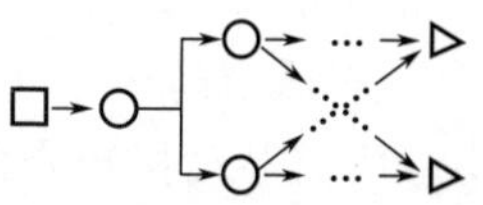 □→○→○→…→▷ □→○→○→…→▷

（2）传动顺序的安排

斜齿轮与直齿轮传动均存在时，斜齿轮应放在高速级；圆锥齿轮与圆柱齿轮传动均存在时，圆锥齿轮应放在高速级；闭式和开式齿轮传动均存在时，闭式齿轮传动应放在高速级；链传动放在传动系统的低速级；带传动应放在传动系统的高速级；对改变运动形式的传动或机构，如齿轮齿条传动、螺旋传动、连杆机构及凸轮机构等一般放置在传动链的末端，使其靠近执行机构；有级变速传动与定传动比传动均存在时，有级变速传动应放在高速级。

传动比分配时，通常不应超过各种传动的推荐传动比；分配传动比时应注意使各传动件尺寸协调、结构匀称，避免发生干涉；对于多级减速传动，可按照“前小后大”的原则分配传动比，且相邻两级差值不要过大；在多级齿轮传动中，低速级传动比相对较小，有利于减小外廓尺寸和总体质量。

2.4.5 滚动导轨副的设计

导轨是进给系统的重要环节，是智能制造装备的基本结构要素之一。智能制造装备的精度和使用寿命很大程度上取决于导轨的质量[25]。

滚动导轨副在进给系统工作中直接参与并完成工件与刀具相对位置确定的工作，滚动导轨副的精度直接决定了整个进给传动系统的工作精度。滚动导轨由标准导轨块组成，装拆方便，润滑简单，动-静摩擦因数相差很小，运动轻便灵活。由于滚珠在导轨与滑块之间的相对运动为滚动，可减少摩擦损失，滚动摩擦系数为滑动摩擦系数的 2% 左右，因此采用滚动导轨的传动机构远优于传统滑动导轨。

(1) 滚动导轨副特性

① 定位精度高。滚动直线导轨的运动借助钢球滚动实现，导轨副摩擦阻力小，动静摩擦阻力差值小，低速时不易产生爬行。重复定位精度高，适合作频繁启动或换向的运动部件。可将机床定位精度设定到超微米级。装配时增加预载荷，不仅可以实现平稳运动，提高传动精度，而且可以减小运动的冲击和振动。

② 摩擦磨损小。对于滑动导轨面的流体润滑，由于流体润滑只限于边界区域，由金属接触而产生的直接摩擦是无法避免的。滚动接触由于摩擦耗能小，滚动面的摩擦损耗也相应减少，故能使滚动直线导轨系统长期处于高精度状态。滚动面润滑所需润滑油或润滑脂也少，简化了润滑系统设计，维护方便。

③ 适合高速运动，绿色节能。采用滚动直线导轨的进给系统由于摩擦阻力小，所需驱动扭矩降低，动力源及动力传递机构小型化，使机床能耗大幅降低，节能效果明显。由于滚动导轨适合高速运动，机床的工作效率提高 20%～30%。

④ 承载能力强。滚动直线导轨副具有较好的承载性能，具有良好的载荷适应性，工作过程中可以承受不同方向的力和力矩载荷，以及颠簸力矩、摇动力矩和摆动力矩。通过预加载荷可以增加阻尼提高抗振性，消除高频振动现象。

⑤ 安装简单、互换性好。传统的滑动导轨必须对导轨面进行刮研，耗时费力，在机床精度降低时，需要重复刮研。刮研对技工的要求很高，从事刮研工作的经验丰富的高级钳工越来越少。滚动导轨具有互换性，只要更换滑块或导轨或整个滚动导轨副，机床即可重新获得高精度。

(2) 滚动导轨副的设计与计算[26]

滚动导轨结构如图 2-12 所示。滚动导轨组件如图 2-13 所示。

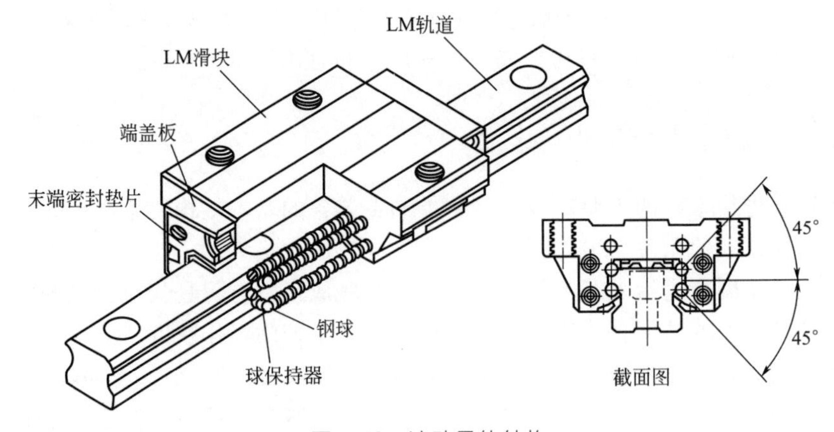

图 2-12 滚动导轨结构

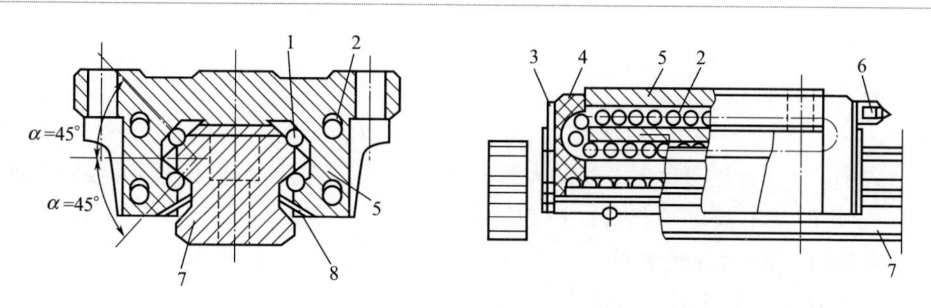

图 2-13 滚动导轨组件

1—滚动体；2—回珠孔；3，8—密封垫；4—挡板；5—滑板；6—润滑注油孔；7—导轨条

1）工作台重量估算 首先确定安装在导轨副上的工作台的有效行程，估算X向和Y向工作台承载重量 W_X 和 W_Y。取X向导轨支承钢球的中心距为 x_0，Y向导轨支承钢球的中心距为 y_0，两导轨长度均为 L，高度为 h。则

X向托板尺寸：$S_X=Lx_0h$；

X向托板重量为：$W_X=S_X\times$材料相对密度，单位为N；

Y向托板尺寸：$S_Y=Ly_0h$；

Y向托板重量为：$W_Y=S_Y\times$材料相对密度，单位为N；

工作台运动部分总重 W 为：

$$W=W_X+W_Y+\text{上导轨(含电机)重量}+\text{夹具及工件重量} \tag{2-1}$$

2）滚动导轨副的设计与计算 根据给定的工作载荷 F_Z 和估算的 W_X、W_Y 计算导轨的静安全系数：

$$f_{sL}=C_0/P \tag{2-2}$$

式中，C_0 为导轨的基本额定静载荷，单位为kN；P 为工作载荷，$P=0.5(F_Z+W)$。

根据工作情况选取对应的 f_{sL}：$f_{sL}=1.0\sim3.0$ 为一般运行状况；$f_{sL}=3.0\sim5.0$ 为运动时受冲击、振动情况。可根据设计要求选择对应的静安全系数进行下一步设计计算。

$$C_0=f_{sL}P_{X,Y} \tag{2-3}$$

$$P_{X,Y}=0.5(F_Z+W_{X,Y}) \tag{2-4}$$

$$P_X=0.5(F_Z+W_X),C_{0X}=f_{sL}P_X \tag{2-5}$$

$$P_Y=0.5(F_Z+W_Y),C_{0Y}=f_{sL}P_Y \tag{2-6}$$

式中，f_{sL} 为导轨的静安全系数；C_0 为导轨的基本额定静载荷；C_{0X}，C_{0Y} 分别为X、Y轴的静载荷；P_X 为X轴工作载荷；P_Y 为Y轴工作载荷；$P_{X,Y}$ 为X和Y向的工作载荷；$W_{X,Y}$ 为X和Y向的承载重量。

依据使用速度 v(m/min) 和初选导轨的基本额定动载荷 C_a(kN) 验算导轨的工作寿命 L_n^2。

额定行程长度寿命：

$$T_s = K(f_H f_T f_C / f_W \times C_a / F)^3 \tag{2-7}$$

式中，f_H 为硬度系数；f_W 为载荷系数；f_T 为温度系数；f_C 为接触系数；C_a 为导轨的基本额定动载荷；F 为计算载荷，$F=F_Z/M$，F_Z 为工作载荷，M 为滑座数目；K 为导轨参数。

导轨的额定工作时间寿命：

$$T_H = 10^3 T_s/(2l_s n) \tag{2-8}$$

式中，T_H 为导轨的额定工作时间寿命；T_s 为额定行程长度寿命；l_s 为行程长度；n 为每分钟往返次数。l_s 与 n 均为预选导轨的基本参数。若 T_H 比设计要求寿命时间长，则预选导轨满足设计要求，可以按设计方案选用。

2.4.6 滚珠丝杠的设计

现代数控机床和高性能智能制造装备运动部件广泛采用滚珠丝杠。滚珠丝杠是实现旋转运动与直线运动相互转化的理想产品，它由螺杆、螺母和滚珠组成，是滚珠螺丝的进一步延伸和发展，同时兼具高精度、可逆性和高效率的特点。滚珠丝杠是将轴承从滚动动作变成滑动动作。由于具有很小的摩擦阻力，滚珠丝杠被广泛应用于各种工业设备和精密仪器中。滚珠丝杠结构和实物如图 2-14 所示。

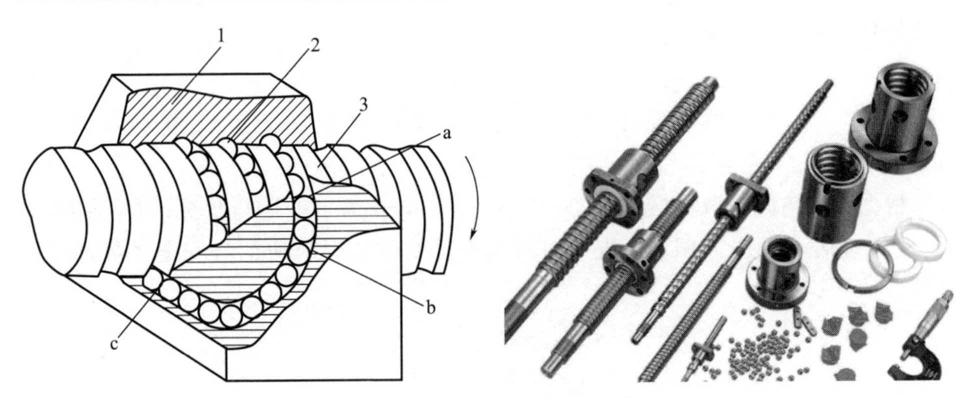

图 2-14 滚珠丝杠结构和实物

1—螺母；2—滚珠；3—丝杠；a,c—滚道；b—回路管道

2.4.6.1 滚珠丝杠特性

① 传动效率高。滚珠丝杠传动系统的传动效率高达 90%～98%，为传统的

滑动丝杠系统的2～4倍，所以能以较小的扭矩得到较大的推力，根据运动的可逆性，可由直线运动转为旋转运动。

② 运动平稳。滚珠丝杠传动系统为点接触滚动运动，工作中摩擦阻力小、灵敏度高、启动时无颤动、低速时无爬行现象，因此可精密地控制微量进给。

③ 高精度。滚珠丝杠传动系统运动中温升较小，并可预紧消除轴向间隙和对丝杠进行预拉伸以补偿热伸长，因此可以获得较高的定位精度和重复定位精度。

④ 高耐用性。滚珠丝杠滚动体钢球滚动接触处均经硬化（58～63HRC）处理，并经精密磨削，循环体系过程纯属滚动，相对磨损甚微，故具有较高的使用寿命和精度保持性。

⑤ 同步性好。由于滚珠丝杠运动平稳、反应灵敏、无阻滞、无滑移，用几套相同的滚珠丝杠传动系统同时传动几个相同的部件或装置，可以获得很好的同步效果。

⑥ 可靠性高。相较其他传动机构，滚珠丝杠传动系统故障率很低，维修保养也较简单，只需进行一般的润滑和防尘，特殊场合可在无润滑状态下工作。

⑦ 刚度高。滚珠丝杠传动系统采用歌德式沟槽形状使钢珠与沟槽达到最佳接触以便轻易运转，通过预紧使滚珠有更佳的刚度，减少滚珠和螺母、丝杠间的弹性变形，提高传动系统刚度。

另一种比较新颖的传动形式是行星滚柱丝杠（图2-15）。行星滚柱丝杠与滚珠丝杠的结构相似，区别在于行星滚柱丝杠载荷传递元件为螺纹滚柱，是典型的线接触；而滚珠丝杠载荷传递元件为滚珠，是点接触。行星滚柱丝杠的主要优势是有众多的接触点来支承负载。螺纹滚柱替代滚珠将使负载通过众多接触点迅速释放，从而能有更高的抗冲击能力。

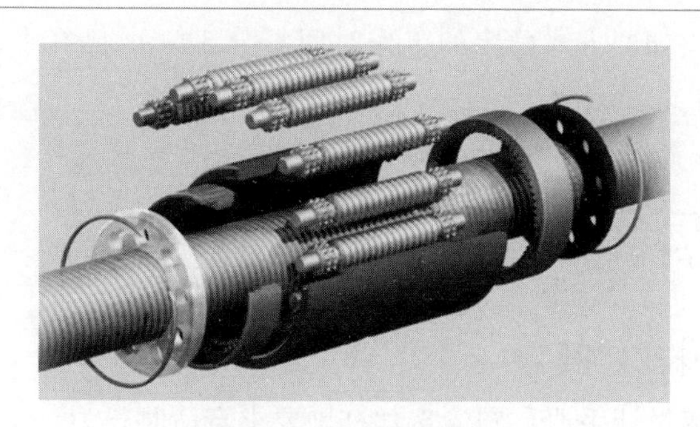

图2-15 行星滚柱丝杠

2.4.6.2 横、纵向滚珠丝杠的设计与计算

首先确定工作台重量 W_1、工件及夹具最大重量 W_2、工作台最大行程 L_K、工

作台导轨的摩擦系数μ、快速进给速度v_{max}、定位精度、重复定位精度、要求寿命时间。以及由切削方式决定的如纵向切削力F_a、速度v和时间比例q等系数值。

(1) 确定滚珠丝杠副的导程

$$P_h = \frac{v_{max}}{i n_{max}} \tag{2-9}$$

式中，v_{max}为工作台最高移动速度；n_{max}为电机最高转速；i为传动比。先代入v_{max}、i、n_{max}得P_h，再查《现代机床设计手册》取标准P_h。

(2) 确定当量转速与当量载荷

各种切削方式下，丝杠转速

$$n_i = \frac{v_i}{P_h} \tag{2-10}$$

式中，v_1为强力切削下进给速度；v_2为一般切削下进给速度；v_3为精切削下进给速度；v_4为快速进给下进给速度。并将上面取得标准P_h值代入得n_1、n_2、n_3、n_4。

各种切削方式下，丝杠轴向载荷

$$F_i = P_{xi} + (W_1 + W_2 + P_{zi})/10 \tag{2-11}$$

式中，F_i为丝杠轴向载荷；P_{xi}为纵向切削力；P_{zi}为垂向切削力。W_1、W_2、P_{xi}、P_{zi}已知，代入求得各种切削方式下F_i。

当量转速n_m(r/min) 由式(2-12) 求出：

$$n_m = n_1 \frac{t_1}{100} + n_2 \frac{t_2}{100} + \cdots + n_i \frac{t_i}{100} + n_n \frac{t_n}{100} \tag{2-12}$$

式中，t_i为由切削方式确定的工作时间百分比，n_i已在上文求出，代入求出n_m。

当量载荷F_m由式(2-13) 求出：

$$F_m = \sqrt[3]{F_1^3 \times \frac{n_1 t_1}{100 n_m} + F_2^3 \times \frac{n_2 t_2}{100 n_m} + F_3^3 \times \frac{n_3 t_3}{100 n_m} + F_4^3 \times \frac{n_4 t_4}{100 n_m}} \tag{2-13}$$

(3) 初选滚珠丝杠副

由《现代机床设计手册》知滚珠丝杠副要求寿命时长为

$$L_h = \frac{10^6}{60 n_m} \times \left(\frac{c_a}{F_m} \times \frac{f_t f_h f_a f_k}{f_w} \right)^3 \tag{2-14}$$

查《现代机床设计手册》得f_t、f_h、f_a、f_k、f_w，且L_h为要求寿命时长，代入数据可求得c_a。

(4) 确定允许的最小螺纹底径

1) 算丝杠允许的最大轴向变形量。

① $\delta_m \leqslant (1/4 \sim 1/3)$ 重复定位精度；

② $\delta_m \leqslant (1/5 \sim 1/4)$ 定位精度。

$\delta_m(\mu m)$ 为最大轴向变形量，已知重复定位精度以及定位精度可求出①和②两种情况下的 δ_m 值，并取两个结果中的最小值。

2) 估算最小螺纹底径。

丝杠要求预拉伸，取两端固定的支承形式

$$d_{2m} = 0.039\sqrt{\frac{F_0 L}{\delta_m}} \tag{2-15}$$

式中，d_{2m} 为最小螺纹底径，mm。

$$L = (1.1 \sim 1.2)\text{行程} + (10 \sim 14)P_h \tag{2-16}$$

静摩擦力

$$F_0 = \mu_0 W_1 \tag{2-17}$$

其中已知行程、W_1、μ_0，代入数据得 L、F_0、d_{2m}。

(5) 确定滚珠丝杠副得规格代号

选内循环浮动式法兰，直筒螺母型垫片预紧形式。根据计算出的 P_h、c_a、d_{2m}，在《现代机床设计手册》中选取相应规格的滚珠丝杠副。

(6) 确定滚珠丝杠副预紧力

$$F_P = \frac{1}{3}F_{max} \tag{2-18}$$

式中，F_{max} 为丝杠轴向载荷在所考虑各种切削方式中的最大值，代入可计算出 F_P。

(7) 行程补偿值与拉伸力

1) 行程补偿值

$$C = 11.8 \times 10^{-3}\Delta t l_u \tag{2-19}$$

式中，$l_u = L_k + L_n + 2L_a$。查《现代机床设计手册》分别取 L_k、L_n、L_a、Δt，代入得 $C(\mu m)$。

2) 预拉伸力

$$F_t = 1.95\Delta t d_2^2 \tag{2-20}$$

式中，d_2 为丝杠底径。Δt、d_2 可通过查《现代机床设计手册》取值。

(8) 确定滚珠丝杠副支承用的轴承代号、规格

1) 轴承所承受得最大轴向载荷。

$$F_{Bmax} = F_t + F_{max} \tag{2-21}$$

2）轴承类型。两端固定的支承形式，选背对背 60°角接触推力球轴承。

3）轴承内径 d 应略小于 d_2。

$$F_{BP}=\frac{1}{3}F_{Bmax} \tag{2-22}$$

4）轴承预紧力：预紧力负荷≥F_{BP}。按《现代机床设计手册》选取轴承型号规格。

(9) 滚珠丝杠副工作图设计

1）丝杠螺纹长度。

$$L_s=L_u+2L_e \tag{2-23}$$

由表查得余程 L_e。

2）两固定支承距离 L_1，丝杠 L。

3）行程起点离固定支承距离 L_0。

(10) 传动系统刚度

1）丝杠抗压刚度。

丝杠最小抗压刚度

$$k_{smin}=6.6d_2^2/(100L_1) \tag{2-24}$$

式中，d_2 为丝杠底径；L_1 为固定支承距离。代入数据得 k_{smin}(N/μm)。

丝杠最大抗压刚度

$$k_{smax}=6.6d_2^2L_1/400L_0(L_1-L_0) \tag{2-25}$$

式中，L_0 为行程起点离固定支承距离，代入数据得 k_{smax}(N/μm)。

2）支承轴承组合刚度。

一对预紧轴承的组合刚度

$$K_{B0}=2\times 2.34\times\sqrt[3]{d_Q z^2 F_{amax}\sin^5\beta} \tag{2-26}$$

式中，d_Q 为滚珠直径，mm；z 为滚珠数；F_{amax} 为最大轴向工作载荷，N；β 为轴承接触角。

由《现代机床设计手册》查得轴承编号、F_{amax} 与预加载荷的关系以及 k_{amax} 与 K_{B0} 的值。

由 $k_b=2K_{B0}$ 可求出支承轴承组合刚度 k_b(N/μm)。

滚珠丝杠副滚珠和滚道的接触刚度为

$$k_c=k'_c\left(\frac{F_P}{0.1c_a}\right)^{1/3} \tag{2-27}$$

式中，k'_c为《现代机床设计手册》上的刚度；c_a 为在《现代机床设计手册》中选取的滚珠丝杠副参数；F_P 为滚珠丝杠副预紧力。代入数据得 k_c(N/μm)[27]。

(11) 刚度验算及精度选择

由《现代机床设计手册》查得轴承滚珠直径 d_Q (mm)、滚珠数 z 以及轴承接触角 β。

① 由公式

$$\frac{1}{k_{min}}=\frac{1}{k_{smin}}+\frac{1}{k_b}+\frac{1}{k_c} \tag{2-28}$$

$$\frac{1}{k_{max}}=\frac{1}{k_{smax}}+\frac{1}{k_b}+\frac{1}{k_c} \tag{2-29}$$

代入前面所算数据求得 k_{min} 以及 k_{max}。

由公式 $F_0=\mu_0 W_1$，求得 F_0 静摩擦力。

式中，μ_0 为静摩擦系数；W_1 为正压力。

② 验算传动系统刚度。由公式 $k'_{min}=1.6F_0/$反向差值求得 k'_{min}，其中已知反向差值与重复定位精度数值相同，比较 k_{min} 和 k'_{min}。一般情况下前者比后者大，若不是则需检查前面计算设计是否有误。

③ 传动系统刚度变化引起的定位误差

$$\delta_k=F_0\left(\frac{1}{k_{min}}-\frac{1}{k_{max}}\right) \tag{2-30}$$

代入前文数值计算得 δ_k。

④ 确定精度。

对系统而言：

$$V_{300p}\leqslant 0.8\times 定位精度-\delta_k \tag{2-31}$$

式中，V_{300p} 为任意 300mm 内行程变动量，定位精度已知，由计算结果根据 V_{300p} 范围取丝杠精度等级并确定 V_{300p} 标准值。

⑤ 确定滚珠丝杠副的规格代号。根据上文的设计计算确定滚珠丝杠副的相关参数，包括型号、公称直径、导程、螺纹长度、丝杠长度、P 类等级精度以及所选规格型号。

(12) 验算临界压缩载荷

丝杠所受最大轴向载荷 F_{max} 小于丝杠预拉伸力 F，表示临界压缩载荷已满足设计需求，不用验算。

验算临界转速

$$n_c=f\frac{d_2}{L_{c2}^2}\times 10^7 \tag{2-32}$$

式中，n_c 为临界转速，r/min；f 为与支承形式有关的系数；d_2 为丝杠底径；L_{c2} 为临界转速计算长度，mm。

由《现代机床设计手册》得 f、d_2、$L_{c2}=L_1-L_0$，计算得 n_c，将 n_c 与最

大转速 n_{max} 进行比较，若前者大于后者则表示设计计算成功，选型在符合给定条件下可以用在进给系统中；若前者不大于后者则需重新进行设计计算并验证。

2.5 智能制造装备支承系统设计

支承系统是机械系统中起支承和连接作用的机件的统称，可以保持被支承的零部件间的相互位置关系。以机床为例，支承系统通常由底座、立柱、箱体、工作台、升降台等基础部分组成。设计支承系统时须考虑静刚度、动特性、热特性、内应力等。

支承系统由支承件构成，常用的支承件通常分为铸造支承件和焊接支承件两大类。铸造技术可使支承件具有复杂的形状和内腔，具有良好的抗震性和耐磨性，但制造工艺复杂，需要时效处理，生产周期长。生产中小型支承件时通常使用铸造技术，批量生产。利用焊接技术可将坯料逐次装配，适用于制造大型的、结构复杂的支承件。焊接支承件成形工艺简单，易于修改，通常重量较轻。设计支承系统时，应在满足工作要求的前提下，考虑支承件的加工工艺和生产成本，合理地配合使用两类支承件。

值得指出的是，现代智能制造装备的支承系统越来越多地采用天然花岗石、人造花岗石等材料。这些材料具有更好的稳定性，特别适合做精密智能制造装备的支承材料。

2.5.1 设计支承系统需注意的问题

(1) 强度和刚度

支承系统是支承和连接机械系统全部零部件的装置，支承系统的变形会引起执行机构位置误差，影响装备的正常工作，设计时应保证有足够的强度和刚度。

支承件的静刚度包括自身刚度、局部刚度、接触刚度。正确设计支承件的截面形状对提高支承件的静刚度有重要影响。空心截面惯性矩大于实心截面，方形截面对抗弯矩更有效，圆形截面对抗扭矩更有效，矩形截面抗弯矩能力更好。封闭截面的刚度大于非封闭截面。合理设置肋板和肋条可以提升支承件的静刚度。

(2) 动态性能

支承系统的动态性能主要指固有频率、振形和阻尼。为使支承系统拥有良好的抗震性能，以保证执行机构平稳工作，需要使支承件具备较大的动刚度、阻尼以及固有频率不与激振频率相同或相近，提高支承系统的动态性能。

(3) 热稳定性

热稳定性对装备精度的影响很大。装备工作时，原动机输入的能量将有一部分转化成热量，使装备零部件升温，产生不均匀的热变形，影响零部件原有的位置关系，使执行机构产生较大误差。支承系统需合理散热和隔热，或将机体内部某部分热量分散至整体，减小对某一点的影响，防止变形，还需要保持均热。

（4）工艺性

设计支承系统时，应考虑支承件加工和装配的方便性。许多支承件结构复杂、尺寸庞大，不方便加工装配及运输，所以在设计时需要充分考虑其工艺性是否合理。对于大型的支承系统，需要进行特殊的设计。

2.5.2 支承件的设计

进行支承件的设计时，首先进行受力分析，这是支承件结构设计的基础和依据。根据执行机构的工作受力以及机件自身重量，分析支承件的受力状态，为确定其结构、尺寸等提供依据。根据受力确定结构和尺寸，合理选择支承件的截面形状，确定其结构和相应的尺寸。在确定结构和尺寸的基础上，进行结构静态和动态性能分析，对于已确定的支承件，可绘制出其三维模型，利用有限元仿真分析对支承件的静态或动态性能进行仿真分析并优化。最后进行方案的评价、修改，分析支承件应用的可行性，从而对其设计方案进行修改与完善，确定最终形式。

（1）支承系统的刚度计算

刚度是材料或结构在受力时抵抗弹性变形的能力，是材料或结构弹性变形难易程度的表征。刚度与物体的材料性质、几何形状、边界支持情况以及外力作用形式有关。支承件的变形一般可分为自身变形、局部变形和接触变形三种类型。支承件的变形可以用静刚度来评价，支承件的静刚度包括自身刚度、局部刚度和接触刚度。

1）自身刚度。支承件的自身刚度指抵抗自身变形的能力，主要考虑其弯曲刚度和扭转刚度。

弯曲刚度 K_w 是指弯曲载荷与变形量之比，可表示为

$$K_w = \frac{F}{\delta}(\mathrm{N}/\mu\mathrm{m}) \tag{2-33}$$

式中，F 为弯曲载荷，N；δ 为弯曲变形量，μm。

扭转刚度 K_n 是指扭矩与单位长度的转角之比，可表示为

$$K_n = \frac{M_n}{\theta/l} = \frac{M_n l}{\theta}(\mathrm{N}\cdot\mathrm{m}^2/\mathrm{rad}) \tag{2-34}$$

式中，M_n 为扭矩，N·m；l 为受扭段长度，m；θ 为受扭段的转角，rad。

2）局部刚度。支承件的局部刚度不足会使其局部位置发生较大的变形，严

重影响机械系统的工作性能。局部刚度主要取决于支承件受载部位的结构和尺寸及肋条的布置等。

3）接触刚度。支承件的接触刚度是指支承件抵抗接触变形的能力。接触刚度 K_{j} 可表示为

$$K_{\mathrm{j}}=\frac{P}{\delta}(\mathrm{MPa}/\mu\mathrm{m}) \tag{2-35}$$

式中，P 为两接触面之间的平均压强，MPa，δ 为接触变形量，μm。

接触法向刚度为

$$k_{\mathrm{n}}=\left[\frac{2\widetilde{G}\sqrt{2\widetilde{R}}}{3(1-\widetilde{\upsilon})}\right]\sqrt{U_i^n} \tag{2-36}$$

接触切向刚度为

$$k_{\mathrm{s}}=\frac{2[\widetilde{G}^2 3(1-\widetilde{\upsilon})\widetilde{R}]^{1/3}}{2-\widetilde{\upsilon}}\times|F_i^n|^{1/3} \tag{2-37}$$

式中，$\widetilde{G}$ 为等效弹性切变模量；$\widetilde{\upsilon}$ 为等效泊松比；$\widetilde{R}$ 为等效半径；U_i^n 为接触径向形变；F_i^n 为法向力。

（2）支承系统的结构设计

1）支承件截面形状的选择。支承件截面形状有圆形、矩形、T 形和工字形等。通常，矩形截面抗弯系数高，圆形截面抗扭能力强；采用空心的矩形或圆形截面可显著提高抗弯或抗扭惯性矩，截面内部空心面积越大，其自身刚度越大。为提高支承件自身刚度，应尽量采用封闭的中空截面，但壁厚不能过薄，以免引起局部刚度不足或出现薄壁振动。不同截面惯性矩计算值和相对值如表 2-3 所示。

表 2-3　不同截面惯性矩计算值和相对值

序号	截面形状尺寸	截面系数计算值/相对值 /cm^4	
		抗弯	抗扭
1	$\phi113$	$\frac{800}{1.0}$	$\frac{1600}{1.0}$
2	23.5，$\phi113$，$\phi160$	$\frac{2412}{3.02}$	$\frac{4824}{3.02}$

续表

序号	截面形状尺寸	截面系数计算值/相对值 /cm^4	
		抗弯	抗扭
3	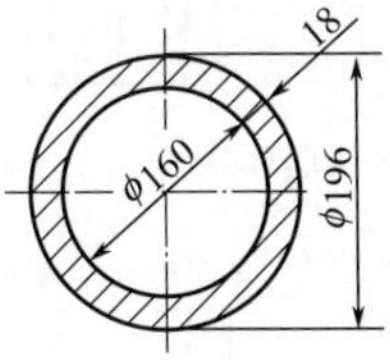 18 φ160 φ196	4030/5.04	8060/5.04
4	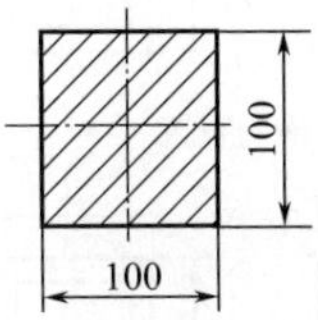 100 100	833/1.04	1400/0.88
5	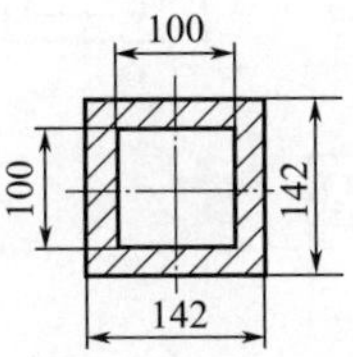 100 100 142 142	2555/3.19	2040/1.27
6	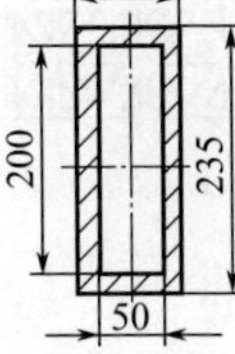 200 50	3333/4.17	680/0.43
7	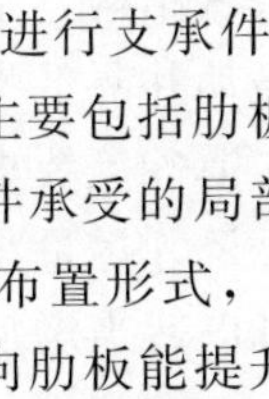 85 200 235 50	5860/7.325	1316/0.82

2）支承件的结构。在进行支承件的结构设计时，合理的结构可提高支承件的静刚度。支承件的结构主要包括肋板、肋条（筋）和窗孔。肋板通常贯穿支承件的整个断面，可将支承件承受的局部载荷传递给其他壁板，使载荷分布均匀。图 2-16 所示为肋板常用的布置形式，有纵向布置、横向布置和斜向布置。纵向肋板能提高抗弯刚度，横向肋板能提升抗扭刚度，斜板肋板可同时增加抗弯、抗

扭刚度。加强肋的形式如图 2-17 所示。

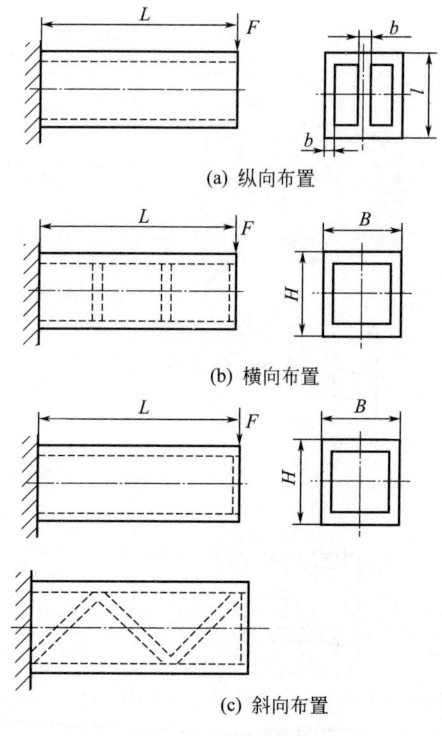

(a) 纵向布置

(b) 横向布置

(c) 斜向布置

图 2-16 肋板常用布置方式

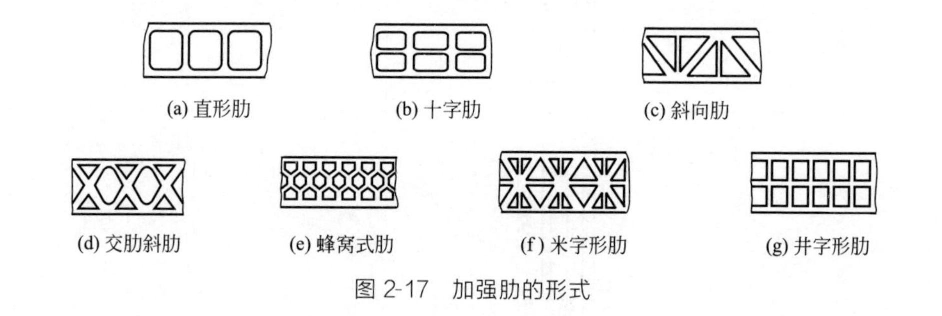
(a) 直形肋 (b) 十字肋 (c) 斜向肋 (d) 交肋斜肋 (e) 蜂窝式肋 (f) 米字形肋 (g) 井字形肋

图 2-17 加强肋的形式

肋条（筋）是布置在支承件壁板上的条状结构，不贯穿整个断面。主要作用是提高支承件的局部刚度，防止产生薄壁振动并降低噪声。常见的肋条有十字形肋条、三角形肋条等。为了满足安装机件、清砂等要求，有时需要在支承件壁板上开窗孔，窗孔应开在非主要受力薄壁上且尺寸尽量小。开孔打破了原有材料的连续性，造成材料局部刚度下降，设计时可以适当增加开孔处壁板厚度或加盖板连接，以补偿刚度损失，满足装备刚度的要求。

(3) 支承件的材料选择

机械系统支承件的材料一般应根据其功能和使用要求来选择，在满足强度、弹性模量等的情况下，应尽量选择成本低的材料。装备支承系统支承件的常用材料有铸铁、结构钢、铝合金等，分别简述之。

1）铸铁。铸铁是由铁、碳和硅组成的合金的总称。铸铁的碳含量超过在共晶温度时能保留在奥氏体固溶体中的碳含量。铸铁力学性能低，耐磨性能好，消震性能好，切削性能好，且具有良好的铸造性能，工艺成熟，易铸造出各种复杂结构的支承件，材料成本低，适于大批量生产，在机床等大型装备的底座等支承系统中获得了广泛的应用。图 2-18 所示为作者所在科研团队研发的用铸铁制造的某智能制造装备支承件。

图 2-18　作者所在科研团队研发的用铸铁制造的某智能制造装备支承件

2）结构钢。结构钢是指符合特定强度和可成形性等级的钢。可成形性以抗拉试验中断后伸长率表示。结构钢一般用于承载等，在这些用途中钢的强度是一个重要设计标准。结构钢一般用于焊接支承件，具有重量轻、易成形、便于修改等特点。结构钢做机架或支承件时，通常采用焊接成形，但焊接过程中易出现热变形等缺陷，适于大型支承件、小批量生产。

无论是采用铸铁还是采用结构钢来制造支承件，在冶金或焊接加工过程中均会产生残余内应力，内应力会重新分布和逐步消失，引起支承件变形。除了焊接后的加工，还需采用退火、时效处理等方法消除支承件的内应力。

3）铝合金。铝合金是以铝为基添加一定量其他合金化元素的合金，是轻金属材料之一，密度低，具有良好的铸造性能和耐腐蚀性能，是应用最多的轻型合金，有较高的强度，其强度接近高合金钢，刚度超过钢，有良好的铸造性能和塑性加工性能、良好的导电导热性能、良好的耐蚀性和可焊性，可作结构材料使用，在航天、航空、交通运输、建筑、机电、轻化和日用品中有着广泛的应用。选铝合金材料做支承件，可以大大减轻支承件的重量。

4）混凝土等非金属材料。钢筋混凝土、花岗岩、工程塑料和复合材料，在装备中也有应用。此类复合材料通常具备材料成本低、重量轻、抗震性能和耐磨性好等优点。采用钢筋混凝土作为支承件具有良好的动态性能，但其表面需进行涂漆或喷塑处理，否则机油渗入后易导致材质疏松；天然花岗岩热稳定性好，通常用于测量或制造系统的底座、机身等支承件，常用于精度较高的智能制造装备中，比如三坐标测量机基座（图 2-19）；工程塑料是一种以树脂为主体的高分子材料，耐磨、美观，容易成型，重量仅为铝合金的二分之一，但易老化变硬，热变形也较大，通常只用于生产要求外形美观、载荷小的支承件；复合材料兼具以上不同材料的优点，在机械系统中得到广泛的应用。

5）其他矿物铸造材料。这类材料的应用越来越广泛，主要包括树脂混凝土、人造花岗岩、各种矿物复合材料等。这类材料可替代铸铁应用于机床床身（图 2-20）、基座、横梁等关键部位，被广泛应用于机床、电子、医疗、航空、印刷行业等领域。

图 2-19　三坐标测量机花岗石基座

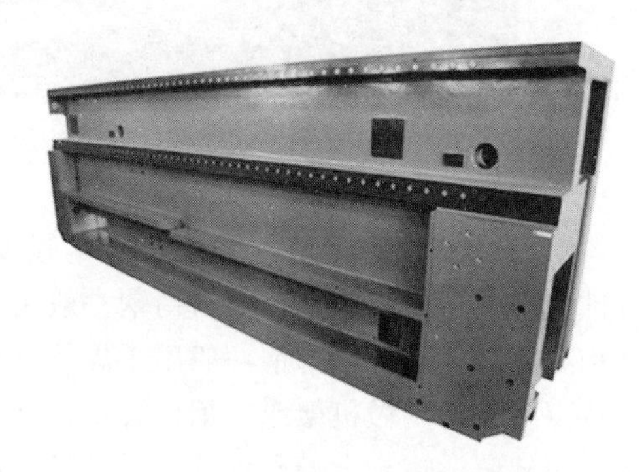

图 2-20　某矿物铸造材料床身

2.5.3 旋转支承部件设计

旋转支承部件由旋转轴（如主轴、丝杠等）、支承件（各种轴承、轴承座）和安装在旋转轴上的传动件、密封件等组成。它的主要作用是带动其他部件进行精确的旋转运动或分度，并能承受一定的载荷。

旋转支承部件是数控机床的重要部件，其旋转速度影响系统的效率，旋转精度决定系统的精度。因此，旋转支承部件的工作性能直接影响数控机床的质量和效率。机床作为整体系统，该系统的各个零部件之间的工作性能、结构连接都需要相互协调，以保证机床的旋转精度、刚度、抗震性、耐磨性、各个部件的连接、旋转轴及轴承的定位、轴承间隙的调整、润滑、密封，以及便于制造、装配和维修等共性问题。

(1) 旋转支承部件结构方案设计基本要求

设计旋转支承部件需要考虑旋转轴轴承的选型、组合及布置。旋转支承部件的支承数目可根据具体情况的需要而定，常见的是两支承结构。主轴轴承配置形式的选择首先应满足要求的刚度和承载能力，提高前支承的刚度能有效地提高主轴部件的刚度，应将高刚度的轴承配置在前支承处。在相同条件下，点接触轴承的最高转速比线接触轴承的高；圆柱滚子轴承的最高转速比圆锥滚子轴承高。选取的轴承应同时满足刚度和转速的需求。止推轴承分为前端止推、后端止推、两端止推三种。前端止推适用于对主轴部件轴向精度要求较高的系统，后端止推适用于对主轴部件轴向精度要求不高的系统，两端止推适用于短轴或中间传动轴。

(2) 旋转支承部件两支承间的跨距

两支承间的跨距 L 是决定旋转支承部件刚度的重要因素之一。

轴端部受力后，主轴和支承都会产生弹性变形，从而使主轴端部产生位移，如图 2-21 所示。根据位移叠加原理，主轴端部位移（挠度）y 由两部分组成，即

$$y=y_1+y_2 \tag{2-38}$$

式中 y_1——刚性支承（假定支承不变形）上弹性主轴端部的位移，m；

y_2——弹性支承上刚性主轴（假定主轴不变形）端部的位移，m。

$$y_1=\frac{Fa^3}{3EJ_1}\left(\frac{J_1}{J_2}+\frac{L}{a}\right) \tag{2-39}$$

$$y_2=\frac{F}{k_A}\left(1+\frac{a}{L}\right)^2+\frac{F}{k_B}\left(1+\frac{a}{L}\right)^2 \tag{2-40}$$

式中 E——主轴材料的弹性模量，N/m^2；

J_1——主轴两支承间截面平均惯性矩，m^4；

J_2——主轴悬伸部分横截面的平均惯性矩，m^4；

a——主轴的悬伸量，m；

k_A，k_B——主轴两支承端的刚度，N/m；

L——两支承间的跨距，m；

F——主轴端部所受的力，N。

当主轴的悬伸量 a 一定时，$L > L_{合理}$ 的情况下，主轴部件的刚度不足主要是主轴的刚度不足引起的，此时应采取措施提高主轴的刚度；当 $L < L_{合理}$ 时，主轴部件的刚度不足是支承刚度不足引起的，此时应采取措施提高支承的刚度。由于准确求得 k_A、k_B 困难，在实际结构中一般推荐 $L=(1\sim5)a$，并根据系统 a 值的大小取上限或下限。L 过小时，轴承的径向跳动对主轴前端的径向跳动影响很大，因此有时推荐 $L/a \geqslant 2.5$，随着轴承制造精度不断提高，L/a 的值还可以减小；若 L 过小，主轴组件加上附件后重心会落在两支承的外侧，主轴易产生振动，振幅较大。工作性能良好的普通机床常取 $L/a=5\sim6$。

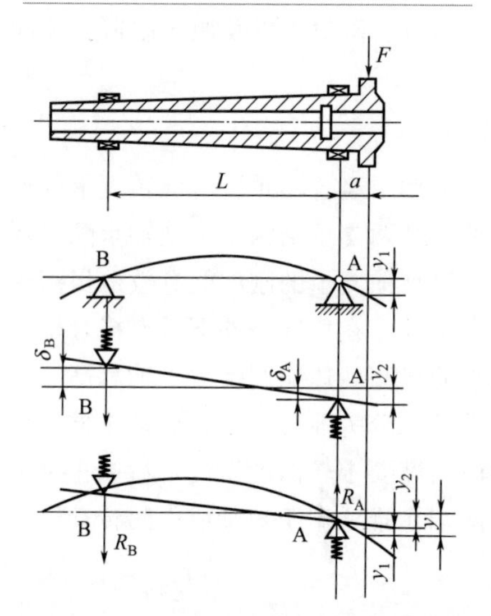

图 2-21 主轴端部受力后的变形

(3) 旋转支承部件的轴承选用

轴承是旋转支承部件的重要组成部分，应具有旋转精度高、刚度大、承载能力强、抗震性好、速度性能高、摩擦功耗小、噪声低和寿命长等特点。常用轴承有滚动轴承、滑动轴承和磁悬浮轴承。常用滚动轴承的类型、代号和特性见表 2-4。润滑可以降低摩擦，减少温升，并与密封装置在一起，保护轴承不受外物的侵入和防止腐蚀。选取合适的润滑、密封方式可以降低轴承的工作温度，延长使用时间。滚动轴承可以用润滑脂或润滑油来润滑。滑动轴承应该用润滑油润滑。

表 2-4 常用滚动轴承的类型、代号和特性

轴承名称	类型代号	结构简图	基本额定动载荷比	极限转速比	主要特性
调心球轴承	10000		0.6～0.9	中	外圈滚道是球面，能自动调心。主要承受径向载荷，也可以承受少量的轴向载荷。内外圈轴线相对偏斜允许范围为 0.5°～2°。适用于多点支承和弯曲刚度不足的轴以及难以对中的轴

续表

轴承名称	类型代号	结构简图	基本额定动载荷比	极限转速比	主要特性
调心滚子轴承	20000		1.8～4	低	外圈滚道是以轴承中心为中心的面，能自动调心。可以承受很大的径向载荷和少量的轴向载荷，抗震动、冲击。内外圈轴线相对偏斜允许范围为0.5°～2°。适用于其他轴承不能胜任的重载且需要调心的场合
圆锥滚子轴承	30000		1.1～2.5	中	能同时承受较大的径向载荷和单向轴向载荷。内外圈可分离，游隙可调整，装拆方便。一般成对使用。适用于转速不太高、刚度较大的轴
推力球轴承	50000	单向	1	低	只能承受单向轴向载荷。两个圈的内孔直径不一样大，内孔较小的紧圈与轴配合，内孔较大的松圈与机座固定在一起
推力球轴承	50000	双向	1	低	可以承受双向轴向载荷。中间圈内孔较小为紧圈，与轴配合，另两个圈为松圈。适用于轴向载荷大、转速不高的场合
深沟球轴承	60000		1	高	主要承受径向载荷，也可以承受一定的轴向载荷。工作时内外圈轴线允许偏差8′～16′。摩擦阻力小，极限转速高。结构简单，价格低，应用最为广泛。承受冲击能力较差。适用于高速场合
角接触球轴承	70000C $\alpha=15°$ 70000AC $\alpha=25°$ 70000B $\alpha=40°$	α	1	高	可以同时承受径向载荷和单向轴向载荷，极限转速较高。通常成对使用，对称安装。适用于转速较高同时承受径向和轴向载荷的场合

续表

轴承名称	类型代号	结构简图	基本额定动载荷比	极限转速比	主要特性
圆柱滚子轴承	外圈无挡边 N0000		1.5～3	高	只能承受径向载荷，不能承受轴向载荷。内外圈沿轴线可以分离。承载能力比同尺寸的球轴承大，承受冲击能力大，极限转速高。对轴的偏斜敏感，只能用于刚度较大的轴，并要求轴承孔很好地对中
	内圈无挡边 NU0000				
滚针轴承	NA0000		—	低	径向结构紧凑，径向承载能力大，内外圈可以分离。不能承受轴向载荷，极限转速低，工作时不允许内外圈轴线有偏斜。常用于转速较低且径向尺寸受限制的场合

1）轴承所受载荷的大小、方向和性质。是选择轴承类型的主要依据。根据载荷的大小选择轴承类型时，由于滚子轴承中主要元件间是线接触，宜用于承受较大的载荷，承载后的变形也较小。而球轴承中则主要为点接触，宜用于承受较轻的或中等的载荷，故在载荷较小时，应优先选用球轴承。根据载荷的方向选择轴承类型时，对于纯轴向载荷，一般选用推力轴承。较小的纯轴向载荷可选用推力球轴承；较大的纯轴向载荷可选用推力滚子轴承。对于纯径向载荷，一般选用深沟球轴承、圆柱滚子轴承或滚针轴承。当轴承在承受径向载荷的同时，还承受不大的轴向载荷，则可选用深沟球轴承或接触角不大的角接触球轴承或圆锥滚子轴承；当轴向载荷较大时，可选用接触角较大的角接触球轴承或圆锥滚子轴承，或者选用向心轴承和推力轴承组合在一起的结构，分别承担径向载荷和轴向载荷。

2）轴承的转速。一般转速下，转速的高低对轴承类型的选择影响不大，但当转速较高时有比较大的影响。轴承样本中列入了各种类型、各种尺寸轴承的极限转速 $n_{\lim}$ 值。

与滚子轴承相比，球轴承有较高的极限转速，故在高速时应优先选用球轴承。在内径相同的条件下，外径越小，滚动体就越轻、小，运转时滚动体加在外圈滚道上的离心惯性力也就越小，更适于在高转速下工作。高速时宜选用超轻、特轻及轻系列的轴承。重及特重系列的轴承，只用于低速重载的场合。用一个轻系列轴承承载能力达不到要求时，可以两个并装，或者采用宽系列的轴承。保持架的材料与结构对轴承转速影响极大。实体保持架比冲压保持架允许更高的转速。推力轴承的极限转速均很低，一般用在低速场合。当工作转速高时，在轴向载荷不是很大的情况下可选用角接触球轴承承受纯轴向力；若工作转速略超过样本中规定的极限转速，可以通过提高轴承的公差等级、适当加大轴承的径向游隙、选用循环润滑或油雾润滑、加强对循环油的冷却等措施来改善轴承的高速性能，或选用特制的高速滚动轴承。

3）轴承的调心性能。当轴的中心线与轴承座中心线不重合而有角度误差时，或轴因受力而弯曲或倾斜时，会造成轴承的内外圈轴线发生偏斜。这时，应采用有一定调心性能的调心球轴承或调心滚子轴承。这类轴承在内外圈轴线有不大的相对偏斜时仍能正常工作。圆柱滚子轴承和滚针轴承对轴承的偏斜最为敏感，这类轴承在偏斜状态下的承载能力可能低于球轴承，因此，在轴的刚度和轴承座孔的支承刚度较低时，应尽量避免使用这类轴承。

4）轴承的安装和拆卸。便于装拆，也是选择轴承类型时应考虑的一个因素。当轴承座没有剖分面而必须沿轴向安装和拆卸轴承部件时，应优先选用内外圈可分离的轴承；当轴在长轴上安装时，为了便于装拆，可以选用其内圈孔为 1∶12 的圆锥孔（用以安装在紧定衬套上）的轴承。

（4）轴承的组合设计

无轴向载荷时，宜选用深沟球轴承，见图 2-22。

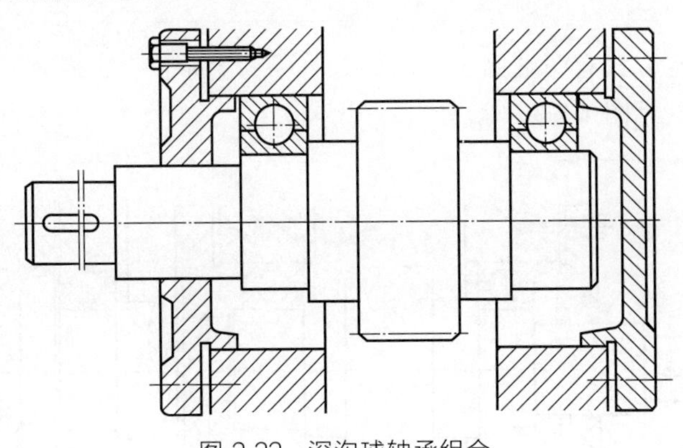

图 2-22 深沟球轴承组合

径向与轴向载荷联合作用时，宜用角接触球轴承或圆锥滚子轴承，见图 2-23 和图 2-24。

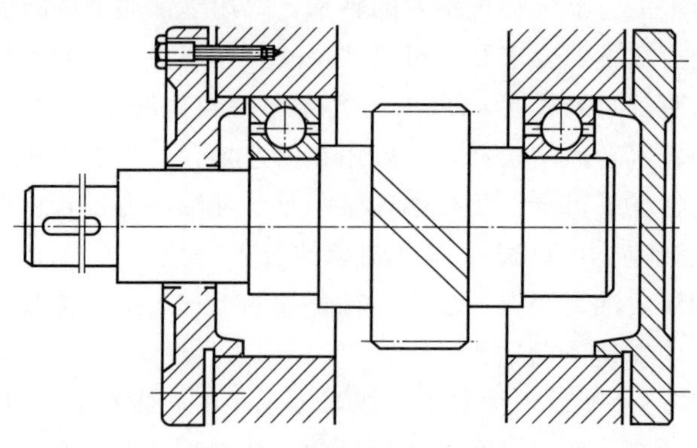

图 2-23 角接触球轴承组合

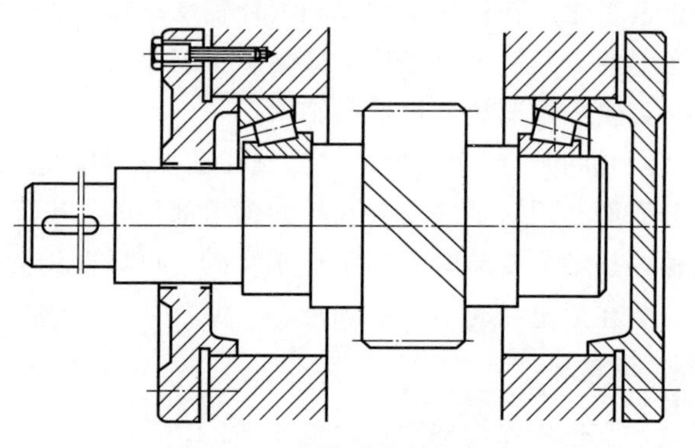

图 2-24 圆锥滚子轴承组合

轴承的固定方式有两端固定（图 2-25）、一端固定一端游动（适用于温度变化较大的长轴，见图 2-26）等。

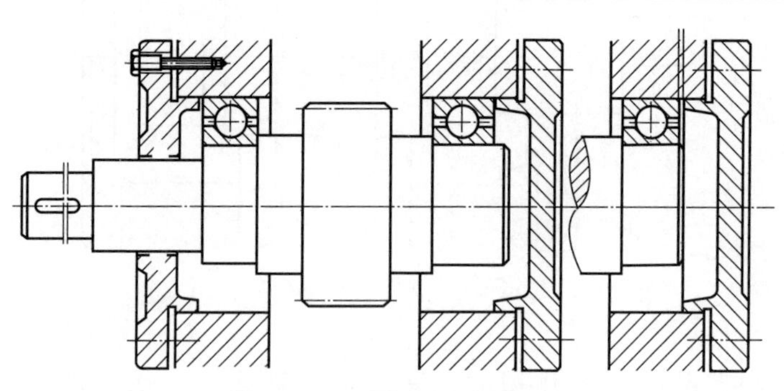

图 2-25 两端固定轴承组合

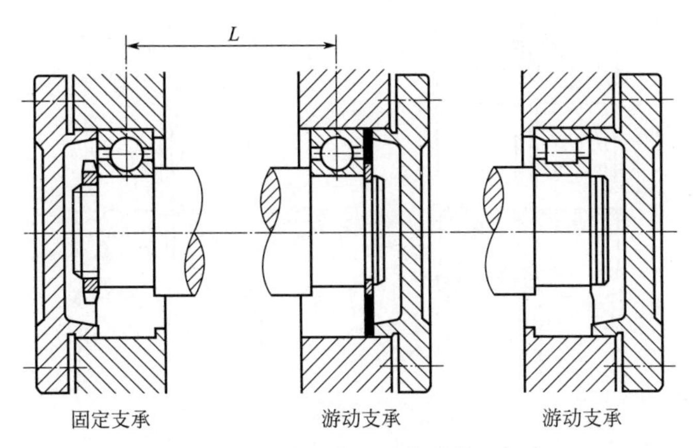

图 2-26 一端固定一端游动轴承组合

轴承间隙可以用垫片或调整螺母等进行调整，见图 2-27。

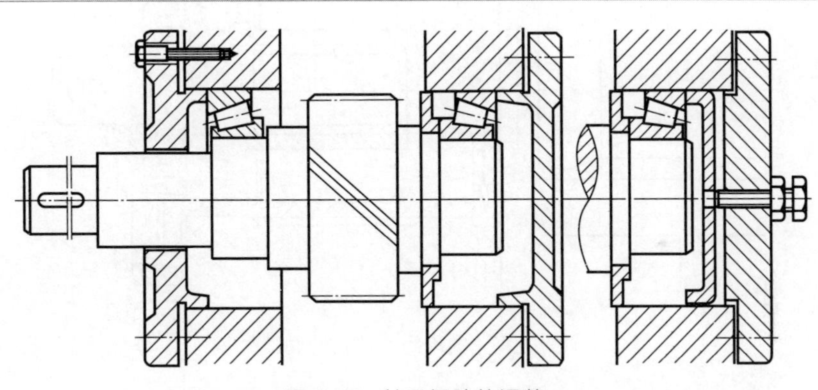
图 2-27 轴承间隙的调整

对于某些可调游隙的轴承，在安装时给予一定的轴向压紧力，使内外圈产生相对移动而消除游隙，并在套圈和滚动体接触处产生弹性预变形，借此提高轴的旋转精度和刚度，称为轴承的预紧。轴承的预紧如图 2-28 所示。

为了使轴上的零件具有准确的工作位置，需要对轴承组合的位置进行调整，如图 2-29 所示。例如，圆锥齿轮传动，要求两个节锥顶点相重合，方法之一是套杯＋调整垫片。

滚动轴承的密封方式的选择与润滑的种类、工作环境、温度、密封表面的圆周速度有关。密封方式有接触式密封，如毛毡和密封圈密封（图 2-30）；非接触式密封，如迷宫密封；组合式密封，如毛毡迷宫式密封等。

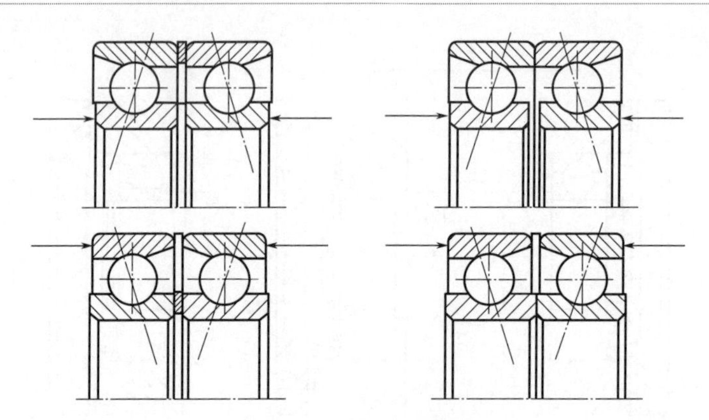

图 2-28　轴承的预紧

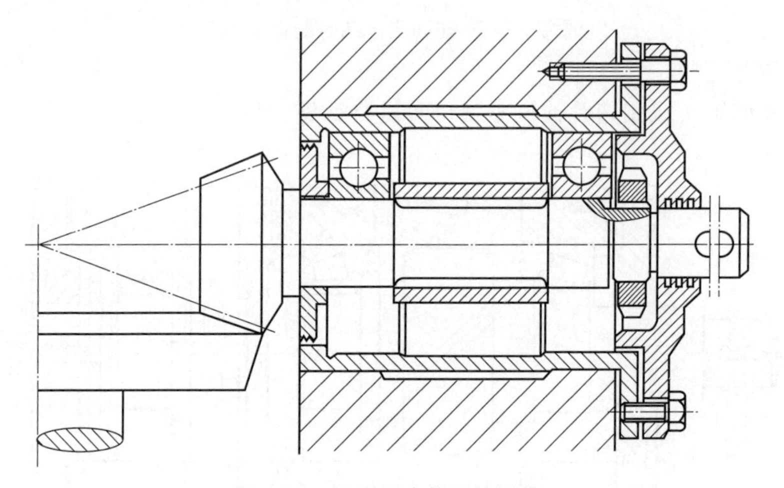

图 2-29　轴承组合位置的调整

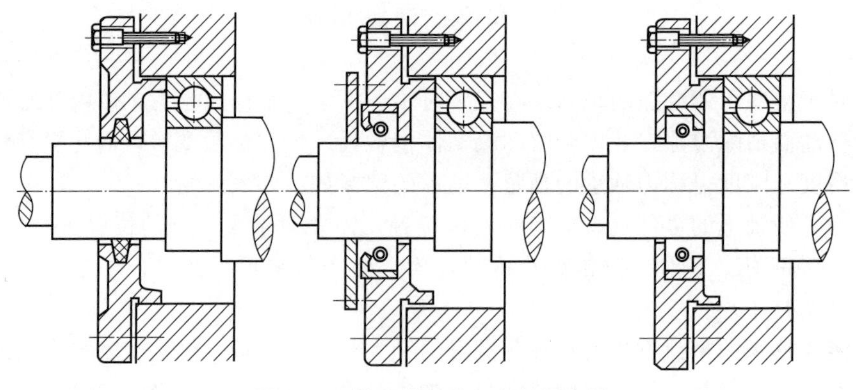

图 2-30　轴承的毛毡和密封圈密封

间隙密封（图 2-31）适用于脂润滑情况、要求环境干燥清洁的场合。

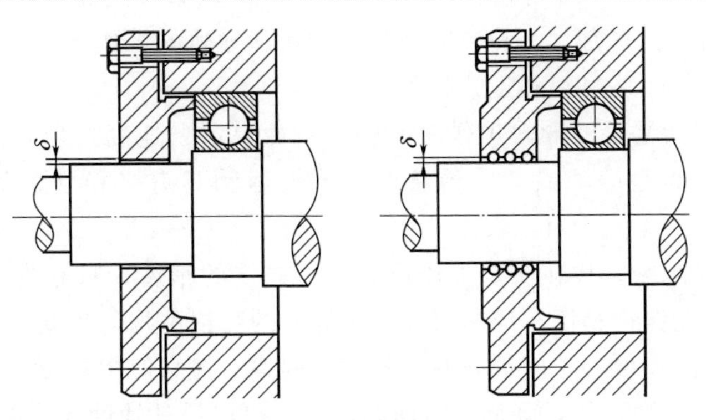

图 2-31 间隙密封

迷宫式密封（图 2-32）的密封效果可靠，适用于脂润滑或油润滑，工作温度不能高于密封用脂的滴点。

此外，某些必要场合还可以选用组合式密封，如图 2-33 所示。

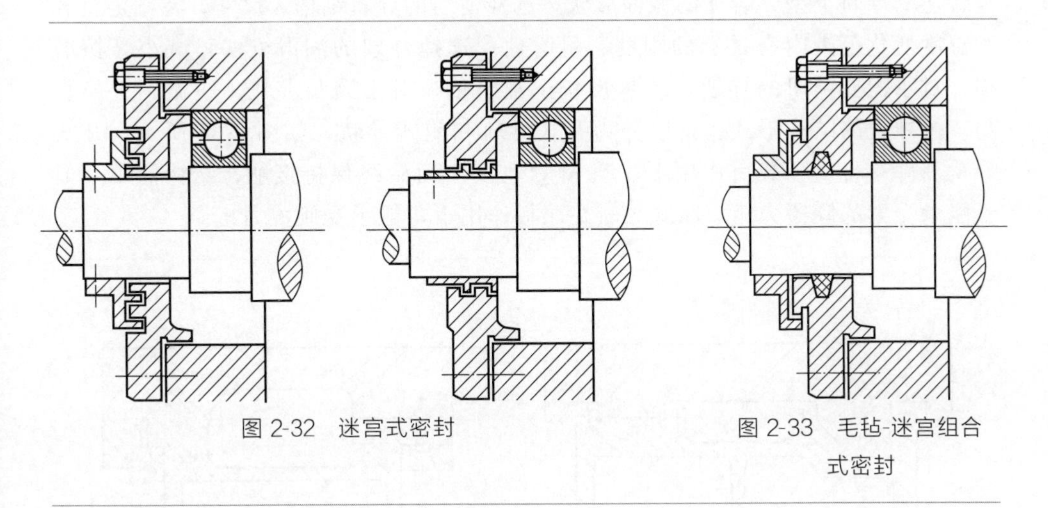

图 2-32 迷宫式密封

图 2-33 毛毡-迷宫组合式密封

2.5.4 移动支承部件结构方案设计

导轨的作用是承载和导向，是进给系统的重要环节。运动的导轨称为动导轨，不动的为支承导轨或静导轨。导轨面是机床上有相对运动的两个配合面，因此也称“导轨副”，属于低副。配合面有相对运动的导轨称为动导轨，而配合面相对固定的导轨称为固定导轨。设计移动支承部件的基本要求有导向精度、耐磨性、刚度、低速运动平稳性、工艺性。

① 导向精度高。导向精度是运动件沿导轨运动的直线性及其与有关基面相互位置的准确性。只有具有高导向精度才能保证导轨的工作质量，并且导向精度与导轨结构、装配、材料和工艺相关。

② 运动灵活平稳。导轨工作时要轻便省力灵活、速度均匀，低速运动平稳性即动导轨作低速运动或微量位移时，导轨运动具有平稳性，防止出现爬行现象。

③ 导轨要耐磨。导轨长期工作仍能保证一定的精度，只有耐磨性能好才能使机床导轨长期保持精度，应尽可能减小导轨的磨损不均匀程度。但磨损不可避免，应尽量使磨损量小，磨损后便于补偿或调整，提高使用寿命。

④ 合适的宽度，尽量降低导轨面的比压。可以设计辅助导轨承担载荷。

⑤ 热影响小。将装备工作过程温升降到最小，减少动、静摩擦系数之差，改变动摩擦系数随速度变化的特性，提高传动机构的刚度是消除爬行现象的主要措施。

导轨设计尽量使导轨结构简单，便于制造、装配和维护。根据工作条件，选择合适的导轨类型、合适的截面形状，选择适当的导轨结构、尺寸，在额定负载和温度变化范围内有足够的刚度、耐磨性。选择合理的润滑方法，减小摩擦磨损。对于需要刮研的导轨，应尽量减少刮研量。对于镶装导轨，应做到更换容易。按导轨的结构形式，可以分为开式导轨和闭式导轨，如图 2-34 所示。开式导轨部件在自重和载荷作用下，动-静导轨工作面始终保持接触，结构简单，但不能承受大的倾覆力矩。闭式导轨在压板作用下，能承受倾覆力矩。

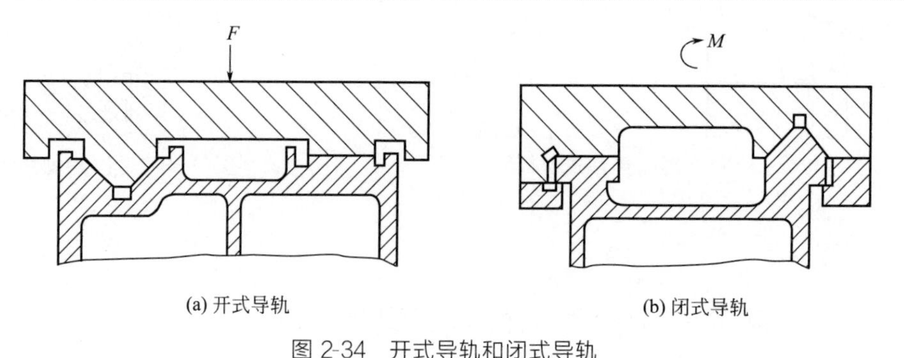

(a) 开式导轨　　(b) 闭式导轨

图 2-34　开式导轨和闭式导轨

(1) 滑动导轨的设计

直线运动导轨截面形状主要有矩形、三角形、燕尾形和圆形等形式，见表 2-5、表 2-6。

表 2-5 滑动导轨截面形状

	棱柱形				圆形
	对称三角形	不对称三角形	矩形	燕尾形	
凸形	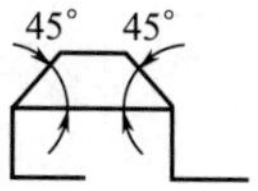 45° 45°	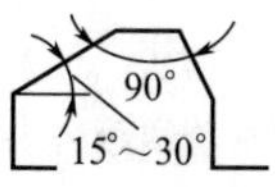 90° 15°～30°	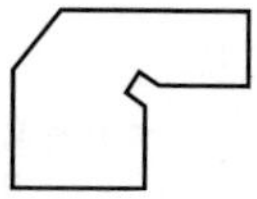	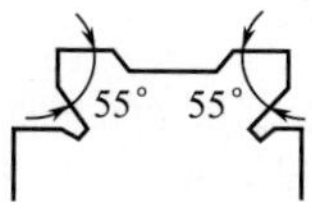 55° 55°	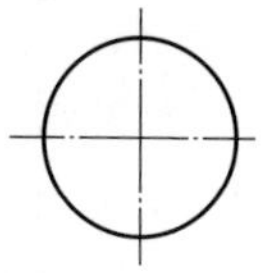
凹形	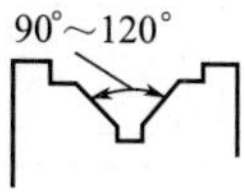 90°～120°	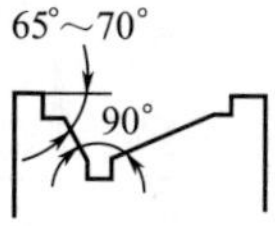 65°～70° 90°	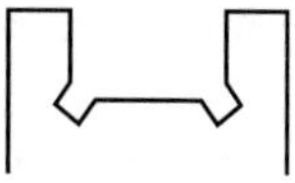	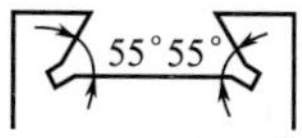 55° 55°	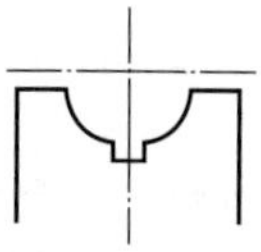

表 2-6 直线运动导轨特点

导轨形式	结构特点	用途	图例
矩形导轨	制造简单，刚度和承载能力大，水平方向和垂直方向上的位移互不影响，安装、调整方便，但导向面磨损后不能自动补偿间隙，影响精度	普通精度的机床或重型机床	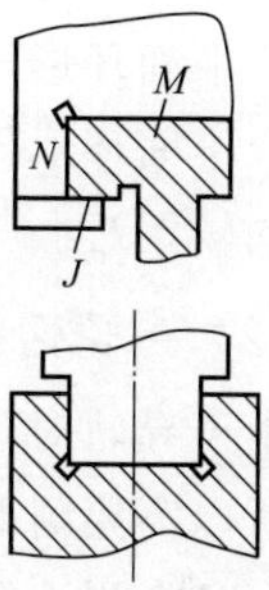 M N J
三角形导轨	三角形导轨在垂直载荷作用下，导轨磨损后能自动补偿，导向性好；压板面需有间隙调整装置；顶角增大，承载力增加，但导向精度差	普通精度的机床或重型机床	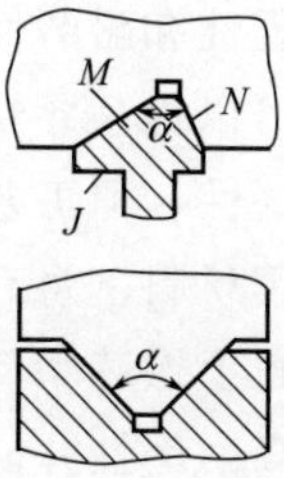 M N α J α
燕尾形导轨	导轨磨损后不能自动补偿间隙，需用间隙调整装置；两燕尾面起压板面作用，用一根镶条就可调整水平、垂直方向的间隙；导轨制造、检验和修理较复杂，摩擦阻力大	用于要求高度小的多层移动组合部件，广泛用于仪表机床	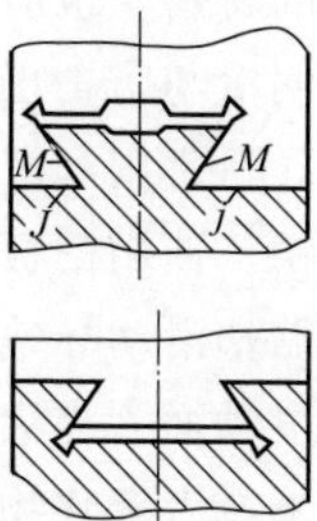 M J M J

续表

导轨形式	结构特点	用途	图例
圆形导轨	制造简单，内孔可珩磨，外圆经过磨削可达到精密配合；磨损后调整间隙困难	常用于同时作移动和转动的场合。如拉床、机械手等	

回转运动导轨的截面形状有平面环形导轨、锥面环形导轨和双锥面环形导轨。平面环形导轨结构简单，制造方便，能承受较大的轴向力，但不能承受径向力。适用于由主轴定心的各种回转运动导轨的机床，如高速大载荷立式车床等。

锥面环形导轨能同时承受轴向力和径向力，但不能承受较大的倾覆力矩。导向性比平面环形导轨好，但制造较难。适用于承受一定径向载荷和倾覆力矩的场合。双锥面环形导轨能承受较大的径向力、轴向力和一定的倾覆力矩，但制造、研磨均较困难。

(2) 导轨材料

由于导轨对导向精度、耐磨性、刚度、低速运动平稳性和工艺性有一定的要求，所以需要耐磨性高、工艺性好、成本低等的材料。常用导轨材料有铸铁、钢、有色金属、塑料等。铸铁（如灰铸铁 HT200、孕育铸铁 HT300 等）有良好的减震性和耐磨性，且成本低、易于铸造和切削加工，常用于做机床导轨材料。淬火可以提高导轨表面的硬度，提高耐磨性。镶钢支承导轨可大幅度地提高导轨的耐磨性，但工艺复杂、加工较困难、成本也较高。20Cr、45Cr 和 40Cr 都是常用的钢材料。将有色金属板材镶装在动导轨上，与铸铁的支承导轨相搭配，并在动导轨上镶装塑料软带，与淬硬的铸铁支承导轨和镶钢支承导轨组成导轨副。为了提高耐磨性并防止咬焊，动导轨和支承导轨应分别采用不同的材料。如果采用相同的材料，也应采用不同的热处理使双方具有不同的硬度。

润滑与防护也是导轨设计必不可少的部分。滑动导轨一般使用润滑油润滑，滚动导轨常用润滑脂润滑。润滑得当可以降低摩擦力，减少磨损，降低温度和防止生锈。使用刮板式或伸缩式防护可以防止或减少导轨副磨损。

贴塑滑动导轨（图 2-35）是在导轨滑动面上贴上一层塑料抗磨带，导轨的另一滑动面为淬火磨削表面。抗磨带一般为以聚四氟乙烯等材料为基础再添加合金粉末或者氧化物的高分子复合材料，以增强其耐磨性。

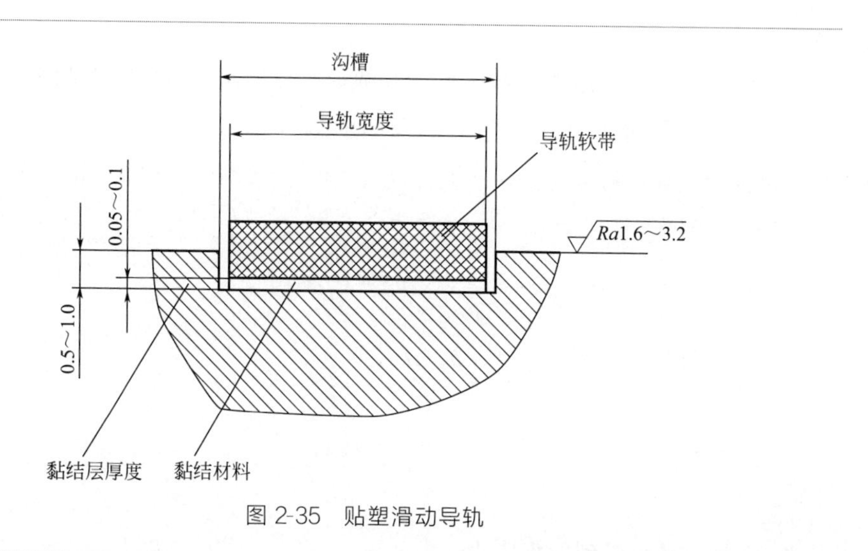

图 2-35 贴塑滑动导轨

(3) 滑动导轨的组合

滑动导轨经常组合使用，常用的组合形式有直线导轨（通常由两条导轨组合而成）、双三角形导轨、双矩形导轨、矩形和三角形导轨组合、矩形和燕尾形导轨组合等。

1）双三角形导轨。两条三角形导轨同时起支承和导向作用。由于结构对称，驱动元件可对称地放在两导轨中间，并且两条导轨磨损均匀，磨损后相对位置不变，能自动补偿垂直和水平方向的磨损，故导向性和精度保持性都高，接触刚度好。但工艺性差，加工、检验、维修比较困难，对导轨的四个表面刮削或磨削也难以完全接触，如果床身和运动部件热变形不同，也很难保证四个面同时接触。因此多用于精度要求较高的机床设备。

2）双矩形导轨。双矩形导轨刚度高，承载能力强，摩擦系数小，制造与调整简单，检验、维修较方便，但接触刚度低，导向性低，适用于重载工作场合。采用矩形和矩形组合时，应合理选择导向面。

3）三角形与矩形导轨组合。这种组合形式兼有三角形导轨导向性好和矩形导轨制造方便、刚度好等优点，并避免了热变形引起的配合变化。但导轨磨损不均匀，一般是三角形导轨比矩形导轨磨损快，磨损后又不能通过调节来补偿，故对位置精度有影响。闭合导轨有压板面，能承受倾覆力矩。三角形与矩形组合有V-矩、棱-矩两种形式。V-矩组合导轨易储存润滑油，低、高速都能采用；棱-矩不能储存润滑油，只用于低速移动。

4）双燕尾形导轨。可以承受倾覆力矩，间隙调整方便，但刚度较低，摩擦力较大，加工、检验、维修不太方便，适用于层次多、要求间隙调整方便的工作场合。

除此之外，还有矩形与燕尾形，双圆形等导轨组合方式，在此不一一赘述。

(4) 导轨压强的计算及压板使用情况的判断

导轨所受载荷可简化为一个集中力 F 和一个集中力偶 M。由 F 和 M 在导轨上引起的压强为：

$$p_{\mathrm{F}}=\frac{F}{aL} \tag{2-41}$$

而 $M=\frac{1}{2}p_{\mathrm{M}}\times\frac{aL}{2}\times\frac{2}{3}L=\frac{p_{\mathrm{M}}aL^{2}}{6}$，故

$$p_{\mathrm{M}}=\frac{6M}{aL^{2}} \tag{2-42}$$

式中 F——导轨受到的集中力；

M——导轨受到的倾覆力矩；

p_{M}——由倾覆力矩引起的最大压强；

p_{F}——由集中力 F 引起的压强；

a——导轨宽度；

L——导轨的长度。

导轨所受最大、最小和平均压强分别为

$$p_{\max}=p_{\mathrm{F}}+p_{\mathrm{M}}=\frac{F}{aL}\left(1+\frac{6M}{FL}\right) \tag{2-43}$$

$$p_{\min}=p_{F}-p_{M}=\frac{F}{aL}\left(1-\frac{6M}{FL}\right) \tag{2-44}$$

$$p_{平均}=\frac{1}{2}(p_{\max}+p_{\min})=\frac{F}{aL} \tag{2-45}$$

当 $\frac{6M}{FL}=0$，即 $M=0$ 时，$p=p_{\max}=p_{\min}=p_{平均}$，压强按矩形分布，这时导轨的受力情况最好，但这种受力情况几乎不存在。

当 $\frac{6M}{FL}\neq 0$，即 $M\neq 0$ 时，由于倾覆力矩的作用，使导轨的压强不按矩形分布，它的合力作用点偏离导轨的中心。

当 $\frac{6M}{FL}<1$，即 $\frac{M}{FL}<\frac{1}{6}$ 时，$p_{\min}>0$，$p_{\max}<2p_{平均}$，压强按梯形分布，设计时应尽可能保证这种情况。

当$\frac{6M}{FL}=1$，即$\frac{M}{FL}=\frac{1}{6}$时，$p_{\max}=0$，$p_{\min}<2p_{平均}$，压强按三角形分布，压强虽然相差较大，但仍可使导轨面在全长上接触，是一种临界状态。

当$\frac{6M}{FL}\leqslant\frac{1}{6}$时，均可采用无压板的开式导轨。

当$\frac{6M}{FL}>1$，即$\frac{M}{FL}>\frac{1}{6}$时，主导轨面上将有一段出现不接触，这时必须安装压板，形成辅助导轨面。

导轨压强大小如图 2-36 所示。

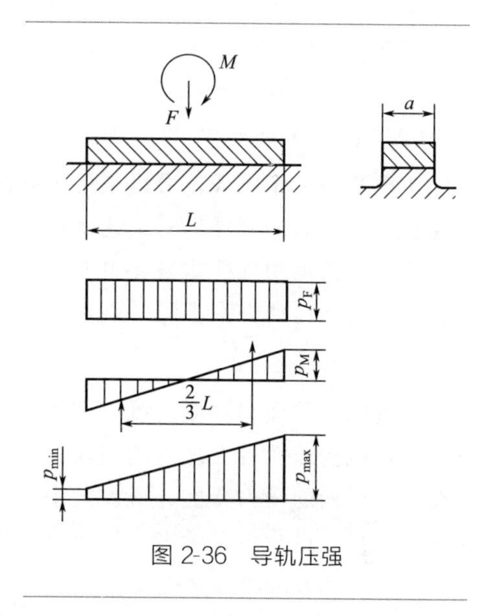

图 2-36 导轨压强

除了滑动导轨，还可以在导轨工作面之间安装滚动件，使导轨两接触面之间形成滚动摩擦，减小摩擦系数，降低摩擦力，消除“爬行”，精度高，在高端装备中的应用越来越广泛。

2.6 智能制造装备执行系统设计

智能制造装备主要部件的性能好坏直接体现在装备的执行系统中，执行系统是在智能制造装备中与工作对象直接接触，相互作用，同时与传动系统、支承系统相互联系的子系统，是机械系统中直接完成预期功能的部分。

执行系统由执行构件和执行机构组成。执行构件是执行系统中直接完成功能的零部件，一般直接与工作对象接触或直接对工作对象执行操作。执行构件的运动和动力必须满足机械系统预期实现的功能要求，包括运动形式、范围、精度、载荷类型及大小等。执行机构是带动执行构件的机构，它将由传动系统传递过来的运动和动力转换后传递给执行构件。执行系统中有一至多个执行机构，执行机构又可驱动多个执行构件。执行系统可将移动、转动和摆动这三种运动形式进行相互转换，甚至可将连续转动变为间歇移动。其功能归纳起来有：夹持、搬运、输送、分度与转位、检测、实现运动形式或运动规律的变换、完成工艺性复杂的运动等。

机械执行系统方案设计主要包括以下内容：

(1) 功能原理设计

任何一种机械的设计都是为了实现某种预期的功能要求，包括工艺要求和使用要求。所谓功能原理设计，就是根据机械预期功能选择最佳工作原理。实现同一功能要求，可以选择不同的工作原理，根据不同工作原理设计的机械在工作性能、工作品质和适用场合等方面会有很大差异。

（2）运动规律设计

实现某一工作原理，可以采用不同的运动规律，运动规律设计这一工作通常是通过对工作原理所提出的工艺动作进行分解来进行的。工艺动作分解的方法不同，所得到的运动规律也各不相同。实现同一工作原理可以选用不同的运动方案，所选用的运动方案不同，设计出来的机械产品差别很大。

（3）机构形式设计

实现同一种运动规律，可以选用不同形式的机构。所谓机构形式设计，是指选择最佳机构以实现上述运动规律。某一运动规律可以由不同的机构来实现，但需要考虑机构的动力特性、机械效率、制造成本、外形尺寸等因素，根据所设计的机械的特点进行综合考虑，选出合适的机构。

（4）系统的协调设计

执行系统的协调设计是根据工艺过程对各动作的要求，分析各执行机构应当如何协调和配合，设计出机械的运动循环图，指导各执行机构的设计、安装和调试。

复杂的装备通常由多个执行机构组合而成。当选定各个执行机构的形式后，还必须使这些机构以一定的次序协调运作，使其统一于一个整体，完成预期的工作目标。如果各个机构运作不协调，就会破坏机械的整个工作过程，达不到工作要求，甚至会破坏机件和产品，造成生产和人身事故。

（5）机构尺度设计

机构的尺度设计是指对所选择的各个执行机构进行运动学和动力学设计，确定各执行机构的运动尺寸，绘制出各执行机构的运动简图。

（6）运动和动力分析

对整个执行系统进行运动分析和动力分析，以检验其是否满足运动要求和动力性能方面的要求。

综上所述，实现同一种功能要求，可以采用不同的工作原理；实现同一种工作原理，可以选择不同的运动规律；实现同一种运动规律，可以采用不同形式的机构。因此，实现同一种预期的功能要求，可以有多种不同的方案。机械执行系统方案设计所要研究的问题就是合理地利用设计者的专业知识和分析能力，创造性地构思出各种可能的方案，并从中选出最佳方案[28]。

下面以轴（轴系）的设计为例进行说明。

轴的主要功能是支承旋转零件和传递转矩，是机械设计主要类别之一。典型的轴系结构如图2-37所示。轴上常装有齿轮、带轮或链轮等，这些转动的轮通过啮合齿轮、带或链在轴之间传递运动。安装传动零件轮毂的轴段称为轴头，与轴承配合的轴段称为轴颈，连接轴头和轴颈的部分称为轴身。轴、轴承和轴上零件的组合构成了轴系，它是机器的重要组成部分，对机器的正常运转有着重大的影响。

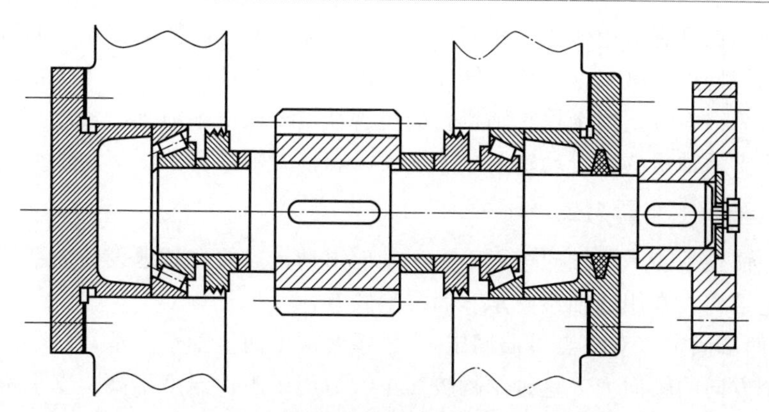

图2-37 典型的轴系结构

轴设计的主要任务是选材、结构设计、工作能力计算。一方面要根据使用条件，合理地选择材料，确定主要尺寸，保证其具有足够的工作能力，满足强度、刚度和振动稳定性等要求。另一方面要进行轴的结构设计：根据轴上零件的安装、定位以及轴的制造工艺等方面的要求，合理地确定轴的结构形式和尺寸。轴的结构设计还包括轴的工作能力计算。轴的承载能力验算指的是轴的强度、刚度和振动稳定性等方面的验算，应使轴系受力合理，提高轴的强度、刚度和振动稳定性，节约材料并减轻重量。轴及轴上零件应定位准确，固定可靠，便于装拆和调整，还应具有良好的加工和装配工艺性，并尽量避免应力集中。

传动轴的加载方式主要是传递转矩所引起的扭转，或者作用在齿轮、带轮或链轮上的横向载荷引起的弯曲。轴最常见的受载情况是受到波动循环转矩和波动循环变矩的联合作用。设计执行轴机构，需要确定执行轴的结构、轴承的类型、轴承的组合与布置、传动方式和传动件的布置等[28,29]。

（1）轴承的选择

轴承用来支承轴等回转零件旋转，降低支承摩擦，并保证回转精度。轴承是轴系的重要零部件，也是当代机械设备中的一种重要零部件。轴承的选择在前文已经有所叙述，本小节主要讨论轴承的布置形式。按相对运动表面的摩擦形式，轴承分为滚动轴承和滑动轴承两大类。常用的滚动轴承已标准化，由专门的轴承厂家大批量生产，在机械设备中得到了广泛应用。设计时只需根据工作条件选择合适的类型，依据寿命计算确定规格尺寸，并进行滚动轴承的组合结构设计。

在分析和设计滚动轴承的组合结构时，应考虑轴及轴上零件的固定（包括轴向定位和周向定位）；轴承与轴、轴承座的配合；轴承的润滑和密封；提高轴系的刚度等方面的问题。显然，此时考虑的也应是整个轴系，而不仅仅是轴承本身。

滚动轴承具有适用转速变化幅度大、承载能力好、摩擦磨损小、润滑要求低和成本低等特点。可根据载荷、转速等要求，选择合适的形式。当执行轴的精度很高或载荷很大时，由于执行轴机构的抗震性主要取决于前支承轴承，故一般执行轴的前支承轴承选用滑动轴承，而后支承和推力轴承仍选用滚动轴承。

（2）轴承的布置方式

为保证轴系能承受轴向力而不发生轴向窜动，需要合理地设计轴系的轴向支承和固定结构，常用的轴系支承和固定形式有：

1）两端固定（双支点单向固定）。轴系两端由两个轴承支承，每个轴承分别承受一个方向的轴向力。这种结构较简单，适用于工作温度不高、支承跨距较小（跨距≤400mm）的轴系。为补偿轴的受热伸长，在装配时，轴承应留有 0.25～0.4mm 的轴向间隙。间隙的大小常用轴承盖下的调整垫片或拧在轴承盖上的调节螺钉调整，调节十分方便。通常在执行轴两端反向配置两个圆锥滚子轴承或角接触球轴承，如图 2-38 所示。此配置方式结构简单、调整方便，但受热后执行轴伸长，将引起轴承的轴向松动，影响精度和刚度。适用于精度较高、载荷较小且执行轴长度较短的工作场合。

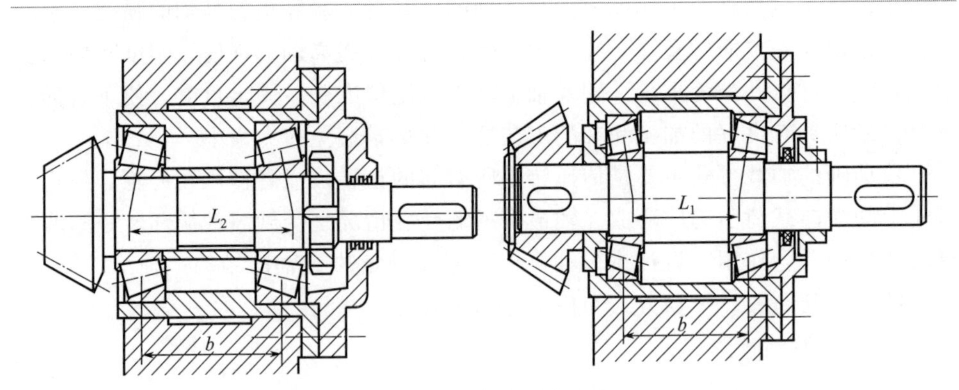

图 2-38　双支点单向固定

2）一端固定一端游动（单支点双向固定）。一端固定一端游动轴系由双向固定端的轴承承受轴向力并控制间隙，由轴向浮动的游动端轴承保证轴伸缩时支承能自由移动。为避免松动，游动端轴承内圈应与轴固定。这种结构适用于工作温度较高、支承跨距较大的轴系。

当轴较长或工作温度较高时，轴的热膨胀伸长量较大，宜采用一端固定、一端游动的支点结构。轴承固定在后支承两侧多用于载荷较大、精度不高的工作场合；轴承固定在前支承两侧多用于精度较高、载荷较小的工作场合；轴承固定在前支承内侧时，结构较复杂且调整不方便，一般仅在载荷很大、精度很高的工作场合使用。图 2-39 所示为单支点双向固定的布置方式。

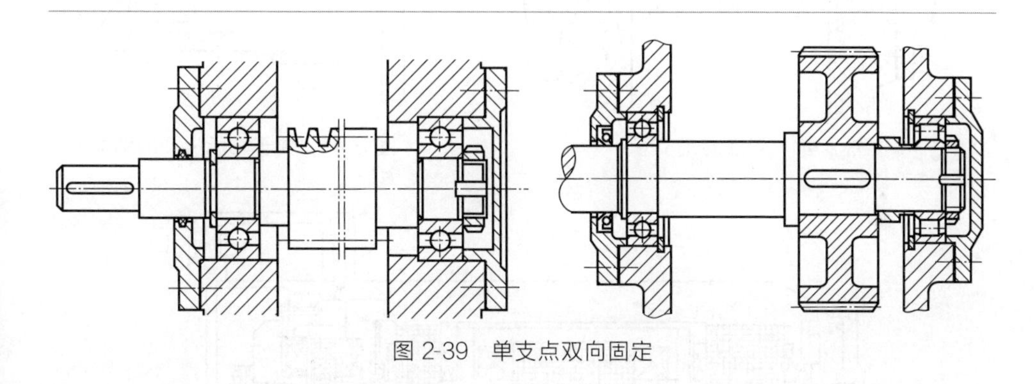

图 2-39　单支点双向固定

3）两端游动支承。轴系两端的支承轴承（圆柱滚子轴承）轴向均可游动，以适应人字齿轮传动时，主、从动轮须对正的要求。当然这种结构形式很少采用，仅用于类似的特殊场合。这种支承方式用于要求能左右双向游动的轴，可采用两端游动的轴系结构。此配置方式通常用于齿轮传动的高速轴，以防止齿轮卡死或人字齿的两侧受力不均匀。如图 2-40 所示，人字齿轴系两端为圆柱滚子轴承。

值得指出的是，轴上零件和轴承在轴上的轴向位置多采用轴肩或套筒定位，定位端面应与轴线保持良好的垂直度；轴肩圆角半径必须小于相应的轴上零件或轴承的圆角半径或倒角宽度。对于滚动轴承的定位，轴肩高度应小于轴承内圈高度的 3/4，以便于拆卸轴承，如图 2-41 所示。

除了常规轴承，在一些场合还可选用陶瓷轴承、磁浮轴承等高性能先进轴承。陶瓷轴承热稳定性好，弹性模量大，刚度大，重量轻，高速时作用在滚动体上的离心力小，摩擦小。滚动体为陶瓷，热膨胀系数小，温升慢，运动平稳。陶瓷轴承特别适用于高速、超高速、超精密装备的旋转部件。

磁浮轴承是用磁力来支承运动部件，使其与固定部件非接触实现轴承功能（图 2-42）。磁浮轴承由定子、转子组成（图 2-43），工作时无机械磨损，无噪声，温升小，无须润滑。磁浮轴承特别适合于高速、超高速加工装备。

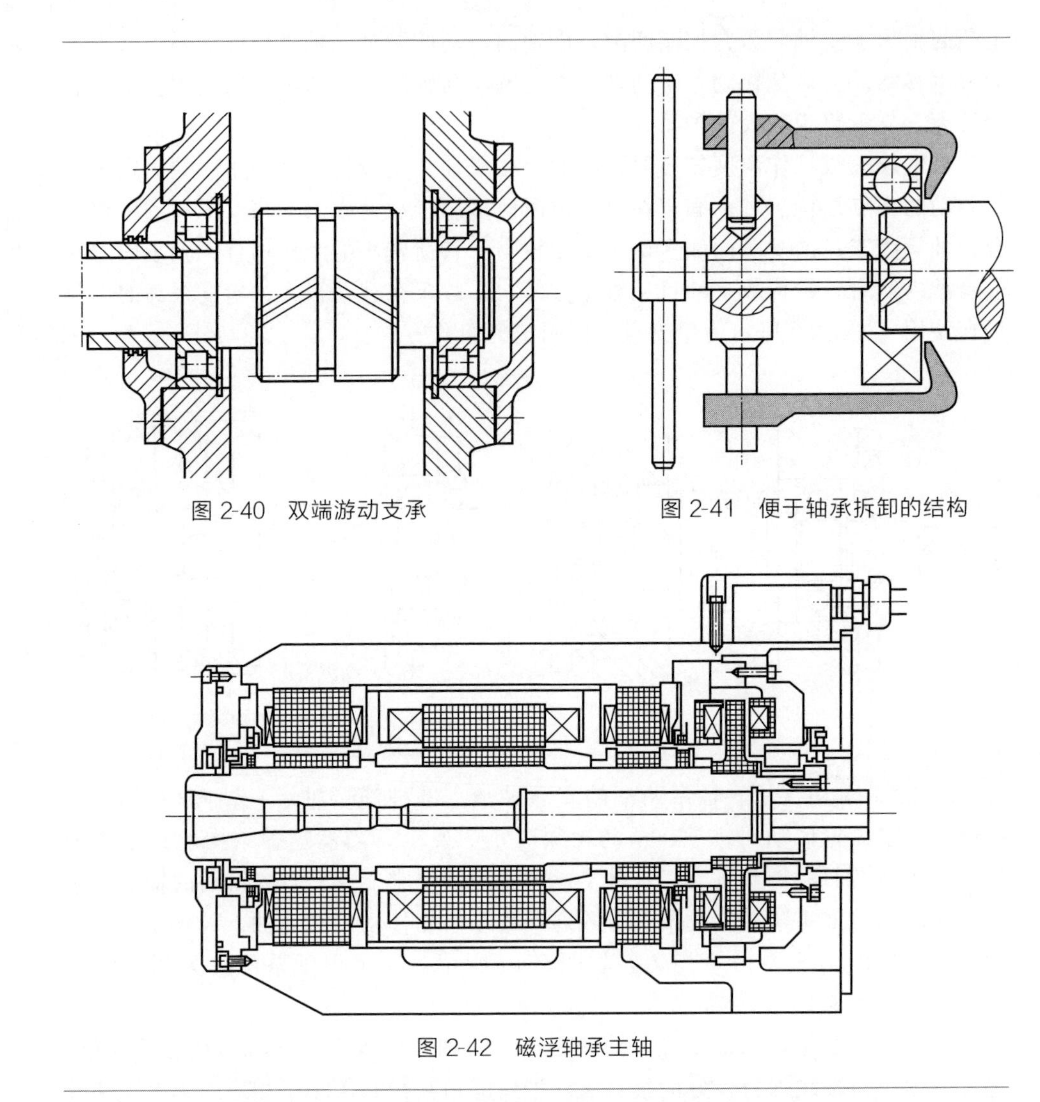

图 2-40 双端游动支承

图 2-41 便于轴承拆卸的结构

图 2-42 磁浮轴承主轴

润滑对轴承非常重要，应根据装备运转条件选择润滑剂和润滑方法，考虑的运转条件主要包括运行温度、运转速度。对于一般速度的装备，轴承润滑选用润滑脂即可；对于高速装备，为提高润滑的寿命，应使用润滑油润滑，必要时还要加其他辅助装置，比如高压喷油等。

此外，还需对轴承进行防护，比如装备长时间不工作，需要对轴承进行防锈处理；合理设计密封装置，合理选择润滑油润滑脂，采取措施对轴承绝缘，以防止电流通过等。

本节仅对滚动轴承的选择做了简要的说明，有关轴承的设计，可以详细查阅机械设计手册。

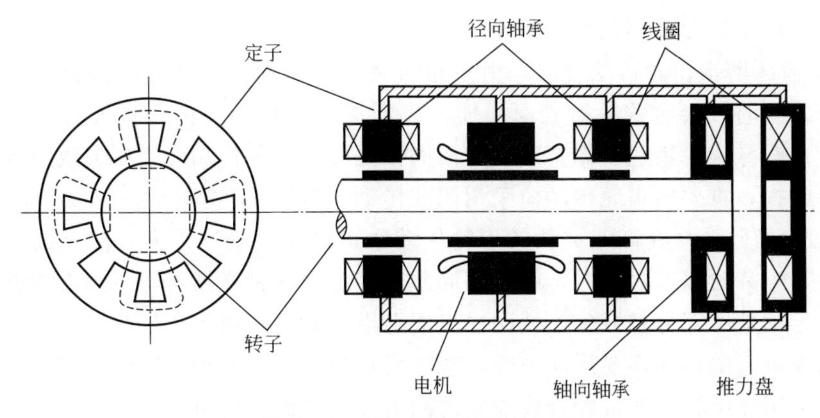

图 2-43 磁浮轴承结构示意图

(3) 传动方式的选择

1) 齿轮传动。齿轮传动是指由齿轮副传递运动和动力的装置，它是现代各种设备中应用最广泛的一种机械传动方式。它的传动比准确，效率高，结构紧凑，工作可靠，寿命长，可传递较大的扭矩，适用于变转速、变载荷的工作场合。但齿形有不可避免的误差，导致传动不平稳且传动精度受到限制。

齿轮传动有传动精度高，适用范围宽，可以实现平行轴、相交轴、交错轴等空间任意两轴间的传动，工作可靠，使用寿命长，传动效率较高（一般为0.94～0.99)，制造和安装要求较高（成本高)，对环境条件要求较严，不适用于相距较远的两轴间的传动，减振性和抗冲击性不如带传动等柔性传动好等特点。

齿轮传动是靠齿与齿的啮合进行工作的，轮齿是齿轮直接工作的部分，所以齿轮的失效主要发生在轮齿上。主要的失效形式有轮齿折断、齿面点蚀、齿面磨损、齿面胶合以及塑性变形等。

① 轮齿折断。轮齿折断通常有两种情况：一种是由于多次重复的弯曲应力和应力集中造成的疲劳折断；另一种是由于突然产生严重过载或冲击载荷作用引起的过载折断。尤其是脆性材料（铸铁、淬火钢等）制成的齿轮更容易发生轮齿折断。两种折断均起始于轮齿受拉应力的一侧。增大齿根过渡圆角半径、改善材料的力学性能、降低表面粗糙度以减小应力集中，以及对齿根进行强化处理（如喷丸、滚挤压）等，均可提高轮齿的抗折断能力。

② 齿面点蚀。轮齿工作时，前面啮合处在交变接触应力的多次反复作用下，在靠近节线的齿面上会产生若干小裂纹，随着裂纹的扩展，将导致小块金属剥落，这种现象称为齿面点蚀。齿面点蚀的继续扩展会影响传动的平稳性，并产生振动和噪声，导致齿轮不能正常工作。点蚀是润滑良好的闭式齿轮传动常见的失

效形式。提高齿面硬度和降低表面粗糙度，均可提高齿面的抗点蚀能力。开式齿轮传动，由于齿面磨损较快，不出现点蚀。

③ 齿面磨损。轮齿啮合时，由于相对滑动，特别是外界硬质微粒进入啮合工作面之间时，会导致轮齿表面磨损。齿面逐渐磨损后，齿面将失去正确的齿形，严重时导致轮齿过薄而折断，齿面磨损是开式齿轮传动的主要失效形式。为了减少磨损，重要的齿轮传动应采用闭式传动，并注意润滑。

④ 齿面胶合。在高速重载的齿轮传动中，齿面间的压力大、温升高、润滑效果差，当瞬时温度过高时，两齿面局部熔融、金属相互粘连，当两齿面做相对运动时，粘连的部分被撕破，从而在齿面上沿着滑动方向形成带状或大面积的伤痕。低速重载的传动不易形成油膜，摩擦发热虽不大，但也可能因重载而出现冷胶合。采用黏度较大或抗胶合性能好的润滑油，降低表面粗糙度以形成良好的润滑条件；提高齿面硬度等均可增强齿面的抗胶合能力。

⑤ 齿面塑性变形。硬度较低的软齿面齿轮，在低速重载时，由于齿面压力过大，在摩擦力作用下，齿面金属产生塑性流动而失去原来的齿形。提高齿面硬度和采用黏度较高的润滑油，均有助于防止或减轻齿面塑性变形。

齿轮传动的不同失效形式在一对齿轮上面不一定同时发生，但却是相互影响的。齿面的点蚀会加剧齿面的磨损，而严重的磨损又会导致轮齿折断。统计表明，在一定条件下轮齿折断、齿面点蚀失效形式是主要的，因此设计齿轮传动时，应根据实际工作条件分析其可能发生的主要失效形式，以确定相应的设计准则。

根据齿轮传动的失效形式，提出以下设计准则：

① 闭式软齿面（硬度≤350HBW）齿轮传动。润滑条件良好时，齿面点蚀将是主要的失效形式，在设计时通常按齿面接触疲劳强度设计，再按齿根弯曲疲劳强度校核。

② 闭式硬齿面（硬度＞350HBW）齿轮传动。抗点蚀能力较强，轮齿折断的可能性大，在设计计算时通常按齿根弯曲疲劳强度设计，再按齿面接触疲劳强度校核。

③ 开式齿轮传动。主要失效形式是齿面磨损，但由于磨损的机理比较复杂，尚无成熟的设计计算方法，故只能按齿根弯曲疲劳强度计算，用增大10%～20%模数的办法加大齿厚，使它有较长的使用寿命，以此来考虑磨损的影响。

2）带传动。带传动具有结构简单、传动平稳、能缓冲吸振、可以在大的轴间距和多轴间传递动力，造价低廉、不需润滑、维护容易等特点，在近代机械传动中应用十分广泛。摩擦型带传动能过载打滑、运转噪声低，但传动比不准确；同步带传动可保证传动同步，但对载荷变动的吸收能力稍差，高速运转有噪声，占用空间较大。

根据用途不同，带传动可分为一般工业用传动带、汽车用传动带、农业机械用传动带和家用电器用传动带。摩擦型传动带根据其截面形状的不同又分平带、V带和特殊带（多楔带、圆带）等。

传动带的种类通常是根据工作机的种类、用途、使用环境和各种带的特性等综合选定。当有多种传动带满足传动需要时，则可根据传动结构的紧凑性、生产成本和运转费用，以及市场的供应等因素，综合选定最优方案。

① 平带传动。平带传动工作时，带套在平滑的轮面上，借带与轮面间的摩擦进行传动。传动形式有开口传动、交叉传动和半交叉传动等，分别适应主动轴与从动轴不同相对位置和不同旋转方向的需要。平带传动结构简单，但容易打滑，通常用于传动比为3左右的传动。

平带有橡胶带、编织带、强力锦纶带和高速环形带等。橡胶带是平带中用得最多的一种。它强度较高，传递功率范围广。编织带挠性好，但易松弛。强力锦纶带强度高，且不易松弛。平带的截面尺寸都有标准规格，可选取任意长度，用胶合、缝合或金属接头连接成环形。高速环形带薄而软、挠性好、耐磨性好，且能制成无端环形，传动平稳，专用于高速传动。

② V带传动。V带传动工作时，带安装在带轮上相应的型槽内，靠带与型槽两壁面的摩擦实现传动。V带通常是数根并用，带轮上有相应数目的型槽。V带传动时，带与带轮接触良好，打滑小，传动比相对稳定，运行平稳。V带传动适用于中心距较短和较大传动比（但一般不超过7）的场合，在垂直和倾斜的传动中也能较好工作。此外，因V带数根并用，其中一根破坏也不致发生事故。

V带（又称三角带）是由强力层、伸张层、压缩层和包布层制成的无端环形胶带（图2-44）。强力层主要用来承受拉力，伸张层和压缩层在弯曲时起伸张和压缩作用，包布层的作用主要是增强带的强度。三角带的截面尺寸和长度都有标准规格，如图2-45所示。此外，还有一种活络三角带，它的截面尺寸标准与三角带相同，但长度规格不受限制，便于安装调紧，局部损坏可局部更换，但强度和平稳性等都不如三角带。三角带常多根并列使用，设计时可按传递的功率和小轮的转速确定带的型号、根数和带轮的结构尺寸。

a. 标准型V带。多用于家用设施、农用机械、重型机械。顶部宽度与高度之比为1.6∶1。使用帘线和纤维束作为承拉元件的带比等宽窄型三角带传递的功率要小得多。由于它们的抗拉强度和横向刚度高，这种带适用于载荷突然变化的恶劣工作状况。带速最高达30m/s，弯曲频率可达40Hz。

b. 窄型V带。这种V带顶部宽度与高度之比为1.2∶1。窄型V带是标准型V带的一种变型，它取消了对功率传递作用不大的中心部分，传递的功率要比同等宽度的标准型V带高。带速最高达42m/s，弯曲频率可达100Hz。

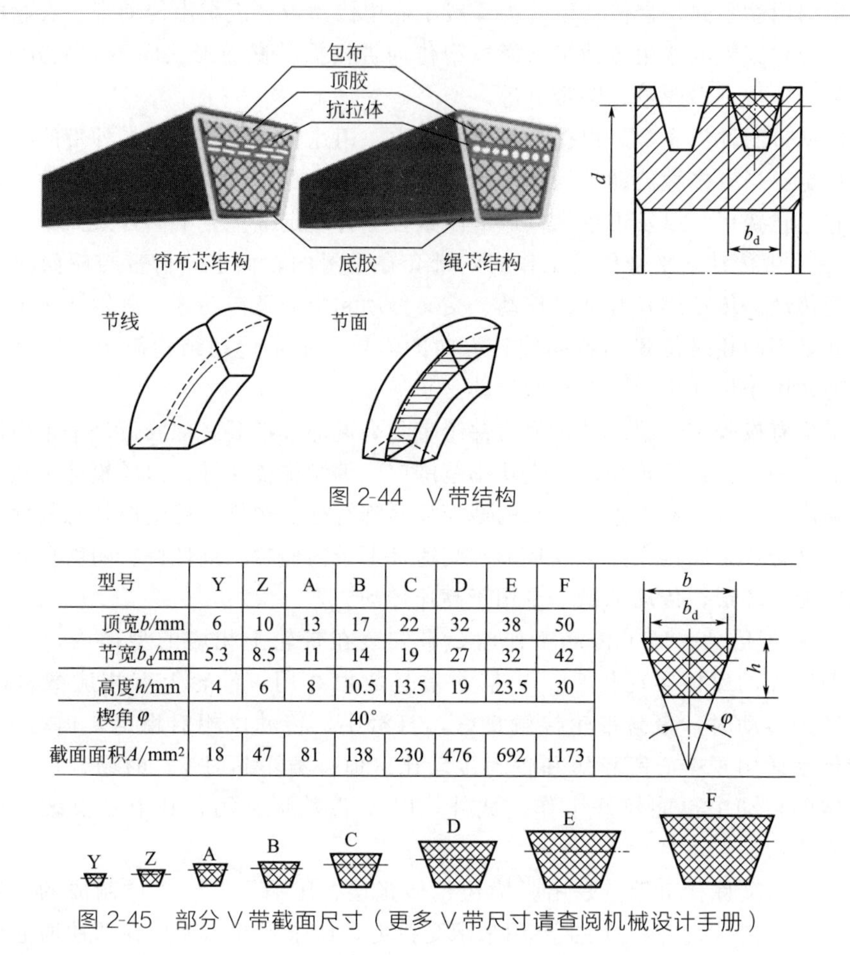

图 2-44 V 带结构

型号	Y	Z	A	B	C	D	E	F
顶宽b/mm	6	10	13	17	22	32	38	50
节宽b_d/mm	5.3	8.5	11	14	19	27	32	42
高度h/mm	4	6	8	10.5	13.5	19	23.5	30
楔角φ	40°							
截面面积A/mm²	18	47	81	138	230	476	692	1173

图 2-45 部分 V 带截面尺寸（更多 V 带尺寸请查阅机械设计手册）

c. 粗边型 V 带。汽车用粗边窄型 V 带，表层下面的纤维垂直于带的运动方向，使带具有高柔性，同时还有极好的横向刚度和高耐磨性。这些纤维还能给经过特殊处理的承拉元件提供良好的支承。用在小直径的带轮上时比包边的窄型 V 带传动能力强，寿命长。

d. 其他。最新发展的 V 带是用 Kevlar 制作纤维承拉元件的 V 带。Kevlar 具有很高的抗拉强度、伸长率很小，并能承受较高的温度。

③ 多楔带（多槽带）传动。柔性很好，带背面也可用来传递功率。如果围绕每个被驱动带轮的包容角足够大，就能够用一条这样的带同时驱动车辆的几个附件（交流发电机、风扇、水泵、空调压缩机、动力转向泵等）。它有 5 种断面供选用，允许使用比窄型 V 带更窄的带轮（直径 $d_{min} \approx 45$mm）。为了能够传递同样的功率，这种带的预紧力最好比窄型三角带增大 20%左右。

④ 同步带传动。同步带传动是一种特殊的带传动。带的工作面做成齿形，带轮的轮缘表面也做成相应的齿形，带与带轮主要靠啮合进行传动。同步齿形带一般采用细钢丝绳作强力层，外面包覆聚氨酯或氯丁橡胶。强力层中线定为带的节线，带线周长为公称长度。带的基本参数是周节 p 和模数 m。周节 p 等于相邻两齿对应点间沿节线量得的尺寸，模数 $m=p/\pi$。我国的同步齿形带采用模数制，其规格用“模数×带宽×齿数”表示。

同步齿形带传动主要用于要求传动比准确的场合，如计算机中的外部设备、电影放映机、录像机和纺织机械等。与普通带传动相比，同步齿形带传动的优点是结构紧凑，耐磨性好；钢丝绳制成的强力层受载后变形小，齿形带的周节基本不变，带与带轮间无相对滑动，传动比恒定、准确；齿形带薄且轻，可用于速度较高的场合，传动时线速度可达 40m/s，传动比可达 10，传动效率可达 98%。

缺点是由于预拉力小，承载能力也较小；制造和安装精度要求高，要求有严格的中心距，成本较高。

除了齿轮传动、带传动，常见的传动形式还有链传动和直联原动机传动（电主轴）。链传动是以链条为中间挠性件的啮合传动，与带传动相比，具有平均传动比稳定、压轴力小、效率高等优点。与齿轮传动相比，具有环境适应性好、成本低、适合远距离传动等优点。图 2-46 为套筒滚子链的结构图。直联原动机传动是利用原动机直接带动执行轴转动的传动方式。原动机的转子轴可与执行轴直

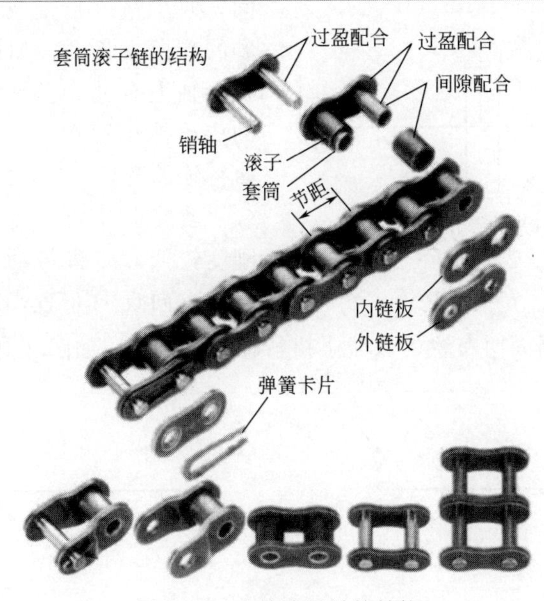

图 2-46 套筒滚子链的结构

接连接，适用于高速的执行轴机构。图 2-47 所示为数控机床电主轴结构。篇幅关系，这里不再赘述。

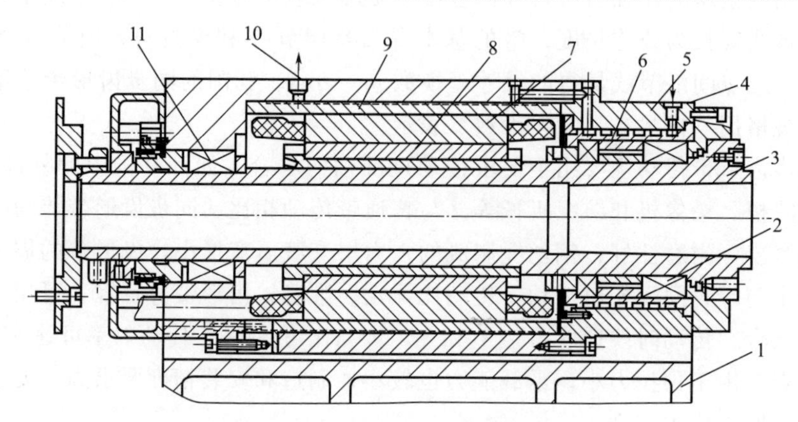

图 2-47 数控机床电主轴结构

1—主轴箱；2—主轴前轴承；3—主轴；4—冷却液进口；5—主轴前轴承座；6—前轴承冷却套；7—定子；8—转子；9—定子冷却套；10—冷却液出口；11—主轴后轴承

(4) 轴传动件的布置

为了减小传动力引起执行轴的弯曲变形，应将传动件布置在前、后支承之间，并尽量靠近前支承，以减小执行轴的受扭段长度，如图 2-48 所示。当执行轴上有几个传动件时，应将较大的传动件布置在前支承附近，以减小执行轴的变形。

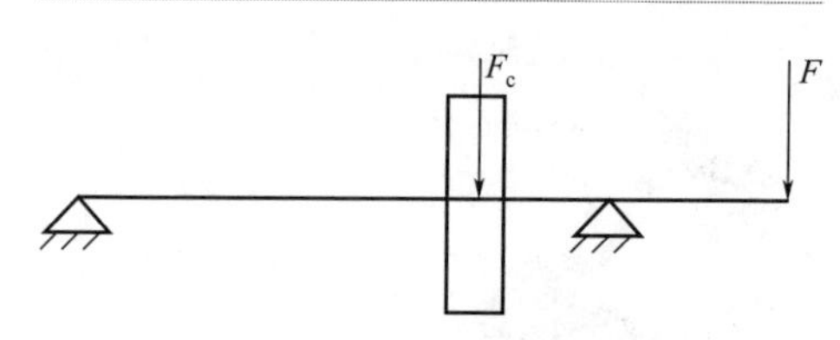

图 2-48 执行件传动布置方式

若要求轴的刚度较高而支承轴承刚度较低，应将传动力方向与工作外载荷方向反向布置，以减小前支承的支反力；反之，则同向布置，以减小执行轴的变形量，如图 2-49 所示。

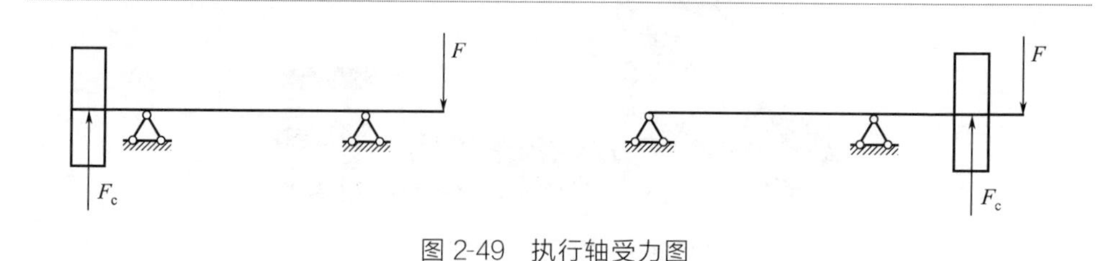

图 2-49 执行轴受力图

2.7 智能制造装备本体动态设计

自动化水平的提高大大降低了人类的劳动强度和生产难度，减少了人力物力消耗。当前工业生产对机械设备性能、精度、自动化程度、智能化程度提出了更多要求，机械系统的振动问题日益突出，机械结构设计面临新挑战。传统的设计模式与方法已不能满足当前装备工业发展需求，融入动态设计理论势在必行。机械系统动态性能已经成为产品开发设计中的重要指标之一。

动态设计是指机械结构和机械系统的动态性能在图纸设计阶段就得到充分考虑，整个设计过程实质上是用动态分析技术，借助计算机分析、计算机辅助设计和仿真来实现的，以达到提高设计效率和设计质量的目的。

传统的机械设计属于静态设计，对各项参数考虑不充分，设计过程基于理论与经验展开，缺乏针对性和适用性，难以适应市场竞争和社会发展需要。而机械结构动态设计是基于动态载荷作用，设计结构各项参数，确定结构形式，设计出一个安全而经济的结构，来满足实际使用要求。这种设计模式能充分了解结构动态特性，快速找出结构运行状态下可能发生的问题，为修改结构提供依据，解决结构运行问题，有效提高结构稳定性、可靠性、安全性，保障机械设备工作寿命，优化结构性能。

智能制造装备结构动态设计涉及计算机技术、设计技术、动态分析技术、力学建模等。具体设计中要根据功能要求及设计标准，构建动力学模型并进行动态特性分析，结构在动载荷状态下满足动态特性设计要求，使机械结构具有优良动态性能。

2.7.1 动态设计的原则

智能制造装备本身是为了方便用户操作而生产的，所以设计机体时应从使用者角度出发，满足用户对不同产品功能的需要。同时，随着科学技术的发展，设计者需要大量收集技术信息，掌握目前智能制造装备的发展趋势和动向，设计机体时需要注意对新技术、新工艺和新材料的信息收集，保持产品的先进性。进一步设计时，需要考虑机体的系统性，从整体入手，保证各个子系统之间相互协调。在满足功能要求的条件下，尽量使结构简单，零部件数目少的机体，使其利于加工装配并且方便操作使用。

2.7.2 机体动态设计的步骤

智能制造装备机体动态设计步骤主要包括整体方案设计、主要参数计算、总体结构设计、分析与评价、修改与完善等。

(1) 整体方案设计

在方案设计阶段，设计者须明确机体需实现的功能要求，做大量的调研分析，全面考虑外部环境的限制和影响，尽可能多地提出设计方案，通过对不同方案的优缺点进行比较，确定出一个最佳方案。

(2) 主要参数计算

机体的主要参数是指尺寸参数、运动参数和动力参数等，其反映了机械产品的工作特征和技术性能，计算主要参数时，需合理确定参数大小，避免不合理的设计，尺寸过大不仅占空间大显得笨重，而且会造成材料浪费，使成本升高；尺寸过小，力学性能指标未必满足要求，产品寿命和可靠性难以保障。

(3) 总体结构设计

在确定方案并计算出主要参数后，设计者需要考虑装备的整体布局和零部件的选择，确定主要机构尺寸，并绘制总体结构图。零部件的选择应尽量通用化、标准化、系列化，以降低设计和制造成本。结构图中应体现主要零部件的基本构造、相对位置关系以及传动方式等。

(4) 分析与评价

机体总体设计完成后，还需要技术人员对其进行分析、讨论和评价。主要针对原理方案、技术设计和结构方案进行评价，指出设计中存在的缺点和改进方向。

(5) 修改与完善

在找出设计中存在的问题或不足后，设计者还需要对总体设计进行修改和完善。机体结构的设计只是初步设计，必然存在各种各样的问题，因此在机体的全生命周期内，对产品不断进行修改和完善，只有这样产品才能逐渐成熟。

(6) 给出最终设计方案

在经过不断讨论、修改完善后，给出详细的设计方案，包括装配图、零件图、设计说明书、软件等。

2.7.3 智能制造装备本体动态性能分析

机械系统的动态特性是机械系统本身的固有频率、阻尼特性和对应于各阶固有频率的振型及机械在动载荷作用下的响应。模态是机械结构的固有振动特性，每一个模态具有特定的固有频率、阻尼比和模态振型。分析这些模态参数的过程称为模态分析，是研究结构动力特性的一种方法，是系统辨识方法在工程振动领域中的应用。这些模态参数可以通过计算或试验分析获得，这样一个计算或试验分析过程称为模态分析。模态分析可以评价现有结构系统的动态特性，诊断及预报结构系统的故障；在新产品设计中进行结构动态特性的预估和优化设计，识别结构系统的载荷，控制结构的辐射噪声等。

设计智能制造装备的机械系统，不仅要满足静态要求，而且要保证良好的动态性能。因此在机体设计完成后，还需要进行动态性能分析。动态性能分析的理论基础是模态分析和模态综合理论。采用的主要方法包含有限元分析法、模型试验法及传递函数分析法等。

(1) 有限元分析法

有限元分析（Finite Element Analysis，FEA）法是利用与数学近似的方法对真实物理系统（几何和载荷工况）进行模拟。利用简单而又相互作用的元素(即单元)，就可以用有限数量的未知量去逼近无限未知量的真实系统。随着计算机技术和计算方法的发展，有限元分析法在工程设计和科研领域越来越受到重视并得到了广泛的应用，已经成为解决复杂工程分析计算问题的有效途径，从汽车到航天飞机几乎所有的设计制造都已离不开有限元分析计算，其在机械制造、材料加工、航空航天、汽车、土木建筑、电子电气、国防军工、船舶、铁道、石化、能源和科学研究等领域的广泛使用已使设计水平发生了质的飞跃。

(2) 模型试验法

模型试验法是指运用各种技术和模拟装置，对操作系统进行逼真的试验，得到所需的符合实际的数据的一种方法。模型试验法是将作用在机体上的力学现象，按一定的相似关系缩小，再重演到模型上，对机械系统进行激振输入，通过测量与计算获得表达机械系统动态特性的参数（固有频率、阻尼比、模态振型），再通过相似关系换算到原型，判断机体的动态性能，验证设计的合理性。

通过试验对采集的系统输入与输出信号进行参数识别获得模态参数的过程，称为试验模态分析。通常，模态分析都是指试验模态分析。振动模态是弹性结构固有的、整体的特性。如果通过模态分析方法了解了结构物在某一易受影响的频率范围内各阶主要模态的特性，就可以预言结构在此频段内在外部或内部各种振源作用下实际振动响应。因此，模态分析是结构动态设计及设备故障诊断的重要方法。模态分析最终目标在是识别出系统的模态参数，为结构系统的振动特性分析、振动故障诊断和预报以及结构动力特性的优化设计提供依据。

锤击法模态测试又称锤击法结构模态试验，是以简明、直观的方法测量和处理输入力和响应数据，并显示结果。提供两种锤击方法：固定敲击点移动响应点和固定响应点移动敲击点。用力锤来激励结构，同时进行加速度和力信号的采集和处理，实时得到结构的传递函数矩阵。同时，能够方便地设置测量参数。

激振器法模态测试主要是通过分析仪输出信号源来控制激振器，激励被测试件，输出信号有扫频正弦、随机噪声、正弦、调频脉冲等信号。

试验模态分析第一步需建立测试系统，确定试验对象，选择激振方式，选择力传感器和响应传感器，并对整个测试系统进行校准。第二步测量被测系统的响应数据，这是试验模态的关键一步，测量得到的数据的准确性和可靠性直接影响模态试验的结果。在某一激振力的作用下，被测系统一旦被激振起来，就可以通过测试仪器测量得到激振力或响应的时域信号，得到系统频响函数的平均估计。第三步进行模态参数估计，利用测量得到的频响函数或时间历程来估计模态参数，包括固有频率、模态振型、模态阻尼、模态刚度和模态质量等。最后进行模态模型验证，对第三步模态参数估计所得结果的正确性进行检验，是对模态试验成果评定以及进一步对被测系统进行动力学分析的必要过程。

激振方式有天然振源激振和人工振源激振。天然振源包括地震、地脉动、风振、海浪等。地脉动常被用作大型结构的激励，其特点是频带很宽，包含了各种频率的成分，但是随机性很大，采样时间要求较长。人工振源包括起振机、激振器、地震模拟台、车辆振动、爆破、张拉释放、机械振动、人体晃动和打桩等。其中爆破和张拉释放这两种方法应用较为广泛。在工程实际中应当根据被测对象的特点，选取适当的激振方式。

(3) 传递函数分析法

传递函数是指零初始条件下线性系统响应（即输出量）的拉普拉斯变换与激励（即输入量）的拉普拉斯变换之比。记作 $G(s)=Y(s)/U(s)$，其中 $Y(s)$、$U(s)$ 分别为输出量和输入量的拉普拉斯变换。传递函数是描述线性系统动态特性的基本数学工具之一，经典控制理论的主要研究方法——频率响应法和根轨迹法，都是建立在传递函数的基础之上的。传递函数是研究经典控制理论的主要工具之一。系统的传递函数与描述其运动规律的微分方程是对应的。可根据组成系统各单元的传递函数和它们之间的关系导出整体系统的传递函数，并用它分析系统的动态特性、稳定性，或根据给定要求综合控制系统，设计满意的控制器。以传递函数为工具分析和综合控制系统的方法称为频域法。它不但是经典控制理论的基础，而且在以时域方法为基础的现代控制理论发展过程中，也不断发展形成了多变量频域控制理论，成为研究多变量控制系统的有力工具。

机械结构动态设计是一种理论结合实践，涉及多学科技术的先进设计方法，目前许多发达国家都已经广泛推广了机械结构动态设计技术。通过机械结构动态设计建立精确动力学模型，保证了设计与计算精度，分析了结构动态特性，对于设计复杂的机械结构具有明显的优势。动态设计中利用建模获得实时动态测试数据，为结构修改提供了依据，具有很大的推广和应用价值。

2.8 智能制造装备本体优化设计

2.8.1 本体设计的主要内容

对于精密、复杂、大型结构件而言，采用一般的力学方法计算其静态及动态性能已经难以满足工程的要求。结构优化设计是在给定约束条件下，按某种目标（如重量最轻、成本最低、刚度最大等）求出最好的设计方案，曾称为结构最佳设计或结构最优设计，相对于“结构分析”而言，又称“结构综合”。如以结构的重量最小为目标，则称为最小重量设计。

优化设计主要研究结构设计的理论和方法，内容广泛，包括结构尺寸优化、结构形式优化、拓扑优化，布局优化等，也可包括可靠性指标优化，材料性能优化，动力性能优化，控制结构优化等。机械结构优化设计是以计算机为手段，集有限元分析技术、数值优化方法和计算机图形技术于一体的综合性方法和技术，是多学科交叉的机械结构设计理论和技术。

结构形状优化设计是确定二维和三维结构形状的机械结构优化设计，旨在改善结构特性，改善应力集中、应力场及温度场的分布，提高构件的疲劳强度。内容包括确定连续结构的边界形状和内部形状、结构件的结构布局等。

结构优化的方法主要有数值方法、变分方法、敏度分析以及有限元分析等。

用有限元分析法，利用状态方程计算图 2-50 所示算例的轴端变形 y 和固有频率 ω，即求 D_i、l_i、a 的值，使质量最小，并满足条件 $y \leqslant [y]$。

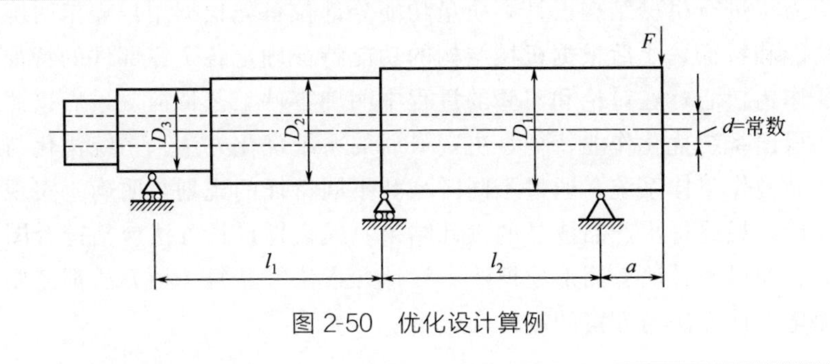

图 2-50　优化设计算例

2.8.2 结构模块的优化设计

这种优化方式是结合产品规划的不同角度提出不同的优化方法。也就是说，结构模块优化是从产品规划角度出发，将规划分解成单独的任务，从源头处解决优化问题，在减少产品问题的基础上，实现较高的工作效率。用这样的方式，能够在保障优化设计质量的同时，提高优化设计的效率。机械机构设计应尊重产品的原设计和规划，并在细节方面进行优化。结合 Feldman 理念，在优化产品结构时，需要涉及产品四个阶段的任务功能，包括功能元件阶段、功能组件阶段、功能组成阶段、产品阶段。优秀高品质的模块结构能够实现配合与连接并行，有标准化接口，能够在灵便化、通用化、经济化、层次化、系列化、集成化的过程中，产生相容性、互换性、相关性。在此基础上，进行机械结构的设计与优化时，还要结合 CAD 制图技术与软件设计，实现优化过程中的变形设计与组合设计。根据分级原理，将机械机构模块按照大小分级，分为元件、组件、部件、产品四个等级。在制定机械机构的优化设计方案中用功能模块区分功能区域是非常常见的方法。功能分解能够将基础粒化，使机械机构与功能一一对应。这样机械机构模块便能够实现映射效果，是提高机械机构优化顺利进行的重要前提[30]。

2.8.3 系统模块的优化设计

系统优化是层次化设计，设计人员先将机械机构视作一个整体，将优化流程看作是完整的结构，每一个优化元素可视作单独的部件，明确这些单独部件间存在的密切联系。层次化设计既考虑整体，又考虑局部，能够实现设计元素既是单独的个体，又是共同的整体，达成整体优化的目的。

目前机械机构优化系统模式一般是按照德国 VDI 2221 设计方式（图 2-51 和图 2-52），也有一些机构优化系统采用的是我国自主研发的系统设想。将设计看成由若干个设计要素组成的系统，每个设计要素是独立的，要素间有层次联系。根据用户需求进行机械结构设计，质量功能分部位首先根据用户需求明确机械结构基本功能和特征，之后根据机械结构的功能特征确定各个零部件的特征。将零部件特征作为核心，在讨论和实验的过程中明确零件工艺特征。最后按照工艺特征分析，得出系统优化作业特征，决定最后的系统优化方法。系统优化与设计建立在将产品视作整体系统，通过不同区域和不同特征的规划与明确，实现产品的整体性设计，最终得出产品成品的设计结果。代表性设计方法包括键合图法、举证设计法、构思设计法、图形建模法、设计元素法等。每一种方法都需要结合系统完成优化设计方法与方案的制订。

2.8.4 产品特征的优化设计

机械系统结构优化设计时，需要根据产品发展特点进行相应的优化设计。计算机辅助设计能够提高优化设计效果和自动化水平，完成机械机构优化的管理、协调、表达，并在此过程中发挥举足轻重的作用，贯穿机械产品优化设计的始终。

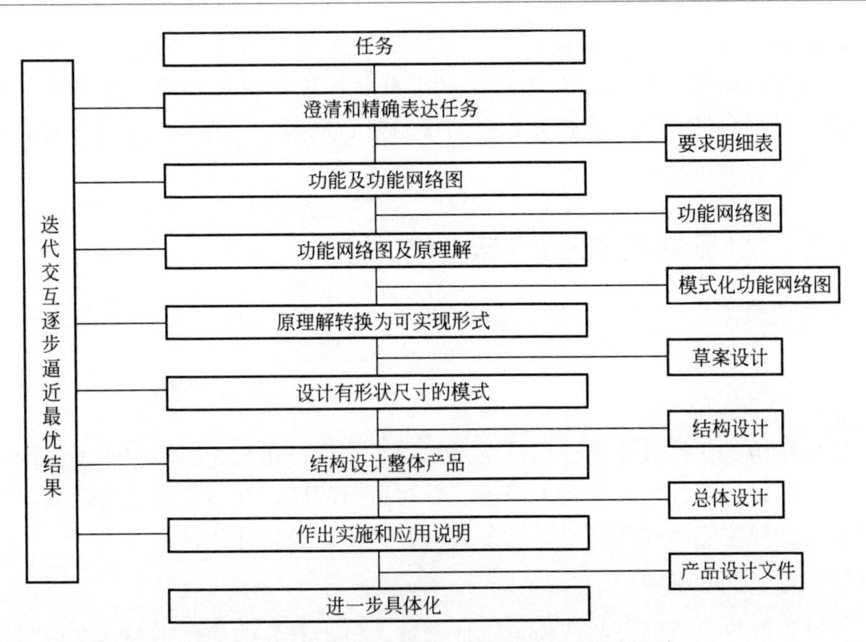

图 2-51 产品开发设计的一般进程（VDI 2221）

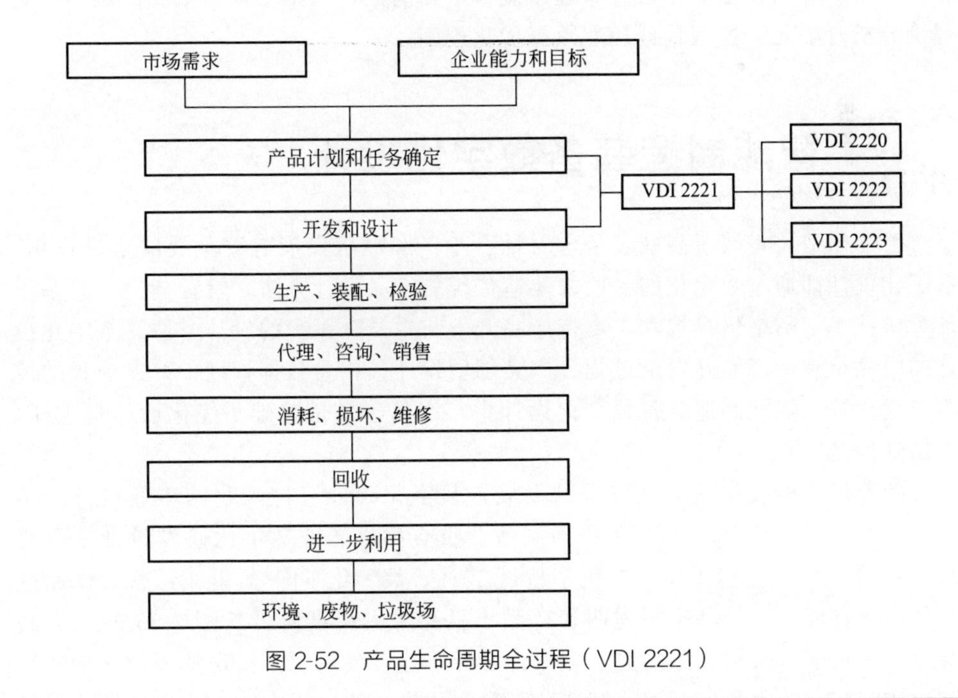

图 2-52 产品生命周期全过程（VDI 2221）

当今产品特征优化方法主要包括实例法、编码法和混合法。实例法通过框架结构完成概念实体、工程实例描述，在推理过程中获取候选资源，并将候选资源匹配进入到优化防范与匹配设计中。编码法结合运动转换，实现机构整理与分离。通过知识库搜集与整理方式，完成机械结构优化设计，确定优化设计的方案。最后是混合性表达，这种方式将网络系统、框架、过程、规则进行整合，实现高质量的产品特征设计。

2.8.5 机械结构优化方法

机械结构优化主要包括设计参数和设计规则两方面，是决定设计成败的关键。

（1）设计参数优化

机械结构优化涉及数千个设计变量与数百个设计函数。由于包含大量的函数和变量，所以设计程序时有很大困难。针对这一问题，在设计时需要建立参数信息模型，这样才能够在优化时，有参数借鉴，提高设计优化效果。

（2）设计规则提取

通过提取优化规则，改变模型设计参数，得出有效的优化实例。在进行计算时，将结果计入数据库，通过管理系统将数据离散，采集数据有限元。用粗糙集理论分析有限元，挖掘数据提取数据优化规则。

2.9 智能制造装备数字化设计

智能制造装备属于高端装备，对社会生产和经济发展有着重要的推进作用。数字化设计即通过数字化的手段来改造传统的产品设计方法，旨在建立一套基于计算机技术、网络信息技术，支持产品开发与生产全过程的设计方法。数字化设计的内涵是支持产品开发全过程、产品创新设计、相关数据管理、开发流程的控制与优化等。智能制造装备数字化设计中，产品建模是基础，优化设计是主体，数据管理是核心。

随着计算机技术及信息技术的发展，数字化设计已进入我国工业设计、检验、生产等各个环节。2020 年我国制造业重点领域企业数字化研发设计工具普及率超过 70%，关键工序数控化率超过 50%，数字化车间/智能工厂普及率超过 20%，运营成本、产品研制周期和产品不良品率大幅度降低。图 2-53 所示为制造业数字化工厂架构。虽然数字化设计已经迅速发展，但距实现整个设计生产数字化还有一定的距离。对智能制造装备数字化设计的分析有助于我们理性认识目

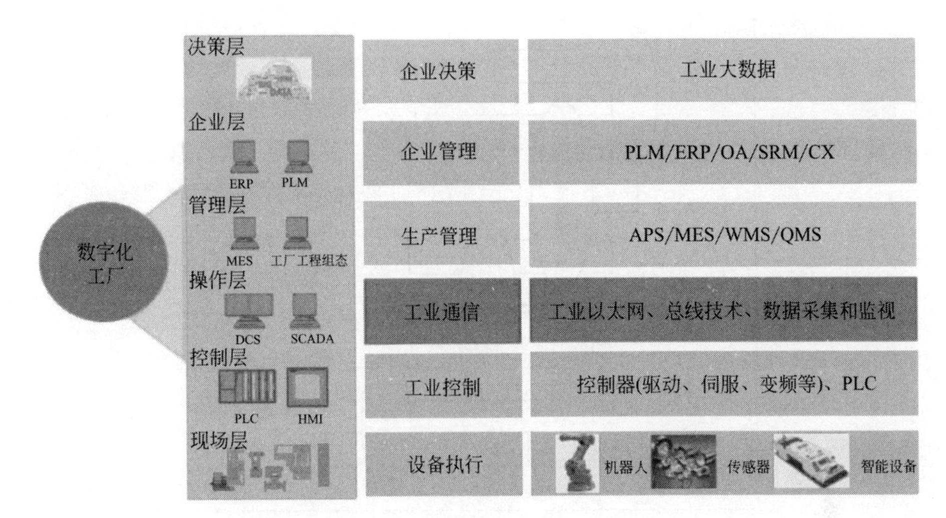

图 2-53　制造业数字化工厂架构

前数字化设计及智能制造装备设计生产方面的发展水平并为其发展方向提供建议。

2.9.1 数字化设计的现状

数字化设计制造工作模式主要分为串行设计与并行设计。串行设计的组织模式是递阶结构，各阶段的活动按时间顺序进行，各阶段依次排列，都有自己的输入和输出；并行设计的工作模式是在产品设计的同时考虑后续阶段的相关工作，包括加工工艺、装配、检验等，并行设计产品开发过程各阶段的工作是交叉进行的，如图 2-54 所示。相对于传统设计制造过程，数字化设计制造有过程延伸、智能水平高、集成度高等特点，其性能要求有稳定性、集成性、敏捷性、制造工程信息的主动共享能力、数字仿真能力、支持异构分布式环境的能力、扩展能力七个主要方面。

数字化制造是指制造领域的数字化，它是制造技术、计算机技术、网络技术与管理科学的交叉、融合、发展与应用的结果，也是制造企业、制造系统与生产过程、生产系统不断实现数字化的必然趋势，其内涵包括三个层面：以设计为中心的数字化制造技术、以控制为中心的数字化制造技术、以管理为中心的数字化制造技术。数字化制造利用数控机床、加工中心、测量设备、运输小车、立体仓库、多级分布式控制计算机等数字化装备根据产品的工程技术信息、车间层加工指令，通过计算机调度与控制完成零件加工、装配、物料存储与输送、自动检测

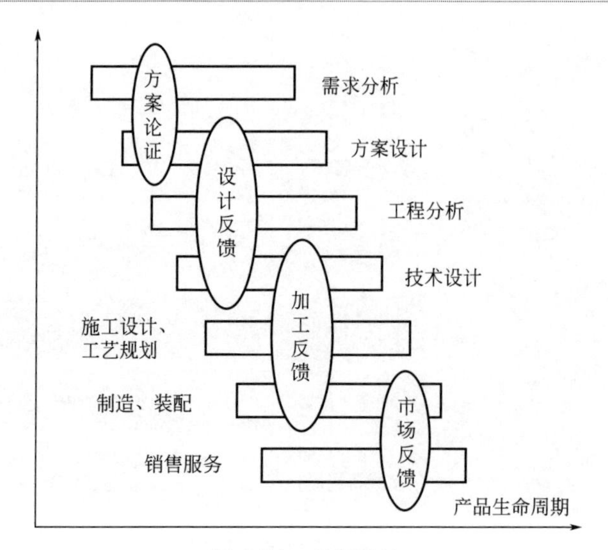

图 2-54 并行设计

与监控等制造活动。可以实现多品种、中小批量产品的柔性自动化制造，提高生产效率和产品质量，缩短生产周期，降低成本，以满足市场的快速响应需求。其关键技术包括快速工艺准备、复杂结构件高速切削加工、快速成形、柔性和可重构生产线以及制造执行系统等。

数字化设计作为数字化制造技术的基础和主要环节，利用数字化的产品建模、仿真、多学科综合优化、虚拟样机以及信息集成与过程集成等技术和方法，完成产品的概念设计、工程与结构分析、结构性能优化、工艺设计与数控编程。数字化设计可以实现机械装备的优化设计，提高开发决策能力，加速产品开发过程，缩短研制周期，降低研制成本。

数字化设计可以减少设计过程中实物模型的制造。传统设计在产品研制中需经过重复的“样机试制—样机测试—修改设计”过程，产品研制周期延长，费时耗力，成本高昂。数字化设计则在制造物理样机之前，对数字化模型进行仿真分析与测试，及时发现并优化设计不合理性的部分，并且易于实现设计的并行化。数字化设计可以使一项设计工作由多个设计队伍在不同的地域分头并行设计、共同装配，这对提高产品设计质量与速度具有重要的意义。

并行设计是利用计算机技术、通信技术和管理技术来辅助产品设计的一种现代产品开发模式。打破传统的部门分割、封闭的组织模式，强调多功能团队的协同工作，重视产品开发过程的重组和优化，要求产品开发人员从设计之初即考虑产品生命周期中的各种因素。通过组建由多学科人员组成的产品开发队伍，改进产品开发流程，利用各种计算机辅助工具等，在产品开发的早期阶段就能考虑产品生命周期中的各种因素，以保证产品设计、制造一次成功。

数字化设计的关键技术包括全生命周期数字化建模、基于知识的创新设计、多学科综合优化、并行工程、虚拟样机、异地协同设计等。

2.9.2 数字化设计的发展

随着计算机技术的发展，20 世纪 50 年代，CAD 技术诞生了，该技术是集计算机图形学、数据库、网络通信等计算机及其他领域知识于一体的综合性高新技术，辅助设计时进行工程和产品的设计与分析，以达到理想的目的或取得创新成果[31]。产品设计实现了从手工绘图到计算机数字绘图，设计师们甩掉了用了200 多年的绘图板。20 世纪 70 年代，飞机和汽车工业的迅速发展要求用计算机处理很多样条曲线和空间曲线，数字化设计得到突飞猛进的发展，后期加入质量、重心、惯性矩等参数，诞生了 CAE、CAM 模型表达，发展为数字化设计制造技术。数字化设计发展历程如图 2-55 所示。

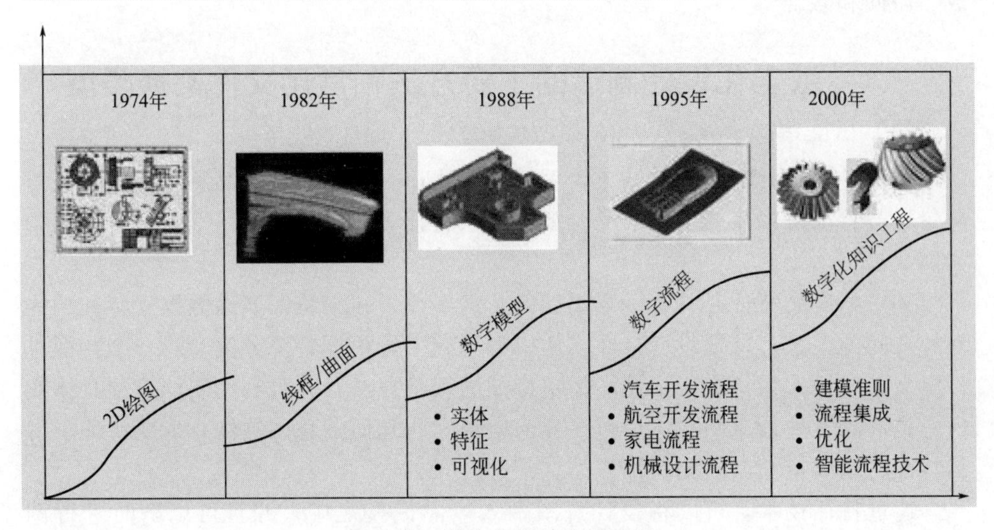

图 2-55 数字化设计发展历程

目前大多数企业只使用 CAD 图纸进行设计、生产等，部分企业使用三维作为辅助设计，工程图依旧用二维图，设计效率不高。部分企业基于 MBD 的数字化设计制造技术，即基于模型的数字化定义技术，将三维制造信息 PMI 与三维设计信息共同定义到产品三维数字化模型中，使 CAD 和 CAM 等实现真正高度集成，使生产制造过程可不再使用二维图纸，这部分企业目前还是少数，主要集中在航空以及汽车领域。MBD应用如图2-56所示。

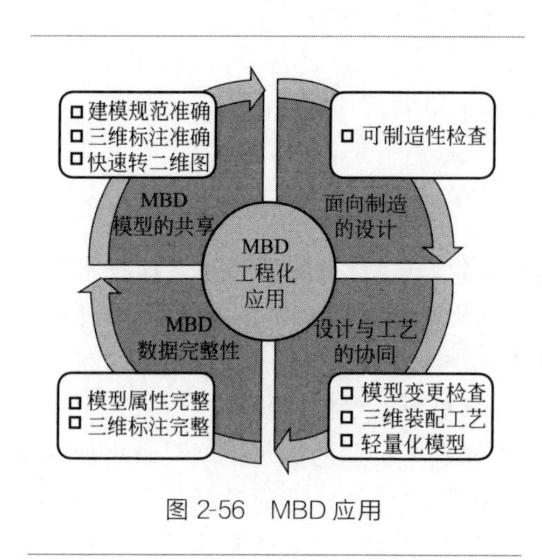

图2-56 MBD应用

MBD技术也称为三维标注技术，是三维设计发展的必经之路，是三维模型取代二维工程图成为加工制造的唯一数据源的核心技术。MBD技术概念的提出及相应规范的建立已经面世多年，起源于波音，并在国外众多企业中得到应用。波音787客机研制过程中，全面采用了MBD技术，将三维产品制造信息与三维设计信息共同定义到产品的三维数字化模型中，摒弃二维图样，直接使用三维标注模型作为制造依据，实现了产品设计、工艺设计、工装设计、零件加工、部件装配、零部件检测检验的高度集成、协同和融合[32]。

2.9.3 数字化设计制造的主要方法和常用文件交换类型

（1）特征建模

特征是一组具有确定的约束关系的几何实体，它同时包含某种特定的功能语义信息。特征可以表达为：产品特征=形状特征+语义信息。特征建模框架结构如图2-57所示。

其中，产品特征是具有一定属性的几何实体，包括特征属性数据、特征功能和特征间的关系。特征设计是在实体模型基础上，根据特征分类，对一个特征进行定义，对操作特征进行描述，指定特征的表示方法，并且利用实体造型具体实现，是产品各种信息的载体，包括几何信息和非几何信息。具体有形状特征、材料特征、精度特征、装配特征四类。

通过特征技术，可以将设计意图融入产品模型之中，并且可以随时进行调整。另外，由于采用具有工程性的单元特征进行造型，减少了设计师在设计时的随意性，有助于消除设计结果与制造实现之间的冲突。特征造型的本质还是实体造型，但是进行了工程语义的抽象，即语义+形状特征。目前，应用最好和最为成熟的是形状特征设计。

特征造型系统要求所建立的产品零件模型应包括几何数据、拓扑数据、形状特征数据、精度数据、技术数据5种数据类型，方式灵活多变，能方便地实现特征和零件模型的建立、修改、删除、更新，能单独定义和分别引用产品模型中的各个层次数据并对其进行关联，构成新的特征与零件模型，满足各应用领域的需要。产品形状特征分类如图 2-58 所示。

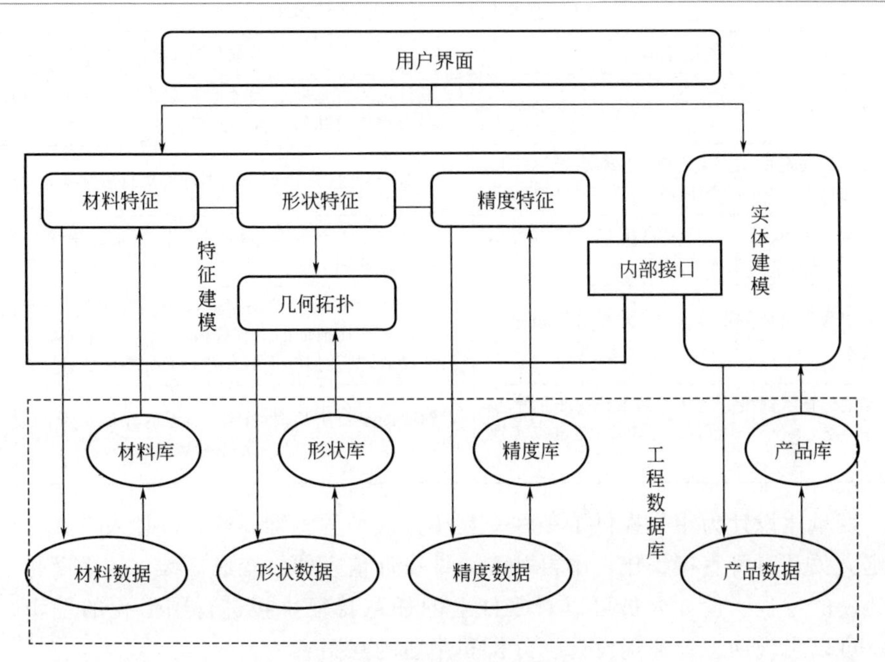

图 2-57　特征建模框架结构

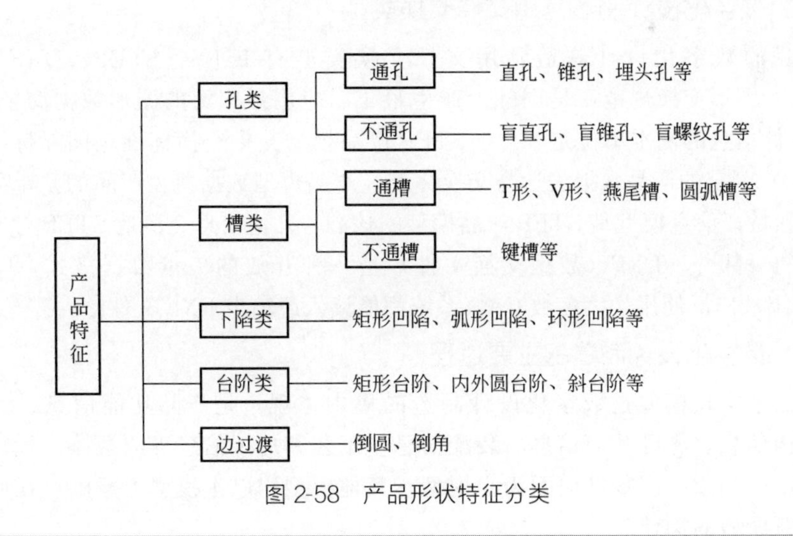

图 2-58　产品形状特征分类

（2）参数化设计与变量化设计（表 2-7）

参数化设计是指设计对象的结构形状基本不变，用一组参数来约定尺寸关系的方法。参数化设计基于特征、全尺寸约束、尺寸驱动实现设计修改、全数据相关，控制尺寸有显示对应关系，结果的修改受尺寸驱动。

表 2-7 变量化技术与参数化技术对比

变量化技术	参数化技术
设计过程将形状约束和尺寸约束分开处理	设计过程将形状和尺寸联合起来一并考虑，通过尺寸约束实现对几何形状的控制
可以先决定所感兴趣的形状，然后再给一些必要的尺寸，尺寸是否注全并不影响后续操作	在非全约束时，造型系统不许可执行后续操作
工程关系可以作为约束直接与几何方程耦合，最后再通过约束解算器统一解算	工程关系不直接参与约束管理，而是另由单独的处理器外置处理
采用联立求解的数学手段，方程求解顺序无所谓	苛求全约束，每一个方程式必须是显函数，即所使用的变量必须在前面的方程式内已经定义过并赋值于某尺寸参数，其几何方程的求解只能是顺序求解
变量化技术解决的是任意约束情况下的产品设计问题，不仅可以做到尺寸驱动，还可以实现约束驱动	解决的是特定情况（全约束）下的几何图形问题，表现形式是尺寸驱动几何形状修改

变量化设计为用户提供了一种交互操作模型的三维环境，设计人员在零部件上定义关系时可直接操作，不再关心二维设计信息如何变成三维，从而简化了设计建模的过程。设计人员可以对零件上的任意特征直接进行图形化的编辑、修改，可以实现动态地捕捉设计、分析和制造的意图。

(3) 数字化设计制造常用文件交换类型

常见的数字化设计制造常用文件交换类型有 IGES、STEP、DXF 三种。IGES 初始图形交换规范，是国际上产生最早、应用最广泛的图形数据交换标准。IGES 文件信息的基本单位是实体。STEP 产品模型数据交换标准是国际标准化组织（ISO）制定的产品数据表达与交换标准，产品模型数据覆盖产品的整个生命周期，形状特征信息模型是 STEP 产品模型的核心，几何信息交换是 STEP 标准应用较广泛的一部分。DXF（数据交换文件）是一种开放的矢量数据格式，DXF 在 CAD 系统被广泛使用，大多数 CAD 系统都能读入或输出 DXF 文件。

(4) 数字化设计制造的主要过程

产品数字化模型是数字化设计制造的集中体现，是产品功能信息、性能信息、结构信息、零件几何信息、装配信息、工艺和加工信息等的载体。设计过程首先设定一个或一组零件模型为主模型，其他模型均以主模型为基础，在此基础上进行新模型的构建。

产品设计阶段的模型包括概念设计、零件几何模型、产品模型仿真、产品模型装配四个阶段。

概念设计包括产品的方案构图、创新设计等，设计师遵循设计规范，从功能需求分析出发，提出产品的设计方案，以方案报告、草图等形式完成设计，这个阶段不需要考虑产品的精确形状和几何参数设计。

零件几何模型阶段是产品详细设计的核心，是将概念设计进行细化的关键内容，是所有后续工作的基础，也是最适合以计算机表示产品模型的阶段。几何模型的几何信息用二维或者三维模型表示，非几何信息以属性表示，属性信息的定义以文本的形式说明。零件几何模型是详细设计阶段产生的信息模型，是其他各阶段设计的信息载体，通常作为主模型。

几何模型可用线框模型、表面模型、实体模型表达。线框模型是指在计算机内描述一个三维线框模型并给出顶点表及边表两类信息。它的缺点是信息过于简单，没有面信息，不能进行消隐处理，模型在显示时理解上存在二义性，不便于描述含有曲面的物体，无法应用于工程分析和数控加工刀具轨迹的自动计算。表面模型是指数据结构是以“面-棱边-点”三层信息表示。表面模型避免了线框模型的二义性，表示的是零件几何形状的外壳，不具备零件的实体特征，不能进行物理特性计算，如转动惯量、体积等。实体模型一般是指以“体-面-环-棱边-点”五层结构信息表示的模型。实体建模最常用的是边界描述法和构造性实体几何法。实体建模方法在表示物体形状和几何特性方面是完全有效的。

产品模型仿真阶段一般不直接在详细设计阶段产生的零件几何模型上进行。产品仿真模型表达了仿真分析阶段的信息，仿真模型以设计阶段的几何模型为基础，需要进行必要的优化与细节删减，以减少计算量。所以需要不断反馈给相关的设计工程师进行产品模型的调整或修改。产品 CAE 仿真如图 2-59 所示。

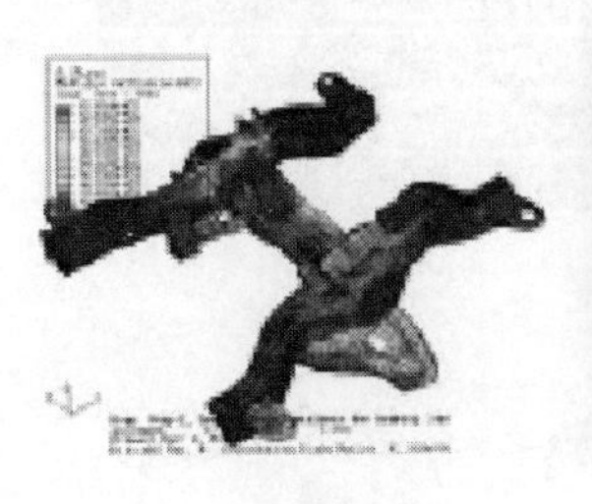

(a) 汽车底盘

(b) 飞机整机

(c) 电子芯片

图 2-59　产品 CAE 仿真

在产品模型装配阶段，产品装配模型表示产品各零部件间的结构关系、装配的物料清单、装配的约束关系、面向实际的装配顺序和路径规划等完整体现产品模型的装配情况。装配结构树反映产品的总体结构；属性信息表用来表示产品的非几何信息；装配约束模型包括装配特征描述、装配关系描述、装配操作描述以及装配约束参数；装配规划模型用于装配顺序规划和路径规划。

产品制造阶段的模型总体包括工艺信息模型设计阶段、工装模型阶段、数控加工模型阶段三个阶段。

工艺信息模型设计阶段为CAPP提供基本信息，根据零件加工要求和尺寸、粗糙度、基准、加工方法等信息，建立工艺信息模型。工艺设计的数据源自详细公差设计阶段产生的几何模型和装配模型。工装模型阶段是经过不断演化产生的中间状态模型阶段。工装模型包含了两大部分：工装设计模型和产品过程模型。数控加工模型阶段是数控加工设计的模型和产生相应NC程序的阶段。

数字化设计制造过程（图2-60）相较于传统的二维蓝图设计制造过程（图2-61）的区别除了信息转换过程数字化以外，数字化设计制造多使用数字样机进行分析检查，而传统设计制造过程则需要物理样机进行辅助。

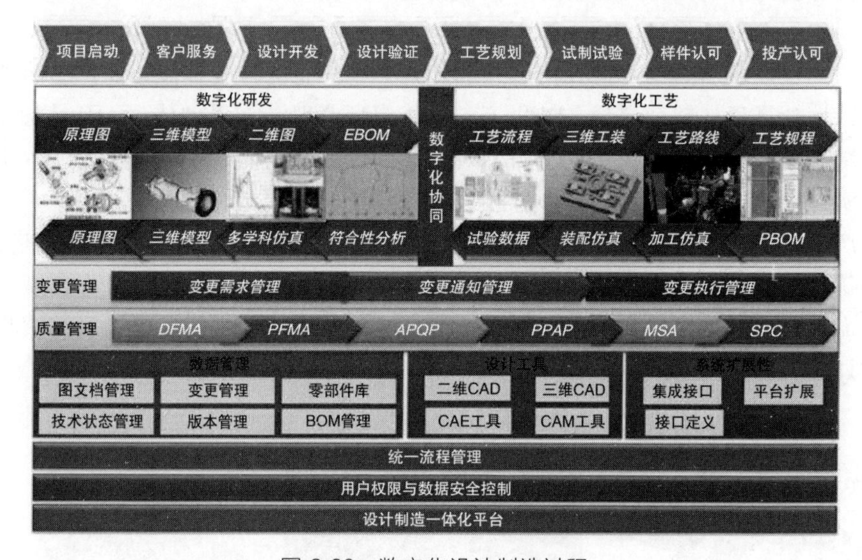

图2-60 数字化设计制造过程

图2-61 二维蓝图设计制造过程

物理样机一般为用物质材料制作的产品模型，数字化样机指以计算机为载体表达的机械产品整机或子系统的全数字化模型，它以1∶1的尺寸比例精确地表达真实物理产品，其作用是用数字样机验证物理样机的功能和性能。数字样机是相对于物理样机在计算机上表达的产品数字化模型。在CAD领域，虚拟样机的概念实际上是数字样机的含义。而建立虚拟样机用到的虚拟现实技术因其自主性、交互性和浸没性的特征极大地增强了数字化设计制造的实用性。数字样机的特点有：

① 真实性。数字样机的目的是取代或精简物理样机，在仿真等重要方面等同于物理样机，在几何外观、物理特性以及行为特性上与物理样机保持一致。

② 面向产品全生命周期。传统的工程仿真仅针对产品某个方面进行分析，数字样机是对产品全方位的仿真。数字样机是由分布的、不同工具开发的甚至是异构子模型组成的联合体，主要包括CAD模型、外观模型、功能和性能仿真模型、各种分析模型、使用维护模型以及环境模型。

③ 多学科交叉性。复杂产品设计通常涉及机械、控制、电子、流体动力等多个不同领域，需将多个不同学科领域的子系统作为一个整体进行完整而准确的仿真分析，使数字样机能够满足设计者进行功能验证与性能分析的要求。

分类标准不同，数字样机的类别不同，下面是常见的数字样机的分类。

按照数字样机反映机械产品的完整程度不同，可将其分为全机样机和子系统样机。全机样机是对系统所有结构零部件、系统设备、功能组成、附件等进行完整描述的数字样机；子系统样机是按照机械产品不同功能划分的子系统包含的全部信息的数字化描述。

按照数字样机研制流程不同，可将其分为方案样机、详细样机和生产样机。方案样机指产品方案设计阶段的样机，包含产品方案设计全部信息的数字化描述；详细样机指产品详细设计阶段的样机，包含产品详细设计全部信息的数字化描述；生产样机指产品生产阶段的样机，包含产品制造、装配全部信息的数字化描述。

按照数字样机的特殊用途或使用目的不同，可将其分为几何样机、功能样机、性能样机和专用样机等。几何样机侧重于产品几何描述；功能样机侧重于产品功能描述；性能样机侧重于产品性能描述；专用样机能够支持仿真、培训、市场宣传等特殊目的。

2.9.4 数字化设计制造的未来趋势

随着网络技术的不断发展，具有环境感知能力的各类终端、基于网络技术的计算模式等优势促使物联网在工业领域应用越来越广泛，并不断融入工业生产的各个环节，将传统工业提升到智能工业。生产过程检测、参数采集、设备监控、材料消耗等生产环节都可以做到实时监测，实现生产过程的智能监视、智能控制、智能诊断、智能决策以及智能维护，以达到建立数字化工厂（图 2-62）的目的。企业之间亦可借助工业云平台（图 2-63）实现协同研发、制造、供应等数字化融合。

- 装配线校验
- 静态干涉检查
- 动态干涉检查
- 过程仿真
- 工作指南
- 人类工程学建模
- 人机工程分析
- 虚拟现实透视
- 与PDM系统集成
- 支持Web浏览器
- 成本建模

图 2-62　数字化工厂

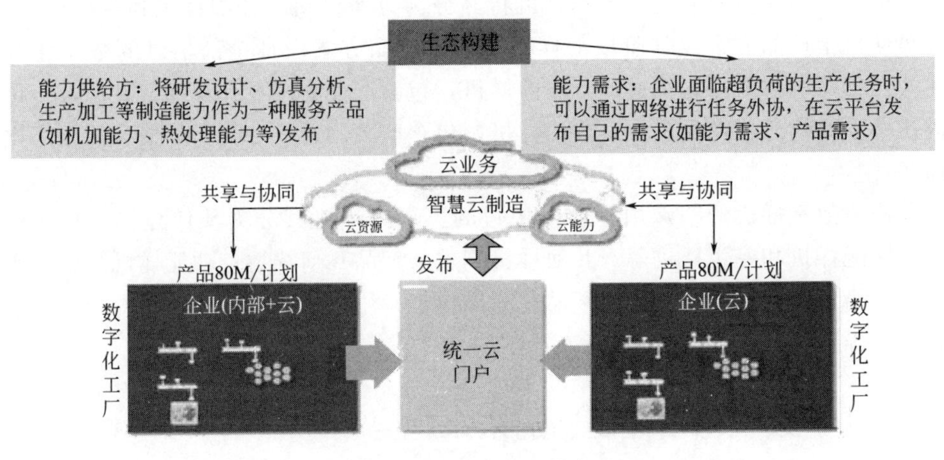

图 2-63　数字化云平台

当前汽车生产线智能化设备普及率很高，车身拼装等工艺过程都是由智能机器人自动完成的。因采用的智能制造装备来自不同供应商，所有智能制造装备的管理、监控和控制相对孤立，如果能对智能制造装备状态、故障和控制的统一系统平台进行集中化管理，就能最大化地提高汽车生产的智能化和效率。

车企智能制造装备自动化控制方案采用协同中间件系统为基础系统，基础系统由数据服务层、物联网感知层、平台服务层等组成。通过物联网感知层可以接入各种智能化设备，包括机器人、I/O设备、传感器设备等；感知层可以将智能制造装备的数据通过协议转换器解析为平台数据，发送给平台服务层，平台服务层对智能的设备数据进行处理，并发送到数据服务层；数据服务层负责进行大数据分析和数据存储。平台服务是整个平台的“大脑”，负责平台所有的设备管理、数据管理、通信管理、权限管理等，并且可以将平台的服务以标准的通信协议进行发布，支持第三方系统的协同调用。物联网感知层支持所有设备的接入并进行控制。

2.9.5 智能制造装备数字化设计

数字化设计是指将计算机辅助设计技术应用于产品设计领域，通过基于产品描述的数字化平台，建立数字化产品模型，并在产品开发过程中应用，达到减少或避免实物模型的产品开发技术。数字化设计避免了传统设计的“样机生产—样机测试—修改设计”环节，在样机诞生之前就通过计算机手段对数字模型进行仿真、测试，将不合理的设计因素消灭在萌芽状态，可以减少设计过程实物模型的制造，加快开发周期，减少设计成本。图2-64所示为智能制造装备数字化设计。

智能制造装备数字化设计方法可以采用“1＋3＋X”综合设计法，即采用功能优化、动态优化、智能优化和可视优化及对某种产品有特殊要求的设计等方法来完成设计工作。21世纪是一个自动化相对成熟的工业时代，随着“工业4.0”及“中国制造2025”的提出，自动化已经让标准化的大规模生产达到了极高的水平，但是当生产的个性化、小批量需求变得越来越多时，就出现了新的挑战，从精益角度出发，质量、成本与交付都成了困难。

当前的智能制造装备交互界面大多是由工程技术人员基于功能需求进行设计的，忽略了人、机、环境给交互界面带来的影响，单纯的技术性信息难以实现正确高效的指引。这就需要设计师对智能制造装备终端的界面交互设计进行深入系统地研究。智能制造装备的信息传达由移动终端的交互界面输出或反馈给用户，进而由用户输入指令。人机界面是否友好、逻辑运算是否准确、数据库是否合理等性能指标直接影响智能制造装备系统的整体使用效果与智能化程度。数字化设计制造以及智能制造装备的应用和普及是历史发展的必然趋势。

图 2-64　智能制造装备数字化设计

数字化设计的结果是数字化样机和虚拟样机，它是在 CAD 模型的基础上，把虚拟技术与仿真方法相结合，为产品研发提供了一个全新的设计方法。虚拟样机是建立在计算机上的原型系统或子系统模型，在建立物理样机之前，设计师利用计算机技术建立机械系统的数学模型，进行仿真分析并从图形方式显示该系统在真实工程条件下的各种特性，从而修改并得到最优设计方案。虚拟样机设计环境是模型、仿真和仿真者的一个集合，利用虚拟环境在可视化方面的优势以及可交互式探索虚拟物体功能，对产品进行几何、功能、制造等方面交互的建模与分析，在一定程度上具有与物理样机相当的功能真实度，发展迅速。再结合快速原型技术（增材制造、3D 打印），相较传统的样机制造，可以节约大量的人力物力，且产品开发周期大为缩短。图 2-65 所示为装备数字化设计示例。

2.9.6　绿色设计

绿色设计是由绿色产品所延伸的一种设计技术，也称为生态设计、环境设计，是指在产品及其寿命周期全过程的设计中，要充分考虑对资源和环境的影响，在考虑产品的功能、质量、开发周期和成本的同时，更要优化各种相关因素，使产品及其制造过程对环境的总体负面影响最小，使产品的各项指标符合绿色环保的要求，在设计阶段就将环境因素和预防污染的措施纳入产品设计之中，

图 2-65 装备数字化设计示例

将环境性能作为产品的设计目标和出发点，力求使产品对环境的影响为最小。其核心可归纳为 3R1D（Reduce，Recycle，Reuse，Degradable）[33]。

2.10 本章小结

本章简要介绍了智能制造装备机械本体设计的有关内容，阐述了机械本体设计的任务、基本要求、设计准则和设计主要内容。在明确设计任务和内容的基础上，进行了进给传动系统设计、支承系统设计、执行系统设计以及动态设计。另外，本章还简单介绍了机械优化设计以及数字化设计。随着人工智能和计算机网络的发展，新的设计方法、设计工具和设计手段不断涌现。由于篇幅有限，大量内容没有详细展开，读者感兴趣的话可以查阅相关资料深入学习。

第3章

智能制造装备驱动系统设计

装备执行机构是能提供直线或旋转运动的驱动装置，它利用某种驱动能源并在某种控制信号作用下工作。智能制造装备驱动机构主要由执行机构和控制系统两部分组成。执行机构是信息的终端，故也称执行器为终端元件。生产过程的信息经控制器运算处理后输出操作指令给执行器，完成生产过程，或由操作员站发出的人工操作指令给执行器控制生产过程。必须对执行器的设计、安装、调试和维护给予高度重视。驱动机构要设计合理，选择或使用不当，会影响生产过程的自动化，导致自动控制系统的控制质量下降，控制失灵，甚至造成严重的生产事故。

传统机械装备的驱动系统提供的能量传送到工作部件往往需要一系列复杂的传动结构，而这些结构会带来诸如磨损、噪声以及能量损耗等问题，降低加工精度以及驱动效率，导致生产成本增加。未来智能化装备驱动系统将会朝着高速高效传动方向发展。

3.1 驱动机构的分类和特性

3.1.1 驱动机构的分类

（1）按使用的能源形式分类

根据所使用的能源形式，驱动机构可分为气动执行机构、电动执行机构和液压执行机构三大类。气动执行机构是将压缩空气作为能源，电动执行机构是将电能作为能源，液动执行机构是将高压液体作为能源。

电动执行机构主要是电机、电动缸等，具有体积小、信号传输速度快、灵敏度和精度高、安装接线简单、信号便于远传等优点，常与DCS（分散控制系统）和PLC（可编程序控制器）配合使用。气动执行机构具有结构简单、安全可靠、输出力矩大、价格便宜、本质安全防爆等优点。与电动执行机构比较，气动执行机构输出扭矩大，可以连续进行控制，不存在频繁动作而损坏执行器的缺点。液压执行机构输出扭矩最大，也可承受执行机构的频繁动作，往往用于主气门和蒸汽控制门的控制，但其结构复杂，体积庞大，成本较高。

（2）按输出位移量分类

执行机构根据输出位移量的不同，将驱动机构分为角位移执行机构和线位移执行机构。而角位移执行机构又分为部分转角式执行机构和多转式执行机构。部分转角式执行机构的输出转角最大为 90°，多转式执行机构可以连续输出 360°整周转动。

（3）按动态特性分类

按动态特性的不同，驱动机构可分为比例式执行机构和积分式执行机构。积分式执行机构是输出的直线位移或角位移与输入信号成比例关系的执行机构，这类执行机构没有前置放大器，直接靠开关的动作来控制伺服电机，输出转角是转速对时间的积分。积分式执行机构是输出的直线位移或角位移与输入信号成积分关系的执行机构，主要用在遥控方面，属于开环控制，例如用它远距离启闭截止阀或闸板阀。与此对应，一般带前置放大器和阀位反馈的执行机构就是比例式执行机构。

（4）按有无微处理机分类

按执行机构内有无微处理机可分为模拟执行机构和智能执行机构。模拟执行机构的电路主要由晶体管或运算放大器等电子器件组成，智能执行机构的电路装有微处理器等芯片。智能执行机构即现场总线执行机构，是基于 DCS 控制、现场总线控制、流量特性补偿、自诊断和可以变速等方面的要求而发展起来的，实现了多参数检测控制、机电一体化结构和完善的组态功能，可以将控制器、伺服放大器、电机、减速器、位置发送器和控制阀等环节集成，信号通过现场总线实现现场控制。

（5）按极性分类

按极性可分为正作用执行机构和反作用执行机构。当执行机构的输入信号（或操作变量）增大，被调量增大，即随操作压力增大，输出杆向外伸出，压力减小又自行向里退回的执行机构为正作用执行机构；反之，为反作用执行机构。

（6）按速度分类

按执行机构输出轴速度是否可变分为恒速执行机构和变速执行机构。所有模拟（传统）电动执行机构输出轴的速度是不可改变的，而带有变频器的电动执行机构输出轴的速度是可以改变的。

以机器人驱动系统分类为例介绍，机器人常用驱动系统按照运动原理，可以分为电气驱动、液压驱动、气压驱动三类，如表 3-1 所示。

表 3-1 机器人驱动系统分类

驱动形式	优点	缺点	应用领域
电气驱动	所用能源简单，机构速度变化范围大，体积小，效率高，控制精度高，且使用方便、噪声低，控制灵活，安装维修方便，无泄漏	推力较小，刚度低，需要减速装置，缺电时需要刹车装置，大推力时成本高	应用较为广泛，几乎适用于所有领域机器人，如电气伺服传动领域、信息处理领域、交通运输领域等
液压驱动	易获得较大的推力或转矩；工作平稳可靠，位置精度高；易实现自动控制；结构尺寸较气压传动小，使用寿命长，能实现速度位置的精确控制，传动平稳，无须减速装置	油液的黏度变化影响工作性能；有泄漏、燃烧、爆炸的危险；要求严格的滤油装置及液压元件，造价较高，易泄漏	适用于大型机器人和大负载，多用于特大功率的机器人系统，重型、低速驱动
气压驱动	不必添加动力设备；即使泄漏也对环境无污染，使用安全；制造要求也比液压元件低	空气压缩性大，工作平稳性差，速度控制困难；钢类零件易生锈；噪声污染	用于精度不高的点位控制系统，中、小型快速驱动

液压驱动式机械手通常由液动机（各种油缸、油马达）、伺服阀、油泵、油箱等组成驱动系统，由驱动机械手执行机构进行工作。通常它具有很大的抓举能力，结构紧凑、动作平稳、耐冲击、耐震动、防爆性好，但液压元件要求有较高的制造精度和密封性能，否则漏油将污染环境。气压驱动系统通常由气缸、气阀、气罐和空压机组成，其特点是气源方便、动作迅速、结构简单、造价较低、维修方便。但难以进行速度控制，气压不可太高，故抓举能力较低。

电气驱动式是机械手使用得最多的一种驱动方式。其特点是电源方便，响应快，驱动力较大，信号检测、传动、处理方便，并可采用多种灵活的控制方案。驱动电机一般采用步进电机，直流伺服电机（AC）为主要的驱动方式。减速机构有谐波传动、RV 摆线针轮传动、齿轮传动、螺旋传动和多杆机构等。机械驱动只用于动作固定的场合。一般用凸轮连杆机构来实现规定的动作。其特点是动作确实可靠，工作速度高，成本低，但不易于调整。还有采用混合驱动，即液-气或电-液混合驱动。

3.1.2 驱动机构的技术特性

（1）电动执行机构特性

电动执行机构分为电磁式和电动式两类，前者以电磁阀及用电磁铁驱动的一些装置为主，后者由电机提供动力，输出转角或直线位移，用来驱动阀门或其他装置。对电动执行机构的特性要求是：

① 要有足够的转（力）矩。对于输出为转角位移的执行机构要有足够的转矩，对于输出为直线位移的执行机构也要有足够的力，以便克服负载的阻力。为

了增大输出转矩或力，很多电机的输出轴都有减速器。减速器的作用是把电机输出的高转速、小力矩的功率转换为执行机构输出的低转速、大力矩的功率。

② 要有自锁特性。减速器或电机的传动系统中应该有自锁特性，当电机不转时，负载的不平衡力不可引起执行机构转角或位移的变化。电动执行机构往往配有电磁制动器，或者执行端为蜗轮蜗杆机构，具有自锁性。

③ 能手动操作。停电或控制器发生故障时，应该能够在执行机构上进行手动操作，以便采取应急措施。为此，必须有离合器及手轮。

④ 应有阀位信号。当对执行机构进行手动操作时，为了给控制器提供自动跟踪的依据，执行机构上应该有阀位输出信号，既可以满足执行机构本身位置反馈的需要，又可满求阀位指示的需要。

⑤ 产品系列组合化。现代电动执行机构多采用模块组合式的设计思想，即把减速器和一些功能单元设计成标准的模块，根据不同的需要组合成各种角行程、直行程和多转三大系列的电动执行机构产品。这种组合式执行机构系列、品种齐全，通用件多，标准化程度高，能满足各种工业配套需要。

⑥ 功能完善且智能化。既能接收模拟量信号，又能接收数据通信的信号；既可开环使用，又可闭环使用。

⑦ 具有阀位与力（转）矩限制。为了保护阀门及传动机构不致因过大的操作力而损坏，执行机构上应有机械限位、电气限位和力或转矩限制装置。它能有效保护设备、电机和阀门的安全运行。

⑧ 适应性强且可靠性高。

(2) 气动执行机构特性

气动执行机构的特点有：

① 工作介质。以压缩空气为工作介质，工作介质获得容易且对环境友好，泄漏无污染。

② 工作压力。介质工作压力较低，对气动元件的材质要求较低。

③ 动作速度。动作速度快，但负载增加时速度会变慢。

④ 可靠性。气动执行机构可靠性高，能够适应频繁启停动作，负荷变化对执行机构没有影响，但气源中断后阀门不能保持（加保位阀后可以保持）。

⑤ 安全阀位无须外界动力。失去动力源或控制信号时可实现安全阀位动作，全开、全关或保持位置不变，有正、反作用功能。

⑥ 调节控制。配置智能定位器，可实现智能闭环控制，控制精度高，可设置输出特性曲线等高级诊断功能，支持数字总线通信。

⑦ 环境适应性。以气缸为主体，具有防爆功能，且可以承受高温、粉尘多、空气污浊等恶劣环境条件。压缩空气作为动力源时，气动执行机构适用于防爆的危险区域，适合应用于石化、石油、油品加工等行业。

⑧ 技术成熟度。设备技术成熟，标准化，安装施工方便，工程投资少。

⑨ 维护。气动执行机构结构简单，易于操作，故障率低，维护量少，使用寿命长。

⑩ 工作速度稳定性。由于空气具有可压缩性，因此工作速度稳定性稍差，但采用气液联动装置会得到较满意的效果。

⑪ 总输出。因工作压力低（一般为0.3～1.0MPa），又因结构尺寸不宜过大，气压传动装置的总输出力不宜大于10～40kN。

⑫ 噪声。噪声较大，在高速排气时要加消声器。

⑬ 传动效率。气压传动效率较低。

在现代工业中，电动设备应用远比气动设备普遍，因为气动设备需要在气源上花费较大的投资，而且敷设管道也比敷设导线麻烦，气动信号的传递速度也远不如电信号快。但是在某些特定场合气动设备的优越性凸显。例如，在防爆安全上，气动设备不会有火花及发热问题，空气介质还有助于驱散易燃易爆和有毒有害气体；气动设备在发生管路堵塞、气流短路、机件卡抱等故障时不会发热损坏；在潮湿等恶劣环境方面的适应性也优于电动执行机构。

3.2 电机驱动系统

3.2.1 电机驱动系统概述

电能在现代工农业生产、交通运输、科学技术、信息传输、国防建设以及日常生活中获得了极为广泛的应用，电机是生产、传输、分配及应用电能的主要设备[34]。以电机为动力源的电气伺服系统灵活方便，容易获得驱动能源，没有污染，功率范围大，目前已成为伺服系统的主要形式。而电机是其中最重要的部件之一，电机驱动系统是智能制造装备中应用最为广泛的驱动系统，主要有伺服电机驱动系统、变频电机驱动系统、步进电机驱动系统、直线电机驱动系统等形式[35]。

（1）伺服电机驱动系统

伺服电机是在伺服系统中控制机械运动的原动机，将电压信号转换为转矩和转速以驱动控制对象。伺服电机有交流伺服和直流伺服，其中交流伺服驱动系统为闭环控制，控制性能更好，同时具备很好的加速性能，广泛应用于各行各业中。对生产精度有要求的设备都可以选择伺服电机，如机床、印刷设备、包装设备、纺织设备、高精加工设备、机器人、自动化生产线等对工艺精度、加工效率和工作可靠性等要求相对较高的设备。

伺服电机的转矩和转速受信号电压控制，当信号电压的大小和方向发生变化时，电机的转速和转动方向将灵敏地跟随变化。交流伺服电机就是两相异步电机，定子上有两个绕组：励磁绕组和控制绕组。转子分为笼型转子和杯型转子。笼型转子与下文提到的三相笼型转子相同，杯型转子为铝合金或铜合金制成的空心薄壁圆筒，结构如图 3-1 所示。伺服电机内部结构如图 3-2 所示。

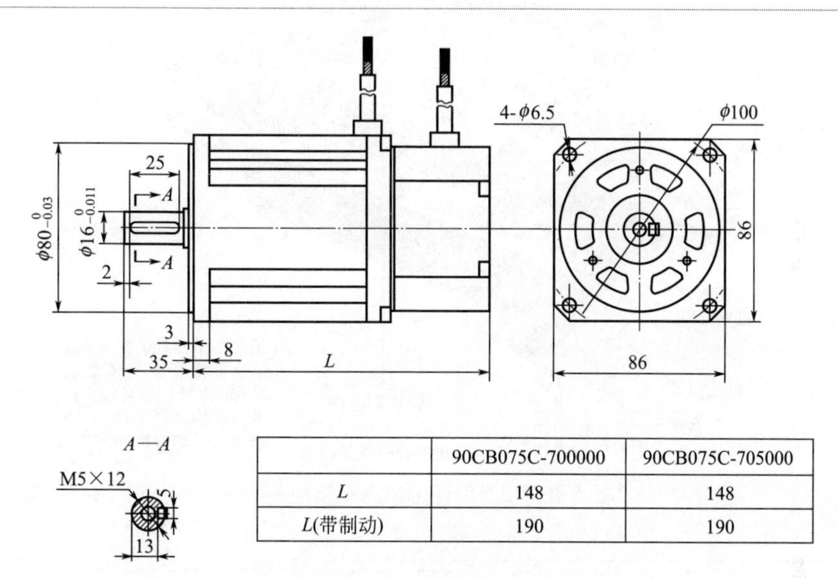

	90CB075C-700000	90CB075C-705000
L	148	148
L(带制动)	190	190

图 3-1 空心薄壁圆筒结构

交流伺服电机不仅要具有受控于控制信号而动和停启转的伺服性，还要具有转速变化的可控性。交流伺服电机的控制方法主要有三种：幅值控制、相位控制、幅相控制。幅值控制是控制电压与励磁电压的相位差近于保持 90°不变，通过改变控制电压的大小来改变电机的转速，控制电压大，电机转速快，控制电压慢，电机转速慢，若控制电压为零，电机立即停转；相位控制是控制电压与励磁电压的大小保持额定值不变，通过改变相位差来改变电机的转速；幅相控制采用电容分相，既改变了控制电压的大小，又改变了控制电压与励磁电压的相位差，实现幅相控制，该方法设备简单，有较大输出功率，应用广泛。交流伺服电机是一个多变量、强耦合、非线性、变参数的复杂对象，传统的控制方法很难对其进行精确控制，为提高电机的动态响应特性，现已开发各种专业控制算法，将现代可拓、变结构等非线性控制方法引入电机控制系统中，有效解决伺服电机驱动系统的控制问题。伺服电机控制系统如图 3-3 所示。

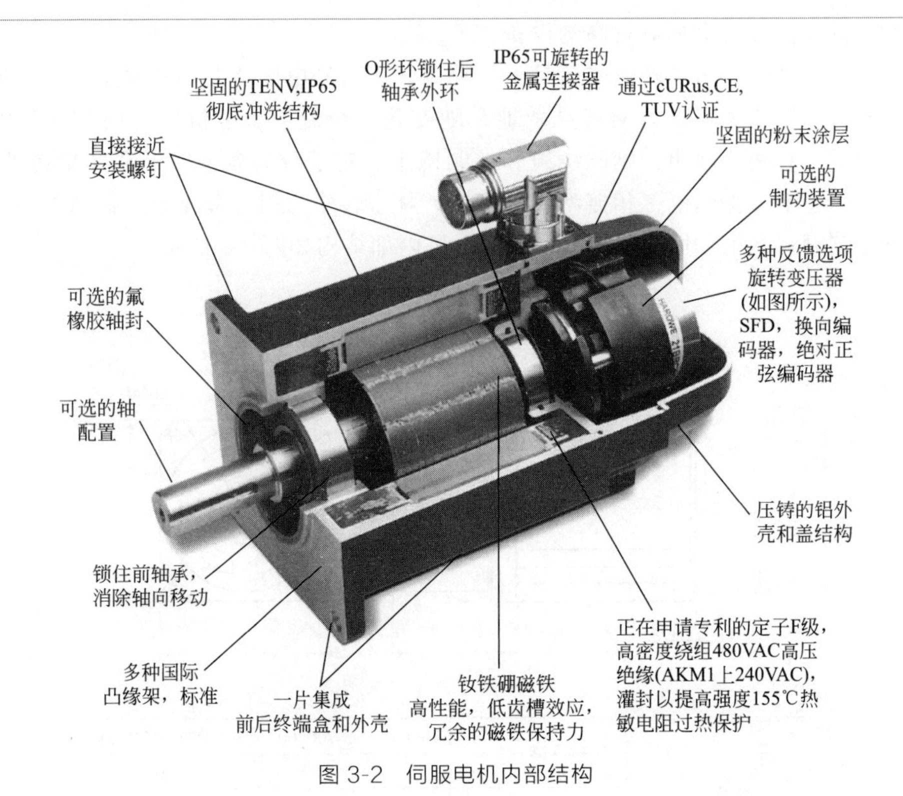

图 3-2 伺服电机内部结构

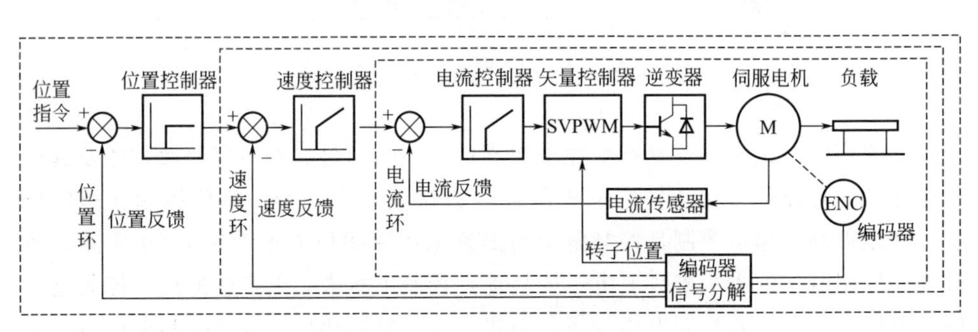

图 3-3 伺服电机控制系统

设计伺服电机驱动系统首先要确定设计对象所实现的性能要求。伺服电机设计的主参数为功率，系统的最大负载转矩不得超过电机的额定转矩；电机的转子惯量应于负载的转动惯量匹配。在伺服系统设计选型的时候，负载和电机的惯量匹配非常重要，转动惯量对系统的精度、稳定性、动态响应都有影响。设计时应尽量减小机械系统的转动惯量，以达到精确控制电机的目的。选择完电机后要对其带载能力进行校核。

直流伺服电机的结构与一般直流电机相似，只是为了减小转动惯量做得细长一些，它的励磁绕组和电枢分别由两个独立电源供电，采用电枢控制。直流伺服电机剖视图如图 3-4 所示。

永磁式直流伺服电机的永磁体很薄而且能提供足够的磁感应强度，电机体积小，重量轻，永磁材料抗去磁能力强，电机不会因振动而退磁，磁稳定性高，因而获得了广泛的应用。直流伺服电机常用于功率稍大的系统中，输出功率为 1～600W。

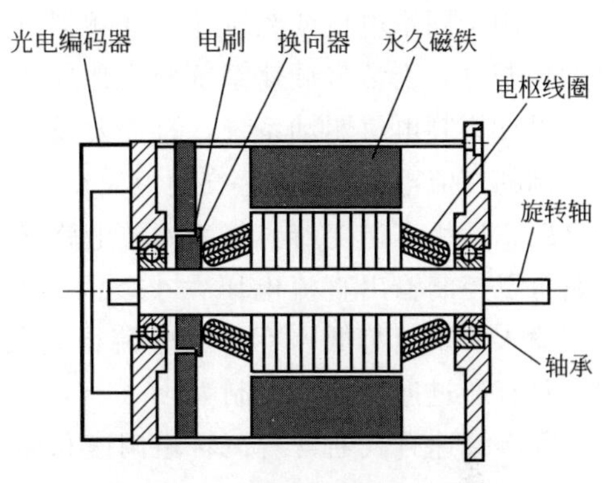

图 3-4 直流伺服电机剖视图

(2) 变频电机驱动系统

变频调速电机简称变频电机，是变频器驱动的电机的统称。电机可以在变频器的驱动下实现不同的转速与扭矩，以适应负载的需求变化。变频电机由传统的笼型电机发展而来，把传统的电机风机改为独立出来的风机，并且提高了电机绕组的绝缘性能。在要求不高的场合，如小功率和在额定工作频率工作情况下，可以用普通笼型电机代替。

变频器是利用电力半导体器件的通断作用将工频电源变换为另一频率的电能控制装置。变频器主要采用交-直-交方式（VVVF 变频或矢量控制变频），先把工频交流电源通过整流器转换成直流电源，然后再把直流电源转换成频率、电压均可控制的交流电源以供给电动机。变频器的电路一般由整流、中间直流环节、逆变和控制 4 个部分组成。整流部分为三相桥式不可控整流器，逆变部分为 IGBT 三相桥式逆变器，且输出为 PWM 波形，中间直流环节为滤波、直流储能和缓冲无功功率。

电机驱动经过多年的快速发展，交流调速成为电机调速的主流，可广泛应用于各行各业无级变速传动。由于变频电机在变频控制方面较普通电机具有优越性，凡是用到变频器的地方都有变频电机应用，其应用领域已经从高性能领域扩展至通用驱动及专用驱动场合，乃至变频空调、冰箱、洗衣机等家用电器。交流驱动器已在工业机器人、自动化出版设备、加工工具、传输设备、电梯、压缩机、轧钢、风机泵类、电动汽车、起重设备及其他领域中得到广泛应用。

变频调速技术以其优异的调速和启、制动性能，高效率、高功率因数和节电效果等，在各领域中得到了广泛应用，成为现代调速技术的主流。变频电机是指在标准环境条件下，以 100％额定负载在 10％～100％额定速度范围内连续运行，温升不会超过该电机标定容许值的电机。交流变频调速电机结构简单、体积小、惯量小、造价低、维修容易、调速容易、节能，而且可以实现软启动和快速制动，环境适应能力强。变频调速发展迅速，有逐步取代大部分直流调速传动装置的趋势。

同步电机变频调速系统的组成和控制方式很多，原则上各种电力电子变频器都可以用于同步电机变频调速。变频器可分为交-交和交-直-交两类。从变频器频率的控制方式上常将调速系统分为他控和自控两种[36]。

设计变频电机驱动系统，首先要设计主电路将三相交流电压转换为频率、幅值可调的交流电压。交-直-交电路是应用最为广泛的变频电路，前级配有整流滤波电路，后级有逆变器。整流滤波电路又分为可控整流和不可控整流。可控整流电路可以控制输出直流电压大小，但其对电网干扰大，得到的直流电压谐波较大，输入功率因数低；不可控整流得到的电压稳定，直流谐波小，但大小不可控，只有通过逆变器来控制大小。

变频调速方式通常有恒转矩调速和恒功率调速两种。

① 恒转矩调速。在低于电机额定转速调速时，应保持电压与频率比值不变，两者要成比例调节，为恒转矩调速。

② 恒功率调速。在高于电机额定转速调速时，应保持电压不变，磁通和转矩减小，功率不变，为恒功率调速。

设计变频电机驱动系统时，控制电路是交流变频电机调速系统的核心部分。其控制策略有矢量控制和直接转矩控制两种。

① 矢量控制。也称为磁场导向控制，是一种利用变频器控制三相交流电机的技术，通过调整变频器的输出频率、输出电压的大小及角度来控制电机的输出。其特性是可以分别控制电机的磁场及转矩，类似他激式直流电机的特性。处理时会将三相输出电流及电压以矢量表示，因此称为矢量控制。适用于交流感应电机及直流无刷电机，可配合交流电机使用，电机体积小，成本及能耗都较低。采用矢量控制方式的通用变频器不仅可在调速范围上与直流电机相匹配，而且可以控制异步电机产生的转矩。由于矢量控制方式依据的是准确的被控异步电机的参数，有的通用变频器在使用时需要准确地输入异步电机的参数，有的通用变频器需要使用速度传感器和编码器。鉴于电机参数有可能发生变化，会影响变频器对电机的控制性能，并根据辨识结果调整控制算法中的有关参数，从而对普通的异步电机进行有效的矢量控制。矢量控制除了用在高性能的电机应用场合外，也已用在一些家电中。

② 直接转矩控制（Direct Torque Control，DTC）。以转矩为中心来进行综合控制，不仅控制转矩，也用于磁链量的控制和磁链自控制。直接转矩控制与矢量控制的区别是，它不是通过控制电流、磁链等量间接控制转矩，而是把转矩直接作为被控量控制，其实质是用空间矢量的分析方法，以定子磁场定向方式，对定子磁链和电磁转矩进行直接控制。这种方法不需要复杂的坐标变换，而是直接

在电机定子坐标上计算磁链的模和转矩的大小，并通过磁链和转矩的直接跟踪实现PWM脉宽调制和系统的高动态性能。该控制方式减少了矢量控制技术中控制性能易受参数变化影响的问题。控制电路主要有：

① 运算电路。将外部的速度、转矩等指令与检测电路的电流、电压信号进行比较运算，决定逆变器的输出电压、频率。

② 电压、电流检测电路。

③ 驱动电路。

④ 速度检测电路。装在异步电机轴上的速度检测器。

⑤ 保护电路。

(3) 普通交直流电机驱动系统

交流电机分为异步电机和同步电机，生产上主要用三相异步电机。同步电机主要用在功率较大、不需调速、长时间工作的设备上。单相异步电机用于功率不大的家用电器上。交流异步电机是将电能转换为机械能，它主要有定子、转子和它们之间的气隙构成。根据异步电机的转子构造不同分为笼型异步电机和绕线转子异步电机。对定子通三相交流电，产生旋转磁场并切割转子，获得转矩。其结构简单，运行可靠，维护安装方便，广泛应用于各领域。

三相异步电机（图3-5）的定子铁芯中放有三相对称绕组并接成星型，接在三相电源上，它们共同产生的磁场随电流的交变在空间不断旋转，这就是旋转磁场。只要将同三相电源连接的三根导线中的任意两根的一端对调位置，旋转磁场将会反转。三相异步电机的极数就是旋转磁场的极数，旋转磁场的极数和三相绕组的安排有关。异步电机的转速与旋转磁场的转速有关，而旋转磁场的转速与旋转磁场的极数有关，当旋转磁场具有 p 对极时，磁场转速为：

$$n_0=\frac{60f}{p}$$

式中，f 为电源频率。

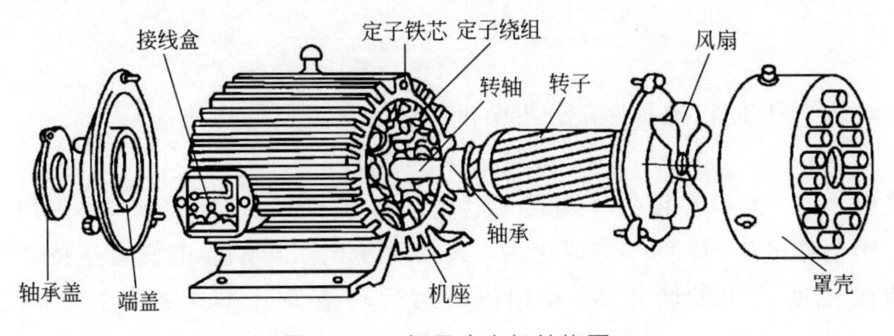

图3-5 三相异步电机结构图

异步电机转子的转速永远小于旋转磁场的转速，这就是异步电机名字的由来，旋转磁场的转速 n_0 称为同步转速，用转差率 s 来表示转子转速 n 与旋转磁场转速 n_0 的相差程度。

$$s=\frac{n_0-n}{n_0} \tag{3-1}$$

转差率是一个非常重要的物理量，转子电路的各个物理量，如电动势、电流、频率、感抗及功率因数都与其有关。

异步电机的电路分为定子电路和转子电路。定子电流频率为

$$f_1=\frac{n_0 p}{60} \tag{3-2}$$

式中，p 为旋转磁场的磁极对数。

转子电流频率：

$$f_2=sf_1 \tag{3-3}$$

转子电动势（有效值）：

$$E_2=sE_{20} \tag{3-4}$$

式中，E_{20} 为感应电动势。

转子感抗：

$$X_2=sX_{20} \tag{3-5}$$

式中，X_{20} 为感抗。

转子电流：

$$I_2=\frac{sE_{20}}{\sqrt{R_2^2+(sX_{20})^2}} \tag{3-6}$$

式中，R_2 为转子绕组每相电阻。

转子电路的功率因数：

$$\cos\varphi_2=\frac{R_2}{\sqrt{R_2^2+(sX_{20})^2}} \tag{3-7}$$

电磁转矩 T 的机械特性是分析电机特性的最重要的物理量

$$T=K_T\phi I_2\cos\varphi_2 \tag{3-8}$$

式中，K_T 为一常数；I_2 为转子电流；ϕ 为磁通；$\cos\varphi_2$ 是功率因数。转矩 T 与定子每相电压 U_1 的平方成比例，还受转子电阻影响。电机机械特性用来表征电机轴上所产生的转矩 M 和相应的运行转速 n 之间关系的特性，以函数 $n=f(M)$ 表示，它是表征电机工作的重要特性。在一定电压和转子电阻下，转矩与转差率的关系曲线称为电机的机械特性曲线（图 3-6）。

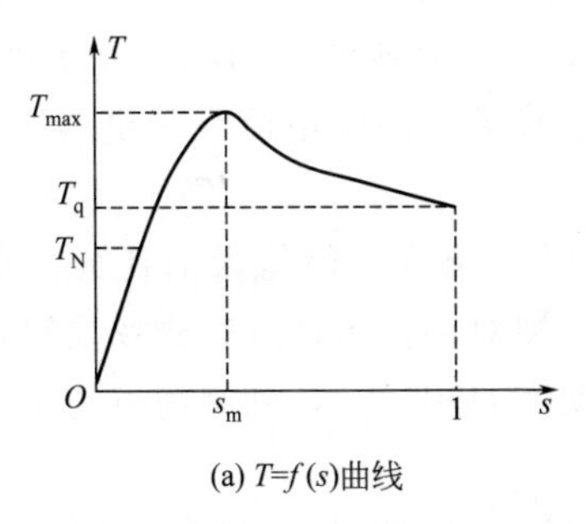

(a) $T=f(s)$曲线

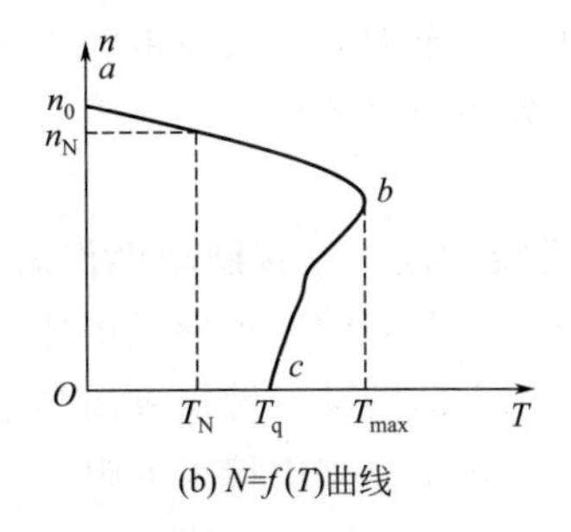

(b) $N=f(T)$曲线

图 3-6　电机的机械特性曲线

机械特性曲线需要分析额定转矩 T_N、最大转矩 T_{max}、起动转矩 T_{st}。

$$T_N = 9550\frac{P_2}{n} \tag{3-9}$$

式中，P_2 是电机轴上输出的机械功率。额定转矩可以从电机铭牌上的额定功率和额定转速应用公式求得。

$$T_{max} = K\frac{U_1^2}{2X_{20}} \tag{3-10}$$

式中，X_{20} 为转子感抗；K 为常数。电机的额定转矩比最大转矩小，两者之比为过载系数。

$$\lambda = \frac{T_{max}}{T_N} \tag{3-11}$$

选用电机时，必须根据所选电机的过载系数算出电机的最大转矩，必须大于最大负载转矩。

$$T_{st} = K\frac{U_1^2 R_2}{R_2^2 + X_{20}^2} \tag{3-12}$$

电机的启动特性需要分析启动电流和启动转矩。启动电流过大会影响临近负载的正常工作，启动转矩过大则会使传动机构损坏。电机启动时，直接启动适用功率低于 10kW 的电机，用闸刀开关或接触器将电机直接接到具有额定电压的电源上。降压启动就是在启动时降低在电机定子绕组上的电压，从而减小启动电流、常用星-三角换接启动、自耦降压启动等方式。

笼型电机可以通过改变电源频率、磁极对数进行调速；若是绕线转子电机，可以通过改变转差率调速。变极调速在机床中应用广泛，变转差率调速在起重设备中的应用最为广泛。电机迅速停车和反转时需要克服惯性对电机制动以及转矩和转子转动相反方向，转矩称为制动转矩。制动方法有能耗制动、反接制动、发电反馈制动等。

① 能耗制动。能耗制动能量消耗小，制动平稳。制动时，切断三相电源的同时接通直流电源，使直流电通入定子绕组，用消耗转子动能的方法进行制动，制动转矩大小与直流电源的电流有关，一般直流电源的电流为额定电流的0.5～1倍。

② 反接制动。反接制动操作简单，制动效果好，但能量消耗大。在电机停车时，将接到电源的三根导线中任意两根一端对调位置使旋转磁场反转，转子由于惯性仍原方向转动，转矩方向与电机转动方向相反，达到制动目的。该方法必须在定子或转子电路中接入电阻。

③ 发电反馈制动。当转子转速超过旋转磁场转速时，转矩也是制动的，电机这时已转入发电机状态运行，将位能转换为电能反馈到电网。这种制动方式由于制动能量又以电能的形式回到电网，所以符合绿色环保的理念。

电机铭牌注明了电机型号、接法、电压、电流、功率与效率、功率因数、转速、绝缘等级以及工作方式等参数，设计使用前要认真阅读。

选择电机，首先要根据工况要求选择合适的功率。功率过大，会造成资源浪费，不符合当今环保节能主流；功率过小，造成“小马拉大车”，则电机容易过载发热甚至损毁。

选择电机还要根据实际工况综合考虑。生产中需要连续运行的电机，应先计算生产机械的功率，所选电机的额定功率要稍大于生产机械功率，在很多场合可以直接通过经验进行类比和统计分析来选择；对于生产中短时运行的电机，由于发热惯性，运行时允许过载，通常根据过载系数来选择。

选择电机还要根据要求选择电机种类。根据工况和经费情况，从交流、直流、机械特性、调速与启动性能、维护及价格等方面考虑。电机结构形式要根据电机工作环境选择，在干燥无尘的环境中用开启式，在环境潮湿中选用封闭式，在有爆炸性气体环境中用防爆式。最后要选择电机的电压和转速，电压要根据电机类型、功率及使用地点的电源电压选择，电机转速则是根据生产机械要求而选定的，转速一般不低于500r/min。

同步电机的定子和三相异步电机相同，转子是磁极，由直流电励磁。当电机的转速接近同步转速 n_0 时，才对转子励磁。同步电机的转速 n 是恒定的，实际使用时只能用于长期连续工作及保持转速不变的场所，如驱动水泵、通风机、压缩机等。

直流电机是机械能和直流电能互相转换的旋转机械装置。虽然直流电机在某些方面有着不可或缺的作用，但由于其构造复杂、价格昂贵且可靠性较差，已经逐渐被半导体整流电源所取代。但由于其调速性能较好并且启动转矩较大，调速要求高以及启动转矩需求较大的生产机械也往往采用直流电机来驱动。

直流电机主要由磁极、电枢以及换向器组成（图3-7）。磁极产生磁场，在小型直流电机中，永久磁铁也可作为磁极；旋转电枢产生感应电动势，由硅钢片叠成；换向器是直流电机的一种特殊装置，在换向器表面用弹簧压着电刷，使转动的电枢绕组与外电路连接。

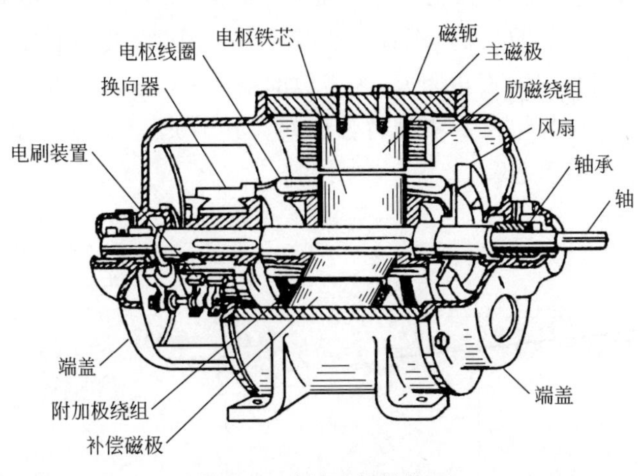

图 3-7 直流电机结构图

直流电机电枢线圈通电后在磁场中受力而转动，线圈中也要产生感应电动势，方向总是与电流或外加电压的方向相反，称为反电动势。电枢电流 I 与磁通 Φ 相互作用，产生电磁力和电磁转矩

$$T=K_{\mathrm{T}}\Phi I \tag{3-13}$$

式中，K_{T} 是与电机结构有关的参数。电机的电磁转矩是驱动转矩，使电枢转动。因此，电机的电磁转矩 T 要与机械负载转矩和空载损耗转矩相平衡。

直流电机按励磁方式运行情况分为他励、并励、串励和复励四种，如图 3-8 所示，比较常用的只有他励和并励两种。他励电机的励磁绕组和电枢是分离的，分别由两个直流电源供电，而并励电机中，两者是并联的，但他励和并励电机的机械特性、启动、反转及调速是一样的。

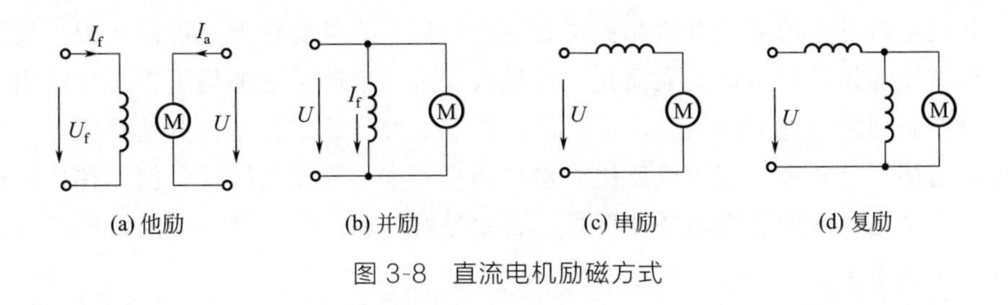

图 3-8 直流电机励磁方式

他励电机中，励磁线圈与转子电枢的电源分开；并励电机中，励磁线圈与转子电枢并联到同一电源上；串励电机中，励磁线圈与转子电枢串联接到同一电源上；复励电机中，励磁线圈与转子电枢的连接有串有并，接在同一电源上。

以并励电机为例分析，其电压与电流关系如图 3-9 所示，当电源电压 U 和励磁电阻 R_t 不变时，励磁电流和磁通 Φ 保持不变，因此，电机转矩和电枢电流成正比。在电源电压 U 和励磁电阻 R_t 为常数的条件下，表示电机转速 n 与转矩 T 之间关系的曲线，称为电机的机械特性曲线，其中 n_0 为理想空载转速，Δn 为转速降，由电枢电阻引起。

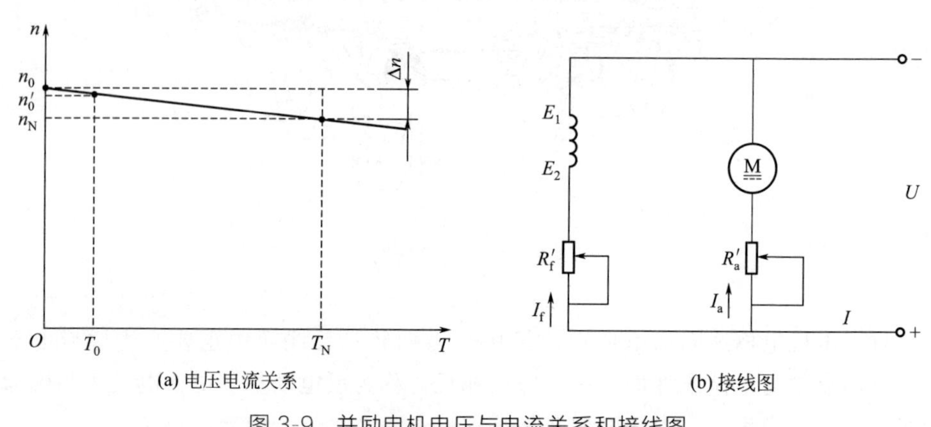

(a) 电压电流关系　　(b) 接线图

图 3-9　并励电机电压与电流关系和接线图

并励电机在启动时，由于电枢电阻很小，启动电流很大。而电机转矩与电枢电流成正比，转矩过大会产生机械冲击，使传动机构遭到破坏，因此启动时需要限定电流。如图 3-9（b）所示，在电枢电路中串接启动电阻，启动电阻最大，启动后，随着电机转速上升，启动电阻渐渐变小。直流电机在启动或工作时，励磁电路一定要接通，否则电枢绕组和换向器有烧坏的危险，还可能导致“飞车”事故的发生，造成严重的机械损伤。若要改变直流电机转动方向，可以使磁场方向固定，改变电枢电流方向；也可以使电枢电流方向不变，改变励磁电流方向。

并励电机与交流异步电机相比，在调速性能上有独特优点，可以实现无级调速，机械变速齿轮箱可以大大简化。通过改变电压或改变磁通均可以改变输出转速。改变磁通的调速方法具有调速平滑、控制方便、稳定性好、调速幅度良好等优点，适用于转矩和转速约成反比而输出功率基本上不变的场合，例如在切削机床中。改变电压调速法机械特性较硬，稳定性好，输出转矩是一定的，所以一般用在起重设备中。

永磁同步电机（PMSM）不存在电刷和滑环，结构简单，体积小，可靠性高，维护工作量小，转子上无绕组，散热要求低，运行效率高，转矩电流比高，转动惯量小，易于实现高性能矢量控制，因而在航空、航天、数控机床、加工中心、机器人等领域获得了广泛的应用[37]。

(4) 步进电机驱动系统

步进电机是一种将电脉冲信号转换成相应角位移或线位移的电机，根据输出力矩大小可分为功率步进电机和快速步进电机两类，机电装备多采用功率步进电机。每输入一个脉冲信号，转子就转动一个角度或前进一步，其输出的角位移或线位移与输入的脉冲数成正比，转速与脉冲频率成正比。因此，步进电机又称脉冲电机，具有控制方便、体积小等特点，所以在数控系统、自动生产线、自动化仪表等智能制造装备中得到广泛应用。

随着微电子学的迅速发展和微型计算机的普及与应用，步进电机以往用硬件电路构成的庞大复杂的控制器得以用软件实现，既降低了硬件成本，又提高了控制的灵活性、可靠性及多功能性。图3-10所示为步进电机。

图3-10 步进电机

步进电机的驱动电源由变频脉冲信号源、脉冲分配器及脉冲放大器组成，由此驱动电源向电机绕组提供脉冲电流。步进电机的运行性能决定于电机与驱动电源间的良好配合。

步进电机的优点是结构简单，没有累积误差，使用维修方便，制造成本低，带动负载惯量的能力大，适用于中小型机床和速度精度要求不高的场合。步进电机的缺点是效率较低，发热大，有时会“失步”。

步进电机的结构形式和分类方法较多，一般按励磁方式分为反应式、永磁式和混合式三种；按相数可分为单相、两相、三相和多相等形式。永磁式步进电机一般为两相，转矩和体积较小，步进角一般为7.5°或15°；反应式步进电机一般为三相，可实现大转矩输出，步进角一般为1.5°，但噪声和振动都很大，逐渐退出市场；混合式步进电机混合了永磁式和反应式的优点，它又分为两相和五相：两相步进角一般为1.8°，而五相步进角一般为0.72°。混合式步进电机的应用最为广泛。我国所采用的步进电机中以反应式步进电机为主。步进电机的运行性能与控制方式有密切的关系，步进电机控制系统从其控制方式来看，可以分为以下三类：开环控制系统、闭环控制系统、半闭环控制系统。

(5) 直线电机驱动系统

将旋转电机沿径向剖开后，拉直展开就形成了直线电机。它省去了联轴器、滚珠丝杠螺母副等传动环节，直接驱动工作台移动，如图 3-11 所示。当要求直线运动必须精确快速时，应采用直线电机。直线电机相当于一个在平面上展开的交流同步电机[38]。

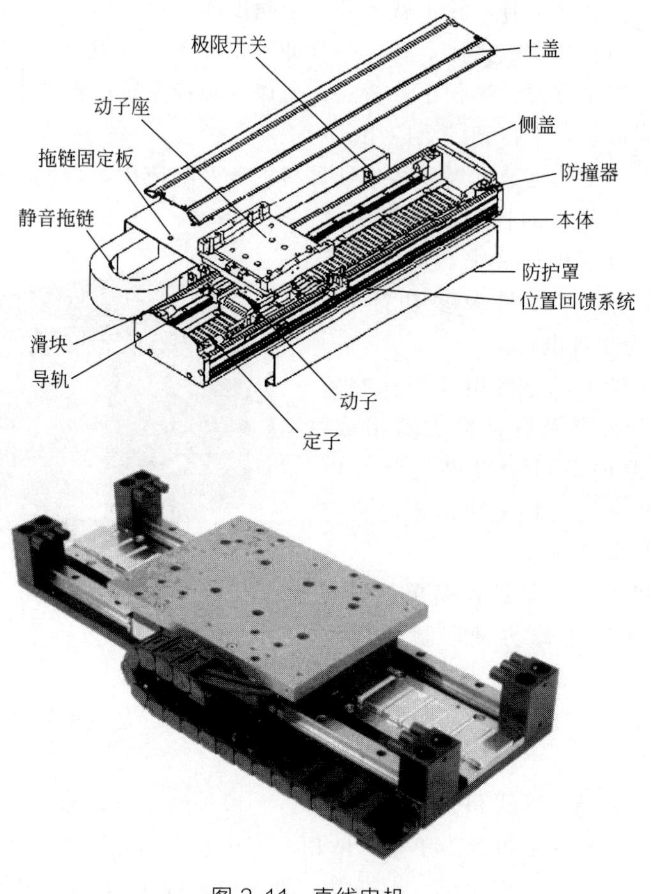

图 3-11 直线电机

直线电机的优点：

① 结构简单。管型直线电机不需要经过中间转换机构而直接产生直线运动，结构简化，运动惯量小，动态响应性能和定位精度提高，可靠性高。

② 适合高速直线运动。因为不存在离心力的约束，普通材料亦可以达到较高的速度。传动零部件磨损小，机械损耗小，效率高。

③ 初级绕组利用率高。在管型直线感应电机中，初级绕组是饼式的，没有端部绕组，因而绕组利用率高。

④ 易于调节和控制。通过调节电压或频率，可以得到不同的速度、电磁推力，适用于低速往复运行场合。

⑤ 高加速度。这是直线电机驱动相比丝杠、同步带和齿轮齿条驱动的一个显著优势。

3.2.2 步进电机的选择

在设计机电装备选择电机时，通常希望电机的输出转矩大，启动频率和运行频率高，步距误差小，性价比高。因此，选择电机时，需要综合考虑转矩和速度、性能和成本，做出合理的选择。

① 输出转矩的选择。输出转矩需要根据步进电机最大保持转矩和转矩-频率特性来选择。电机低频运行最大输出转矩可达到最大值的70%～80%，随后下降到10%～70%。一般选择步进电机输出转矩为最大静态转矩的20%～30%。

② 步距角的选择。步距角是决定开环伺服系统脉冲当量的重要参数，设计时应满足装备的控制精度和运行速度要求。定位精度和运行频率不高的装备，可选步距角较大、频率较低的步进电机；反之选择步距角小、工作频率较高的电机。也可以通过变速系统或细分步距角来实现要求。

③ 启动频率和工作频率的选择。根据负载工作速度要求来选择步进电机的启动频率和工作频率。若已知负载转矩，由启动矩频特性曲线查启动频率，启动频率应小于等于所查值。若已知步进电机的连续工作频率，由电机的转矩-频率特性曲线可知最大动态转矩，电机所带负载应小于此值。

④ 静态力矩。步进电机的动态力矩很难确定，但静态力矩可以根据电机工作的负载来确定。负载主要有惯性负载和摩擦负载。直接启动时需考虑这两种负载，加速时主要考虑惯性负载，恒速时主要考虑摩擦负载。选静态力矩为2～3倍摩擦负载即可。

3.2.3 伺服电机的选择原则

智能制造装备中经常会碰到一些复杂的运动，这对电机的动力荷载有很大影响。伺服驱动装置是许多机电系统的核心，因此伺服电机的选择就变得尤为重要。在智能制造装备伺服电机选型过程中，首先要选出满足给定负载要求的电机，然后再从中按价格、重量、体积等技术经济指标选择最适合的电机。

(1) 传统的选择原则

这里只考虑电机的动力问题，直线运动用速度 $v(t)$、加速度 $a(t)$ 和所需外

力 $F(t)$ 表示，旋转运动用角速度 $\omega(t)$、角加速度 $\alpha(t)$ 和所需扭矩 $T(t)$ 表示，它们均为时间的函数，与其他因素无关。很显然，电机的最大功率 $P_{电机}$ 最大应大于工作负载所需的峰值功率 $P_{峰值}$，但仅如此是不够的，物理意义上的功率包含扭矩和速度两部分，但在实际的传动机构中它们是受限制的。用 $\omega_{峰值}$、$T_{峰值}$ 表示最大值或者峰值，电机的最大速度决定了减速器减速比的上限，$n_{上限}=\omega_{峰值,最大}/\omega_{峰值}$。同样，电机的最大扭矩决定了减速比的下限，$n_{下限}=T_{峰值}/T_{电机,最大}$，如果 $n_{下限}$ 大于 $n_{上限}$，选择的电机是不合适的。反之，可以通过对每种电机的广泛类比来确定上下限之间可行的传动比范围。只用峰值功率作为选择电机的原则是不充分的，而且传动比的准确计算非常烦琐。电机的 T-ω 曲线如图 3-12 所示。

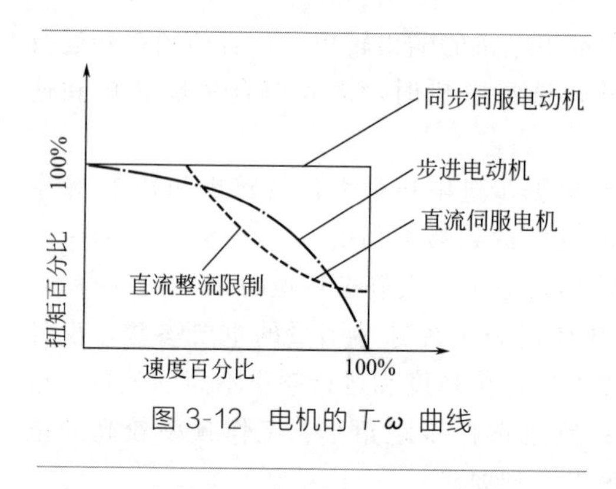

图 3-12 电机的 T-ω 曲线

(2) 新的选择原则

新的选择原则是将电机特性与负载特性分离，并用图解的形式表示，方便了驱动装置的可行性检查和不同系统间的比较，还提供了传动比的一个可能范围。这种方法适用于各种负载情况。将负载和电机的特性分离，有关动力的各个参数均可用图解的形式表示并且适用于各种电机。

智能机电装备运动控制系统多采用步进电机或全数字式交流伺服电机作为执行电机。两者在控制方式上相似（脉冲串和方向信号），但在使用性能和应用场合上存在较大的差异。设计机电系统时，应根据情况选择。

(1) 精度

两相混合式步进电机步距角一般为 1.8°、0.9°，五相混合式步进电机步距角一般为 0.72°、0.36°，一些高性能的步进电机通过驱动器或软件细分后步距角更小。

伺服电机的控制精度由编码器保证。对于带 17 位编码器的电机而言，驱动器每接收 131072 个脉冲，电机转一圈，其脉冲当量为 360°/131072 = 0.0027466°，是步距角为 1.8°的步进电机的脉冲当量的 1/655。

(2) 低频特性

步进电机在低速时易出现低频振动现象。振动频率与负载情况和驱动器性能有关，这是由步进电机的工作原理决定的。低频振动对智能制造装备的运转不利。采用驱动器细分或者安装阻尼器可以改善这一现象。

交流伺服电机运转平稳，低速无振动现象，具有共振抑制功能，系统内部具有频率解析机能（FFT），可检测出机械的共振点，便于系统调整。

（3）矩频特性

步进电机的输出力矩随转速升高而下降，且在较高转速时会急剧下降，所以步进电机最高工作转速一般为 300～600r/min。交流伺服电机为恒力矩输出，在额定转速以内，都能输出额定转矩。

（4）过载能力

步进电机一般不具有过载能力，交流伺服电机具有较强的过载能力。选择步进电机作为驱动时，为了克服惯性力矩往往需要选取较大转矩的电机，正常工作时会造成力矩浪费。

（5）运行性能

步进电机的控制为开环控制，启动频率过高或负载过大易出现丢步或堵转的现象，停止时转速过高易出现过冲的现象，应处理好升、降速问题，以免影响控制精度。交流伺服驱动系统为闭环控制，驱动器可直接对电机编码器反馈信号进行采样，内部构成位置环和速度环，不会出现步进电机的丢步或过冲现象，控制性能更为可靠。

（6）响应性能不同

步进电机从静止加速到工作转速需要 200～400ms。交流伺服系统的加速性能较好，从静止到额定转速仅需几毫秒，可用于要求快速启停的控制场合。

（7）成本

相较伺服电机，步进电机结构和驱动器都比较简单，因此步进电机经济性好，伺服电机价格较高。

在控制系统的设计过程中要综合考虑控制要求、成本等多方面的因素，选用适当的电机。

3.2.4 伺服电机选择注意的问题

（1）电机的最高转速

根据负载的最高运行速度进行电机的选择。机电装备最高速度运行时需要的电机转速应严格控制在电机的额定转速之内。

$$n=\frac{V_{max}u}{P_h}\times 10^3 \leqslant n_{nom} \tag{3-14}$$

式中，n_{nom} 为电机的额定转速，r/min；n 为快速行程时电机的转速，r/min；V_{max} 为直线运行速度，m/min；u 为系统传动比，$u=n_{电机}/n_{丝杠}$；P_h 为丝杠导程，mm。

(2) 空载加速转矩

空载加速转矩是指执行部件从静止以阶跃指令加速到快速运行时的转矩。空载加速转矩应限定在变频驱动系统最大输出转矩的80%以内。

$$T_{max}=\frac{2\pi n(J_L+J_M)}{60t_{ac}}T_F \leqslant T_{Amax}\times 80\% \tag{3-15}$$

式中，T_{Amax} 为与电机匹配的变频驱动系统的最大输出转矩，N·m；T_{max} 为空载时加速转矩，N·m；T_F 为快速行程时转换到电机轴上的载荷转矩，N·m；t_{ac} 为快速行程时加减速时间常数，ms；J_L 为负载惯量，kg·m^2；J_M 为电机惯量，kg·m^2。

(3) 惯量匹配及负载惯量

为了系统反应灵敏，应保证有足够的角加速度，满足系统的稳定性要求，负载惯量 J_L 一般应限制在2.5倍电机惯量 J_M 之内，即 $J_L<2.5J_M$。

$$J_L=\sum_{j=1}^{M}J_j\left(\frac{\omega_j}{\omega}\right)^2+\sum_{j=1}^{N}m_j\left(\frac{V_j}{\omega}\right)^2 \tag{3-16}$$

式中，J_j 为各转动件的转动惯量，kg·m^2；ω_j 为各转动件角速度，rad/min；m_j 为各移动件的质量，kg；V_j 为各移动件的速度，m/min；ω 为伺服电机的角速度，rad/min。

(4) 负载转矩

在正常工作状态下，负载转矩 T_{ms} 不超过电机额定转矩 T_{MS} 的80%。

$$T_{ms}=T_cD^{\frac{1}{2}}\leqslant T_{MS}\times 80\% \tag{3-17}$$

式中，T_c 为最大负载转矩，N·m；D 为最大负载比。

(5) 连续过载时间

机电装备连续过载时间 t_{Lon} 应限制在电机说明书规定过载时间 t_{Mon} 之内，否则会造成电机过热，甚至烧毁。

3.2.5 根据负载转矩选择伺服电机

根据伺服电机的工作曲线，当装备空载运行时，在整个速度范围内加在伺服电机轴上的负载转矩应在电机的连续额定转矩范围内，即在工作曲线的连续工作区；最大负载转矩、加载周期及过载时间均应在特性曲线的允许范围内。加在电机轴上的负载转矩可以折算出加到电机轴上的负载转矩。

以切削机床为例，根据负载转矩选择伺服电机时：

① 导轨等装备运动部件的摩擦转矩需要考虑。

② 由于装备的轴承、螺母的预加载，以及丝杠的预紧力滚珠接触面的摩擦等所产生的转矩均需要视情况考虑。

③ 切削力的反作用力会使工作台的摩擦增加。在承受大的切削反作用力的瞬间，滑块表面的负载也增加。

④ 摩擦转矩受进给速率的影响很大，必须研究测量因速度、工作台支承物(滑块、滚珠、压力)、滑块表面材料及润滑条件的改变而引起的摩擦的变化。

另外，还应考虑设备使用环境可能对电机转矩的影响。

3.2.6 根据负载惯量选择伺服电机

在有些应用场合，要求有良好的快速响应特性，随着控制信号的变化，电机应在较短的时间内完成必需的动作。如数控机床需要具有良好的快速响应特性，才能保证加工精度和表面质量。负载惯量与电机的响应和快速移动时间息息相关。带大惯量负载时，当速度指令变化，电机需较长的响应时间。因此，加在电机轴上的负载惯量的大小将直接影响电机的灵敏度以及整个伺服系统的精度。当负载惯量大于电机惯量的 5 倍时，会使转子的灵敏度受影响，电机惯量 J_M 和负载惯量 J_L 必须满足：

$$1\leqslant\frac{J_L}{J_M}<5 \tag{3-18}$$

由电机驱动的装备传动链上的所有运动部件，无论是旋转运动部件，还是直线运动部件，都是电机的负载惯量。电机轴上的负载总惯量可以通过各个被驱动部件的惯量相加得到。

（1）圆柱体惯量

如滚珠丝杠、齿轮等围绕其中心轴旋转时的惯量可按下面公式计算：

$$J=\frac{\pi\gamma}{32}\times D^4L(\text{kg}\cdot\text{cm}^2) \tag{3-19}$$

式中，γ 为材料的密度，kg/cm^3；D 为圆柱体的直径，cm；L 为圆柱体的长度，cm。

（2）轴向移动物体的惯量

工件，工作台等轴向移动物体的惯量，可由下面公式得出：

$$J=W\left(\frac{L}{2\pi}\right)^2(\text{kg}\cdot\text{cm}^2) \tag{3-20}$$

式中，W 为直线移动物体的质量，kg；L 为电机每转在直线方向移动的距离，cm。

(3) 圆柱体围绕中心运动时的惯量

如大直径的齿轮，为了减少惯量，往往在圆盘上挖出分布均匀的孔，或者做成轮辐式齿轮：

$$J=J_0+WR^2(\mathrm{kg}\cdot\mathrm{cm}^2) \tag{3-21}$$

式中，J_0 为圆柱体围绕其中心线旋转时的惯量，$\mathrm{kg}\cdot\mathrm{cm}^2$；$W$ 为圆柱体的质量，kg；R 为旋转半径，cm。

(4) 相对电机轴机械变速的惯量计算

将负载惯量 J_0 折算到电机轴上的计算方法：

$$J=\frac{N_1}{N_2}J_0(\mathrm{kg}\cdot\mathrm{cm}^2) \tag{3-22}$$

式中，N_1、N_2 为齿轮的齿数。

3.2.7 根据电机加减速时的转矩选择伺服电机

(1) 按线性加减速时的加速转矩

电机加速或减速时的转矩曲线如图 3-13 所示。按线性加减速时的加速转矩计算如下：

$$T_a=\frac{2\pi n_m}{60\times10^4}\times\frac{1}{t_a}(J_M+J_L)(1-e^{-K_s t_a})(\mathrm{N}\cdot\mathrm{m}) \tag{3-23}$$

式中，n_m 为电机的稳定速度；t_a 为加速时间；J_M 为电机转子惯量，$\mathrm{kg}\cdot\mathrm{cm}^2$；$J_L$ 为折算到电机轴上的负载惯量，$\mathrm{kg}\cdot\mathrm{cm}^2$；$K_s$ 为位置伺服开环增益。

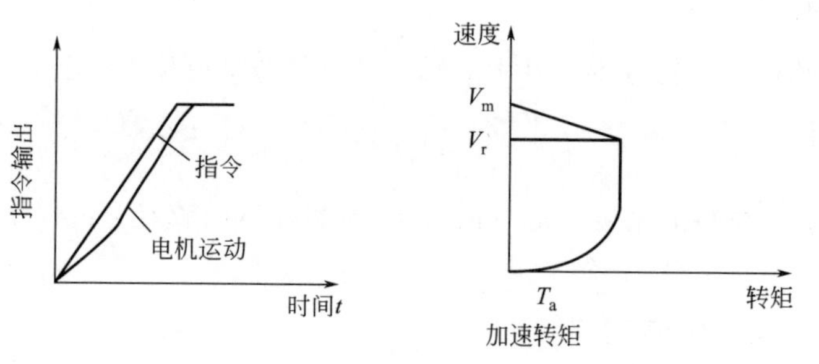

图 3-13 电机加速或减速时的转矩曲线

加速转矩开始减小时的转速如下：

$$n_r=n_m\left[1-\frac{1}{t_a K_s}(1-e^{-K_s t_a})\right] \tag{3-24}$$

(2) 按指数曲线加速

电机按指数曲线加速时的转矩曲线如图 3-14 所示。此时，速度为零时的转矩 T_0 可由下面公式给出：

$$T_0=\frac{2\pi n_{\mathrm{m}}}{60\times10^4}\times\frac{1}{t_{\mathrm{e}}}(J_{\mathrm{M}}+J_{\mathrm{L}})(\mathrm{N}\cdot\mathrm{m}) \tag{3-25}$$

式中，t_{e} 为指数曲线加速时间常数。

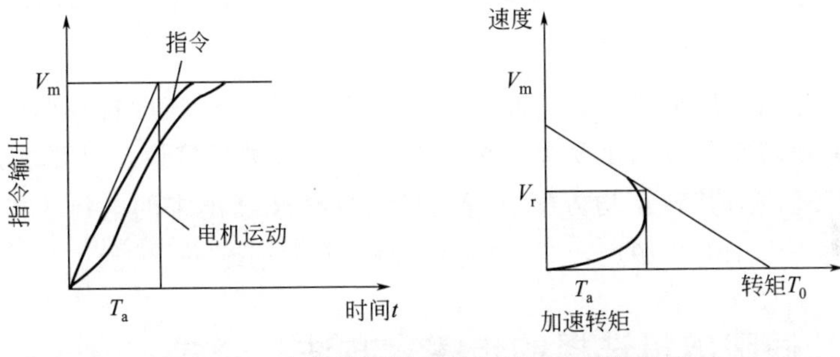

图 3-14 电机按指数曲线加速时的转矩曲线

(3) 输入阶段性速度指令

这时的加速转矩 T_{a} 相当于 T_0，可由下面公式求得（其中 $t_{\mathrm{s}}=K_{\mathrm{s}}$）。

$$T_{\mathrm{a}}=\frac{2\pi n_{\mathrm{m}}}{60\times10^4}\times\frac{1}{t_{\mathrm{s}}}(J_{\mathrm{M}}+J_{\mathrm{L}})(\mathrm{N}\cdot\mathrm{m}) \tag{3-26}$$

3.2.8 根据电机转矩均方根值选择伺服电机

工作机械频繁启动、制动时需转矩。当工作机械作频繁启动、制动时，必须检查电机是否过热，为此需计算一个周期内电机转矩的均方根值，并且应使此均方根值小于电机的连续转矩。电机的均方根值由下式给出：

$$T_{\mathrm{rms}}=\sqrt{\frac{(T_{\mathrm{a}}+T_{\mathrm{f}})^2t_1+T_{\mathrm{f}}^2t_2+(T_{\mathrm{a}}-T_{\mathrm{f}})^2t_1+T_0^2t_3}{T_{周}}} \tag{3-27}$$

式中，T_{a} 为加速转矩，N·m；T_{f} 为摩擦转矩，N·m；T_0 在停止期间的转矩，N·m；t_1、t_2、t_3、$T_{周}$ 如图 3-15 所示。

负载周期性变化的转矩（图 3-16）计算，也需要计算出一个周期中的转矩均方根值，且该值小于额定转矩。这样电机才不会过热，正常工作。

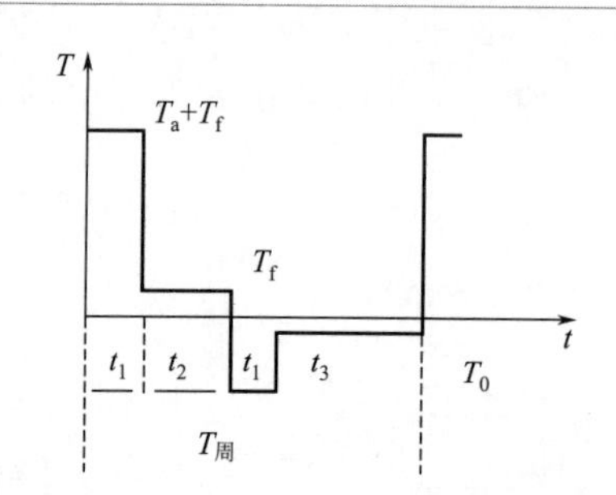

图 3-15 t_1、t_2、t_3、$T_周$的转矩曲线

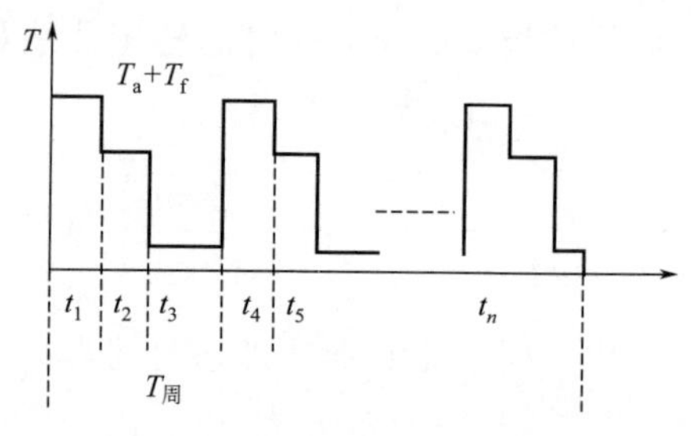

图 3-16 负载周期性变化的转矩

设计时进给伺服电机的选择原则是：首先根据转矩-速度特性曲线检查负载转矩、加减速转矩是否满足要求，然后对负载惯量进行校核，对要求频繁启动、制动的电机还应对其转矩均方根进行校核，这样选择出来的电机才能既满足要求，又可避免由于电机额定转矩选择偏大而引起的问题。

3.2.9 伺服电机选择的步骤、方法、公式

(1) 确定运行方式

根据机械系统的控制内容，确定伺服电机的运行方式，启动时间 t_a、减速时间 t_d 根据实际情况决定。

(2) 计算负载换算到电机轴上的转动惯量 GD_m^2

为了计算启动转矩 T_P，要先求出负载的转动惯量：

$$GD_l^2=\frac{\pi}{8}\rho LD^4\times10^4(kg\cdot m^2) \tag{3-28}$$

式中，L 为圆柱体的长，cm；D 为圆柱体的直径，cm；ρ 为材料密度，kg/m^3。

$$GD_m^2=\left(\frac{N_l}{N_m}\right)^2GD_l^2+\left(\frac{1}{R}\right)^2\times\frac{\pi}{8}\rho l_2d_2^4+\frac{\pi}{8}\rho l_1d_1^4(kg\cdot m^2) \tag{3-29}$$

式中，l_2 为负载侧齿轮厚度；d_2 为负载侧齿轮直径；l_1 为电机侧齿轮厚度；d_1 为电机侧齿轮直径；ρ 为材料密度；GD_l^2 为负载转动惯量，$kg\cdot m^2$；N_l 为负载轴转速，r/min；N_m 为电机轴转速，r/min；$1/R$ 为减速比。

(3) 初选电机

计算电机稳定运行时的功率 P_O 以及转矩 T_L。T_L 为折算到电机轴上的负载转矩：

$$T_L=\frac{N_1}{N_m\eta}T_1 \tag{3-30}$$

式中，η 为机械系统的效率。

$$P_O=\frac{T_1N_1}{9535.4\eta} \tag{3-31}$$

式中，T_1 负载轴转矩。

（4）核算加减速时间或加减速功率

对初选电机根据机械系统的要求，核算加减速时间，必须小于机械系统要求值。

加速时间：

$$t_a=\frac{(GD_m^2+GD_l^2)N_m}{38.3(T_P-T_1)} \tag{3-32}$$

减速时间：

$$t_d=\frac{(GD_m^2+GD_l^2)N_m}{38.3(T_P+T_1)} \tag{3-33}$$

上两式中使用电机的机械数值求出，故求出加入启动信号后的时间后，必须加上作为控制电路滞后的时间 5～10ms。负载加速转矩 T_P 可由启动时间求出，若 T_P 大于初选电机的额定转矩，但小于电机的瞬时最大转矩（额定转矩的 5～10 倍），也可以认为电机初选合适。

（5）考虑工作循环与占空因素的实效转矩计算

在机器人等运动速度比较快的工作场合，不能忽略加减速超过额定电流的影响，则需要以占空因素求实效转矩。该值在初选电机额定转矩以下，则选择电机合适。

$$T_{rms}=\sqrt{\frac{T_P^2t_a+T_l^2t_c+T_P^2t_d}{t}}\times f_w \tag{3-34}$$

式中，t_a 为启动时间，s；t_c 为正常运行时间，s；t_d 为减速时间，s；f_w 为波形系数。若 T_{rms} 不满足额定转矩式，需要提高电机容量，再次核算。

3.3 液压驱动系统

由于电力传动具有许多优点且电机很容易将电能转换成机械能，某些机电系统设计者也许认为不需要再考虑用液压系统或气动系统了，但事实证明并非如此。在许多场合，减轻系统的重量是重要的，在这方面液压传动比电力传动有突出的优点。因为液压泵和马达的功率重量比的典型值为 168W/N，而电机的功率重量比则为 16.8W/N。由于磁性材料具有饱和作用，电机输出的力或扭矩受到一定的限制。在液压系统中可以用提高工作压力的办法来获得较高的力或扭矩。一般来说，直线式电机的力质量比为 130N/kg；直线式液压马达的力质量比为 13000N/kg，即提高了 100 倍。回转式液压马达的扭矩惯量比一般为相当容量电机的 10～20 倍，只有无槽式的直流力矩电机才能与液压传动相当。另外，开环形式的液压系统的输出刚度大，而电机系统的输出刚度很小[39]。

3.3.1 概述

液压系统以油液作为工作介质，通过油液内部的压力来传递动力。完整的液压系统由动力元件、执行元件、控制元件、辅助元件和液压油 5 部分组成。液压系统可分液压传动系统和液压控制系统两类。液压传动系统以传递动力和运动为主要功能，主要是利用各种元件组成具有一定功能的基本控制回路，再将各种基本控制回路综合构成完成特殊任务的传动和控制系统，实现能量之间的转换。图 3-17 所示为液压传动示意图，图 3-18 所示为液压系统示意图。

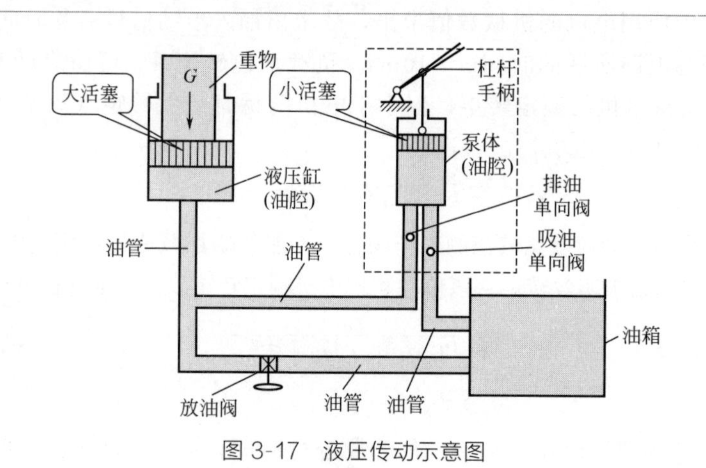

图 3-17　液压传动示意图

动力元件的作用是将原动机的机械能转换成液体的压力能，一般是油泵，负责向整个液压系统提供动力。执行元件是将液体的压力能转换为机械能，驱动负载进行直线往复运动或回转运动，一般为液压缸、液压马达。控制元件在液压系统中控制和调节液体的压力、流量和方向。

辅助元件包括油箱、滤油器、冷却器、加热器、蓄能器、油管及管接头、密封圈、快换接头、高压球阀、胶管总成、测压接头、压力表、油位计、油温计等。

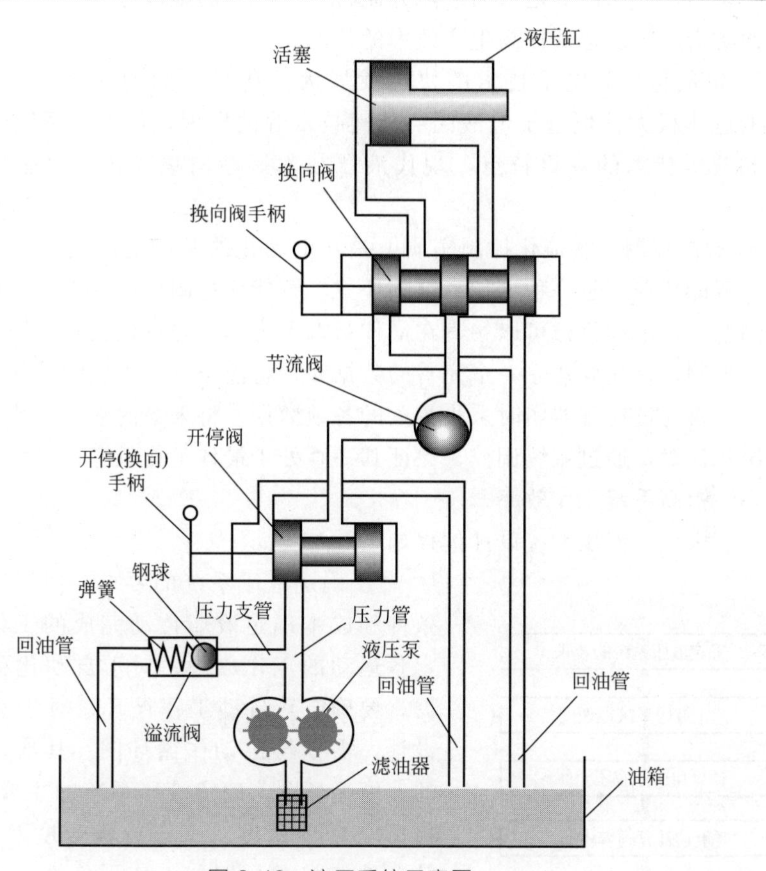

图 3-18 液压系统示意图

液压油是液压系统中传递能量的工作介质。

液压系统在机床、工程机械、冶金、石化、航空、船舶等方面均有广泛的应用，在智能装备制造业也有很大的发展空间。目前液压系统正向高压、高速、大功率、高效率、低噪声、高度集成化和数字化等方向发展。

① 低功耗。近年来液压技术的能量转化率、利用率显著提升，但损耗仍有很大的改善空间。液压系统功率损失主要是液压系统内部的容积、机械损失，如果液压系统中的压力能利用率提高，则能量损耗将会大大减少。因此今后应重点研究减少元件和系统的内部压力损失，以减少功率损失。

② 主动维护。当前液压传动的被动维护降低了生产效率。随着科技的进步和液压系统的精密化以及现代化液压系统故障诊断方法的发展，液压传动正向着主动维护方向发展。传统的故障诊断方法已经无法满足液压系统的维护需求，因此需要逐步建立并完善液压系统故障数据库，利用计算机技术与物联网技术，结

合专家系统，快速高效地诊断故障并制订合理准确的维修方案，采取相应的主动维护预防措施，以达到提高生产效率的目的。

③ 集成化。微电子技术的快速发展为液压技术的创新注入了新的活力。科技的进步极大地促进了电液阀、传感技术等的发展，使液压系统逐渐具备了电气和液压技术的双重特点。现代液压技术逐渐向集成化、智能化、自动化发展。

④ 智能控制。智能化控制实质上是在电动化的基础上形成的，与电气控制相比，智能化控制是一种更加高级的模式。智能化控制可以减少工程机械可能出现的问题，使工程机械可以一直在最佳状态下工作，并且延长其使用寿命。实现智能化控制，首先要建立一个完善的数据库，将液压系统工作的最优状态数据录入其中，再通过传感器实时采集相关的各项数据。将采集的数据与数据库数据进行系统化比对，通过系统调控，保证其一直处于最佳工作状态，以此降低系统故障频率，提高系统工作效率。

一般来说，液压系统设计过程如图 3-19 所示。

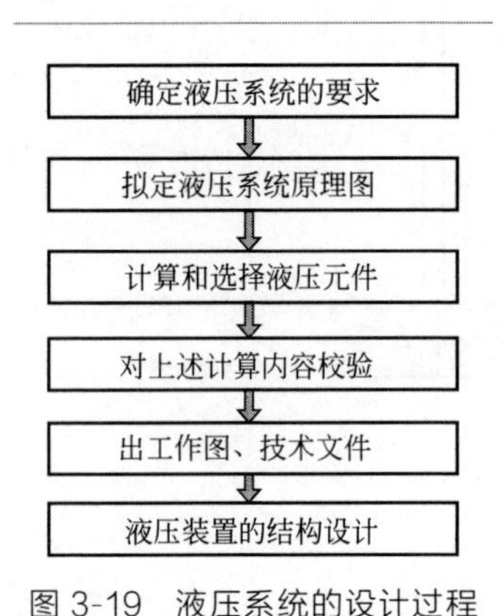

图 3-19 液压系统的设计过程

① 确定液压系统的要求。根据现有的生产条件和成本确定液压传动完成的工作，然后确定各运动的工作顺序，对于自动化程度高的机器，要确定其自动工作循环；对于复杂动作的设计，需要绘出动作循环图。其次，根据绘制的速度循环图，确定液压系统的主要性能参数，包括空行程速度、工作行程速度及调速范围，其余性能参数，例如工作平稳性、可靠度、转换精度、停留时间等，也要考虑。

② 拟定液压系统原理图。首先选择液压系统基本回路，通过对同类产品的对比分析得到调速方式、液流方向的控制以及顺序动作控制方式等基本回路信息，然后再配置控制油路、润滑油路、过滤器等辅助性回路和元件，完成这些即完成了液压系统原理图。循环中的动作不能相互影响，系统结构尽可能简单并且经济合理，便于集成块式设计、制造、安装、维修。

③ 计算和选择液压元件。首先要计算工作载荷和执行元件的速度，然后计算液压缸的面积即液压马达排量，得到需要的油液压力和流量。计算液压泵的工作压力和流量，选择合适的液压泵，确定驱动电机功率。根据系统油液的压力和流量，选择阀类元件，确定管道尺寸和油箱容量。值得注意的是，在选择液压元件的时候，尽可能选择标准元件。常见液压泵类型见表 3-2。

表 3-2 常见液压泵类型

外啮合齿轮泵	双作用叶片泵	斜盘式轴向柱塞泵
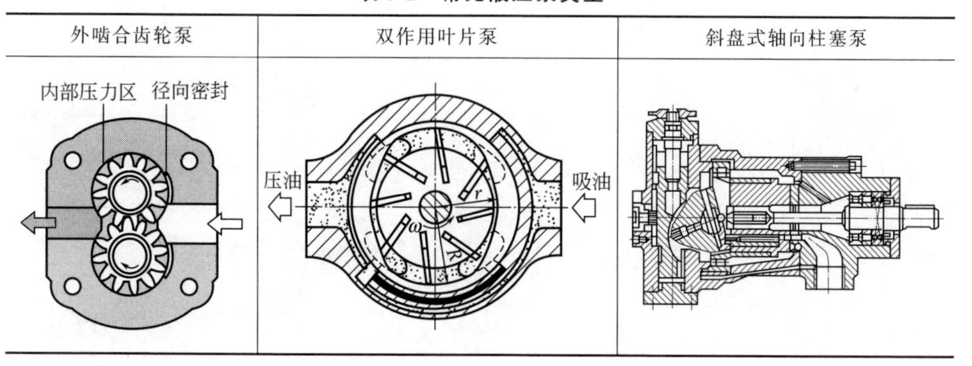		

④ 对液压系统初步计算的内容进行验算。在确定元件的规格和尺寸后，应估算回路的压力损失，然后确定系统供油压力。为保证系统工作正常，还应验算发热和散热量。对于精度要求高的液压系统，需要验算液压冲击、换向性能等问题。

⑤ 绘制正式工作图和编制技术文件。正式工作图包括液压系统原理图、机器管路装配图、非标准液压元件的零件图和装配图。编制技术文件一般包括零、部件目录表，标准件、通用件和外购件总表，试运行要求和技术说明书。

⑥ 对液压装置的结构进行设计。液压装置的结构形式有集中式和分散式。集中式是将液压系统的油源、控制调节装置独立于机器之外，单独设计液压泵站；而分散式则将液压系统的油源、控制调节装置分散在机器各处。两种方式各有利弊，需要综合设计要求考虑。液压系统中元件的配置形式有板式配置与集成式配置两种。板式配置是将元件与底板用螺钉固定在竖立的平板上，集成式配置是用某种辅助元件把液压元件组合在一起。按照辅助元件的形式不同，分为箱体式、集成块式和叠加阀式。

3.3.2 液压系统的形式

（1）按油液循环方式分类

① 开式系统。开式系统结构简单，如图 3-20 所示。开式系统是指液压泵从油箱吸油，通过换向阀给液压缸（或液压马达）供油以驱动工作机构，液压缸（或液压马达）的回油再经换向阀回油箱。由于系统工作完的油液回油箱，因此可以发挥油箱散热、沉淀杂质的作用。但因油液常与空气接触，使空气易于渗入系统，导致工作机构运动不平稳及其他不良后果。为了保证工作机构运动的平稳性，在系统的回油路上可设置背压阀，这将引起附加的能量损失，使油温升高。

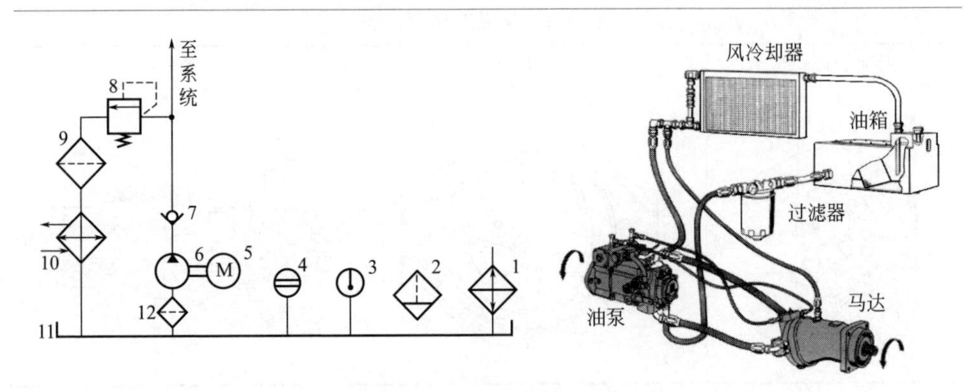

图 3-20 开式液压系统

1—加热器；2—空气滤清器；3—温度计；4—液位计；5—电机；6—液压泵；
7—单向阀；8—溢流阀；9，12—过滤器；10—冷却器；11—油箱

在开式系统中，采用的液压泵为定量泵或单向变量泵，考虑泵的自吸能力并避免产生吸空现象，对自吸能力差的液压泵，通常将其工作转速限制在额定转速的 75％以内，或增设一个辅助泵进行灌注，工作机构的换向则借助于换向阀。换向阀换向时，除了产生液压冲击外，运动部件的惯性能将转变为热能，而使液压油的温度升高。由于开式系统结构简单、成本低廉，在工程机械中获得了广泛的应用。

② 闭式系统。如图 3-21 所示，在闭式系统中，液压泵的进油管直接与执行元件的回油管相连，工作液体在系统的管路中进行封闭循环。闭式系统结构较为紧凑，和空气接触机会较少，空气不易渗入系统，故传动的平稳性好。工作机构

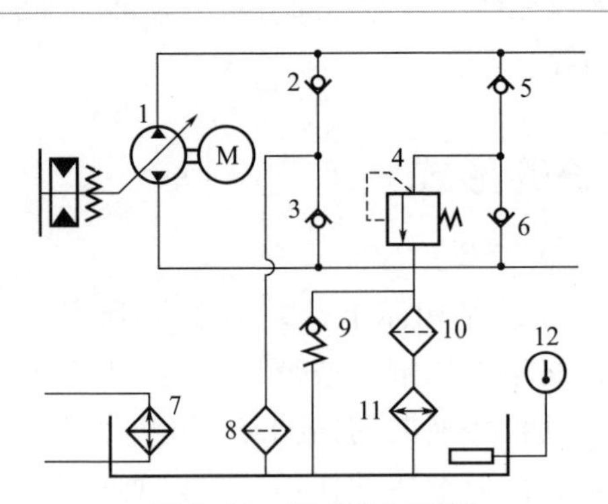

图 3-21 闭式液压系统

1—变量泵；2，3，5，6—单向阀；4—溢流阀；7—加热器；8，10—过滤器；
9—旁通单向阀；11—冷却器；12—温度计

的变速和换向靠调节泵或马达的变量机构实现，避免了开式系统换向过程中出现的液压冲击和能量损失。但闭式系统较开式系统复杂，由于闭式系统工作完的油液不回油箱，油液的散热和过滤的条件较开式系统差。

闭式系统中的执行元件采用双作用单活塞杆液压缸时，由于大小腔流量不等，在工作过程中，会使功率利用率下降，所以闭式系统中的执行元件一般为液压马达。如大型液压挖掘机、液压起重机中的回转系统，全液压压路机的行走系统与振动系统中的执行元件均为液压马达。闭式系统中执行元件为液压马达的另一优点是在启动和制动时，其最大启动力矩和制动力矩值相等。

（2）按系统中液压泵的数目分类

① 单泵系统。由一个液压泵向一个或一组执行元件供油的液压系统，即为单泵液压系统，如图 3-22 所示。单泵系统适用于不需要进行多种复合动作的工

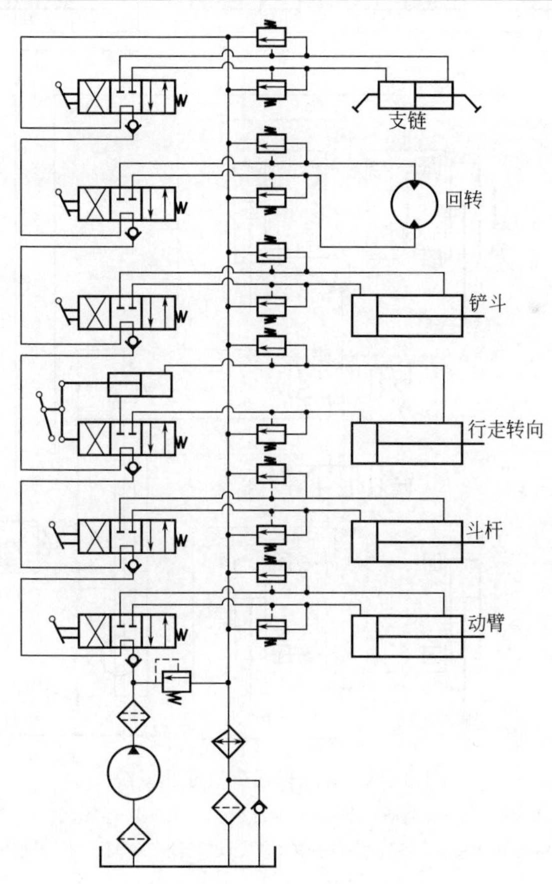

图 3-22　单泵液压系统

程机械，如推土机、铲运机等铲土运输机械的液压系统。在某些工程机械（如液压挖掘机、液压起重机）的工作循环中，既需要实现复合动作，又需要能够对这些动作进行单独调节，采用单泵系统显然是不够理想的。为了更有效地利用发动机功率和提高工作性能，必须采用双泵系统或多泵系统（图 3-23）。

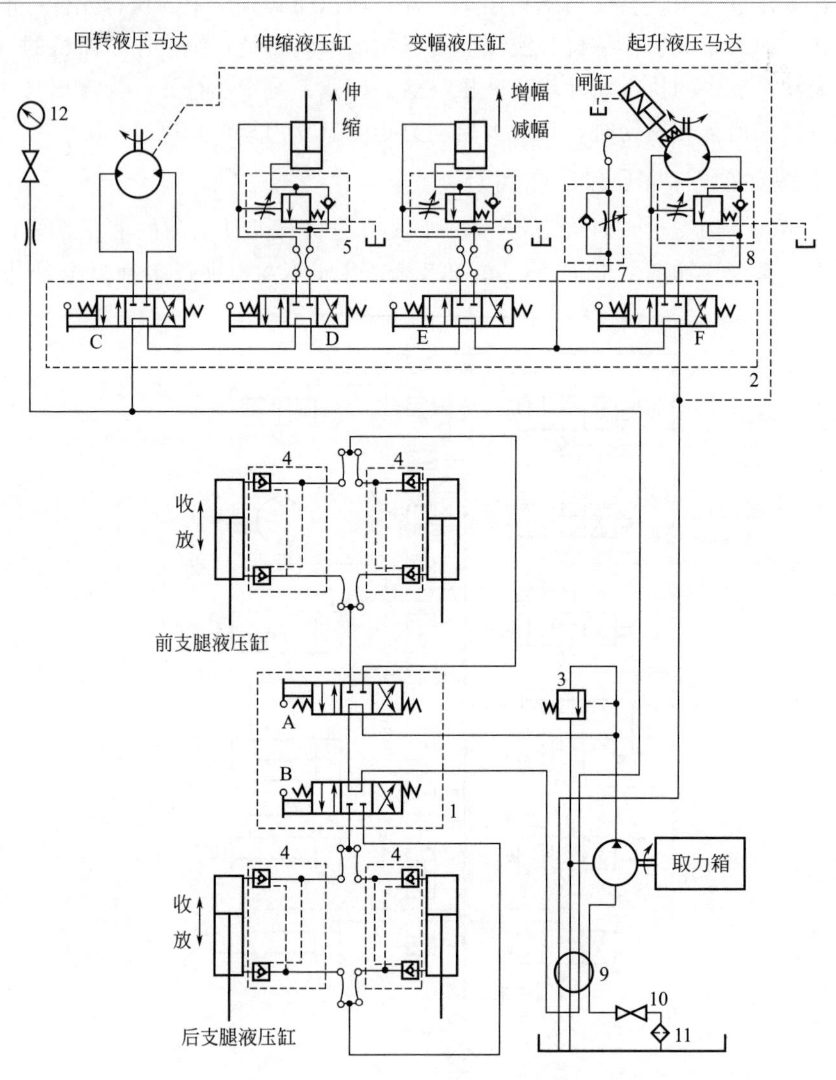

图 3-23 某汽车起重机液压系统

1，2—手动阀组；3—安全阀；4—双向液压锁；5，6，8—平衡阀；7—节流阀；9—中心回转接头；10，12—开关；11—过滤器；A～F—手动换向阀

② 双泵系统。图 3-24 为双泵液压系统图。双泵液压系统实际上是两个单泵

液压系统的组合。每台泵可以分别向各自回路中的执行元件供油。每台泵的功率根据各自回路中所需的功率而定，这样可以保证进行复合动作。

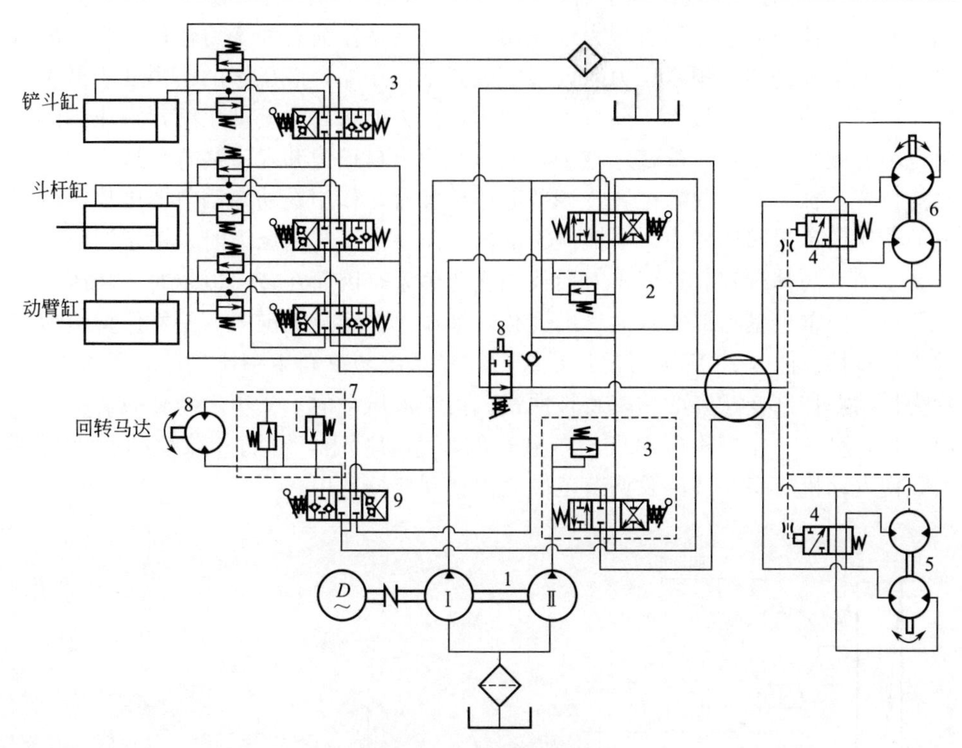

图 3-24 双泵液压系统

1—双联液压泵；2—换向阀；3—多路换向阀；4—变速阀；5—先导阀；6—行走马达；7—缓冲制动阀；8—回转马达；9—回转马达换向阀

当系统中只需要进行单个动作而又要充分利用发动机功率时，可采用合流供油方式，即将两台液压泵的流量同时供给一个执行元件，这样可使工作机构的运动速度加快。这种双泵液压系统在中小型液压挖掘机和起重机中已被广泛采用。

③ 多泵系统。为了进一步改进液压挖掘机和液压起重机的性能，近年来在大型液压挖掘机和液压起重机中，开始采用三泵系统。图 3-25 为三泵液压系统原理图。这种三泵液压系统的特点是回转机构采用独立的闭式系统，而其他两个回路为开式系统。可以按照主机的工作情况，把不同的回路组合在一起，以获得主机最佳的工作性能。

(3) 按所用液压泵形式分类

① 定量系统。采用定量泵的液压系统，称为定量系统。定量系统中所用的液压泵为齿轮泵、叶片泵或柱塞泵。当发动机转速一定时，定量泵流量 Q 也一

定，而压力根据工作循环中需要克服的最大阻力确定，因此液压系统工作时，液压泵功率随工作阻力的变化而改变。

② 变量系统。变量系统中所用的液压泵为恒功率控制的轴向柱塞泵。功率调节器中，控制活塞右面有压力油作用，控制活塞左面有弹簧力作用，当泵的出口压力低于弹簧装置预紧压力时，弹簧装置未被压缩，液压泵的摆角处于最大角度，此时泵的排量也最大。随着液压泵出口压力的增高弹簧被压缩，液压泵的摆角也随着减小，排量也就随之减少。液压泵在出口压力和弹簧装置预压紧力平衡时的位置，称为调节起始位置。调节起始位置时，作用在功率调节器中控制活塞上的液压力称为起调压力。当液压泵的出口压力大于起调压力时，由于调节器中弹簧压缩力与其行程有近似于双曲线的变化关系，因而在转速恒定时，液压泵出口压力与流量也呈近似于双曲线的变化，液压泵在调节范围之内始终保持恒功率的工作特性。图 3-26 所示为定量系统与变量系统功率利用率比较图。图 3-27 所示为恒功率控制变量泵的功率特性曲线。由于液压泵的工作压力随外载荷的大小而变化，可使工作机构的速度随外载荷的增大而减小，或随外载荷的减小而增大，使发动机功率在液压泵调节范围之内得到充分利用。

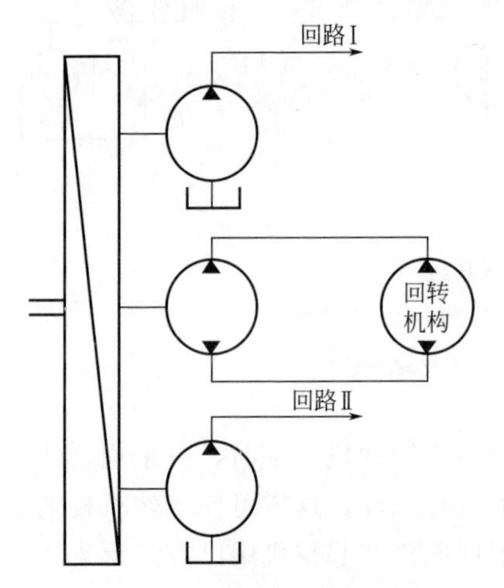

图 3-25 三泵液压系统原理图

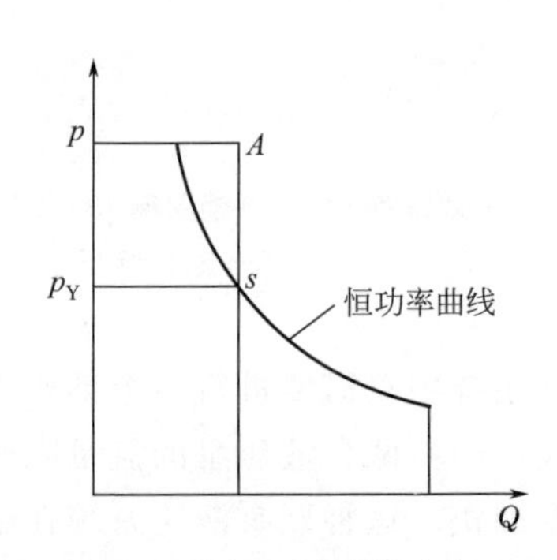

图 3-26 定量系统与变量系统功率利用率比较

变量泵的起调压力是由弹簧装置的刚度和液压系统的要求决定的。调节最大压力由液压系统决定、由安全阀调定。对应于起调压力的摆角为最大，对应于调节终了的摆角为最小。变量泵的优点是在调节范围之内，可以充分利用发动机的功率，缺点是结构和制造工艺复杂，成本高。

(4) 按向执行元件供油方式分类

按向执行元件供油方式分类，可以分为串联系统和并联系统。

① 串联系统。当一台液压泵向一组执行元件供油时，上一个执行元件的回油即为下一个执行元件进油的液压系统称为串联系统，如图 3-28 所示。

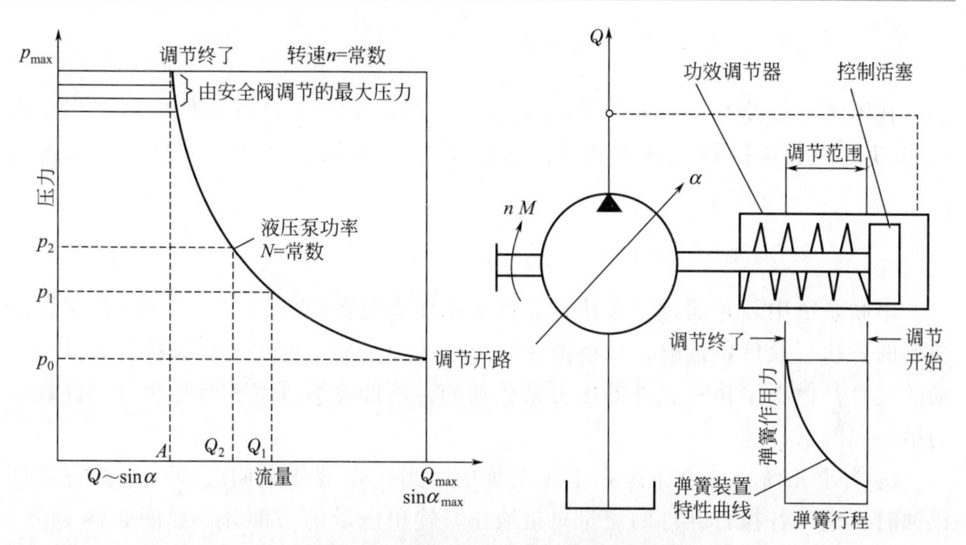

图 3-27　恒功率控制变量泵的功率特性曲线

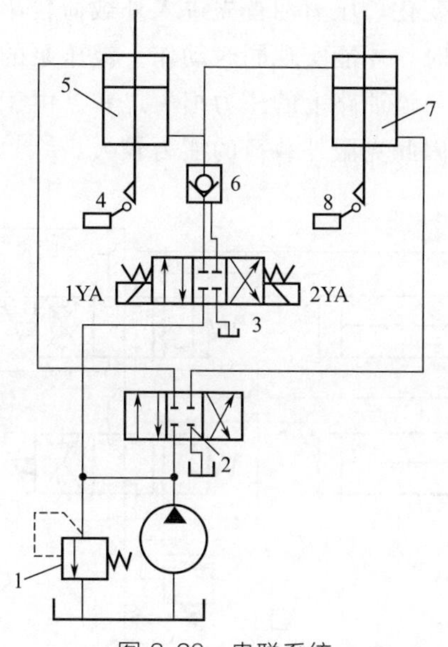

图 3-28　串联系统

1—溢流阀；2，3—换向阀；4，8—行程开关；5，7—液压缸；6—流控单向阀

在串联系统中，液压泵输出的压力油以压力 p_1、流量 Q_1 进入第一个执行元件后，以压力 p_2、流量 Q_2 进入第二个执行元件，在不考虑能量损失的情况下，

对双作用单活塞杆液压缸而言 $Q_1 \neq Q_2$。Q_1、Q_2 与液压缸活塞的有效面积 S_1、S_2 成正比，即

$$Q_2=\frac{Q_1S_2}{S_1}$$

在不考虑管路和执行元件中的能量损失时，第一个执行元件中的工作压力 p_1 取决于克服该执行元件上载荷所需的压力 p' 和第二个执行元件的工作压力 p_2，即

$$p_1=p'+p_2$$

串联系统中，每通过一个执行元件工作压力就要降低一次。当主泵向多路阀控制的各执行元件供油时，只要液压泵出口压力足够，便可实现各执行元件的运动的复合。但由于执行元件的压力是叠加的，所能克服外载荷将随执行元件数量的增加而降低。

② 并联系统。并联系统是指在系统中，当一台液压泵同时向一组执行元件供油时，进入各执行元件的流量只是液压泵输出流量的一部分，如图 3-29 所示。并联系统中，当主泵向多路阀所控制的各执行元件供油时，流量的分配随各执行元件上外载荷的不同而变化，压力油首先进入外载荷较小的执行元件。只有当各执行元件上外载荷相等时，才能实现同时动作。液压泵的出口压力取决于外载荷小的执行元件上的压力与该油路上的压力损失之和。由于并联系统在工作过程中只需克服一次外载荷，因此克服外载荷的能力较大。

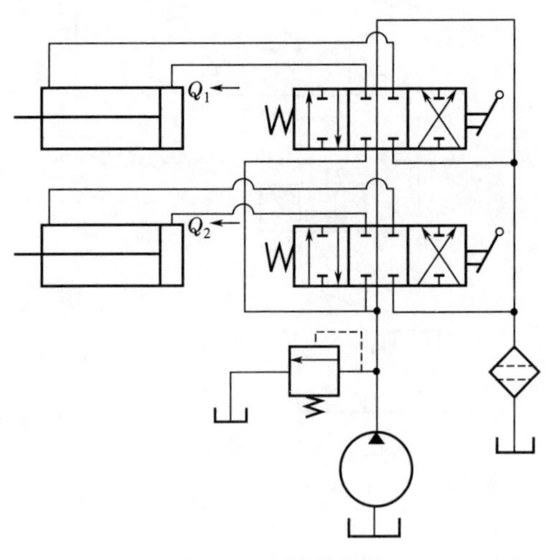

图 3-29　并联系统

3.3.3 液压系统性能评价

液压驱动系统具有体积小、重量轻、刚度大、精度高、响应快、调速范围宽等诸多优点。随着液压及相关技术的发展，液压传动在国内外工程机械、机床等方面应用越来越广泛。使用液压驱动的装备的性能取决于液压系统的性能。任何一种机械的液压传动系统都应满足重量轻、体积小、结构简单、使用方便、效率高和质量好的要求。其中尤其强调质量好和效率高，并在保证质量好、效率高的基础上应尽可能地采用先进技术。液压系统性能以系统中所用元件的质量和所选择的基本回路是否合适为前提。一般来说，可以从液压系统的效率、功率利用、调速范围和微调特性、振动和噪声等方面加以分析对比。

（1）液压系统的效率

当今世界能源问题越来越突出，提高机械效率意义重大，在保证主机性能要求的前提下，应尽力提高液压系统的效率。液压系统的效率反映了系统能量的利用率，液压系统能量损失以系统的油温升高等热的形式表现。引起液压系统能量损失的因素主要有以下几个方面。

① 换向阀在换向制动过程中出现的能量损失。当执行元件及其外载荷的惯性很大时，制动过程中压力油和运动机构的惯性影响使回油腔的压力增高，而油液从换向阀或制动阀的开口缝隙中挤出，从而使运动机构的惯性能变为热耗，使系统的油温升高。在一些换向频繁、惯性很大的系统中，如挖掘机的回转系统，发热问题尤为突出。

② 液压元件本身的能量损失。液压元件的能量损失包括液压泵、液压马达、液压缸和控制元件等的能量损失，其中以泵和液压马达的损失为最大。管路和控制元件的结构也可以影响能量损失的大小。在控制元件的结构中，两个不同截面之间的过渡要圆滑，以尽量减少摩擦损失。

③ 溢流损失。当液压系统工作时，工作压力超过溢流阀（安全阀或过载阀）的开启压力时，溢流阀开启，液压泵输出的流量全部或部分地通过溢流阀而溢流。当系统工作时，可从设计因素和操作因素上采取措施尽量减少溢流损失。

④ 背压损失。为了保证工作机构运动的平稳性，常在执行元件的回油路上设置背压阀。背压越大，能量损失亦越大。一般情况下，液压马达的背压要比液压缸大；低速液压马达的背压要比高速马达大。为了减少因回油背压而引起的发热，在保证工作机构运动平稳性的条件下，尽可能减少回油背压。

综上所述，为了保证液压系统具有高的效率，必须控制和减少系统与元件的能量损失，亦即控制和减少系统总发热量，提高液压系统功率利用率。

(2) 调速范围和微调特性

大多数液压机械的工作机构的载荷及速度变化范围较大，这就要求液压系统具有较大的调速范围。不同机械其调速范围是不同的，即使在同一机械中，不同的工作机构其调速范围也不一样。

微调特性反映了工作机构速度调节时的灵敏程度。不同的工程机械对微调特性有不同的要求。如铲土运输机械、挖掘机械对微调特性的要求不高，而有的机械，如吊装用工程起重机，对微调特性则有严格的要求。

(3) 振动和噪声

任何机械的设计均应考虑振动和噪声，液压系统也不例外。液压系统的振动和噪声是由组成系统各元件的振动和噪声引起的，其中以泵和阀最为严重。振动与噪声给液压系统带来一系列不良后果，严重时液压系统将不能工作，因此必须对振动和噪声予以控制。减少液压系统振动和噪声的关键是控制系统中各元件的振动和噪声，减少液压泵的流量脉动和压力脉动以及减少液压油在管路中的冲击。

3.3.4 液压动力系统

(1) 液压马达

液压马达是液压系统的一种执行元件，是液压传动系统的重要组成部分，它将液压泵提供的液体压力能转变为其输出轴的机械能（转矩和转速），液体（一般为液压油）是传递力和运动的介质。按照额定转速，液压马达可分为高速和低速两大类。高速液压马达有转速较高、转动惯性小、便于启动和制动、调速和换向灵敏度高等特点，其基本形式有齿轮式、螺杆式、叶片式和轴向柱塞式等。低速液压马达具有排量大、体积大、转速低、传动机构较简化等特点，其基本形式为径向柱塞式，按照结构类型可分为叶片式、轴向柱塞式、摆动式等。叶片马达具有体积小、转动惯性小、动作灵敏、可以实现高频率换向等特点，但泄漏较大，不能低速工作。图 3-30 所示为双作用叶片式液压马达回路。轴向柱塞马达具有输出扭矩小的特点。液压马达应用广泛，主要应用于注塑机械、船舶、起扬机、工程机械、建筑机械、煤矿机械、矿山机械、冶金机械、船舶机械、石油化工、港口机械等。按照排量可否调节，液压马达可分为定量马达和变量马达两大类，变量马达又可分为单向变量马达和双向变量马达。此外，还有摆动液压马达[40]。

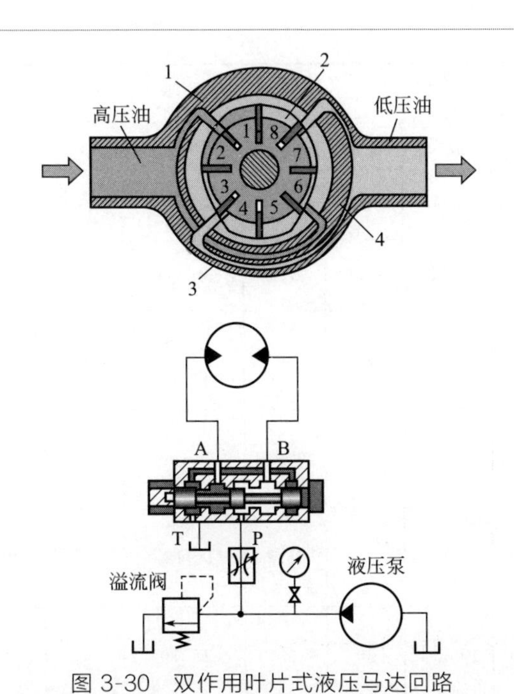

图 3-30 双作用叶片式液压马达回路

1—定子；2—转子；3—叶片；4—壳体；A，B—阀；P—调速阀；T—油箱

常用液压马达的主要技术参数见表 3-3。

表 3-3 常用液压马达的主要技术参数

类型性能参数	排量范围/(cm³/r)		压力/MPa		转速范围/(r/min)	容积效率/%	总效率/%	起动机效率/%	噪声	价格
	最小	最大	额定	最高						
外啮合齿轮马达	5.2	160	16～20	20～25	150～2500	85～94	85～94	85～94	较大	最低
内啮合摆线转子马达	80	1250	14	20	10～800	94	76	76	较小	低
双作用叶片马达	50	220	16	25	100～2000	90	75	80	较小	低
单斜盘轴向柱塞马达	2.5	560	31.5	40	100～3000	95	90	20～25	大	较高
斜轴式轴向柱塞马达	2.5	3600	31.5	40	100～4000	95	90	90	较大	高
钢球柱塞马达	250	600	16	25	10～300	95	90	85	较小	中
双斜盘轴向柱塞马达			20.5	24	5～290	95	91	90	较小	高

续表

类型性能参数	排量范围/(cm^3/r)		压力/MPa		转速范围/(r/min)	容积效率/%	总效率/%	起动机效率/%	噪声	价格
	最小	最大	额定	最高						
单作用曲柄连杆径向柱塞马达	188	6800	25	29.3	3～500	>95	90	>90	较小	较高
单作用无连杆型径向柱塞马达	360	5500	17.5	28.5	3～750	95	90	90	较小	较高
多作用内曲线滚柱柱塞传力径向柱塞马达	215	12500	30	40	1～310	95	90	95	较小	高
多作用内曲线钢珠柱塞传力径向柱塞马达	64	10000	16～20	20～25	3～1000	93	>85	95	较小	较高
多作用内曲线横梁传力径向柱塞马达	1000	40000	25	31.5	1～125	95	90	95	较小	高
多作用内曲线滚轮传力径向柱塞马达	8890	150774	30	35	1～70	95	90	95	较小	高

液压马达适用工况和应用实例见表 3-4。

表 3-4 液压马达适用工况和应用实例

<table>
<tr><th colspan="3">类型</th><th>适用工况</th><th>应用实例</th></tr>
<tr><td rowspan="4">高速小扭矩马达</td><td rowspan="2">齿轮马达</td><td>外啮合式</td><td>适合高速小扭矩、速度平稳性要求不高、噪声限制不大的场合</td><td rowspan="2">适用于钻床、风扇以及工程机械、农业机械、林业机械的回转机构液压系统</td></tr>
<tr><td>内啮合式</td><td>适合高速小扭矩、要求噪声较小的场合</td></tr>
<tr><td colspan="2">叶片马达</td><td>适合负载扭矩不大、噪声要求小、调速范围宽的场合</td><td>适用于机床(如磨床回转工作台)等设备中</td></tr>
<tr><td colspan="2">轴向柱塞马达</td><td>适合负载速度大、有变速要求、负载扭矩较小、低速平稳性要求高的场合,即中高速小扭矩的场合</td><td>适用于起重机、绞车、铲车、内燃机车、数控机床等设备</td></tr>
<tr><td rowspan="3">低速大扭矩马达</td><td rowspan="3">径向马达</td><td>曲轴连杆式</td><td>适合大扭矩低速工况,启动性较差</td><td rowspan="3">适用于塑料机械、行走机械、挖掘机、拖拉机、起重机、采煤机牵引部件等设备</td></tr>
<tr><td>内曲线式</td><td>适合负载扭矩大、速度范围宽、启动性好、转速低的场合。当扭矩比较大、系统压力较高(如大于 16MPa),且输出轴承受径向力时,宜选用横梁式内曲线液压马达</td></tr>
<tr><td>摆缸式</td><td>适用于大扭矩、低速工况</td></tr>
</table>

续表

类型		适用工况	应用实例
中速中扭矩马达	双斜盘轴向柱塞马达	低速性好，可作伺服马达	适用范围广，但不宜在快速性要求严格的控制系统中使用
	摆线马达	适用于中低负载速度、体积要求小的场合	适用于塑料机械、煤矿机械、挖掘机、行走机械等设备

(2) 液压缸

液压缸是将液压能转变为机械能的、做直线往复运动（或摆动运动）的液压执行元件，结构简单、工作可靠。用液压缸实现往复运动，可免去减速装置，并且没有传动间隙，运动平稳，因此在各种机械的液压系统中得到广泛应用。液压缸输出力和活塞有效面积及其两边的压差成正比。液压缸基本上由缸筒和缸盖、活塞和活塞杆、密封装置、缓冲装置与排气装置组成。缓冲装置与排气装置视具体应用场合而定，其他装置则必不可少。图 3-31 所示为双作用单杆活塞式液压缸结构图。

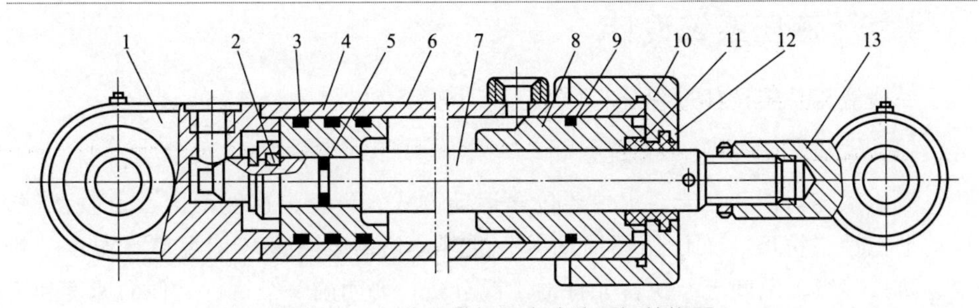

图 3-31 双作用单杆活塞式液压缸结构图

1—缸底；2—卡键；3，5，9，11—密封圈；4—活塞；6—缸筒；7—活塞杆；
8—导向套；10—缸盖；12—防尘圈；13—耳轴

(3) 电液伺服

电液伺服系统是一种由电信号处理装置和液压动力机构组成的反馈控制系统。最常见的有电液位置伺服系统、电液速度控制系统和电液力（或力矩）控制系统。电液伺服系统是一种反馈控制系统，主要由电信号处理装置和液压动力机构组成。电液位置伺服系统原理如图 3-32 所示。给定元件可以是提供位移信号的机械装置，如凸轮、连杆等；也可是提供电压信号的电气元件，如电位计等。反馈检测元件用来检测执行元件的实际输出量，并转换成反馈信号，可以是齿轮副、连杆等机械装置，也可是电位计、测速发电机等电气元件。比较元件用来比较指令信号和反馈信号，并得出误差信号。放大、转换元件将比较元件所得的误差信号放大，并转换成电信号或液压信号。执行元件将液压能转变为机械能，产生直线运动或旋转运动，并直接控制被控对象，一般指液压缸或液压马达；被控对象指系统的负载，如工作台等[41～43]。

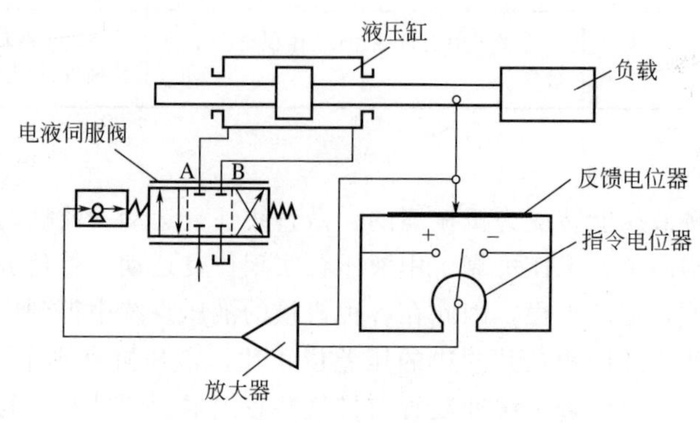

图 3-32　电液位置伺服系统原理

3.3.5　液压系统设计

一般液压系统设计过程分为如下五个步骤。

（1）明确设计要求、工况分析

液压系统动作和性能要求主要包含运动方式、行程、速度范围、负载条件、运动平稳性、精度、工作循环周期等，此外，还需要考虑环境温度、湿度、粉尘、防火等级、空间等。执行元件的工况分析，要明确每个执行元件的速度和负载的变化规律，可以作出速度、负载（以液压缸为例，负载有工作负载、导向摩擦负载、惯性负载、重力、密封、背压负载等）随时间、位移变化曲线图。

（2）拟定液压系统原理图

液压系统原理图是表示液压系统的组成和工作原理的重要技术文件。拟定液压系统原理图是设计液压系统的第一步，它对系统性能及设计方案的合理性、经济性具有决定性的影响。首先要确定油路类型：一般具有较大空间可以存放油箱的系统，都采用开式油路；相反，凡允许采用辅助泵进行补油，并借此进行冷却交换来达到冷却目的的系统，采用闭式油路。通常节流调速系统采用开式油路，容积调速系统采用闭式油路。其次选择液压回路：根据各类主机的工作特点、负载性质和性能要求，先确定对主机主要性能起决定性影响的主要回路，然后再考虑其他辅助回路。机床液压系统中，调速和速度换接回路是主要回路；压力机液压系统中，调压回路是主要回路；有垂直运动部件的系统要考虑平衡回路；惯性负载较大的系统要考虑缓冲制动回路；有多个执行元件的系统可能要考虑顺序动作、同步回路；有空载运行要求的系统要考虑卸荷回路等。

最后将选择的各典型回路合并、整理、优化，增加必要的元件或辅助回路并进行综合，构成一个结构简单、工作安全可靠、动作平稳、效率高、调整和维护保养方便的液压系统，形成系统原理图。

(3) 计算和选择液压元件

① 执行元件的结构形式及参数的确定。是指根据执行元件工作压力和最大流量确定执行元件的排量或油缸面积。执行元件的形式如表3-5所示。

表3-5　执行元件的形式

运动形式	往复直线运动		回转运动		往复摆动
	短行程	长行程	高速	低速	
可采用的执行元件形式	活塞式液压缸	柱塞式液压缸； 液压马达＋齿轮齿条； 液压马达＋丝杠螺母	高速液压马达	低速液压马达(大扭矩)； 高速液压马达＋减速器	摆动液压缸

工作压力是确定执行元件结构参数的主要依据，它的大小影响执行元件的尺寸和成本，乃至整个系统的性能。工作压力选得高，执行元件和系统的结构紧凑，但对元件的强度、刚度及密封要求高，且要采用较高压力的液压泵；工作压力选得低，会增大执行元件及整个系统的尺寸，使结构变得庞大，所以应根据实际情况选取适当的工作压力。

② 确定执行元件的主要结构参数。以液压缸为例，主要结构尺寸指缸的内径D和活塞杆的直径d，计算后按系列标准值确定D和d。对有低速运动要求的系统，还需对液压缸有效工作面积进行验算。当液压缸的主要尺寸D、d计算出来以后，要按系列标准圆整，有必要根据圆整值对工作压力进行一次复算。

按上述方法确定的工作压力还没有计算回油路的背压，所确定的工作压力只是执行元件为了克服机械总负载所需要的那部分压力，在结构参数D、d确定之后，取适当的背压估算值，即可求出执行元件工作腔的压力。

③ 确定执行元件的工况图。即执行元件在一个工作循环中的压力、流量、功率对时间或位移的变化曲线图。将系统中各执行元件的工况图加以合并，便得到整个系统的工况图。液压系统的工况图可以显示整个工作循环中的系统压力、流量和功率的最大值及其分布情况，为后续设计步骤中选择元件、选择回路或修正设计提供合理的依据。简单系统工况图可省略。

④ 选择液压泵。先根据设计要求和系统工况确定泵的类型，然后根据液压

泵的最大供油量和系统工作压力来选择液压泵的规格。

⑤ 确定液压泵的最大供油量。液压泵的规格型号按计算值在产品样本上选取，为了使液压泵工作安全可靠，液压泵应有一定的压力储备量，通常泵的额定压力可比工作压力高 25%～60%。泵的额定流量则宜与工作流量相当，不要超过太多，以免造成过大的功率损失。

⑥ 选择驱动液压泵的电机。驱动泵的电机根据驱动功率和泵的转速来选择。限压式变量叶片泵的驱动功率可按泵的实际压力流量特性曲线拐点处的功率来计算。工作中泵的压力和流量变化较大时，可分别计算出各个阶段所需的驱动功率，然后求其均方根值。

⑦ 选择阀类元件。各种阀类元件的规格型号按液压系统原理图和系统工况提供的情况从产品样本中选取，各种阀的额定压力和额定流量一般应与其工作压力和最大通过流量相接近。具体选择时，应注意：溢流阀按液压泵的最大流量来选取；流量阀还需考虑最小稳定流量，以满足低速稳定性要求。

⑧ 选择液压辅助元件。油管的规格尺寸大多由所连接的液压元件接口尺寸决定，对一些重要的管道需验算其内径和壁厚。对于固定式的液压设备，常将液压系统的动力源、阀类元件集中安装在主机外的液压站上，这样能使安装与维修方便，并消除动力源的振动与油温变化对主机工作精度的影响。

(4) 发热及系统压力损失的验算

液压系统初步设计完成之后，需要对它的主要性能加以验算，以便评判其设计质量，并改进和完善液压系统。画出管路装配草图后，可计算管路的沿程压力损失、局部压力损失，它们的计算公式详见流体力学相关书籍或设计手册，管路总的压力损失为沿程损失与局部损失之和。在系统的具体管道布置情况没有明确之前，通常用液流通过阀类元件的局部压力损失来对管路的压力损失进行概略地估算。液压系统在工作时，有压力损失、容积损失和机械损失，这些损耗的能量大部分转化为热能，使油温升高，从而导致油的黏度下降，油液变质，机器零件变形，影响正常工作。为此，必须将温升控制在许可范围内。单位时间的发热量为液压泵的输入功率与执行元件的输出功率之差。一般情况下，液压系统的工作循环往往有好几个阶段，其平均发热量为各个工作周期发热量的时均值。

(5) 绘制工程图，编写技术文件

液压系统正式工作图包括液压系统原理图、液压系统装配图、液压缸等非标准元件装配图及零件图。液压系统原理图中应附有液压元件明细表，标明各液压元件的型号规格、压力和流量等参数值，一般还应绘出各执行元件的工作循环图和电磁铁的动作顺序表。液压系统装配图是液压系统的安装施工图，包括油箱装配图、管路安装图等。技术文件一般包括液压系统设计计算说明书，液压系统使用及维护技术说明书，零、部件目录表及标准件、通用件、外购件表等。

工程图和技术文件完成后，液压系统设计过程基本完成，后面就是施工设计阶段。

3.4 气压传动系统设计

气压传动是指以压缩空气为动力源来驱动和控制各种机械设备以实现生产过程机械化和自动化的一种技术。随着工业机械自动化的发展，气动技术越来越广泛地应用于各个领域，是实现各种生产控制、自动控制的重要手段，在工业企业自动化生产中具有非常重要的地位。气压传动系统与液压传动系统性能各有特点，在实际设计时，应根据具体要求选择合适的驱动，扬长避短。现将两种驱动的特点简单对比，如表 3-6 所示。

表 3-6 气压传动系统与液压传动系统对比

气压传动系统	液压传动系统
对负荷变化影响较大，速度反应较快，产生的推力中等，信号传递比较容易，且易实现中距离控制	对负荷变化影响较小，传动速度较慢，可实现大推力，传递信号较难，常用于短距离控制
工作介质是空气，价格低廉，使用寿命长，需单独设置润滑装置对系统进行润滑	工作介质是液压油，使用寿命相对短，价格较贵，可实现自润滑
气压传动系统结构简单，制造方便，维护简便	液压传动系统结构复杂，制造相对困难，维护困难，故障排除复杂
防燃、防爆、抗冲击性能好，基本不产生污染，不受温度的影响	容易泄漏，污染环境，易燃，对温度污染敏感
运行时噪声大	运行时噪声较小

根据气动元件和装置的不同功能，可将气压传动系统分成以下四个组成部分。

① 气源装置。气源装置是将原动机提供的机械能转变为气体的压力能，为系统提供压缩空气的装置。气源装置主要由空气压缩机构成，还包括压缩空气的净化储存设备（后冷却器、油水分离器、储气罐、干燥器及输送管道）。

② 执行元件。执行元件把压缩空气的压力能转换成工作装置的机械能，起能量转换的作用。它的主要形式有：气缸输出直线往复式机械能、摆动气缸和气马达分别输出回转摆动式和旋转式机械能。对于以真空压力为动力源的系统，采用真空吸盘以完成各种吸吊作业。

③ 控制元件。控制元件用来对压缩空气的压力、流量和流动方向调节和控制，使系统执行机构按功能要求的程序和性能工作。根据完成功能不同，控制元件种类分为很多种，气压传动系统中一般包括压力、流量、方向和逻辑四大类控制元件。

④ 辅助元件。辅助元件是用于元件内部润滑、排气、消噪、元件间的连接以及信号转换、显示、放大、检测等所需的各种气动元件，如油雾器、分水过滤器、减压阀、消声器、管件及管接头、转换器、显示器、传感器、储气罐、气源净化装置、自动排水器、缓冲器等。

气动系统常用的执行元件为气缸和马达，将气体的压力能转化为机械能，气缸用于直线运动，而马达则用于连续回转运动。气压传动系统的组成和作用见表 3-7。气缸又分为普通气缸、薄膜气缸以及无杆气缸。普通气缸主要由缸筒、活塞、活塞杆、前后端盖及密封件等组成，应用最为广泛；薄膜气缸由缸体、膜片、模盘和活塞杆等组成，利用压缩空气通过膜片推动活塞杆作往复直线运动；无杆气缸没有刚性活塞杆，利用活塞直接或间接实现往复直线运动，该结构节省了安装空间，广泛应用于自动化系统中。

表 3-7 气压传动系统的组成和作用

名称	常用元件	作用
气源装置	(a) 气泵 (b) 气站	把空气压缩形成高压空气，并对压缩空气进行处理，向系统提供干净、干燥的压缩空气
执行元件	(a) 气缸 (b) 气动马达	在压缩空气作用下实现往复直线运动、旋转运动及摆动等
控制元件	(a) 换向阀 (b) 顺序阀 (c) 压力控制阀 (d) 调速阀	用来控制执行元件的运动方向、运动速度、时间、顺序、行程及系统压力等
辅助元件	(a) 气管 (b) 过滤器 (c) 消声器	连接气动元件，对气动系统进行消声、冷却、测量等

选用气缸应注意根据任务要求选择气缸的结构形式及安装方式，并确定活塞杆的推力和拉力，应避免活塞与缸盖的频繁冲击，工作速度不应过快，低温时还应采取防冻措施，装配时需要在具有相对运动的工件表面上涂润滑脂。

气动控制元件是系统中用于控制和调节压缩空气压力、流量、流动方向和发出信号的重要元件，可分为方向控制阀、压力控制阀、流量控制阀三类。方向控制阀有单向型和换向型两种，阀芯结构主要有截至式和滑阀式。单向型包括单向阀、或门型梭阀、快速排气阀。换向型是通过改变气体流通时的通道使气体流动方向变化，进而改变执行元件的运动方向。控制方式分为气压控制、电磁控制、机械控制、手动控制、时间控制。压力控制阀用来控制系统中压缩气体的压力，主要有减压阀、溢流阀和顺序阀。减压阀是气动系统中必不可少的部分，按调节压力方式不同，分为直动型和先导型两种；溢流阀起到安全阀的作用，当系统压力超过定值后自动排气，有直动型和先导型两种；顺序阀根据系统中压力大小来控制机构按先后顺序工作。流量控制阀主要有节流阀、单向节流阀和排气节流阀。节流阀是通过改变阀的流通面积来调节流量大小；单向节流阀是由单向阀和节流阀并联组合成的组合式控制阀。

气压传动系统控制结构如图 3-33 所示。气动系统中的逻辑控制部分大多为 PLC 控制，通常用到一些气动逻辑元件，其以压缩空气为工作介质，通过元件内部可动部件的动作，改变气流流动方向，实现一定逻辑功能，气动逻辑元件按工作压力分为高压、低压、微压三种，按结构可分为截止式、膜片式、滑阀式和球阀式等。

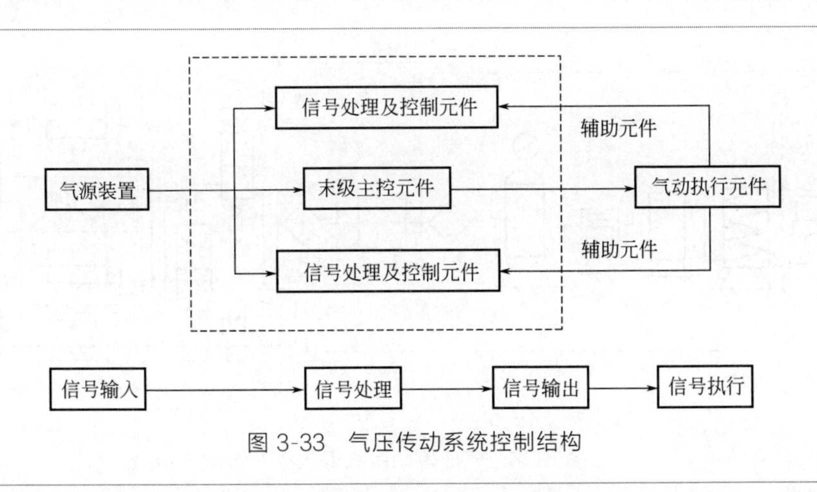

图 3-33 气压传动系统控制结构

气动系统的设计还需配备气源装置和辅件。气源装置是一套用来产生具有一定压力和流量的压缩空气并将其净化、处理及储存的装置。整套装置由空气压缩机、后冷却器、除油器、干燥器、空气过滤器、储气罐组成。空气压缩机是动力源，一般有活塞式、膜片式、叶片式、螺杆式几种类型，其额定压力应略高于工作压力；后冷却器安装在压缩机出口处，将高温气体冷却，其结构形式有列管式、散热片式、套管式、蛇管式和板式；除油器将压缩空气中凝聚的水分和油分分离出来，净化空气，有环形回转式、撞击折回式、离心旋转式和水浴式；干燥器的作用是把已初步净化的空气二次净化，使湿空气变成干空气，其形式有吸附式、加热式、冷冻式等；空气过滤器的作用是滤出压缩空气中的水、油滴及杂质，以达到系统要求的纯度，选取时应注意系统所需流量、过滤精度和容许压力等参数，空气过滤器与减压阀、油雾器等构成气源调节装置；储气罐用来调节气流，以减小输出气流压力脉动变化。气动辅件的设计同样重要，主要有油雾器、消声器和转换器。油雾器是气压系统的一个注油装置，把润滑油雾化后，经压缩空气带入系统中需要润滑的部分，安装时要尽量靠近换向阀并垂直安装；消声器的作用是消除或降低因压缩气体高速通过气动元件产生的噪声，选择时需注意排气阻力不能太大；转换器可以使电、液、气信号发生相互转换，安装时不应出现倾斜和倒置。

气动系统基本回路是由气动元件组成的，分为方向控制回路、压力控制回路、速度控制回路以及多缸运动回路。方向控制回路分为单控换向回路、双控换向回路、自锁式换向回路；压力控制回路分为调压回路、增压回路；速度控制回路分为节流调速回路、缓冲回路以及气/液调速回路，系统还需配备同步回路和安全保护回路。

综合以上基本结构，就可以搭建气压传动系统基本模型（图 3-34），例如气

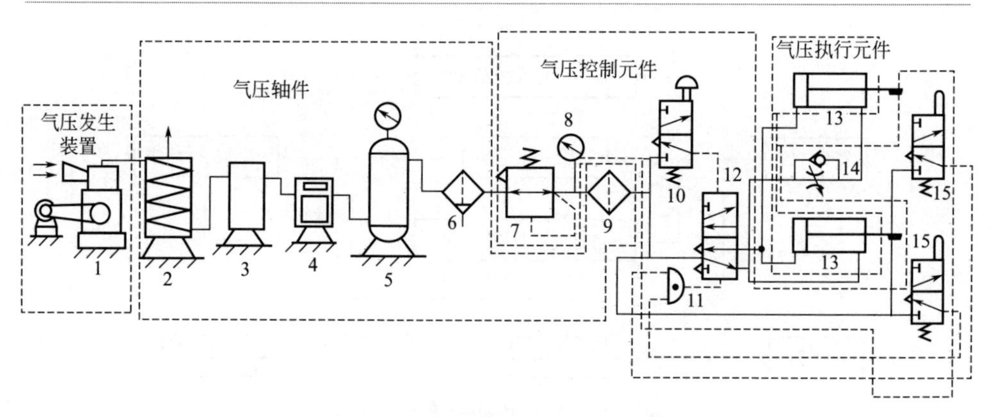

图 3-34　气压传动系统工作原理

1—压缩机；2—后冷却器；3—除油器；4—干燥器；5—储气罐；6—过滤器；7—调压器（减压器）；8—指示表；9—油雾器；10 ~ 12，14，15—气压控制元件；13—气压执行元件

液动力滑台、气动机械手和气动伺服定位系统，在安装调试时应注意管道安装、元件安装要严格按照手册来执行。

随着相关学科的发展壮大，气动技术已经形成了多学科交叉融合的模式。气动技术具体的创新，可从结构功能、材料、智能控制等方面进行说明。

（1）结构功能创新

人类对结构设计的追求永无止境。结构功能创新是产品改进创新设计的重要途径。在对现有气动产品的结构功能改进和完善的基础上，根据社会需求开发新的结构和功能的气动产品，加快气动产品的更新换代。结构功能创新包括气动装置机械部分结构、周边设施的接口形式等，通过创新设计，创造出结构独特新颖、性能优良的气动产品。

（2）材料创新

科技的进步很大程度上取决于材料的变革。新材料的不断涌现，推动气动元器件向小型化、高性能方向发展。目前气动产品的开发和选用都趋向于小型化和高性能，材料更是选用耐腐、耐磨、耐高温、抗震等新材料。新的合金、金属基复合材料、陶瓷材料、高分子材料、高性能稀土材料、纳米材料、智能材料都在研制和开发中，新材料的应用将会使气动产品焕然一新。

（3）智能化创新

智能化是装备产品的发展趋势，驱动机构也不例外。开发高性能的传感元件以及智能控制系统对气动产品创新非常重要。随着计算机技术和网络技术的发展，自适应控制、模糊控制、神经网络控制等已经获得了广泛的应用，研究具有自学习、状态监测和故障自诊断的智能控制系统在气动领域更是拥有广阔前景。控制系统的性能好坏是关系到气动系统性能与质量好坏的最重要环节，它将直接影响产品的质量问题。

全自动钻床气动控制图如图 3-35 所示。全自动钻床动作顺序为启动机床、送料动作、加紧机构动作、送料机构后退、钻孔、钻头回退、加紧机构松开。

气压传动系统设计过程为：

① 明确系统的工况要求，明确控制对象；

② 确定控制方案，进行气动回路设计；

③ 选择和计算执行元件；

④ 选择气动控制元件；

⑤ 选择气动辅助元件；

⑥ 根据执行元件的耗气量，确定压缩机的容量及台数；

⑦ 绘制气动系统图，列出所需的标准元器件采购清单。

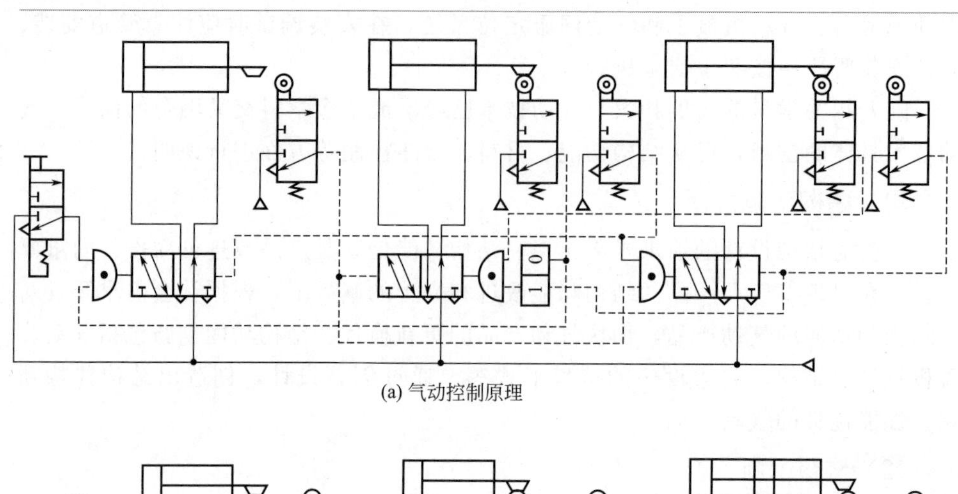

(a) 气动控制原理

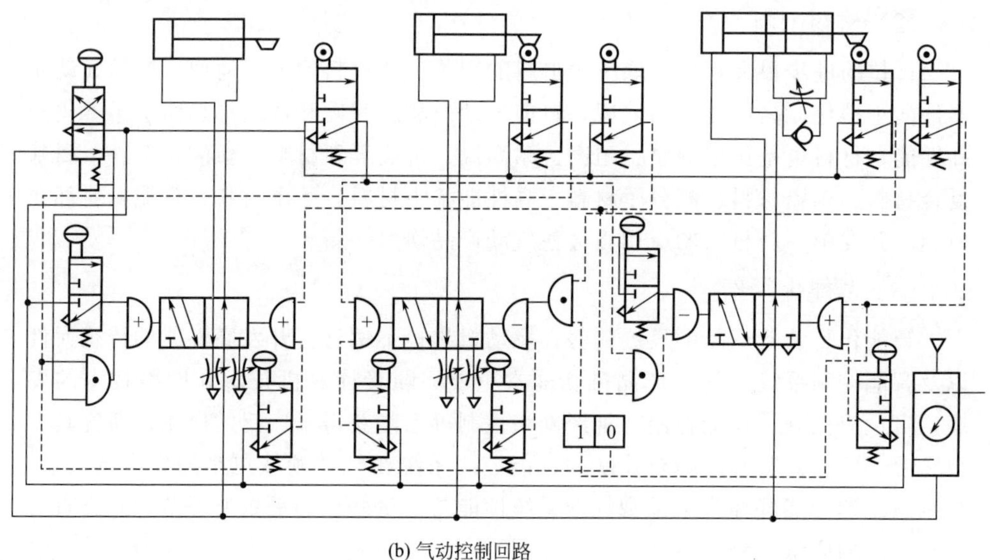

(b) 气动控制回路

图 3-35　全自动钻床气动控制图

3.5 驱动机构的发展方向

驱动机构是智能制造装备非常重要的组成部分，随着计算机控制技术应用于执行机构中，驱动机构向集成化、现场总线方向发展。

运动控制器、伺服驱动器、伺服电机三者将两两组合，构成驱控一体化集成技术，以及电机 ALL in ONE 集成方式将会是发展重点之一。微小型高功率密度驱动技术有赖于新一代半导体器件技术的突破，安川公司在2017年首次推出了GaN功率半导体的驱动器内置型伺服电机商用产品，实现了高效率化、伺服系统小型化、静音化、节能化、省配线等。

现在的伺服驱动器和伺服电机是独立的，随着机器人等产业的发展，在对物理空间要求较高的场合需要伺服驱动器和伺服电机做一体化集成，驱-控一体化具有体积小、重量轻、灵活度高、低成本、高可靠性等优势，通过共享内存可传输更多控制、状态信息。不足之处在于高集成度开发难度较大。适合用于物理空间集成度相对较高的场合。

执行机构同变送器一样，近几年也得到了快速发展，特别是国外一些生产厂商相继推出了现场总线执行机构。从这些产品可以看出，现场总线执行机构是今后执行机构的发展趋势：机电一体化结构将逐步取代组合式结构；现场总线数字通信将逐步取代模拟4～20mA信号；红外遥控非接触式调试技术将逐步取代接触式手动调试技术；数字控制将逐步取代模拟控制。

现场总线技术首先在各类变送器上得到应用，随后又在电动执行机构上得到应用，即通过现场总线实现对电动执行机构的远程控制，并将电动执行机构的状态和位置信号上传至上位控制设备，并在CRT上显示，甚至可以在远方对电动执行器进行部分参数的组态以及故障诊断。

当今国际上不少公司开始销售现场总线执行机构产品，这些产品应用较多的有PROFIBUS、FF、HART等协议的现场总线。

随着现场控制总线系统（FCS）的采用，控制功能（PID）也集成到执行器中，执行器最终将变成独立的控制单元。

采用智能阀门定位器不仅可方便地改变控制阀的流量特性，而且可提高控制系统的控制品质。因此，对控制阀流量特性的要求可简化及标准化（例如仅生产线性特性控制阀）。用智能化功能模块实现与被控对象特性的匹配，使控制阀产品的类型和品种大大减少，使控制阀的制造过程也得到简化。

现场总线将在执行机构中获得广泛应用，一些控制器的输出信号、阀位信号在同一传输线传送，控制阀与阀门定位器、PID控制功能模块结合，使控制功能在现场实现，使危险分散，使控制更及时、更迅速、更可靠。它与其他工业自动化仪表和计算机控制装置一起，使工业生产过程控制的功能更完善，控制的精度更高，控制的效果更明显。现场总线驱动产品见表3-8。

表3-8 现场总线驱动产品

公司名称	产品及类型	总线类型
EIM(美国)	MOV1224(电动执行机构)	MODBUS
Keyst one(美国)	Electrical Actuators(电动执行机构)	MODBUS

续表

公司名称	产品及类型	总线类型
ROTORK(英国)	PakscanIE(智能电动执行机构)	MODBUS
	FF-01(阀门定位器)	FF
	FF-01 Network Interfece(电动执行机构)	FF
Limit orque(美国)	DDC-100T(电动执行机构)	BITBUS
AUMA(德国)	Matic(电动执行机构)	PROFI-BUS
Sienens(德国)	SIPART P32(阀门定位器)	HART
Valtek(美国)	Starpac(智能调节阀)	HART
Masaneilan(美国)	Smart Valve Positioner(阀门定位器)	HART
Neles(美国)	ND800(调节)	HART
Jordan(美国)	Electrical Actuators(电动执行机构)	HART
Elsag Bailey(美国)	Contract(电动执行机构)	HART
ABB(美国)	EAN823(电动执行机构)	HART
ABB(美国)	TZD-C120/220(阀门定位器)	FF
Fisher(英国)	DVC5000(阀门控制器)	FF
Flower Rosnourt(美国)	DMC5000f Series Digital(调节阀)	FF
Flow serve(美国)	Logix14XX(阀门定位器)	FF
	BUSwitch(离散型调节阀)	
	MxActuator(阀门定位器)	
Yokog ara(日本)	YVP(阀门定位器)	FF
Yamat ake(日本)	SVP3000 Alphaplus AVP303(阀门定位器)	FF
SMAR(美国)	FY302(阀门定位器)	FF
	FP302(H1/20～100kPa 接口)	
Emerson(美国)	EI-0-Matic0990(1/4 转电动执行机构)	FF
	EI-0-Matic22CO(电动执行机构)	
	EI-0-Matic7630(电动阀门定位器)	
	Field Q(气动阀门定位器)	

装备伺服驱动系统每 5 年就会更新换代，甚至更短。装备伺服驱动系统总的发展趋势是：

① 驱动系统的高效化。包括电机本身和驱动装置的高效化，比如永磁体材料性能的提升、驱动电路的优化、软件算法的改进、机械结构的优化设计等。

② 高速化。伺服驱动系统可以通过采用高性能电机、编码器、数据处理模

块等，不断提高驱动系统的速度和精度。

③ 通用化。通用型驱动系统菜单功能丰富，用户可以在不改变硬件的情况下，方便地切换形式，并且可以驱动步进电机、伺服电机等。

④ 智能化。随着人工智能的发展，现代驱动系统越来越智能，可以进行故障自诊断和分析、负载惯量自适应、自动增益调整等。

⑤ 网络化。现场总线和物联网的快速发展使伺服驱动系统也成为物联网中的一员。后续的发展是如何适应高性能运动控制对数据传输的实时性、可靠性、同步性的要求。

⑥ 模块化。模块化不仅局限在伺服驱动模块、电源模块、通信模块等的组合方式，而且涵盖伺服驱动器内部软件、硬件的模块化。

⑦ 预测性维护。驱动系统嵌入预测性维护技术，可以通过网络即时了解装备运行状态数据。

⑧ 极端化。无论是电机还是液压、气压驱动元件，都有两个发展极端——大和小。大的方面比如目前已经有了功率500kW的永磁伺服电机。

⑨ 直驱化。包括盘式电机转台伺服驱动、直线电机的线性伺服驱动，摒弃了中间环节，精度、速度大大提高，总质量减小。

3.6 本章小结

本章简要介绍了智能制造装备驱动机构的分类和特性，详细介绍了伺服电机、步进电机、变频电机、直线电机等电机驱动系统，以伺服电机驱动系统为主要对象，介绍了伺服电机的选型原则和方法。另外，本章还介绍了液压驱动系统和气压驱动系统的特性及设计方法。读者在实际应用中可以结合相关机械设计手册进行实际项目的开发。

第4章

智能制造装备感知系统设计

传感器技术、通信技术、计算机技术是信息技术的三大支柱，其中传感器技术是“感官”，是信息化进程获得信息的主要手段和途径。当前以移动互联网、物联网、云计算、大数据、人工智能等为代表的信息技术日新月异，万物互联智能化时代正在到来。感知信息技术以传感器为核心，结合射频、微处理器、微能源等技术，是实现万物互联的基础性、决定性核心技术之一。智能制造装备不仅要有好的控制系统，更要有好的感知系统。智能制造装备实现感知功能主要依靠传感器，传感器是智能制造装备重要感官，可作为智能制造装备的自主输入装置。

物联网的架构分为感知层、网络层和应用层，将感知层涉及的相关技术统称为感知技术。感知技术是物联网的基础，它跟现在的一些基础网络设施结合能够为未来社会提供无所不在的、全面的感知服务，真正实现所谓的“物理世界无所不在”。物联网连接技术的对象包括智能装置及通过传感器感知的整个物理世界。物联网感知技术涉及感知终端的监测技术、感知网络技术、感知信息服务技术、感知检测技术和网络安全等关键技术。感知技术是物联网系统构建的基础，与基础网络设施结合能够使未来社会实现信息共享[44]。

4.1 传感器的概念

4.1.1 传感器的概念和组成

现代智能制造装备需要测试电压、电流、电阻、功率等电参量以及机械量（位移、速度、加速度、力、应变等）、化学量（浓度、pH 值等）、生物量（霉、菌等）等非电参量。传感器是能感受规定的被测量并按照一定的规律（函数）转换成可用信号的器件或装置，通常由敏感元件和转换元件组成。传感器技术是涉及传感原理、传感器设计、开发应用的综合技术，传感器是把特定的被测信息（物理量、化学量、生物量）按一定规律转换成某种便于处理、传输可用信号输出的器件或装置，是能将外界非电信号转换成电信号或光信号输出的器件。传感器让物有了触觉、味觉和嗅觉等感官，成为获取自然和生产领域中信息的主要途径与手段，让物有了“生命”。

传感（检测）原理是传感器工作所依据的物理、化学和生物效应，并受相应的定律和法则支配。传感器一般由敏感元件、转换元件、测量电路三部分组成（图4-1）。敏感材料是传感技术发展的物质基础，加工工艺和手段亦是传感技术必不可少的组成部分。现代传感器的加工技术主要有微细加工技术、光刻技术等。

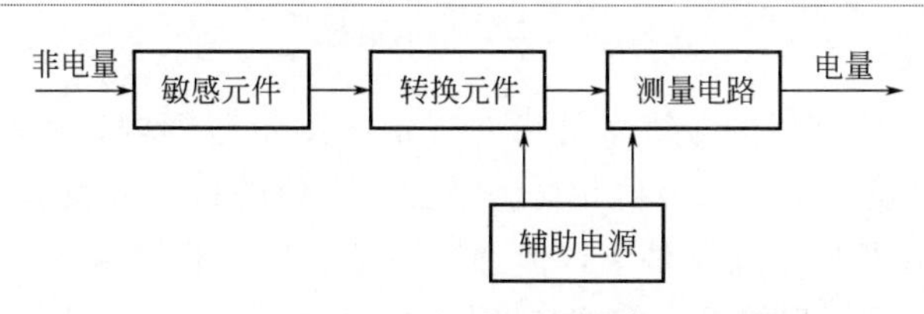

图4-1 传感器的组成

转换元件是传感器的核心，其功能是把非电信息转换成电信号。敏感元件是传感器预先将被测非电量变换为另一种易于变换成电量的非电量，然后再变换为电量的元件。并非所有传感器都包含这两部分，对于物性型传感器，一般就只有转换元件；而结构型传感器就包括敏感元件和转换元件两部分。测量电路常采用电桥电路、高阻抗输入电路、脉冲调宽电路、振荡电路等特殊电路，将转换元件输出的电量变成便于显示、记录、控制和处理的有用电信号的电路。

4.1.2 传感器的特性

（1）传感器静态模型和静态特性[45,46]

静态模型是指传感器在静态条件下得到的数学模型，可用代数方程表示（不考虑滞后及蠕变）：

$$Y=a_0+a_1X+a_2X^2+\cdots+a_nX^n \tag{4-1}$$

式中 Y——输出量；

X——输入量；

a_0——零位输出；

a_1——传感器的灵敏度，常用K或S表示；

a_2，a_3，…，a_n——非线性项待定常数。

传感器的静态特性指标有：

① 线性度。表征传感器曲线与拟合直线间最大偏差与满量程（FS）输出值的百分比。

$$\delta_L=\frac{\pm\Delta_{max}}{Y_{FS}}\times100\% \tag{4-2}$$

式中　Δ_{max}——校准曲线与拟合直线间最大偏差；

Y_{FS}——传感器满量程输出，$Y_{FS}=Y_{max}-Y_0$。

② 灵敏度。传感器的灵敏度表征在稳定工作状态时，传感器输出变化量与引起此变化的输入量之比。

③ 精度。传感器的精度是指在规定条件下的最大绝对误差相对传感器满量程输出的百分比，表征的是测量结果的可靠程度。

$$A=\frac{\Delta A}{Y_{FS}}\times 100\% \tag{4-3}$$

④ 分辨率。传感器的分辨率是指在规定的测量范围内，所能检测出被测输入量的最小变化量，也可用该值相对满量程输入值的百分数表示。

⑤ 迟滞。在相同工作条件下，传感器在正、反行程中输入-输出曲线的不重合程度，即正、反行程的最大偏差与满量程之比。

⑥ 重复性。传感器的重复性是在相同的工作条件下，输入量按同一方向在全量程范围内连续多次所得特性曲线的不一致性。数值上，用各测量值标准偏差最大值的 2 倍或 3 倍与满量程的百分比表示，反映测量结果偶然误差的大小，而不表示与真值的误差。

⑦ 零漂。在无输入时，传感器输出偏离零值的大小与满量程之比。

⑧ 温漂。温度变化时，传感器输出值的偏离程度。一般以温度每变化 1℃，输出最大偏差与满量程的百分数表示。

⑨ 阈值。使传感器输出产生可测变化量的最小输入量值。

（2）传感器的动态模型和动态特性

传感器的动态特性是指传感器对于随时间变化的输入量的响应特性。传感器所检测的信号大多是时间的函数，动态特性是反映传感器的输出真实再现变化的输入量的能力。

1）动态模型。动态模型一般是用常系数微分方程、传递函数的形式来表述的。传递函数是输出的拉氏变换与输入的拉氏变换之比。

常微分方程形式为：

$$\begin{aligned}&(a_nD^n+a_{n-1}D^{n-1}+\cdots+a_1D+a_0)Y(t)=\\&(b_mD^m+b_{m-1}D^{m-1}+\cdots+b_1D+b_0)X(t)\end{aligned} \tag{4-4}$$

传递函数的形式为：

$$W(s)=\frac{Y(s)}{X(s)}=\frac{b_ms^m+b_{m-1}s^{m-1}+\cdots+b_1s+b_0}{a_ns^n+a_{n-1}s^{n-1}+\cdots+a_1s+a_0} \tag{4-5}$$

传感器动态模型一般均可用零阶传感器、一阶传感器、二阶传感器三种形式来描述，常以传递函数的形式表示。

① 零阶传感器。

微分方程形式：

$$y=b_0/a_0=Kx \tag{4-6}$$

传递函数形式：

$$W(s)=\frac{Y(s)}{X(s)}=K \tag{4-7}$$

式中 K——静态灵敏度。

② 一阶传感器。

微分方程形式：

$$a_1\mathrm{d}y/\mathrm{d}t+a_0y=b_0x \tag{4-8}$$

传递函数形式：

$$W(s)=\frac{Y(s)}{X(s)}=\frac{K}{\tau s+1} \tag{4-9}$$

式中 K——静态灵敏度，$K=b_0/a_0$；

τ——时间常数，$\tau=a_1/a_0$。

③ 二阶传感器。

微分方程形式：

$$a_2\mathrm{d}^2y/\mathrm{d}t^2+a_1\mathrm{d}y/\mathrm{d}t+a_0y=b_0x \tag{4-10}$$

传递函数形式：

$$W(s)=\frac{Y(s)}{X(s)}=\frac{K}{\frac{s^2}{\omega_0^2}+\frac{2\xi s}{\omega_0}+1} \tag{4-11}$$

式中 K——静态灵敏度，$K=b_0/a_0$；

ω_0——固有频率，$\omega_0=(a_0/a_2)^{0.5}$；

ξ——阻尼比，$\xi=a_1/2(a_0a_2)^{0.5}$。

2）动态特性。传感器的动态特性：一是输出量达到稳定状态后与理想输出量的差别；二是当输入量发生跃变时，输出量由一个稳态到另一个稳态的过渡状态的误差。任何周期函数都可以用傅里叶级数分解为各次谐波分量，并把它近似表示为这些正弦量之和，所以工程中常用输入正弦函数和阶跃函数等信号函数的方法进行分析。

① 零阶传感器。

a. 频率响应特性：与频率无关，没有幅值和相位失真问题，故可称为比例环节或无惯性环节。

b. 阶跃响应特性：阶跃响应与输入成正比，具有理想的动态特性。

② 一阶传感器。

a. 频率响应特性。频率传递函数为：

$$W(j\omega)=\frac{K}{j\omega\tau+1} \tag{4-12}$$

设输入量为 $x=X\sin\omega t$，输出量为 $y=Y\sin(\omega t+\psi)$，则

幅频特性：

$$|W(j\omega)|=\frac{K}{\sqrt{1+\omega^2\tau^2}} \tag{4-13}$$

相频特性：

$$\psi=\arctan(-\omega\tau) \tag{4-14}$$

由频率特性可知：时间常数愈小，频率响应特性愈好。

b. 阶跃响应特性。

阶跃响应指标包括：时间常数 τ——输出值上升到稳态值 63.2%所需的时间；上升时间 T_r——由 10%到 90%所需的时间；响应时间 T_s——输出值达到误差范围 $\pm\Delta\%$所经历的时间；超调量 $\sigma\%$——用过渡过程中超过稳态值的最大值 ΔA（过冲）与稳态值之比的百分数表示；衰减率 ψ——相邻两个波峰高度下降的百分数；稳态误差 e_{ss}——稳态输出值与目标值之差。

阶跃响应：

$$Y(t)=1-e^{-t/\tau} \tag{4-15}$$

由上式可知：一阶传感器的动态特性取决于时间常数 τ，τ 越小，响应越迅速；无超调量 $\sigma\%$和衰减率 ψ；当 $t>5\tau$ 时，输出已接近稳态值。

③ 二阶传感器。

a. 频率响应特性。频率传递函数为：

$$W(j\omega)=\frac{K}{\left(\frac{j\omega}{\omega_0}\right)^2+\frac{2\xi j\omega}{\omega_0}+1} \tag{4-16}$$

幅频特性：

$$|W(j\omega)|=\frac{K}{\sqrt{\left[1-\left(\frac{\omega}{\omega_0}\right)^2\right]^2+4\xi^2\left(\frac{\omega}{\omega_0}\right)^2}} \tag{4-17}$$

相频特性：

$$\psi=-\arctan\frac{2\xi\left(\frac{\omega}{\omega_0}\right)}{1-\left(\frac{\omega}{\omega_0}\right)^2} \tag{4-18}$$

由幅频特性和相频特性可知：$\omega/\omega_0 \ll 1$ 时，近似零阶环节，$A(\omega)\approx 1$，$\psi \approx 0$；$\omega/\omega_0 \gg 1$ 时，$A(\omega)\approx 0$，$\psi \approx 180°$，即传感器无响应，被测参数的频率远高于其固有频率；$\omega/\omega_0 = 1$ 且 $\xi \to 0$ 时，传感器出现谐振，$A(\omega)\approx \infty$，输出信号的幅值和相位严重失真。

阻尼比 ξ 对频率特性有很大影响，ξ 增大，幅频特性的最大值减小，$\xi > 0.707$ 时谐振不会发生，$\xi = 0.707$ 时幅频特性的平直段最宽，为最佳阻尼。

b. 阶跃响应特性。固有频率越高，响应曲线上升越快；反之，则越慢。欠阻尼（$\xi < 1$）时，发生衰减振荡；过阻尼（$\xi > 1$）和临界阻尼（$\xi = 1$）时，不产生振荡，无过冲；$\xi = 0$ 时，形成等幅振荡。

4.1.3 智能传感器的特点和作用

智能传感器体现在“智能”上，传感器自身带有微处理器（芯片），具有数据采集、处理、分析的能力，是现代微电子技术、信息技术、材料技术、加工技术的产物，在智能制造装备上得到了广泛的应用。智能传感器是将模拟接口电路、集成模数转换器的微控制器的功能集成，通过模拟人的感官和大脑的协调动作，结合长期以来测试技术的研究和实际经验而提出来的，是一个相对独立的智能单元，它的出现使得对原来硬件性能的苛刻要求有所降低，而靠软件帮助可以使传感器的性能大幅度提高。相较一般的传感器，智能传感器有如下显著特点：

① 高精度。智能传感器具有信息处理功能，通过软件不仅可修正各种确定性系统误差，而且还可适当地补偿随机误差，降低噪声，大大提高了传感器精度。

② 高重复精度。重复精度反映了传感器多次测量输出之间的稳定程度。对同一量进行多次测量，就可以确定一个能包括所有在标称值周围的测量结果的范围，这个范围就是重复精度。

③ 高可靠性。智能集成传感器系统小型化，消除了传统结构的某些不可靠因素，改善了整个系统的抗干扰性能。同时智能传感器还有诊断、校准、数据存储功能以及自适应功能，具有良好的稳定性。

④ 高性价比。在相同精度的需求下，多功能智能式传感器与单一功能的普通传感器相比，性价比明显提高，尤其是在采用较便宜的单片机后更为明显。

⑤ 功能多样化。智能式传感器可以实现多传感器多参数综合测量，通过编程扩大测量与使用范围；有一定的自适应能力，根据检测对象或条件的改变，相应地改变量程反输出数据的形式。智能传感器具有数字通信接口功能，直接送入远程计算机进行处理，具有多种数据输出形式，适配各种应用系统。

一般来说，智能传感器具有自校零、自标定、自校正功能；具有自动补偿功能；能够自动采集数据，并对数据进行预处理；能够自动进行检验、自选量程、自寻故障；具有数据存储、记忆与信息处理功能；具有双向通信、标准化数字输出或者符号输出功能；具有判断、决策处理功能。一些智能传感器还具有基于固件的信息处理、数据验证和多参数传感能力。

智能传感器在工业自动化、科学研究、天文探索、地海勘探、环保节能、医疗健康、汽车、国防、生物制药等诸多领域获得了广泛的应用。

4.1.4 传感器的分类

分类标准不同，传感器的种类也不同（图 4-2），传感器的详细分类如下。

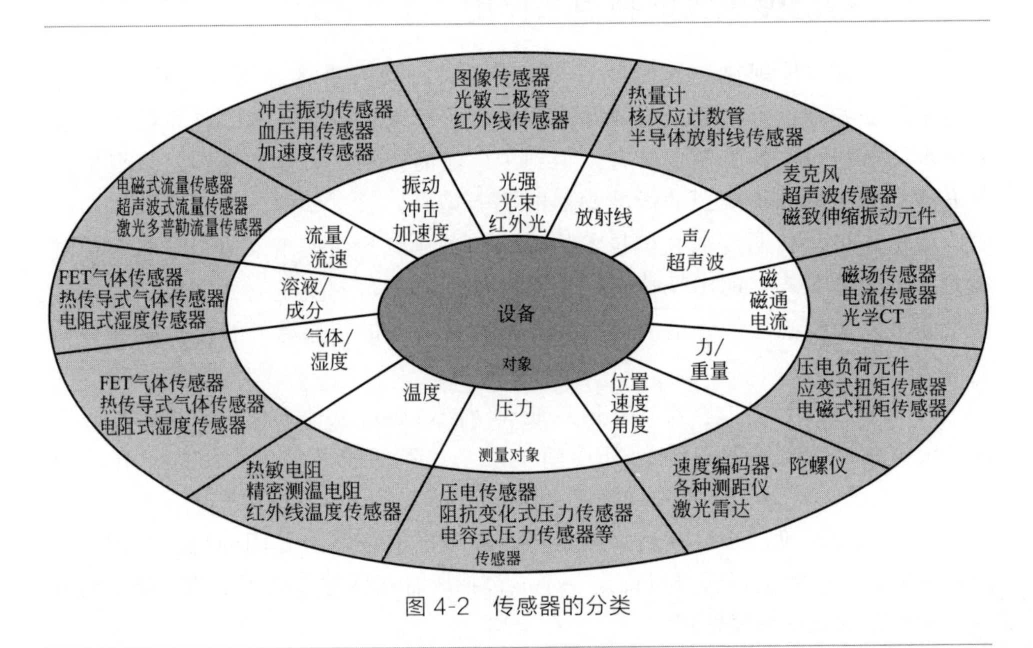

图 4-2 传感器的分类

（1）按用途

生活中需要测量的量有距离、烟雾和气体、触控、动作、光线、加速度和角动量、电磁、声音等[47]。按用途不同，传感器分为位置传感器、液位传感器、能耗传感器、速度传感器、加速度传感器、射线辐射传感器、热敏传感器、温度传感器、湿度传感器、压力传感器、流量传感器、液位传感器、力传感器、转矩传感器等。

（2）按检测原理

按传感原理不同，可分为振动传感器、湿敏传感器、磁敏传感器、气敏传感器、真空度传感器、生物传感器等。

(3) 按输出信号

按输出信号不同，可分为模拟传感器、数字传感器、膺数字传感器和开关传感器。模拟传感器将被测量的非电学量转换成模拟电信号。数字传感器将被测量的非电学量转换成数字输出信号（包括直接和间接转换）。膺数字传感器将被测量的信号量转换成频率信号或短周期信号输出（包括直接或间接转换）。开关传感器是当一个被测量的信号达到某个特定的阈值时，相应地输出一个设定的低电平或高电平信号的传感器。

(4) 按其制造工艺

按制造工艺不同，传感器可分为集成传感器、薄膜传感器、厚膜传感器、陶瓷传感器。集成传感器是用标准的生产硅基半导体集成电路的工艺技术制造的，通常还将用于初步处理被测信号的部分电路也集成在同一芯片上。薄膜传感器则是通过沉积在介质衬底（基板）上的相应敏感材料的薄膜形成的。使用混合工艺时，同样可将部分电路制造在此基板上。厚膜传感器是将相应材料的浆料涂覆在陶瓷基片上制成的，基片通常是 Al_2O_3 制成的，然后进行热处理，使厚膜成形。陶瓷传感器采用标准的陶瓷工艺或其某种变种工艺（溶胶、凝胶等）生产，完成适当的预备性操作之后，已成形的元件在高温中进行烧结。厚膜和陶瓷传感器的工艺有许多共性，在某些方面，可以认为厚膜工艺是陶瓷工艺的一种变型。

(5) 按测量目的

按测量目的不同，可分为物理型传感器、化学型传感器和生物型传感器。物理型传感器是利用被测量物质的某些物理性质发生明显变化的特性制成的。化学型传感器是利用能把化学物质的成分、浓度等化学量转化成电学量的敏感元件制成的。生物型传感器是利用各种生物或生物物质的特性做成的，用以检测与识别生物体内的化学成分。

(6) 按其构成

按构成不同，传感器可分为基本型、组合型和应用型传感器。基本型传感器是一种最基本的单个变换装置；组合型传感器是由不同单个变换装置组合构成的传感器；应用型传感器是基本型传感器或组合型传感器与其他机构组合而构成的传感器。

(7) 按作用形式

按作用形式不同，传感器可分为主动型和被动型传感器。主动型传感器又有作用型和反作用型，传感器能对被测对象发出一定探测信号，能检测探测信号在被测对象中所产生的变化，或者由探测信号在被测对象中产生某种效应而形成信号。检测探测信号变化方式的传感器称为作用型传感器，检测产生响应而形成信号方式的传感器称为反作用型传感器。雷达与无线电频率范围探测器是作用型传感器应用实例，而光声效应分析装置与激光分析器是反作用型传感器应用实例。被动型传感器只是接收被测对象本身产生的信号，如红外辐射温度计、红外摄像装置等。

传感器的种类很多，工作原理、测量方法和被测对象不同，分类方法也不同。所有传感器可分为两种：无源（被动）传感器和有源（主动）传感器。无源传感器不需要任何附加能量源可直接相应外部激励产生电信号，有源传感器工作时需要外部能量源[48,49]。宏观上，传感器还可分为传统分立式传感器、模拟集成化传感器以及智能传感器。

① 传统分立式传感器。该类传感器是基本的传统意义上的传感器，用非集成化工艺制造，功能也比较简单，仅具有获取信号的功能。

② 模拟集成化传感器。集成传感器是采用硅半导体集成工艺制成的，也称硅传感器或单片集成传感器。模拟集成传感器诞生于 20 世纪 80 年代，将传感器集成在一个芯片上，可完成测量及模拟信号输出功能，其主要特点是功能单一（仅测量某一物理量）、测量误差小、价格低、响应速度快、传输距离远、体积小、功耗低等，外围电路简单，适合远距离测量、控制，使用过程无须非线性校准。

③ 智能传感器。智能传感器（数字传感器）是伴随着微电子技术、计算机技术和自动测试技术的发展而发展的，诞生于 20 世纪 90 年代中期。智能传感器内部包含传感器、A/D 转换器、信号处理器、存储器（或寄存器）和接口电路。有的产品还带多路选择器、中央处理器、RAM 和 ROM。智能传感器的特点是能输出测量数据及相关的控制量，适配各种微控制器。其测试功能多依赖于软件，因此智能化程度取决于软件的开发水平。

4.1.5 微机电系统（MEMS）传感器

MEMS 这个词汇经常用于描述传感器的种类，也用于描述传感器的制备过程[50]。MEMS 由机械微结构、微传感器、微执行器和微电子组成，所有结构都集成在同一硅基片上。MEMS 传感器是用微机械加工技术制造的新型传感器，是 MEMS 的一个重要分支。MEMS 传感器种类繁多，按其工作原理可分为物理型、化学型和生物型三类；按照被测量可分为加速度、角速度、压力、位移、流量、电量、磁场、红外、温度、气体成分、湿度、pH 值、离子浓度、生物浓度及触觉等传感器。综合两种分类方法，MEMS 传感器分类体系如表 4-1 所示。

表 4-1 MEMS 传感器分类

<table>
<tr><td rowspan="29">MEMS
传感器</td><td rowspan="20">MEMS
物理传感器</td><td rowspan="6">MEMS 力学传感器</td><td>MEMS 加速度计</td></tr>
<tr><td>MEMS 角速度(陀螺仪)</td></tr>
<tr><td>MEMS 惯性测量组合</td></tr>
<tr><td>MEMS 压力传感器</td></tr>
<tr><td>MEMS 流量传感器</td></tr>
<tr><td>MEMS 位移传感器</td></tr>
<tr><td rowspan="3">MEMS 电学传感器</td><td>MEMS 电场传感器</td></tr>
<tr><td>MEMS 电场强度传感器</td></tr>
<tr><td>MEMS 电流传感器</td></tr>
<tr><td rowspan="2">MEMS 磁学传感器</td><td>MEMS 磁通传感器</td></tr>
<tr><td>MEMS 磁场强度传感器</td></tr>
<tr><td rowspan="3">MEMS 热学传感器</td><td>MEMS 温度传感器</td></tr>
<tr><td>MEMS 热流传感器</td></tr>
<tr><td>MEMS 热导率传感器</td></tr>
<tr><td rowspan="3">MEMS 光学传感器</td><td>MEMS 红外传感器</td></tr>
<tr><td>MEMS 可见光传感器</td></tr>
<tr><td>MEMS 激光传感器</td></tr>
<tr><td rowspan="3">MEMS 声学传感器</td><td>MEMS 噪声传感器</td></tr>
<tr><td>MEMS 声表面波传感器</td></tr>
<tr><td>MEMS 超声波传感器</td></tr>
<tr><td rowspan="6">MEMS
化学传感器</td><td rowspan="4">MEMS 气体传感器</td><td>可燃性气体传感器</td></tr>
<tr><td>毒性气体传感器</td></tr>
<tr><td>大气污染气体传感器</td></tr>
<tr><td>汽车用传感器</td></tr>
<tr><td rowspan="2">MEMS 离子传感器</td><td>MEMS pH 传感器</td></tr>
<tr><td>MEMS 离子浓度传感器</td></tr>
<tr><td rowspan="3">MEMS
生物传感器</td><td rowspan="2">MEMS 生理量传感器</td><td>MEMS 生物浓变传感器</td></tr>
<tr><td>MEMS 触觉传感器</td></tr>
<tr><td colspan="2">MEMS 生化量传感器</td></tr>
</table>

随着 MEMS 技术的发展，惯性传感器件已经成为应用最广泛的微机电系统器件之一，而微加速度计是惯性传感器件的典型代表。微加速度计的理论基础是牛顿第二运动定律。在一个系统内部可以测量其加速度，如果初速度已知，就可以通过积分计算出线速度，进而可以计算出直线位移。再结合陀螺仪（用来测角

速度)，就可以对物体进行精确定位。

MEMS 主要产品包括微型压力传感器、惯性测量器件、微流量系统、读写头、光学系统、打印机喷嘴等，其中汽车产业和信息产业的产品占销售额的80%左右[50,51]。

(1) MEMS 加速度计

MEMS 加速度计即微型加速度计，是用来测量物体加速度的仪器。相较于传统加速度计，MEMS 加速度计体积、质量更小，在智能制造装备中获得了广泛的应用。其工作原理是，当加速度计连同外界物体一起加速运动时，质量块受到惯性力的作用反向运动，其位移受到弹簧和阻尼器的限制。外界加速度一定时，质量块具有确定的位移；外界加速度变化时，质量块的位移也发生相应的变化。当质量块的位移发生变化时，可动臂和固定臂（感应器）之间的电容就会发生相应的变化；如果测得感应器输出电压的变化，即测得了执行器（质量块）的位移，位移与待测加速度具有确定的对应关系，输出电压与加速度也就有了确定的关系[52]。

图 4-3 中，V_m 表示输入电压信号，V_s 表示输出电压，C_{s1} 与 C_{s2} 分别表示固定臂与可动臂之间的两个电容，则输入信号和输出信号之间的关系可表示为：

$$V_s=\frac{C_{s1}-C_{s2}}{C_{s1}+C_{s2}}V_m \tag{4-19}$$

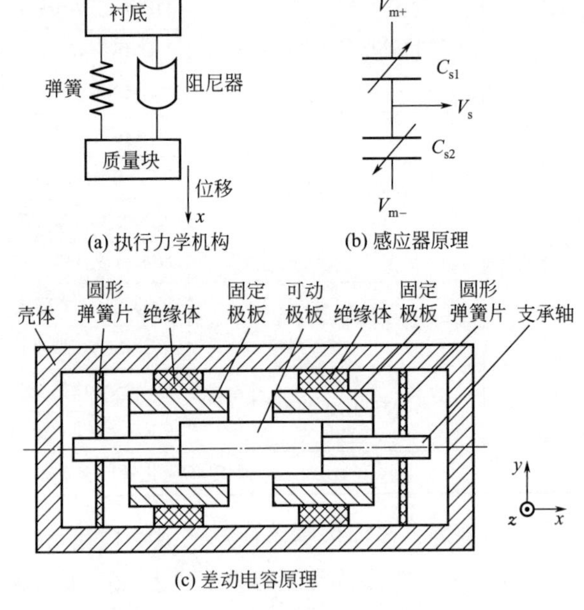

图 4-3 MEMS 加速度计的原理与结构

其中电容与位移之间的关系由电容的定义给出：

$$C_{s1}=\frac{\varepsilon_0\varepsilon}{d-x},\ C_{s2}=\frac{\varepsilon_0\varepsilon}{d+x} \tag{4-20}$$

式中，x 是可动臂（执行器）的位移；d 是没有加速度时固定臂与悬臂之间的距离；ε_0 和 ε 是电容参数。由式(4-19) 和式(4-20) 可得

$$V_s=\frac{x}{d}V_m \tag{4-21}$$

根据力学原理，稳定情况下质量块的力学方程为：

$$kx=-ma_{ext} \tag{4-22}$$

式中，k 为弹簧的劲度系数；m 为质量块的质量。

因此，外界加速度与输出电压的关系为：

$$a_{ext}=-\frac{kx}{m}=-\frac{kdV_s}{mV_m} \tag{4-23}$$

由式(4-23) 可知，在加速度计的结构和输入电压确定的情况下，输出电压与加速度呈正比关系。

MEMS 加速度计根据测量原理可分为压阻式微加速度计、电容式微加速度计、压电式微加速度计等。

1）压阻式微加速度计。在半导体的某一轴向施加一定的应力时，其电阻率产生变化的现象称为半导体的压阻效应。压阻式微加速度计的原理是：当外界有加速度输入时，质量块会受到一个惯性力的作用，悬臂梁在此惯性力的作用下会发生形变，导致与悬臂梁固连的压阻膜也发生形变，压阻膜的电阻值会发生改变，其两端的电压值发生变化。图 4-4 所示为硅压阻式微加速度传感器原理。通过实验得到一系列电压与惯性力的关系，惯性力由外界加速度引起，从而便可以得到电压与加速度的关系，进而完成对加速度的测量。

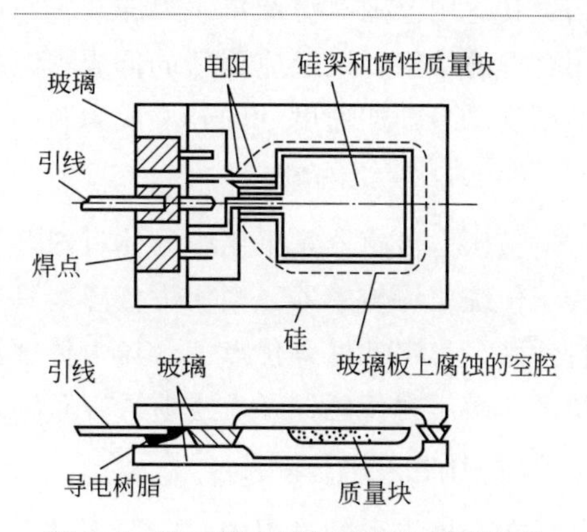

图 4-4　硅压阻式微加速度传感器原理

压阻式微加速度计原理、结构、制作工艺简单，接口和内部电路容易实现。但对于温度的变化十分敏感，影响测量精度。灵敏度比较低，不便于测量微小的加速度变化。

2）电容式微加速度计。由电工学知识可知，电容的变化与两极板之间距离有关，因此极板间距离的变化可以通过电容的变化来反映，由电容变化推导出位

移变化，然后进行微分运算便可得到加速度值。

将质量块固连在基体上，将电容式微加速度计电容的一个极板同运动的质量块固连，另一个极板则与固定的基体固连。当有加速度作用时，质量块发生位移导致上下电容发生变化，根据电容变化差值得到加速度。电容式微加速度计灵敏度和测量精度高，稳定性好，温度漂移小，功耗低。但输出电路复杂，易受寄生电容影响和电磁干扰。

3）压电式微加速度计。压电体受到外机械力作用而发生电极化，并导致压电体两端表面内出现符号相反的束缚电荷，其电荷密度与外机械力成正比，这种现象称为正压电效应。压电体受到外电场作用而发生形变，其形变量与外电场强度成正比，这种现象称为逆压电效应。具有压电效应的晶体称为压电晶体，常用的压电晶体有石英、压电陶瓷等。压电式微加速度计的工作原理是：在弹性梁上覆盖一层压电材料膜，当有外界加速度作用于质量块时，弹性梁在惯性力的作用下会产生变形，器件结构的上电极和下电极间会产生电压，通过测量电压的变化确定数学模型转化公式，从而得到加速度的变化。

自 1977 年美国斯坦福大学首先利用微加工技术制作了一种开环微加速度计以来，国内外开发出了各种结构和原理的加速度计。高分辨率和大量程的微硅加速度计成为研究的重点。由于惯性质量块比较小，所以用来测量加速度和角速度的惯性力也相应比较小，系统的灵敏度相对较低，这样开发出高灵敏度的加速度计显得尤为重要。无论是民用还是军用，精度高、量程大的微加速度计将会大大拓宽其运用范围。温漂小、迟滞效应小成为新的性能目标，选择合适的材料，采用合理的结构，以及应用新的低成本温度补偿环节，能够大幅度提高微加速度计的精度。多轴加速度计的开发成为新的方向。

（2）微压力传感器

微压力传感器是采用半导体材料和 MEMS 工艺制造的新型压力传感器。相较于传统压力传感器，微压力传感器具有体积小、精度高、灵敏度高、高频动态特性好、稳定性好等优点。微压力传感器易与微温度传感器集成，增加温度补偿精度。微压力传感器在航空航天、车辆、控制等多个领域内都有广泛的应用。

（3）MEMS 陀螺仪

在飞机飞行的过程中，需要对飞机的俯仰、偏航、滚转三个自由度进行测量，不仅需要测量加速度，而且需要测量角速度。加速度可以使用加速度计进行测量，而角速度一般是用陀螺仪来进行测量的。传统的陀螺仪是利用高速转动的物体具有保持其角动量的特性来测量角速度的。这种陀螺仪的精度很高，但它的结构复杂、使用寿命短、成本高，一般仅用于导航方面。现在在飞机上使用的陀螺仪由于外部条件的要求，其精度十分高，但高精度带来的代价就是结构复杂、寿命短，使其使用成本大幅增加。常见的微机械角速度传感器有双平衡环结构、悬臂梁结构、音叉结构、振动环结构等。图 4-5 所示为 MEMS 陀螺仪示例。

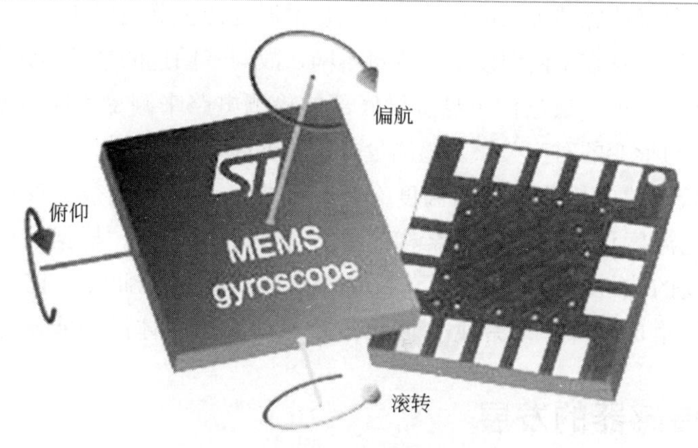

图 4-5 MEMS 陀螺仪示例

（4）微流量传感器

MEMS 流量传感器由于其管径小、可测量更为微小的流量且集成化程度高，正成为微流量测量领域的研究热点。微流量传感器外形尺寸小，能达到很低的测量量级，而且死区容量小，响应时间短，适合微流体的精密测量和控制。国内外研究的微流量传感器依据工作原理不同可分为热式、机械式和谐振式 3 种。热式流量传感器的输出是非线性的，受基体隔热效果的影响，适合精度要求不太高的微流量测量，但其测量流量范围较宽、灵敏度高，流量下限低，是研究的热点之一。目前微流量传感器的研究已向进一步微型化方向发展，且能分辨出流动方向。研究者也在不断探索新的测量方法，如振动式、光电式测量等，结合多种测量方法进行多源信息融合的微流量测量技术也是一个重要的发展方向。

（5）微气体传感器

随着微纳米技术的发展，各种不同性能的气体传感器也成为研究重点，微气体传感器应运而生。MEMS 技术很容易将气敏元件和温度探测元件制作在一起，保证气体传感器优良性能的发挥。根据微气体传感器制作材料的不同，微气体传感器分为硅基气敏传感器和硅微气敏传感器。微气体传感器可以集成各种传感器于一块芯片，满足了人们在测量气体时多种测量的需要。目前微机械制造技术发展比较完善，微纳米技术的发展更是让一个芯片可以完成很多不同的功能，将气敏传感器同温度传感器集成到一个芯片上，便可在测量气体的同时测量温度，保证气体测量的准确性。

（6）微温度传感器

微温度传感器体积小、重量轻，其固有热容量小，在温度测量方面具有比现有的热敏电阻等温度传感器更大的优势。微悬臂梁温度传感器利用硅和二氧化硅两种材料热胀系数不同，且在不同温度下形变量不同，故与其固连的悬臂梁的不同部分的形变量也不相同的原理，通过位于悬臂梁底部的检测电路来测量不同温度下的不同形变，得到温度与形变的对应关系。该测量方法精度高，线性度好，测量范围广。

热释电晶体的电极化强度与温度有关，根据这种热释电效应原理制成的传感器称为热释电温度传感器，具有结构简单、体积小等优点。根据晶体管 PN 结两端电压与温度的线性关系，发展了 PN 结微温度传感器。此外，把温度敏感元件与后续放大器集成到一个芯片上，便是传感与放大为一体的功能器件的传感器。

4.1.6 传感器的发展

传感器的发展大致经历了三个阶段（图 4-6）。第一阶段是 20 世纪 50 年代，结构型传感器出现，它利用结构参量变化来感受和转化信号。第二阶段是始于 20 世纪 70 年代，固体型传感器逐渐发展，这种传感器由半导体、电介质、磁性材料等固体元件构成，是利用材料某些特性制成的。第三阶段是 20 世纪末开始，智能型传感器出现并得到快速发展。智能型传感器是微型计算机技术与检测技术相结合的产物，传感器具有人工智能的特性。

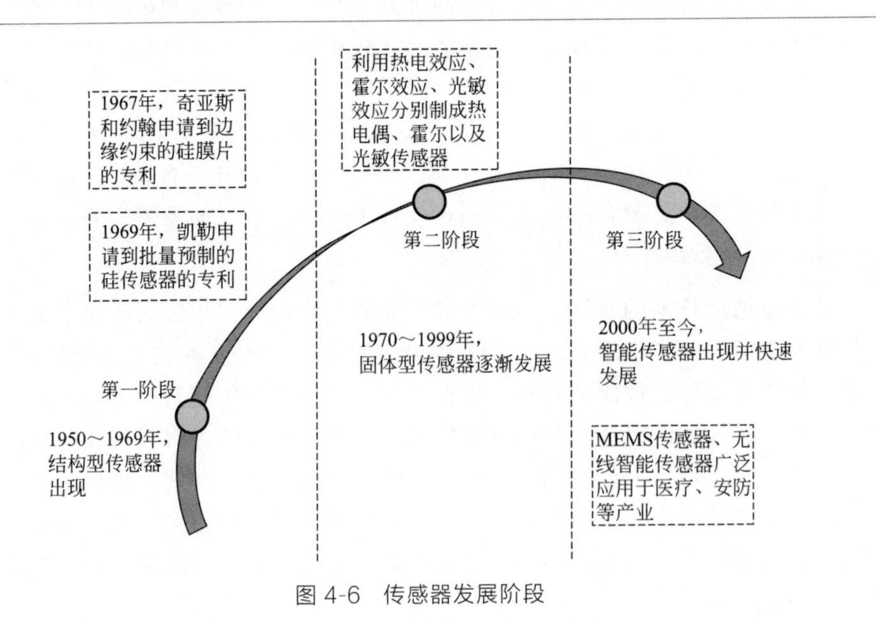

图 4-6 传感器发展阶段

未来物联网的世界，也是传感器的世界。目前国内传感器技术发展与创新的重点在材料、结构和性能改进三个方面。敏感材料从液态向半固态、固态方向发展；结构向微型化、集成化、模块化、智能化方向发展，利用 MEMS 技术加工制作的微型传感器具有微型化、集成化、低成本、易批量生产等一系列优点，其呈现出来的优势受到了越来越多国家的重视，很多国家也开始投入重金发展微型传感器；性能则向检测量程宽、检测精度高、抗干扰能力强、性能稳定、寿命长久方向发展。特别值得一提的是，物联网技术的发展，对传统传感技术又提出了新的要求，传感器产品正逐渐向 MEMS 技术、无线数据传输技术、红外技术、新材料技术、纳米技术、陶瓷技术、薄膜技术、光纤技术、激光技术、复合传感器技术、多学科交叉融合的方向发展。

4.2 智能制造装备传感器

4.2.1 概述

智能制造装备的感知系统主要依赖智能传感器。智能传感器是具有信息处理功能的传感器，具有采集、处理、交换信息的能力，是传感器集成化与微处理机相结合的产物，是智能制造装备重要的感官。与一般传感器相比，智能传感器功能多样化，通过软件技术可实现高精度的信息采集，具有一定的编程自动化能力，成本低。

作为智能制造装备的自主输入装置，智能传感器是智能制造装备的各种感觉器官，是智能制造装备获取外界环境信息的窗口。智能制造装备对于外界环境的感觉主要有视觉、位置觉、速度觉、力觉、触觉等。

智能传感器能将检测到的各种物理量存储并进行数据处理，而智能传感器之间则能进行信息交流并自主传送有效数据，自动完成数据分析处理。一个良好的智能传感器是由微处理器驱动的传感器与仪表组成的套装，并且具有通信与板载诊断等功能，为监控系统或操作员提供相关信息，提高工作效率，减少维护成本。智能传感器集成了传感器、智能仪表全部功能及部分控制功能，具有很高的线性度和低的温度漂移，降低了系统的复杂性，简化了系统结构。智能传感器通过测试数据传输或接收指令来实现各项功能，如增益的设置、补偿参数的设置、内检参数的设置、测试数据的输出等。

① 自补偿和计算功能。传感器的温度漂移和输出非线性是很难解决的，尽管工程师们做了大量努力，但仍没有解决根本问题。智能传感器的自补偿和计算

功能为传感器的温度漂移和非线性补偿开辟了新的道路，硬件难以完成的可以由软件来实现。适当放宽传感器加工精度要求，只要能保证传感器的重复性好，利用微处理器对测试的信号通过软件计算，采用多次拟合和差值计算方法对温度漂移和非线性进行实时补偿，获得精确的测量结果。

② 自检、自校、自诊断功能。为保证传感器正常使用时的精度，普通传感器需要定期检验和标定，一般需要将传感器从使用现场拆卸送到实验室或检验部门进行，若在线测量传感器出现异常则不能及时诊断。采用智能传感器优势明显，自诊断功能使智能传感器在电源接通时进行自检，根据自检结果自主判断组件有无故障。除此之外，根据使用时间可以在线进行校正，微处理器利用存在EPROM 内的计量特性数据进行对比校对。

③ 传感复合化。智能传感器具有复合功能，能够同时测量多种物理量和化学量，给出较全面反映物质运动规律的信息，原来需要多个传感器同时工作，现在只需要一个就可以了。如某种复合液体传感器，可同时测量介质的温度、流速、压力和密度。复合力学传感器，可同时测量物体某一点的三维振动加速度、速度、位移等。

④ 传感器的集成化。大规模集成电路的发展使传感器与相应的电路都集成到同一芯片上，不仅体积小、功能强，而且具有某些“智能”，这种传感器为集成智能传感器。集成度高的传感器具有较高的信噪比，传感器的弱信号先经集成电路信号放大后再远距离传送，可很大程度上改进信噪比。由于传感器与电路集成于同一芯片上，因此传感器的零漂、温漂和零位既可以通过自校单元定期自动校准，又可以采用适当的反馈方式改善传感器的频响。

4.2.2 智能制造装备传感器的作用

传感器是智能制造装备信息输入的基础，也是智能制造装备能够自主获得信息、自主判断、自主行动的基础。智能制造装备能够感知外界环境，自主分析判断后制订决策，并实现自主反馈或行动。这一过程通过输入系统、计算系统、输出系统三个功能模块来实现。智能制造装备的输入一部分是人工输入的设置参数，另一部分是通过自身的传感器感知外界环境获得的信息。人工输入参数是对智能制造装备进行的设置，反映了使用者的使用目的和预期，传感器输入的数据是智能制造装备通过感知外界环境获得的有利于设备运转的信息。

传感器作为智能制造装备唯一的自主式输入，相当于智能制造装备、机器人的各种感觉器官，智能制造装备对于外界环境的感觉主要有视觉、位置觉、速度觉、力觉、触觉等。视觉可分为直观的视觉和环境模型式的视觉，是智能制造装备最常用的输入系统。直观视觉的数据是像素组成的图片，典型的应用如基于高速相机、摄像机等的机器视觉、物体识别等。环境模型式的视觉数据类型是点云数据构成的空间模型，典型的应用是基于3D激光雷达、激光扫描仪等的空间建模。

位置觉是指通过感知周围物体与自身的距离，从而判断自身所处的环境位置，此类传感器有激光测距仪、2D激光雷达、磁力计（判断方向）、毫米波雷达、超声波传感器等。

速度觉是指智能制造装备对于自身运行的速度、加速度、角速度等信息的掌握，此类传感器有速度编码器、加速感应器、陀螺仪等。

力觉在智能制造装备中用以感知外部接触物体或内部机械机构的力，典型的应用如装在关节驱动器上的力传感器，用来实现力反馈；装在机械手臂末端和机器人最后一个关节之间的力传感器，用来检测物体施加的力等。

触觉在智能制造装备中可以进一步分为接触觉、压觉、滑觉，此类传感器有光学式触觉传感器、压阻式阵列触觉传感器、滑觉传感器等，其中滑觉传感器是实现机器人抓握功能的必备条件[53]。

除以上五种感觉以外，一些物理传感器还具有超越人体的感觉，比如生物传感器可以测量血压、体温等，环境传感器可以测量温湿度、空气粉尘颗粒物含量、紫外线光照强度等。这些超越人体感官的传感器如今被可穿戴设备搭配起来，从而被赋予了扩充人体感官的功能。智能装备上的传感器及应用如图4-7所示。

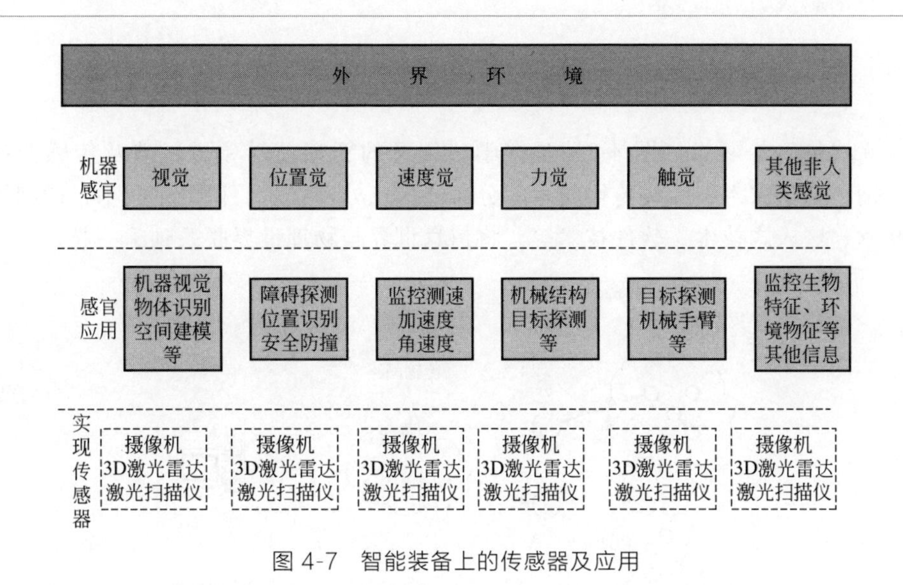

图4-7 智能装备上的传感器及应用

4.2.3 智能制造装备传感器的分类

智能制造装备设备中的传感器根据功能还可以分为运动传感器、生物传感器、环境传感器等。

① 运动传感器。运动传感器实现的功能有运动探测、导航、娱乐、人机交互等，包括加速度传感器、陀螺仪、地磁传感器（电子罗盘传感器）、大气压传感器等。电子罗盘传感器可以用于测量方向，实现或辅助导航。通过运动传感器随时随地测量、记录和分析人体的活动情况具有重大价值，用户可以知道跑步步数、游泳圈数、骑车距离、能量消耗和睡眠时间，甚至睡眠质量等。现在很多穿戴设备包括手机中，都有此类传感器，可以随时记录人们的运动信息，通过数据分析，给出一些健康参考。

② 生物传感器。生物传感器主要实现的功能包括健康和医疗监控、娱乐等。生物传感器主要包括血糖传感器、血压传感器、心电传感器、肌电传感器、体温传感器、脑电波传感器等，借助可穿戴技术中应用的这些传感器，可以实现健康预警、病情监控等，医生可以借此提高诊断水平，家人也可以与患者进行更好的沟通。

③ 环境传感器。环境传感器包括温湿度传感器、气体传感器、pH 传感器、风速风向传感器、紫外线传感器、蒸发传感器、雨量传感器、环境光传感器、颗粒物传感器或者说粉尘传感器、气压传感器等，这些传感器主要实现环境监测、天气预报、健康提醒等功能。在环保问题日益突出的今天，环境传感器发挥的作用将越来越大。

4.2.4 无线传感器网络

无线传感器网络（图 4-8）是多学科交叉的新兴前沿领域，涉及传感器技术、网络通信技术、无线传输技术、分布式信息处理技术、微电子技术、微细加工技术、嵌入式技术、软件技术等，将信息世界与物理世界联系到了一起。

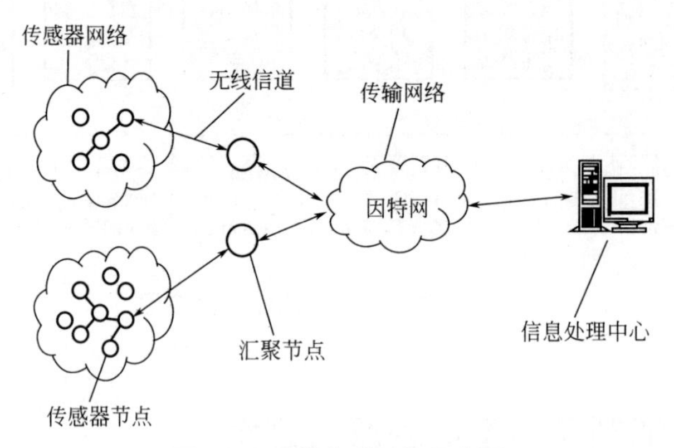

图 4-8 无线传感网络示意图

由于无线传感器网络强调的是无线通信、分布式数据监测与处理和传感器网络，因此具有以下突出优势[54]：

① 由于集成了多种类型的传感器，增强了监测的性能。

② 解决了布置在恶劣监测环境中的传感器的维护与更换问题。

③ 由于网络系统可以包含大量的传感节点，可增强系统的容错性，从而成倍地增加了对整个系统进行诊断的可靠性。

④ 通过大量无线传感器在监测区域附近的布置，通过分布监测来进行监测的效果要远优于仅使用单个传感器。

⑤ 通过分布式数据处理，即传感节点与簇头在局部进行协同计算，簇头将用户需求和部分处理过的数据通过数据聚集后进行传送，减少了数据传送量，尤其在距离较远时减少了无线电信号传送时消耗的能量。

⑥ 无线链路组建快速，无须架线挖沟，线路开通快。

⑦ 无线通信覆盖范围大，几乎不受地理环境限制，并可提供 64Kbps～11Mbps 的通信速率，误码率低于 10^{-10}。

⑧ 可根据应用需求灵活制订网络规模与拓扑，并可随时增加链路，安装、扩容方便。

⑨ 无线链路安全性能高，可有效防止窃听。

⑩ 与有线网络相比，投资成本低、工程周期短、性价比高。

无线传感器网络已经被广泛应用在工业控制、智能家居与消费类电子、安保、军事安全、物流、智能精细农业、环境感知、健康监测、智能交通、物流管理、管道监测、航空监测、健康监护和行为监测等诸多领域。

无线传感器网络把分布在一个区域内的诸多具有无线通信与计算能力的传感器收集的信息，通过无线的方式汇集起来，以实现对该区域内特定状态进行监测和控制。WSN 技术与物联网技术密切相关，可以说 WSN 是物联网的技术支撑。无线传感网络以无人值守的监测或测量的信号源为感知对象，通过目标的热、电等各种物理信号，获取温度、压力、加速度等目标属性。

无线传感器网络组建方式自由。无线网络传感器的组建不受外界条件的限制；网络拓扑结构具有不确定性，构成网络拓扑结构的传感器节点可以随时增加或者减少，网络拓扑结构图可以随时被分开或者合并；控制方式不集中，各个传感器节点之间的控制方式是分散式的，路由和主机的功能由网络的终端实现各个主机独立运行，互不干涉；无线传感器网络采用无线方式传递信息，因此传感器节点在传递信息的过程中很容易被外界入侵，从而导致信息的泄露和无线传感器网络的损坏，大部分无线传感器网络的节点都是暴露在外的，降低了无线传感器网络的安全性。无线传感器节点结构示意图如图 4-9 所示。图 4-10 所示为无线传感网络在智能家居的应用。

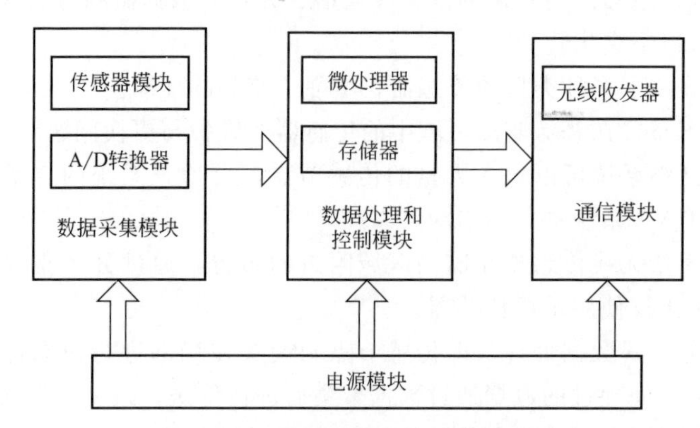

图 4-9 无线传感器节点结构示意图

图 4-10 无线传感网络在智能家居的应用

4.2.5 模糊传感器

模糊传感器属于智能传感器的范畴，是将数值测量与语言符号表示二者相结合而构成的一体化符号测量系统，在经典传感器数值测量的基础上，经过模糊推理与知识集成，以自然语言符号描述的形式输出测量结果的智能传感器。模糊传感器是以数值量为基础，能产生和处理相关测量的符号信息的传感器件。模糊传感器的基本逻辑结构由信号提取、信号处理、数值转换和模糊概念合成四部分组成。模糊传感器具有一般智能传感器的特点，也有自己的特点。模糊传感器具有学习功能、推理功能、感知功能、通信功能等。模糊传感器结构如图 4-11 所示。

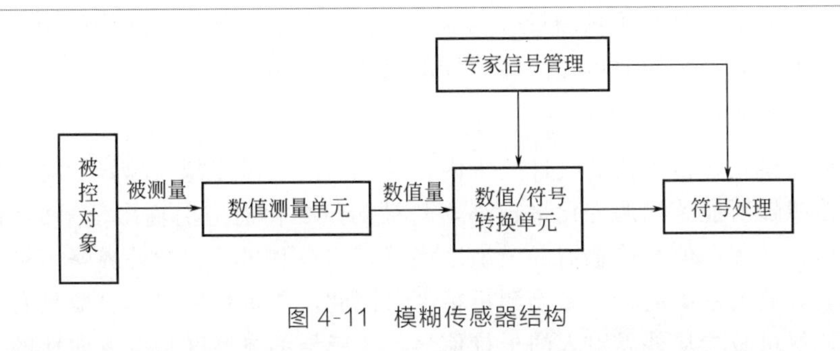

图 4-11 模糊传感器结构

模糊传感器在实际生产生活中得到了广泛的应用，如模糊控制洗衣机中的布量检测、水位检测、水的浑浊度检测，电饭煲中的水、饭量检测，模糊手机充电器等。另外，模糊距离传感器、模糊温度传感器、模糊色彩传感器等也是国外专家们研制的成果。随着科技的发展，科学分支的相互融合，模糊传感器也应用到了神经网络、模式识别等体系中。

4.3 智能制造装备传感器的选择

在机电一体化产品特别是智能制造装备各系统中，传感器处系统之首，其作用相当于系统的感受器官，用于检测有关外界环境及自身状态的各种物理量（如力、温度、距离、变形、位置、功率等）及其变化，并将这些信号转换成电信号，然后通过相应的变换、放大、调制与解调、滤波、运算等电路将有用的信号检测出来，反馈给控制装置或显示。实现上述功能的传感器及相应的信号检测与处理电路，就构成了机电一体化产品中的检测系统。传感器在应用时一般设置相应的测试系统，尤其是在智能化产品中，传感器及其检测系统是一个必不可少的组成部分。

以数控机床为例，用到的传感器有旋转编码器、霍尔传感器、旋转变压器、感应同步器、光栅位移传感器、磁栅位移传感器等多种传感器，还有涉及切削力测量、工件检测等的多种传感器。

传感器的选择是智能制造装备设计的重要环节，一般应综合考虑使用环境、灵敏度、频响特性、线性范围、稳定性和精度等。

（1）根据测量对象与测量环境确定传感器的类型

进行一个具体指标的测量时，要分析多方面的因素，综合考虑采用何种原理的传感器。即使是测量同一个物理量，也有多种原理的传感器可供选用。量程的大小、被测位置对传感器体积的要求、测量方式为接触式还是非接触式、信号的引出方法、有线或是非接触测量等均需考虑。在考虑上述问题之后就能确定选用何种类型的传感器，然后再考虑传感器的具体性能指标。

（2）灵敏度

一般来说，在传感器的线性范围内，传感器的灵敏度越高越好。灵敏度越高意味着传感器所能感知的变化量越小，与被测量变化对应的输出信号的值较大，有利于信号处理。但当传感器的灵敏度高时，与被测量无关的外界噪声也容易混入，也会被放大系统放大，影响测量精度。因此，要求传感器本身应具有较高的信噪比，尽量减少从外界引入的干扰信号。传感器的灵敏度是有方向性的。当被测量是一维向量，且对其方向性要求较高时，应选择其他方向灵敏度小的传感器；如果被测量是多维向量，则要求传感器的交叉灵敏度越小越好。与灵敏度紧密相关的是测量范围，最大的输入量不应使传感器进入非线性区域，更不能进入饱和区域。某些测试工作要在较强的噪声干扰下进行。其输入量不仅包括被测量，也包括干扰量，两者之和不能进入非线性区。过高的灵敏度会缩小其适用的测量范围。

（3）频响特性

传感器的频率响应特性决定了被测量的频率范围，传感器必须在允许频率范围内保持不失真的测量状态。实际上传感器的响应总有一定的延迟，延迟的时间越短则传感器性能越好。传感器的频率响应高，可测的信号频率范围就宽，由于受到结构特性的影响，机械系统的惯性较大，因此频率低的传感器可测信号的频率也较低。在动态测量中，传感器的响应特性对测试结果有直接影响，应根据被测物理量信号的特点（稳态、瞬态、随机等）选择传感器，避免产生过大的误差。

（4）线性范围

传感器工作在线性区域内，这是保证测量精度的基本条件。任何传感器都有一定的线性范围，传感器的线性范围是指输出与输入成正比的范围。从理论上讲，在此范围内，灵敏度保持定值。传感器的线性范围越宽，则其量程越大，并且能保证一定的测量精度。然而任何传感器都不容易保证其绝对的线性，在许可限度内，可以在其近似线性区域应用。选择传感器时，传感器的种类确定以后首先要看其量程是否满足要求。当所要求测量精度比较低时，在一定的范围内，可将非线性误差较小的传感器近似看作线性的。

(5) 稳定性

传感器的稳定性是指使用一段时间后，其性能保持不变的能力。除自身结构外，影响传感器稳定性的主要因素是其使用环境，因此传感器必须要有较强的环境适应能力，才能有良好的稳定性。在选择传感器之前，应对其使用环境进行调查，并根据具体的使用环境选择合适的传感器，或采取适当的措施，减小环境对传感器的影响，比如搭建专用房屋，考虑减小电磁辐射强度等措施。传感器的稳定性有时间限制，超过标定周期后再次使用前应重新进行标定，以确定传感器的性能是否发生变化。在某些要求传感器能长期使用而又不能轻易更换或标定的场合，要选择稳定性优良的传感器，要能够经受住长时间的考验。

(6) 可靠性

可靠性是传感器和一切测量装置的生命。所谓可靠性是指仪器、装置等产品在规定的条件、规定的时间内可以实现规定功能的能力。只有产品的性能参数均处在规定的误差范围内，才能认为可完成规定的功能。因此在传感器的选用过程中其可靠性是挑选传感器的重要指标之一。

(7) 精度

传感器的精度表示传感器的输出与被测量的真值一致的程度。精度是传感器一个重要的性能指标，它是关系到整个测量系统测量精度的重要参数。传感器能否真实地反映被测量值，对整个测试系统具有直接影响。传感器的价格与其精度成正比，设计选型时要根据测试的目的和要求考虑性价比，精度不必选得过高，只要满足整个测量系统的精度要求即可，在满足同一测量目的的诸多传感器中选择比较便宜和简单的传感器即可。如果是为了定性分析，选用重复精度高的传感器即可，不宜选用绝对量值精度高的；如果是为了定量分析，必须获得精确的测量值，就需选用精度等级能满足要求的传感器。在某些特殊的使用场合，若无法选到合适的传感器，则需自行设计制造传感器。自制传感器的性能应满足使用要求。

(8) 测量方式

传感器在实际条件下的工作方式也是传感器选择必须考虑的因素。不同的工作环境对传感器的要求也不同。

(9) 其他

除了以上选用传感器时应该充分考虑的因素之外，还应该尽可能地兼顾结构简单、体积小、重量轻、价格便宜、易于维修、易于更换等因素。

4.4 智能制造装备感知系统设计

4.4.1 感知系统定制开发

(1) 感知系统的设计

感知系统的设计与智能仪器的研制类似，为完成系统的功能，要遵循正确的设计原则，按照科学的设计步骤开发感知系统。首先要明确感知系统的设计要求，对感知系统设计的要求有：

① 功能及技术指标。感知系统需要具备的功能主要包括信息输出形式、通信方式、人机对话等，系统的技术指标主要包括精度、测量范围、工作环境条件和稳定性等。体积小、重量轻、精度和灵敏度高、响应快、稳定性好、信噪比高是追求的目标。

② 可靠性。感知系统是智能制造装备的“器官”，为保证感知系统各个组成部分能长时间稳定可靠地工作，应采取各种措施提高系统的可靠性。硬件方面需合理选择元器件，设计时对元器件的负载、速度、功耗、工作环境等技术参数留有一定的余量，对元器件进行老化检查和筛选，并在极限情况下进行实验，如让感知系统承受低温、高温、冲击、振动、干扰、烟雾等，以保证环境的适应性。在软件方面，采用模块化设计方法，并对软件进行全面测试，消除漏洞，降低故障率，提高可靠性。

③ 便于操作和维护。在感知系统以及各前端感知模块的设计过程中，应考虑现场操作处理、维护的方便性，从而使操作者无须专门训练，便能掌握系统的使用方法。另外，对于主系统结构要尽量规范化、模块化，最好能够配有现场故障诊断程序，一旦发生故障，能保证有效地对故障进行定位，以便更换相应的设备模块，使系统具有良好的可维护性。

④ 工艺结构。工艺结构也是影响系统可靠性的重要因素之一。依据系统及各部件的工作环境条件，确定是否需要防水、防尘、密封、抗冲击、抗震动、抗腐蚀等工艺结构，认真考虑系统的总体结构、各模块间的连接关系等。

⑤ 环境适应性。感知系统对环境条件适应能力要强。设计时应充分考察现场环境，然后慎重选择传感器类型，应不易受被测对象（如电阻、磁导率）的影

响，也不影响外部环境，提高传感器的可靠性，提高机电装备寿命。

(2) 系统的设计方法

进行系统设计时，可以采用自上而下设计和开放性设计。

① 自上而下设计。设计人员根据系统与各部件模块的功能和设计要求提出系统设计的总任务，绘制硬件和软件总框图（总体设计），然后将任务分解成一批可独立表征的子任务，直到每个子任务足够简单，可以直接且容易地实现为止。子任务可采用某些通用模块，并可作为单独的实体进行设计和调试。这种模块化的系统设计方式不仅简化了设计过程，缩短了设计周期，而且结构灵活，维修方便快捷，便于扩充和更新，增强了系统的适应性，提高了系统可靠性。

② 开放性设计。系统设计时可采用开放式设计原则，留有未来更新与扩充的余地，以方便用户功能扩展或二次开发升级，满足用户不同层次的要求，应在综合考虑各种因素后正确选用合理的设计方案。

(3) 系统的设计步骤

系统设计是根据系统分析的结果，运用系统科学的思想和方法，设计出能最大限度满足目标要求的系统的过程。

1）确定设计任务。明确设计对象的工作原理开始于项目需求分析，结束于总体技术方案确定。全面了解设计的内容，搞清楚要解决的问题，主要进行硬件设计需求分解，包括硬件功能需求、性能指标、可靠性指标、可制造性需求、可服务性需求及可测试性等需求；对硬件需求进行量化，并对其可行性、合理性、可靠性等进行评估，硬件设计需求是硬件工程师总体技术方案设计的基础和依据。根据系统最终要实现的设计目标，做出详细的设计任务说明书，明确感知系统的功能和应达到的技术指标。

2）拟定总体设计方案。根据设计任务说明书制订设计方案，包括理论分析、计算及必要的模拟实验，验证方案是否可达到设计要求，然后对方案进行可行性论证，最后从总体的先进性、可靠性、成本、制作周期、可维护性等方面比较、择优，综合制订设计方案，直到完成硬件概要设计为止。主要对硬件单元电路、局部电路或有新技术、新器件应用的电路的设计与验证及关键工艺、结构装配等不确定技术的验证及调测，为概要设计提供设计依据和设计支持。感知系统的设计调试步骤如图 4-12 所示。

根据总体设计方案，确定系统的核心部件和软、硬件的分配。采用自上而下的设计方法把系统划分成便于实现的功能模块，绘制各模块软、硬件的工作流程图，并分别进行调试。各模块调试通过之后，再进行统调，完成感知系统的设计。

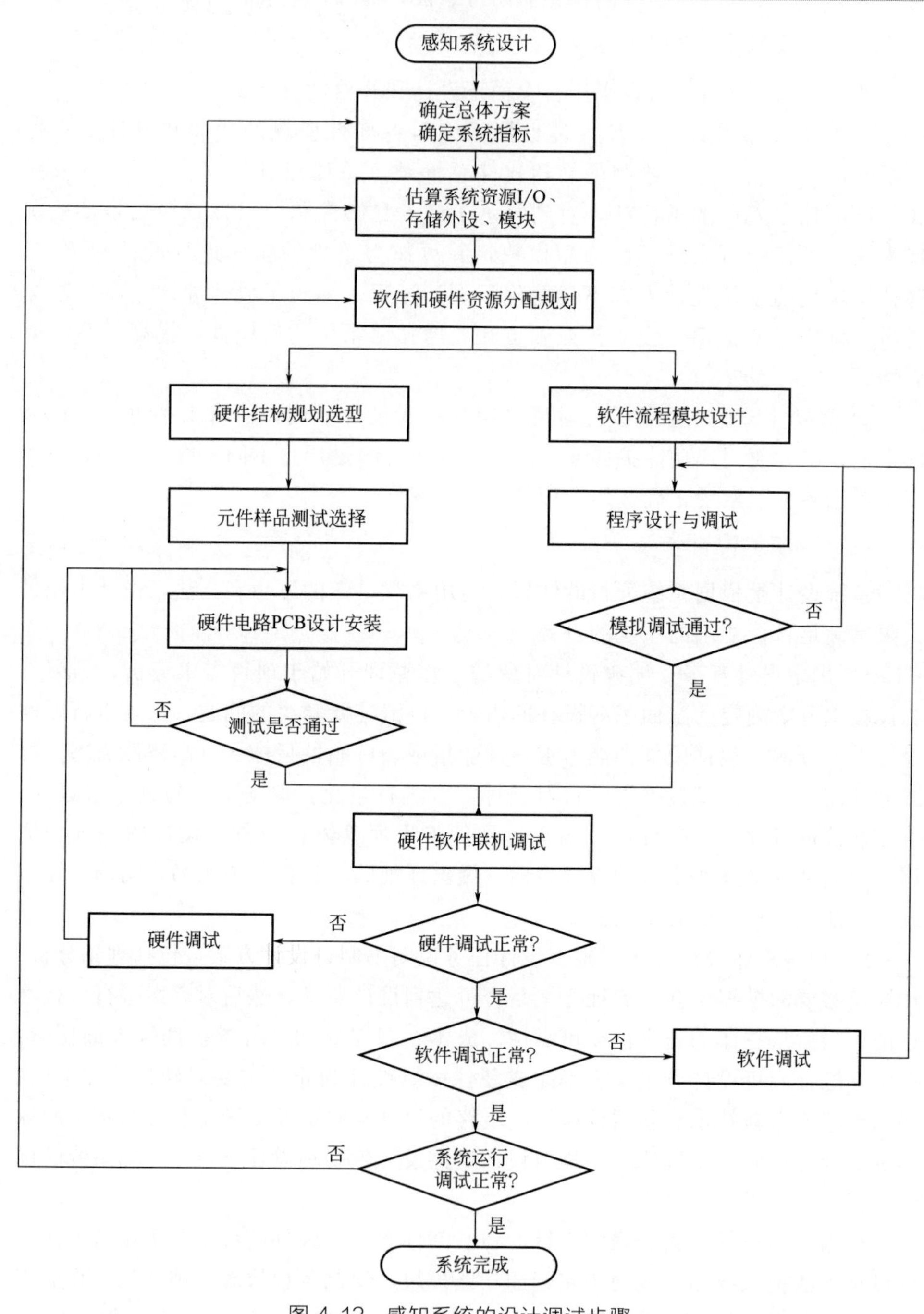

图 4-12　感知系统的设计调试步骤

第一步，根据系统的总体方案，确定系统的核心部件。具有感知的部件对系统整体性能、价格等起很大的作用，会影响硬件、软件的设计。系统中的智能控制部件通常可选 MCU（单片机）或 MPU 等。

MCU 是在一块芯片上集成了 CPU、RAM、ROM、时钟、定时/计数器、串并行 I/O 接口等众多功能部件，有些型号的 MCU 包括 A/D 转换器、D/A 转换器、模拟比较器、脉宽调制器、USB 接口等，具有功能强、体积小、价格低、支持软件多、便于开发等特点。所以，感知系统的前端节点模块多选 MCU 作为智能控制部件。在选择具体型号时，应考虑字长、指令功能、寻址范围、寻址方式、内部存储器容量、位处理能力、中断处理能力、配套硬件、芯片价格及开发平台等。目前常用的 MCU 有 ATMEL 公司的 AT89 系列、AVR 系列，TI 公司 MSP430 系列，Motorola 公司的 68HCXX 等系列及与之兼容的多种改进升级型芯片。其中 MCU 的特点非常适合于集成度高、成本低的应用场合。

第二步，选择传感器。首先根据使用要求在众多传感器中选择自己需要的。有些传感器的输入/输出特性，理论上的分析较复杂，但实际应用时很简单，用户只需根据使用要求按其主要性能参数，如测量范围、精度、分辨率、灵敏度等选用即可。传感器性能参数指标包含的面很宽，对于具体的某种传感器，应根据实际需要和可能性，在确保其主要性能指标的情况下，适当放宽对次要性能指标的要求，切忌盲目追求各种特性参数均高指标，以获得较高的性价比。其次要注意不同系列产品的应用环境、使用条件和维护要求。环境变化（如温度、振动、噪声等）将改变传感器的某些特性（如灵敏度、线性度等），且能造成与被测参数无关的输出，如零点漂移。因此，应根据环境要求合理选用传感器。

第三步，设计和调试。首先是对硬件部件模块和软件编程的设计和调试。一般情况下，硬件模块和软件的设计分开进行。但是由于智能制造装备感知、识别与检测系统或部件模块的软、硬件密切相关，也可以交叉进行。

硬件部分的设计过程是根据硬件框图按模块分别对各单元电路进行设计，然后进行硬件合成，构成一个完整的硬件电路图。完成设计之后，绘制并印制电路板（PCB），然后进行装配与调试。

软件设计可先设计总体结构图，再将总体结构按自上向下的原则划分为多个子模块，采用结构化程序设计方法，画出每个子模块的详细流程图，选择合适的语言编写程序并调试。从系统或模块的功能、成本、研制周期和费用等方面综合考虑，合理分配软、硬件比例，使系统达到较高的性价比。

第四步，硬件和软件联合调试。软、硬件分别调试合格后，需要进行软、硬件联合调试。调试中出现的问题若属于硬件故障，可修改硬件电路；若属于软件问题，则修改程序；若属于系统问题，则对软、硬件同时修改。调试完成后，还需要对软、硬件进行测试，主要包括功能测试、压力测试、性能测试和其他专业测试，如抗干扰测试、产品寿命测试、防潮湿测试、高温和低温测试。

在感知系统调试过程中，有一项重要的工作是传感器标定和校准，且根据使用情况，交付现场后，传感器仍需定期校准标定。标定就是利用标准设备产生已知的非电量，并将其作为基准量来确定传感器的输出电量与输入非电量之间关系的过程。值得指出的是，传感器在出厂时均要进行标定，厂家的产品列表中所列的主要性能参数（或指标）就是通过标定得到的。传感器的标定应在与其使用条件相似的环境状态下和规定的安装条件下进行。传感器在使用前或在使用过程中或搁置一段时间后再使用时，必须对其性能参数进行复测或进行必要的调整与修正，以保证其测量精度，这个复测过程就是“校准”。

(4) 接口和嵌入式通信

近年来，无线传感网络得到快速发展，在此过程中出现了各种无线网络数据传输标准，不同协议标准对应不同的应用领域[55]。传感器系统的子系统之间、外部接口之间有不同的通信方式，为了尽可能地统一标准，IEEE 制定了 1451 标准，提供了将传感器和变送器连接到设备的接口标准，该标准定义了传感器电子数表的形式，包括不同制造商生成的不同传感器的关键信息。

传感器的数字接口一般是串行接口，有些数字图像传感器因数据传输量大，需要并行接口。串行接口有 RS232、RS485 等异步方式和 SPI 等同步方式。串行接口电路简单，数据传输距离更广，应用广泛，该接口曾经是 PC 与外设之间的标准接口之一，现在已经逐渐被 USB 取代，但在传感器领域仍旧广泛采用。RS485 用于配置本地网络和多点通信链路，逐步被控制器局域网（Controller Area Networks，CAN）替代，但在自动化工厂等领域应用仍然广泛。

无线通信标准方面，传感器应用领域主要有蓝牙、超宽带（UWB）、ZigBee 和 Wifi 四个关键的低功耗通信标准，它们有不同的标准和使用范围。常用无线传输协议比较见表 4-2。

表 4-2 常用无线传输协议比较

标准/协议	概念	主要优点	主要缺点
蓝牙(Blue Tooth)	蓝牙技术是一种无线数据和语音通信开放的全球规范，它是基于低成本的近距离无线连接，为固定和移动设备建立通信环境的一种特殊的近距离无线技术连接	低功耗，抗干扰能力强，技术成熟稳定，传输速率可达 24Mbps，成本低，支持手机等终端，智能蓝牙理论上可以无限扩展通信设备数量	经典蓝牙节点数有限，不适用于高速数据交换，设备搜寻速度慢，连接能耗高，蓝牙堆栈难以完成精细的时间同步
ZigBee 802.15.4	ZigBee，也称紫蜂，是一种低速短距离传输的无线网上协议，底层是采用 IEEE 802.15.4 标准规范的媒体访问层与物理层	协议简单，高效电源管理，支持大节点的网状网络，数据安全性好，支持身份验证、数据加密	缺少多跳协议引起通信干扰，高堵塞环境下操作困难，数据传输速率慢，不支持本地智能手机

续表

标准/协议	概念	主要优点	主要缺点
超宽带(UWB)	超宽带(Ultra Wide Band,UWB)技术是一种无线载波通信技术,它不采用正弦载波,而是利用纳秒级的非正弦波窄脉冲传输数据,因此其所占的频谱范围很宽。适用于室内等密集多径场所的高速无线接入	能耗低,抗噪声干扰,抗多径衰减,信号穿透力强	成本高,普及率低,信号采集时间长,与其他无线信号同时存在相互干扰
Wifi	Wifi,又称802.11b标准,是一种可以将个人电脑、手持设备(如PDA、手机)等终端以无线方式互相连接的技术	在高阻塞环境中的覆盖率高,传输速率高,支持平板电脑和智能手机,适应性、可扩展性强,安全性好,应用广泛	电源要求高,单跳网络,相较蓝牙和ZigBee成本高

4.4.2 感知系统定制开发方式及案例

(1) 同类传感器叠加实现单一功能上的纵向深度组合

同类传感器有机组合形成冗余结构，保证了系统在该功能上的安全性。以搭载大量传感器的无人驾驶汽车为例，如图4-13所示。无人驾驶汽车的感知系统将多种视觉、位置觉传感器进行有机结合，形成了相互补充的冗余结构，通过感知系统实现自主识别障碍物、道路、交通信号等路况信息，从而保证系统能够正确、高效地实时感知外界环境，做出正确驾驶决策。无人驾驶汽车感知系统是机器取代驾驶员的关键。系统主要由各种视觉、位置觉、传感器结合而成，同种类型的不同传感器彼此辅助、弥补，形成多重安全保障，保证了系统的高安全性。一台能够自主驾驶的无人驾驶汽车应具备以下功能：

图4-13 无人驾驶汽车

① 测距保障一。安装在车顶的3D激光雷达可以主动构建周边环境的空间模型。谷歌无人驾驶汽车装载了Velodyne公司的激光雷达传感器，能计算出200m范围内物体的距离，并借此创建出三维环境图形。激光雷达传感器是谷歌无人车的视觉系统，是无人驾驶系统主要的信息输入来源。

② 测距保障二。安装在前后保险杠的毫米波雷达，不受天气及光照影响，是行驶安全的第二重有力保障。谷歌无人驾驶汽车的前后保险杠上面一共安装了四个毫米波雷达，这是自适应巡航控制系统的一部分，可以保证无人驾驶汽车在道路行驶时处在安全的跟车距离上，无人车需要和前车保持2～4s的安全反应距离，具体设置根据车速变化而变化，从而能最大限度地保证乘客的安全。

目前，标准车载雷达多采用毫米波雷达，其他也有采用红外线雷达的情况。但是毫米波雷达和红外线雷达的共同缺点是对于行人的反射效果极弱，因此只能应用于保持前后车距，作为3D激光雷达的辅助。

③ 测距保障三。超声波雷达的测距稳定性最佳，但距离最近，是行驶安全的第三重保障。超声波传感器就是普通汽车上的倒车雷达，因其测距稳定性极佳，不受光照、天气的影响，且能检测出不分质地的障碍物等特点被广泛使用，但其受测量距离的限制，只能测量10m内的物体。

④ 外环境识别。前置、侧置、后置摄像机可以清晰有效地辨别事物。车辆前部安装的摄像机可以更好地帮助汽车识别眼前的物体，包括行人、其他车辆等。还可以识别交通标志和信号，以及各种限速、单行道、双行道和人行道标示等。车载摄像机或其他传感器实时捕捉车道信息，可以为汽车行驶提供路径和方向信息。

⑤ 车身定位。高精度北斗导航系统或GPS进行行车路线规划。无人驾驶汽车充分利用北斗或GPS技术定位自身位置，然后利用商业地图实现最优化的路径规划。但是，由于天气等因素的影响，GPS的精度一般在几米的量级上，并不能达到足够的精准。为了实现定位准确，商业地图一般都是在线模式，需要将定位数据和前面收集到的实时数据进行综合，随着车辆运动，车内的实时地图也会根据新情况进行更新，从而显示更加精确的地图以方便定位。

⑥ 车身状态监控。安装在车轮的转速编码器和加速度传感器用来采集车轮的实时转速，以获取无人驾驶汽车的时速、车轮转速、角速度以及惯性等自身速度信息。通过判断车轮的转速信息，还可间接判断胎压是否稳定。

（2）多种传感器搭配实现多种功能上的横向广度组合

多种传感器组合应用进行产品创新是最常见的传感器应用趋势，功能的创新和组合在未来也将催生多种形式的新型智能装备，尤其在家庭应用、社会服务、公共服务等领域。为满足系统多类型、多层次的输入输出需求，多种类型的传感器创新组合，形成智能装备的多种感觉，根据多种感觉形成智能反馈。以日本研发的情感交互型机器人 Pepper 为例，如图 4-14 所示。该机器人就是一种典型的多种传感器组合使用的产品，Pepper 配备了多种传感器以实现视觉（摄像头、红外传感器）、位置觉（激光测距仪）、听觉（麦克风）、触觉（接触觉传感器、滑觉传感器）等感觉，并配备了特制显示屏以实现面部表情和心情的表达，构造了机械手臂以实现肢体语言等。

图 4-14 Pepper 机器人

Pepper 机器人的主要传感器包括：位于头部和嘴巴的摄像头，用来识别物体和记录影像；位于眼睛部位的激光发射器和激光接收器，用来测量目标物体与自己的距离；位于头部的红外线传感器，用来识别人的面部轮廓，进行人类情绪的判断；位于手部的接触觉传感器、滑觉传感器，用来实现物体抓握等功能；其他如麦克风和用来辅助机械内部结构的力学传感器等。

Pepper 机器人的传感器之间并不存在主次关系，各种硬件平等地服务于整体系统。其人类情感识别系统、语音判断与反馈的人工智能系统是决定产品性能高低的关键性技术。

近几年引起广泛关注的波士顿动力研发的 BigDog 机器人（图 4-15）也是运用多种传感器组合的典型案例。BigDog 机器人能够完成行走、跑步、跳跃、攀爬并搬运重物等工作。BigDog 的四条腿可以吸收冲击以回收能量，其独特之处在于精妙的力学设计和各种传感器的应用使 BigDog 拥有超高的稳定性和协调性，能在路况糟糕的野外、山地流畅地行进，并且在受到诸如冲撞、脚踢等外力冲击时能够做出反应防止跌倒。BigDog 机器人中构成本体感觉模块的传感器有 4 种：线性电位器，用来测量 BigDog 机器人关节的移位，以判断关节部位受力方向的变化；力传感器，用来测量执行器、脚踝部位所承受的力，结合线性电位器用来保持身体的力平衡；电流传感器，用来测量伺服电机是否提供了正确的电流；陀螺仪，用来测量机器人本体的角速度、线性加速度。所有这些传感器的信息综合起来，用来维持机器人本体的受力平衡。构成外部感知模块的传感器有立体摄像头，用来感知地面倾斜度，以调整受力平衡，还可以用来识别障碍物以进行躲避；除此之外还有激光雷达，用来定位引导员实现自动避障式跟踪。

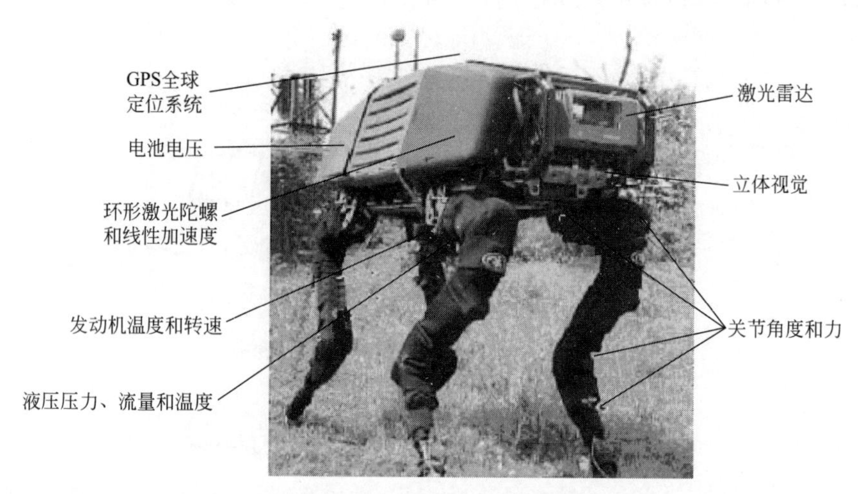

图 4-15 BigDog 机器人

（3）新型传感器应用于传统设备，使场景创新萌发生命力

新型传感器应用于传统设备是一种场景创新，最典型的案例是扫地机器人（图 4-16）。扫地机器人有随机碰撞式和路径规划式两种。路径规划式扫地机器人由于其清洁效率高、脱困能力强、方便快捷等特点将逐步取代随机碰撞式机器人。路径规划需用到 GPS 技术、视觉技术、激光技术。

图 4-16 扫地机器人

GPS 技术使扫地机器人清楚自身所处的房间内的位置，有效避免了重复清理，提高了清洁效率，但是不能躲避障碍物，因此对于障碍物的探测还是采用“碰撞式”。并且由于 GPS 定位误差等问题，在房屋较小的空间内使用意义不大。

基于视觉技术的扫地机器人指通过摄像头获取图像，通过算法实现规划路径、躲避障碍，对室内物体没有要求，适配于各种室内居室，但定位精度比激光导航低。目前市面上的产品采用SLAM（实时定位与制图）技术，能够通过摄像头观测房间，识别房间的标志物体及主要特征，通过三角定位原理绘制房间地图进行导航，从而确认自身在房间里的位置进行清扫。

基于激光技术的扫地机器人及激光雷达导航扫地机器人，指采用一些低成本激光雷达获得周围物体的距离信息，并通过智能算法规划路径、躲避障碍。采用激光雷达导航的扫地机器人精度较高（厘米级），可应用于较大的空间（半径为5m的激光雷达能够覆盖80m^2），但无法探测到落地玻璃、花瓶等高反射率物体，旋转的激光雷达还可能出现寿命问题。

当前，激光导航式扫地机器人的售价还是高于人们的预期。未来随着2D激光雷达等传感器成本的下降，激光导航扫地机器人有望走进千家万户。

4.5 工业机器人的传感器

4.5.1 工业机器人的感觉系统

随着劳动力的短缺，“机器换人”是一大势所趋。工业机器人是广泛用于工业领域的多关节机械手或多自由度机械装置，主要由机械结构系统、驱动系统、感知系统、机器人-环境交互系统、人机交互系统和控制系统组成，具有一定的自动性，可依靠自身的动力能源和控制能力实现各种工业加工制造功能。工业机器人被广泛应用于汽车、家电、电子、物流、化工等工业领域之中。工业机器人定位运动要求高，自由度多，运动频繁，工作时间长，因此必须得有可靠的传感器。工业机器人上的常用传感器主要包括工业机器人内部传感器、工业机器人外部传感器等。工业机器人的感觉系统主要是视觉、听觉、触觉、嗅觉、味觉、平衡感觉等，其传感器的一般要求是精度高、重复性好、稳定性和可靠性好、抗干扰能力强、质量轻、体积小、安装方便。机器人常用传感器见表4-3。

表4-3 机器人常用传感器

传感器位置		基本种类
内部传感器	位置传感器	电位器、旋转变压器、码盘
	速度传感器	码盘、测速发电机
	加速度传感器	应变片式、压电式、MEMS加速度计
	倾斜角传感器	垂直振子式、液体式
	力矩传感器	应变式、压电式

续表

传感器位置			基本种类
外部传感器	视觉传感器	测量传感器	光学式
		识别传感器	光学式、超声波式
	触觉传感器	触觉传感器	单点式、分布式
		压觉传感器	单点式、分布式、高密度集成
		滑觉传感器	点接触式、线接触式、面接触式
	接近度传感器	接近传感器	空气式、磁场式、电场式、光学式、超声波式
		距离传感器	光学式、超声波式

工业机器人内部传感器装在操作机上，包括位移、速度、加速度传感器，主要作用是检测机器人操作机内部状态，作为伺服控制系统的反馈信号。诸如视觉、触觉、力觉、距离等外部传感器用于检测作业对象及环境与机器人的通信。传感器在机器人的控制中起非常重要的作用，正因为有了传感器，机器人才具备了类似人类的知觉功能和反应能力。

4.5.2 工业机器人内部传感器

在工业机器人内部传感器中，位置传感器和速度传感器是机器人反馈控制中不可缺少的元件。

(1) 规定位置、规定角度的检测

检测预先规定的位置或角度，可以用开/关两个状态值，主要检测机器人的起始原点、越限位置或确定位置。机械限位开关可以在规定的位移或力作用到微型开关的可动部分时，开关的电气触点断开或接通。限位开关通常装在盒里，以防外力的作用和水、油、尘埃的侵蚀。

光电开关是由 LED 光源和光敏二极管或光敏晶体管等光敏元件相隔一定距离而构成的透光式开关。当光由基准位置的遮光片通过光源和光敏元件的缝隙时，光射不到光敏元件上，而起到开关的作用。有时为了提高限位的可靠性，机械限位和光电开关同时使用。

(2) 位置、角度测量

测量机器人关节线位移和角位移的传感器是机器人位置反馈控制中必不可少的元件。常用的传感器有电位器、旋转变压器、编码器等。

(3) 速度、角速度测量

速度、角速度测量是驱动器反馈控制必不可少的环节。有时也利用位移传感器测量速度，即检测单位采样时间的位移量，但这种方法有其局限性：低速时测量不稳定；高速时只能获得较低的测量精度。最常用的速度、角速度传感器是测速发电机或称为转速表的传感器、比率发电机。测量角速度的测速发电机，可按其构造分为直流测速发电机、交流测速发电机和感应式交流测速发电机。

（4）加速度测量

随着工业现场要求的提高，工业机器人负载、加速度都有了新的要求，随着机器人的高速比、高精度化，机器人的振动问题提上日程。为了解决振动问题，需在机器人的运动手臂等位置安装加速度传感器，测量振动加速度，并把它反馈到驱动器上。加速度测量常用的传感器有 MEMS 加速度传感器、应变片加速度传感器、伺服加速度传感器、压电感应加速度传感器等。这一部分在前面已有详细阐述。

4.5.3 工业机器人外部传感器

工业机器人（图 4-17）外部传感器的作用是检测作业对象及环境或机器人与它们的关系。工业机器人上安装有触觉传感器、视觉传感器、力觉传感器、接近觉传感器、超声波传感器和听觉传感器，大大改善了机器人的工作状况，使其能够更充分地完成复杂的工作。外部传感器为集多种学科于一体的产品，有些方面还在探索之中，随着外部传感器的进一步完善，机器人的功能将越来越强大。

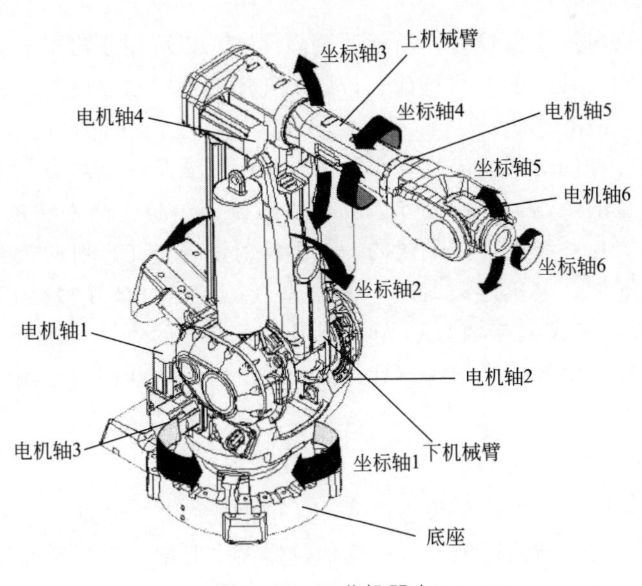

图 4-17 工业机器人

(1) 触觉传感器

触觉是接触、冲击、压迫等机械刺激感觉的综合，触觉可以用来进行机器人抓取，利用触觉可进一步感知物体的形状、软硬等物理性质。一般把检测感知和外部直接接触而产生的接触觉、压力触觉及接近觉的传感器称为机器人触觉传感器。

(2) 力觉传感器

力觉是指对机器人的指、肢和关节等运动中所受力的感知。主要包括：腕力觉、关节力觉和支座力觉等。根据被测对象的负载，可以把力传感器分为测力传感器（单轴力传感器）、力矩表（单轴力矩传感器）、手指传感器（检测机器人手指作用力的超小型单轴力传感器）和六轴力觉传感器。

力觉传感器根据力的检测方式不同，分为检测应变或应力的应变片式传感器，利用压电效应的压电元件式传感器，用位移计测量负载产生的位移的差动变压器、电容位移计式传感器等。应变片力觉传感器被机器人广泛采用。

在选用力觉传感器时，首先要特别注意额定值，其次是分辨率，在机器人通常的力控制中，力的精度意义不大，重要的是分辨率。

在机器人上实际安装使用力觉传感器时，一定要事先检查操作区域，清除障碍物。这对保障实验者的人身安全、保证机器人及外围设备不受损害有重要意义。

(3) 距离传感器

距离传感器可用于机器人导航和回避障碍物，也可用于对机器人空间内的物体进行定位及确定其一般形状特征。目前最常用的测距法有两种：其一是超声波测距法，其二是激光测距法。超声波是频率 20kHz 以上的机械振动波，利用发射脉冲和接收脉冲的时间间隔推算出距离。超声波测距法的缺点是波束较宽，其分辨率受到严重的限制，多用于导航和回避障碍物。激光测距法的工作原理是：氦氖激光器固定在基线上，在基线的一端由反射镜将激光点射向被测物体，反射镜固定在电机轴上，电机连续旋转，使激光点稳定地对被测目标扫描。由 CCD（电荷耦合器件）摄像机接收反射光，采用图像处理的方法检测出激光点图像，并根据位置坐标及摄像机光学特点计算出激光反射角。利用三角测距原理即可算出反射点的位置。

(4) 其他外部传感器

除以上介绍的机器人外部传感器外，还可根据机器人特殊用途安装听觉传感器、味觉传感器及电磁波传感器，而这些机器人主要用于科学研究、海洋资源探测或食品分析、救火等特殊用途。这些传感器多数处于开发阶段，有待于更进一步完善，以丰富机器人的专用功能。

（5）传感器融合

工业机器人越来越复杂，系统中使用的传感器种类和数量越来越多，每种传感器都有一定的使用条件和感知范围，并且又能给出环境或对象的部分或整个侧面的信息，为了有效地利用这些传感器信息，需要采用某种形式对传感器信息进行综合、融合处理，不同类型信息的多种形式的处理系统就是传感器融合。传感器的融合技术涉及神经网络、知识工程、模糊理论等信息、检测、控制领域的新理论和新方法。

当传感器检测同一环境或同一物体的同一性质时，传感器提供的数据可能是一致的，也可能是矛盾的。若有矛盾，就需要系统判断取优。系统裁决的方法有多种，如加权平均法、决策法等。在一个导航系统中，车辆位置的确定可以通过计算定位系统（利用速度、方向等记录数据进行计算）或路标（交叉路口、人行道等参照物）观测确定。若路标观测成功，则用路标观测的结果，并对计算法的值进行修正，否则利用计算法所得的结果。

多传感器信息融合的理想目标应是人类的感觉、识别、控制体系，但由于对其尚无一个明确的工程学的阐述，所以机器人传感器融合体系要具备什么样的功能仍是一个模糊的概念。随着机器人智能水平的提高，未来多传感器信息融合理论和技术将会逐步完善发展。

未来，越来越多的3D视觉、力传感器会用到机器人上，机器人将会变得越来越智能化。随着传感与识别系统、人工智能等技术的进步，机器人从被单向控制向自己存储、自己应用数据方向发展，逐渐信息化。随着多机器人协同、控制、通信等技术进步，机器人从独立个体向互联网、协同合作方向发展。

4.6 智能制造装备传感器的发展趋势

传感器是当代科学技术发展的一个重要标志，随着物联网的迅速发展，作为智能感知的主角，传感器的发展潜力越来越大。传感器技术的不断发展，会使传感器越来越小型化，且继续变得更加智能，为未来的创新产品和服务提供一个新的平台[32]。

当今智能传感器层出不穷，智能传感器的研发工作还远远没有完成。它不断被更低成本、更小尺寸、更小功耗和更高性能、更高可靠性等需求驱动着，新传感原理、新技术不断涌现也不断推动智能传感器的研发[56]。随着各国政策的重视与研发的扶持，传感器正向着新原理、新材料和新工艺传感器、微小型化、智能化、多功能化和网络化以及多传感器融合与网络化方向发展[57]。

(1) 新型传感器研发

新现象、新原理、新材料是发展传感器技术、研究新型传感器的重要基础，每一种新原理、新材料的发现都会使新的传感器种类诞生。进一步探索具有新效应的敏感功能材料，并以此研制出具有新原理的新型物性型传感器件。物性型传感器亦称固态传感器，它包括半导体、电解质和强磁性体三类。其中利用量子力学诸效应研制的高灵敏阈传感器，用来检测微弱信号，是传感器技术发展的新趋势。例如，利用核磁共振吸收效应的磁敏传感器，可将检测限扩展到地磁强度的 10^7 倍；利用约瑟夫逊效应的热噪声温度传感器，可测量 10^{-6} 的超低温；利用光子滞后效应的响应速度极快的红外传感器。目前最先进的固态传感器是在一块芯片上可同时集成差压、静压、温度三个传感器，使差压传感器具有温度和压力补偿功能。

(2) 微型化

微电子技术和 MEMS 技术的发展推动了传感器的发展，传感器的体积越来越小，将传感器、微处理器、执行器合为一体，构成微电子机械系统。微传感器的尺寸大多为毫米级，甚至更小。例如，压力微传感器可以放在注射针头内，送入血管测量血液流动情况。未来随着传感器体积的减小，微型机器人将会在医疗、军事等领域发挥越来越大的作用。

(3) 传感器的集成化和多功能化

半导体集成电路技术及其开发思想、微细加工技术、厚膜和薄膜技术将被用于传感器加工制造。所谓集成化，就是将敏感元件、信息处理或转换单元以及电源等部分利用半导体技术制作在同一芯片上；多功能化则意味着一个传感器具有多种参数的检测功能，如半导体温湿敏传感器、多功能气体传感器等。借助于半导体的蒸镀技术、扩散技术、光刻技术、精密加工及组装技术等，使传感器的这种发展趋势得以实现。例如，霍尼韦尔公司的 ST-3000 型智能传感器就是采用半导体工艺，在同一芯片上集成了 CPU、EPROM 和静态压力、压差、温度三种敏感元件。

(4) 传感器的智能化

传感器与微型计算机相结合就形成了带微处理器的智能传感器，兼有检测和信息处理、自主决策的功能，同时还具有记忆、存储、解析、统计处理及自诊断、自校准、自适应等功能，能够进行远距离无线通信。智能传感器还具有组态功能，使用灵活。在智能传感器系统中可设置多种模块化的硬件和软件，用户可通过微处理器发出指令，改变智能传感器的硬件模块和软件模块的组合状态，完成不同的测量功能。

(5) 生物传感器和仿生传感器

现在开发的传感器大多为物理传感器，今后应积极开发研究化学传感器和生物传感器，尤其是智能机器人技术的发展，需要研制各种模拟人的感觉器官的传感器，如机器人力觉传感器、触觉传感器、味觉传感器等。大自然的生物是人类学习的榜样。仿生学不仅仅局限于运动的仿真，生物的感觉器官也是非常值得研究学习的。比如，狗的嗅觉（其灵敏阈是人的 10^7 倍），鸟的视觉（其能力是人的数十倍），蝙蝠、飞蛾、海豚的听觉（主动型生物雷达——超声波传感器）、蛇的接近觉（相当于分辨率达 0.001℃的红外测温传感器）等，所有这些都可能是未来传感器的突破重点。

(6) 传感器的图像化

现代的传感器已不再局限于对一点的测量，而是开始研究一维、二维甚至三维空间的测量问题。现已研制成功了二维图像传感器，如 MOS 型、CCD 型、CID 型全固体式摄像器件等。

(7) 无线化和网络化

无线传感网络是在传感器技术、计算机技术和通信技术的基础上发展起来的一种全新的信息获取和处理技术，是面向应用的、接近客观物理世界的网络系统，在军事领域、精准农业、风险监控、环境监测、智能交通等诸多领域获得了广泛的应用[58]。随着传感器和网络技术的发展，无线传感器和无线传感器网络的灵活性、动态性及无线通信等有着广阔的发展前景。

(8) 低功耗

低功耗传感器是困扰物联网应用的因素之一，除了小型化，低功耗传感器也是一个重要的发展方向。以环境监测为例，监测网络中的传感器大多在河道或水库，一般采用太阳能或蓄电池供电，降低功耗的意义颇为重大。对无线传感器而言，还需要降低发射功率。

4.7 本章小结

本章首先介绍了传感器的概念、特点、分类和应用，在此基础上，着重介绍了智能制造装备传感器的作用和分类，智能传感器网络以及智能制造装备传感器的选择和系统设计。以工业机器人作为智能制造装备的典型代表，介绍了工业机器人的感知系统。最后，简单叙述了智能制造装备传感器的发展趋势。

第5章

智能制造装备控制系统设计

智能制造装备的智能控制是控制系统的发展趋势。随着网络技术的不断发展，具有环境感知能力的各类终端、基于网络技术的计算模式等优势促使物联网在工业领域应用越来越广泛，不断融入工业生产的各个环节，将传统工业提升到智能工业的新阶段。其中最主要的应用就是生产过程检测、实时参数采集、生产设备监控、材料消耗监测，从而实现生产过程的智能控制。控制系统能否达到预定的要求关系到系统的成败。不同用途的控制系统要求是不同的，一般可归纳为系统的稳定性、精确性和快速反应[59]。

5.1 智能控制概述

智能控制是具有智能信息处理、智能信息反馈和智能控制决策的控制方式，是控制理论发展的高级阶段，主要用来解决那些用传统方法难以解决的复杂系统的控制问题。智能控制研究对象的主要特点是具有不确定性的数学模型、高度的非线性和复杂的任务要求。智能控制以控制理论、计算机科学、人工智能、运筹学等学科为基础，扩展了相关的理论和技术，其中应用较多的有模糊逻辑、神经网络、专家系统、遗传算法等理论，以及自适应控制、自组织控制和自学习控制等技术。

智能控制被广泛地应用于机械制造行业。在现代先进制造系统中，需要依赖那些不够完备和不够精确的数据来解决难以或无法预测的情况，智能控制为解决这一难题提供了一些有效的解决方案。装备的智能控制见图 5-1。

汽车制造企业智能制造装备自动化控制建设方案基础系统由数据服务层、物联网感知层、平台服务层等组成。通过物联网感知层可以接入机器人、I/O 设备、传感器等各种智能化设备，可以将智能制造装备的数据解析为平台数据发送给平台服务层；平台服务层对设备数据进行处理，并发送到数据服务层；数据服务层负责进行大数据分析和数据存储。平台服务是整个平台的“大脑”，负责平台所有的设备管理、数据管理、通信管理、权限管理等，并且可以将平台的服务以标准的通信协议进行发布，支持第三方系统的协同调用。物联网感知层支持所有设备的接入并进行控制。汽车制造企业智能控制的应用为汽车制造企业未来向智能制造不断扩展奠定了基础。

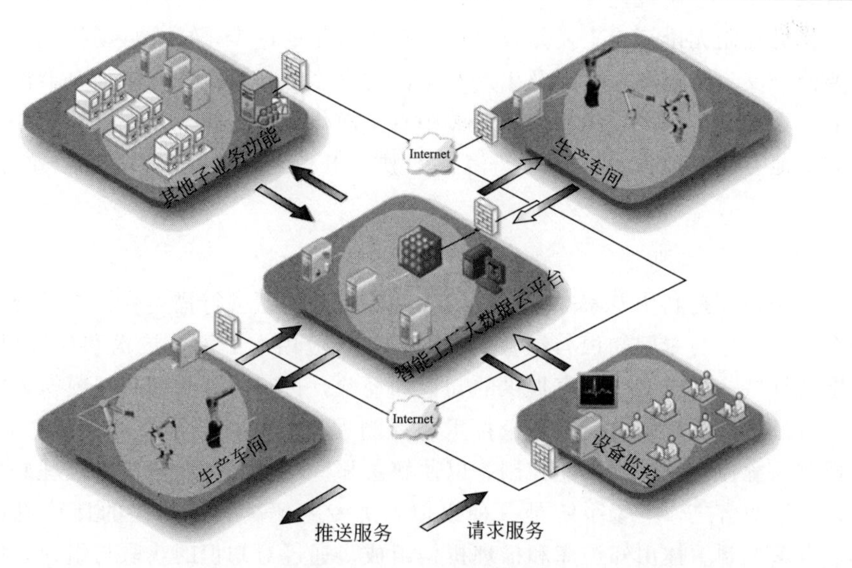

图 5-1 装备的智能控制

智能控制的目的是从系统功能和整体优化的角度来分析和综合系统，以实现预定的目标。智能控制系统可以实现总体自寻优，具有自适应、自组织、自学习和自协调能力。智能控制的核心是高层控制，能以知识表示的非数学广义模型和以数学表示的混合控制过程，采用开闭环控制和定性决策及定量控制结合的多模态控制方式，对复杂系统（如非线性、快时变、复杂多变量、环境扰动等）进行有效的全局控制，实现广义问题求解，并具有较强的容错能力。智能控制系统具有足够的关于控制策略、被控对象及环境的知识以及运用这些知识的能力，有补偿及自修复能力和判断决策能力。

智能控制与传统控制的主要区别在于传统的控制方法必须依赖于被控制对象的模型，而智能控制可以解决非模型化系统的控制问题。智能控制技术的主要方法有模糊控制、基于知识的专家控制、神经网络控制和集成智能控制等。常用的优化算法有遗传算法、蚁群算法、免疫算法等。

（1）模糊控制

模糊逻辑控制简称模糊控制，是以模糊集合论、模糊语言变量和模糊逻辑推理为基础的一种计算机数字控制技术。1974 年，英国的 E. H. Mamdani 首次根据模糊控制语句组成模糊控制器，将它应用于锅炉和蒸汽机的控制，并取得成功。这一开拓性的工作标志着模糊控制论的诞生。模糊控制属于智能控制的范畴，实质上是一种非线性控制。其特点是既有系统化的理论，又有大量的实际应用背景。模糊控制近些年得到了迅速而广泛的推广应用。

模糊控制无论理论上还是技术上都有了长足的进步，成为自动控制领域一个重要的分支。其典型应用涉及生产和生活的许多方面，例如，家用电器设备中有模糊洗衣机、空调等；工业控制领域中有水净化处理、化学反应釜等；在专用系统和其他方面有地铁靠站停车、汽车驾驶、电梯、自动扶梯、机器人的模糊控制等[60]。

(2) 专家控制

专家系统是利用专家知识对专门的或困难的问题进行描述的控制系统，它是一个具有大量的专门知识与经验的程序系统，应用人工智能技术和计算机技术，根据某领域一个或多个专家提供的知识和经验，进行推理和判断，模拟人类专家的决策过程，将专家系统的理论技术与控制理论技术相结合，仿效专家的经验，实现对系统控制的一种智能控制，以便解决那些需要人类专家才能处理好的复杂问题。简而言之，专家系统是一种模拟人类专家解决领域问题的计算机程序系统。专家控制主体由知识库和推理机构组成，通过对知识的获取与组织，按某种策略适时选用恰当的规则进行推理，以实现对控制对象的控制。专家控制可以灵活地选取控制率，灵活性高；可通过调整控制器的参数，适应对象特性及环境的变化，适应性好；通过专家规则，系统可以在非线性、大偏差的情况下可靠地工作，鲁棒性强。目前专家系统已广泛应用于故障诊断、工业设计和过程控制中，为解决工业控制难题提供一种新的方法，是实现工业过程控制的重要技术[61]。

(3) 神经网络控制

神经网络是一种非程序化、适应性、大脑风格的信息处理技术。它模拟人脑神经元的活动，利用神经元之间的联结与权值的分布来表示特定的信息，通过网络的变换和动力学行为得到一种并行分布式的信息处理功能，并在不同程度和层次上模仿人脑神经系统的信息处理功能，通过不断修正连接的权值进行自我学习，以逼近理论为依据进行神经网络建模，并以直接自校正控制、间接自校正控制、神经网络预测控制等方式实现智能控制。由于其具有独特的模型结构和固有的非线性模拟能力，以及高度的自适应和容错特性等，且具有大规模并行、分布式存储和处理、自组织、自适应和自学能力，特别适合处理需要同时考虑许多因素和条件的、不精确和模糊的信息处理问题，在控制系统中获得了广泛的应用。

(4) 学习控制

学习控制是指靠控制系统自身的学习功能来认识控制对象和外界环境的特性，并相应地改变自身特性以改善系统的控制性能，具有一定的识别、判断、记忆和自行调整的能力的技术，主要包括遗传算法学习控制和迭代学习控制。

遗传算法是模拟自然选择和遗传机制的一种搜索和优化算法，是根据大自然中生物体进化规律而设计提出的。遗传算法是模拟达尔文生物进化论的自然选择和遗传学机理的生物进化过程的计算模型，是通过模拟自然进化过程搜索最优解的方法，在求解较为复杂的组合优化问题时，能较快地获得较好的优化结果。遗传算法作为优化搜索算法，已被人们广泛地应用于组合优化、机器学习、信号处理、自适应控制和人工生命等领域。

迭代学习控制模仿人类学习的方法，不断重复一个同样轨迹的控制尝试，并以此修正控制律，通过多次的训练从经验中学会某种技能以得到非常好的控制效果的控制方法，是学习控制的一个重要分支。迭代学习控制能以非常简单的方式处理不确定度相当高的动态系统，适应性强，不依赖于动态系统的精确数学模型，是一种以迭代产生优化输入信号，使系统输出尽可能逼近理想值的算法，对非线性、复杂性、难以建模以及高精度轨迹控制问题的处理有着非常重要的意义。

5.2 智能制造装备的控制系统分类[40]

智能控制系统就是在无人干预的情况下能自主地驱动智能机器实现控制目标的自动控制技术，一般包括分级递阶控制系统、模糊控制系统、神经网络控制系统、专家控制系统和学习控制系统。可根据实际情况单独使用，也可以综合应用于一个实际的智能控制系统或装置，建立起混合或集成的智能控制系统。智能控制系统一般结构如图 5-2 所示。

5.2.1 分级递阶控制系统

分级递阶控制系统由美国普渡大学的 Saridis 等提出，是建立在自适应控制和自组织控制系统基础上的智能控制理论，主要由三个控制级组成。按智能控制的高低分为组织级、协调级、执行级，并且这三级遵循“精度随智能降低而增加”的原则。分级递阶控制系统主要包括基于知识/解析混合多层智能控制理论以及精度随智能提高而降低的分级递阶智能制理论两类，其功能结构如图 5-3 所示。

(1) 组织级

分级递阶智能控制系统的最高级是组织级，是智能控制的大脑，代表控制系统的主导思想，具有组织、学习和决策能力，执行最高决策的控制功能，通过人机接口实时监控并指导协调级和执行级的所有行为。它能对输入语句进行分析，能识别控制情况，能在大致了解任务执行细节的情况下组织任务并提出适当的任务形式。组织级要求具有低精度和高的智能决策及学习能力。

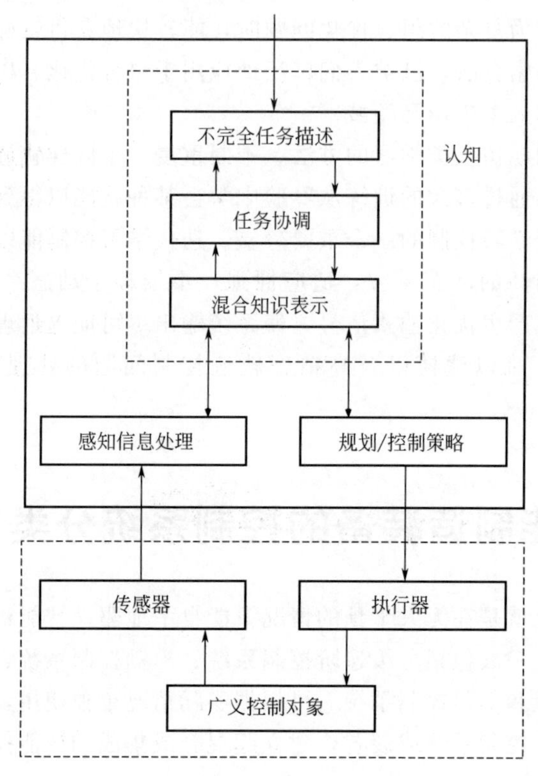

图 5-2 智能控制系统一般结构

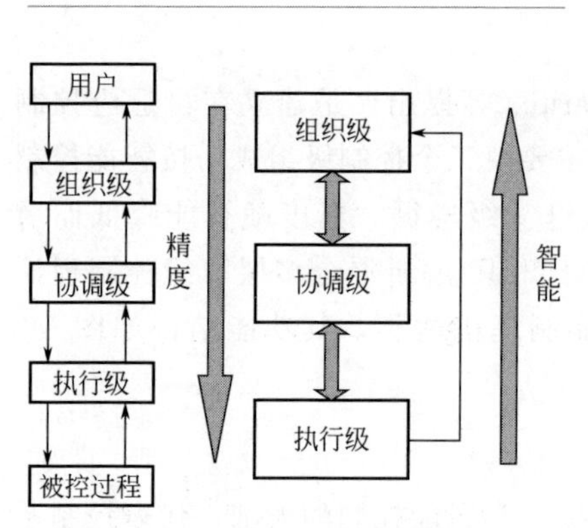

图 5-3 分级递阶智能控制系统结构

（2）协调级

协调级是组织级和执行级之间的接口，涉及决策方式及其表示，采用人工智能及运筹学方法实现控制。它是控制系统的中间级，主要任务是协调各控制器的控制作用或协调各子任务执行。

（3）执行级

执行级是智能控制系统的最底层，执行组织级和协调级的指令，对相关过程执行控制作用。执行级要求具有较高的精度和较低的智能。

5.2.2 模糊控制系统

传统的控制理论对明确系统有很好的控制能力，并且在生产中得到了广泛的应用。对于过于复杂或难以精确描述的系统，传统控制手段往往得不到很好的控制效果。模糊控制系统能够实现模糊控制，是主要由模糊控制器、被控对象、检测模块和反馈部分组成的自动控制系统。1965 年，美国加州大学的 L. A. Zadeh 教授首次提出用“隶属函数”的概念来定量描述事物模糊性的模糊集合理论，并提出了模糊集的概念。模糊集的思想反映了现实世界存在的客观不确定性与人们在认识中出现的主观不确定性。

模糊控制利用控制法则来描述系统变量间的关系，提供了一种基于自然语言描述规则的控制规律的新机制，同时提供了一种改进非线性控制器的替代方法，这些非线性控制器一般用于控制含有不确定性和难以用传统非线性理论来处理的装置。模糊控制属于智能控制的范畴，是实现智能控制的一个重要而有效的形式，以模糊集合、模糊语言变量、模糊推理为其理论基础，以先验知识和专家经验作为控制规则，其基本思想是用机器模拟人对系统的控制，在被控对象模糊模型的基础上运用模糊控制器近似推理等手段实现系统控制。凡是无法建立数学模型或难以建立数学模型的场合都可以采用模糊控制技术。

模糊控制简化了系统设计的复杂性，不依赖于被控对象的精确数学模型，不必对被控对象建立完整的数学模型，尤其适用于非线性、时变、滞后、模型不完全系统的控制。模糊控制不用数值而用语言式的模糊变量来描述系统。

模糊控制单元由模糊化、规则库、模糊推理和清晰化四个功能模块组成，基本功能结构如图 5-4 所示。模糊化模块实现对系统变量域的模糊划分和对清晰输入值的模糊化处理，规则库用于存储系统的基于语言变量的控制规则和系统参数，模糊推理是一种从输入空间到输出空间的非线性映射关系。

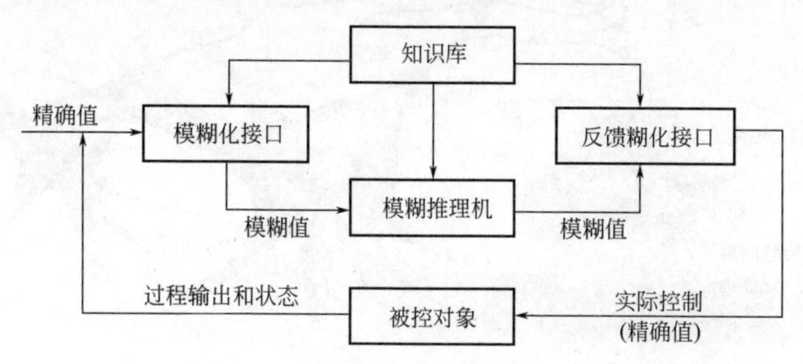

图 5-4 模糊控制单元基本功能结构

5.2.3 神经网络控制系统

神经网络是指由大量与生物神经系统的神经细胞类似的人工神经元互连而组成的或由大量像生物神经元的处理单元并联而成的网络，具有某些智能和仿人控制功能，是一种基本上不依赖于模型的控制方法，适合于具有不确定性或高度非线性的控制对象，并具有较强的自适应和自学习功能。神经网络是智能控制的一个重要分支领域，在智能控制、模式识别、计算机视觉、自适应滤波和信号处理、非线性优化、自动目标识别、连续语音识别、声呐信号的处理、知识处理、智能传感技术与机器人、生物医学工程等方面都有了长足的发展。

生物神经系统的基本构造是神经元，也称神经细胞，它是处理人体内各部分之间相互信息传递的基本单元。神经元是由细胞体、连接其他神经元的轴突和一些向外伸出的其他较短分支——树突组成的（图 5-5），人的大脑一般有 10^{10}～10^{11} 个神经元。树突的功能是接收来自其他神经元的兴奋。神经元细胞体将接收到的所有信号进行简单的处理后由轴突输出。神经元的树突与另外的神经元的神经末梢相连的部分称为突触。

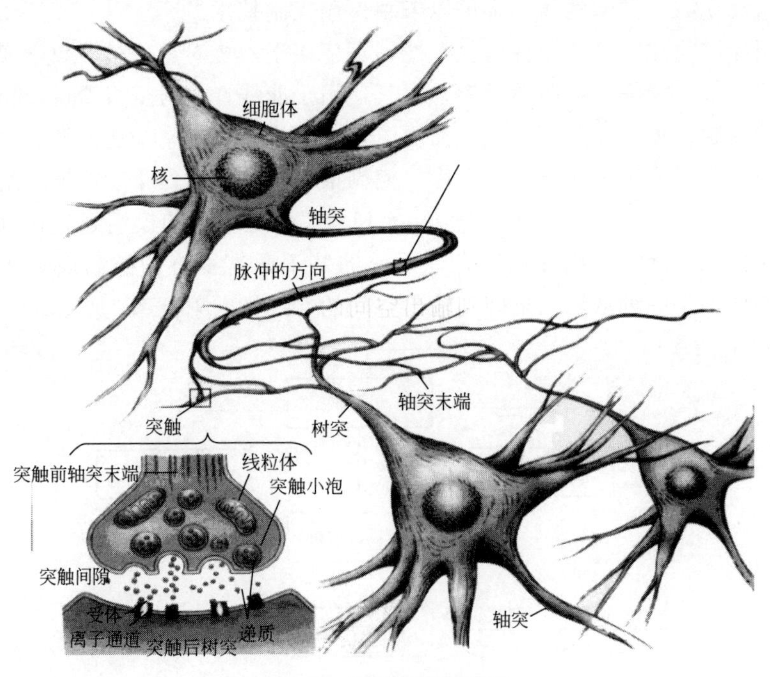

图 5-5 生物神经元结构

神经网络由许多相互连接的处理单元组成。这些处理单元通常线性排列成组，称为层。每一个处理单元有许多输入量，而对每一个输入量都相应有一个相关联的权重。处理单元将输入量进行加权求和，并通过传递函数的作用得到输出量，再传给下一层的神经元。目前人们提出的神经元模型已有很多，其中提出最早且影响最大的是1943年由心理学家McCulloch和数学家Pitts在分析总结神经元基本特性的基础上首先提出的M-P模型，它是大多数神经网络模型的基础。

神经网络采用仿生学的观点与方法来研究人脑和智能系统中的高级信息处理，基于神经网络的控制可以看作是关于受控状态、输出或某个性能评价函数变化信号的模式识别问题。这些信号经神经网络映射成控制信号，即使在神经网络输入信息量不充分的情况下，也能快速地对模式进行识别，产生适当的控制信号。控制效果由系统的评价函数来反映，该函数是一类变化信号输入神经网络，作为神经网络的学习算法或学习准则。

自动控制领域的技术涉及系统建模和辨识、参数整定、极点配置、内模控制、优化、设计、预测控制、最优控制、滤波与预测容错控制等。自动控制模式识别方面的应用包括手写字符、汽车牌照、指纹和声音识别，还包括目标的自动识别、目标跟踪、机器人传感器图像识别及地震信号的鉴别。在图像处理方面的应用包括对图像进行边缘监测、图像分割、图像压缩和图像恢复。在机器人领域的应用包括轨道控制、操作机器人眼手系统控制、机械手故障的诊断及排除、智能自适应移动机器人的导航、视觉系统控制。在医疗健康领域的应用包括乳腺癌细胞分析、移植次数优化、医院质量改进等。

神经网络控制在机器人领域获得了积极应用。机器人是一个非线性和不确定性系统，核心是机器人控制系统，机器人智能控制是近年来机器人控制领域研究的前沿课题，已取得了相当丰富的成果。机器人轨迹跟踪控制系统的主要目的是通过给定各关节的驱动力矩，使机器人的位置、速度等状态变量跟踪给定的理想轨迹。当机器人的结构及其机械参数确定后，其动态特性由数学模型来描述，可采用自动控制理论所提供的设计方法，采用基于数学模型的方法设计机器人控制器。

5.2.4 专家控制系统

专家是指那些对解决专门问题非常熟悉的人，拥有丰富的经验以及处理问题的详细专业知识。基于专家控制的原理所设计的系统，应用专家系统的概念和技术，模拟人类专家的控制知识与经验而建造的控制系统，称为专家控制系统。专家控制系统内部含有大量的某个领域专家水平的知识与经验，能够利用人类专家的知识和解决问题的经验方法来处理该领域的高水平难题。专家控制系统将专家系统的理论与技术同控制方法与技术相结合，在未知环境下，效仿专家的智能，实现对系统的控制，具有启发性、透明性、灵活性、符号操作、不确定性推理等特点，已广泛应用于故障诊断、各种工业过程控制中。

5.2.5 仿人智能控制

智能控制方法研究的共同点是将人脑的微观或宏观的结构功能用到控制系统中，使工程控制系统具有某种"类人"或"仿人"的智能，并把它移植到工程控制系统中。仿人智能控制研究的目标不是被控对象，而是控制器本身，直接对人的控制经验、技巧和各种直觉推理逻辑进行检测、辨别、概括和总结，使控制器的结构和功能更好地从宏观上模拟控制专家的功能行为。其基本思想是在控制过程中利用计算机模拟人的控制行为功能，最大限度地识别和利用控制系统动态过程所提供的特征信息，进行启发和直觉推理，从而实现对缺乏精确模型的对象的有效控制。智能控制以模仿人类智能为基础弥补了以数学模型为基础的传统控制系统的不足，在工业控制中显示了强大的生命力。

图 5-6 是仿人分层递阶智能控制系统，将递阶控制的思想（组织级、协调级和执行级）应用于控制器的设计中，并按照被控量偏差及偏差变化率的大小进行分层递阶控制，各分层控制策略采用仿人智能控制方案来实现工业过程控制系统的自动、稳定和优化运行。

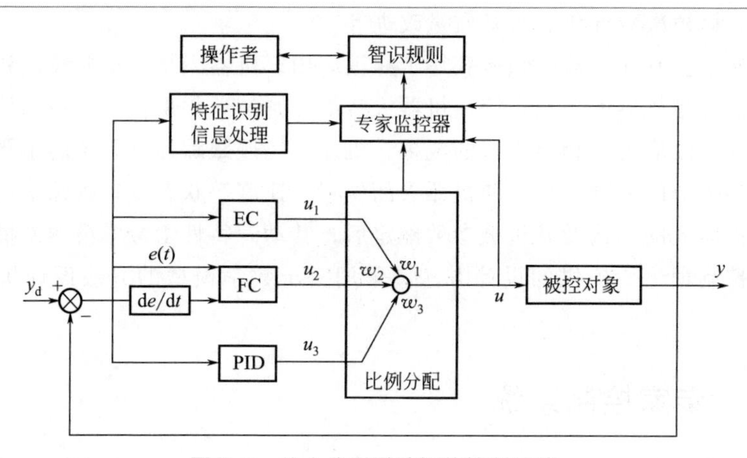

图 5-6　仿人分层递阶智能控制系统

当被控过程系统偏差较大、负荷大范围改变时，控制系统采用仿人操作的专家控制策略；当偏差 $e(t)$ 和偏差变化量 $\Delta e(t)$ 稍大时，选用模糊控制；当偏差 $e(t)$ 和 $\Delta e(t)$ 均比较小时，采用参数自整定 PID 控制和自寻优学习控制。

分层递阶智能控制算法内层是自整定 PID 控制，第二层是模糊控制（FC），外层是专家控制（EC）。这三个模块的工作状态可以在专家控制系统的监控下相互切换。

5.2.6 集成智能控制系统

将几种智能控制方法和机理融合在一起构成的智能控制系统称为集成智能控制系统。下面通过几个例子来说明集成智能控制系统。

（1）模糊逻辑控制与神经网络的融合

模糊系统和神经网络控制是智能控制领域的两个分支，在信息的加工处理过程中均表现出很强的容错能力，分别有各自的基本特性和应用范围，如表 5-1 所示。模糊系统是仿效人的模糊逻辑思维方法设计的一类系统，善于表达经验性知识，可以处理带有模糊性元素的信息，在工作过程中允许数值型量存在不精确性，但其规律集和隶属函数等设计参数靠经验选择，很难自动设计和调整，这是模糊系统的主要缺点。神经网络在计算处理信息的过程中所表现出的容错性取决于其网络自身的结构特点。而人脑思维的容错能力源于思维方法上的模糊性以及大脑本身的结构特点。

表 5-1 模糊系统与神经网络的比较

比较对象	模糊系统	神经网络
获取知识	专家经验	算法实例
推理机制	启发式搜索	并行计算
推理速度	低	高
容错性	低	高
学习机制	归纳式	自动调整权值
自然语言实现	明确	不明显
自然语言灵活性	高	低

模糊逻辑控制、神经网络与专家控制是三种典型的智能控制方法。通常专家系统建立在专家经验基础上，并非建立在工业过程所产生的操作数据上，且一般复杂系统所具有的不精确性、不确定性就算领域专家也很难把握，这使建立专家系统非常困难。而模糊逻辑控制和神经网络控制作为两种典型的智能控制方法，各有优缺点，模糊逻辑与神经网络的融合——模糊神经网络（Fuzzy Neural Network）由于吸取了模糊逻辑控制和神经网络控制的优点，是当今智能控制研究的热点之一。

若能采用神经网络构造模糊系统，就可以利用神经网络的学习方法，根据输入输出样本来自动设计和调整模糊系统的设计参数，实现模糊系统的自学习和自适应功能。根据这一想法产生了模糊神经网络系统。模糊神经网络就是模糊理论同神经网络结合的产物，它汇集了神经网络与模糊理论的优点，集学习、联想、识别、信息处理于一体。美国著名学者 B. Kosko 在这方面进行了开创性的工作，他出版的《*Neural Network and Fuzzy Systems*》一书系统地研究和总结了神经网络和模糊系统的一般原理和方法，对神经网络在模糊系统中的应用研究起了很大的推动作用。近几年，模糊神经网络成为智能控制与智能自动化领域的热点之一，取得了很多理论和应用成果，比较著名的有模糊联想记忆（FAM）、模糊自适应谐振理论（F-ART）、模糊认知图（FCM）和模糊多层感知机（FMLP）等。

神经网络与模糊技术的融合方式，大致有下列三种：

① 神经-模糊模型。该模型以模糊逻辑控制为主体，应用神经网络，实现模糊逻辑控制的决策过程，以模糊逻辑控制方法为“样本”，对神经网络进行离线训练学习。“样本”就是学习的“老师”。所有样本学习完以后，这个神经元网络就是一个模糊规则表，具有自学习、自适用功能。神经-模糊模型结构如图 5-7 所示。

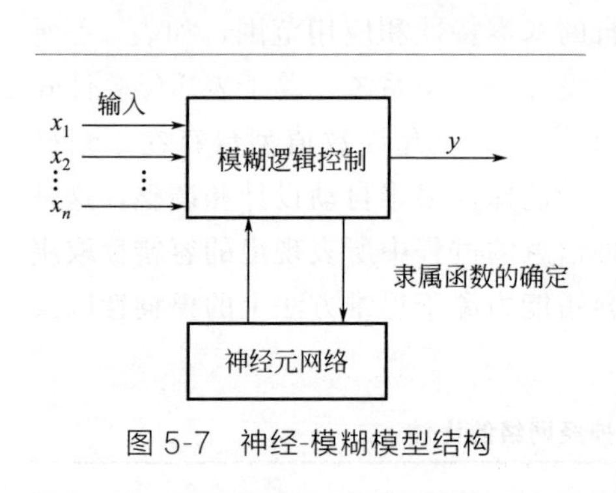

图 5-7 神经-模糊模型结构

② 模糊-神经模型。该模型以神经网络为主体，将输入空间分割成若干不同形式的模糊推论组合，对系统先进行模糊逻辑判断，以模糊控制器输出作为神经元网络的输入。后者具有自学习的智能控制特性。模糊-神经模型结构如图 5-8 所示。

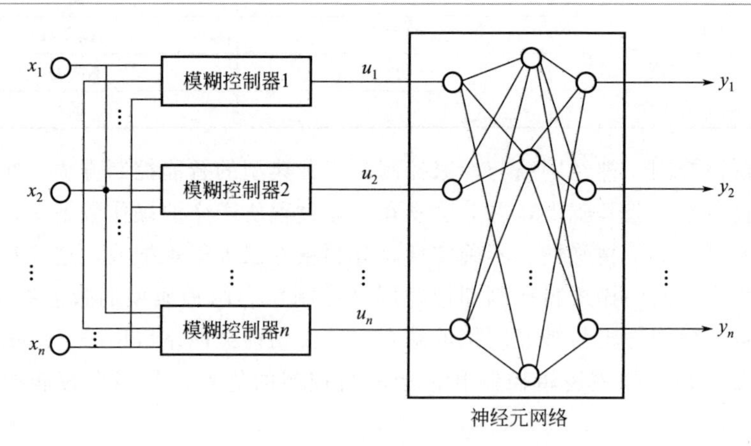

图 5-8 模糊-神经模型结构

③ 神经元-模糊模型。该模型根据输入量性质的不同分别由神经网络与模糊控制直接处理输入信息，并直接作用于控制对象，更能发挥各自的控制特点。神经元-模糊模型结构如图 5-9 所示。

（2）基于遗传算法的模糊控制系统

遗传算法（Genetic Algorithm，GA）是一种基于自然选择和基因遗传机制，根据适者生存、优胜劣汰法则而形成的一种创新的人工优化搜索算法。鲁棒性是指在不同的环境中，通过效率及功能之间的协调平衡来求生存能力的特性。遗传算法的核心是鲁棒性。

模糊控制是基于模糊集合论，模拟人脑活动的近似推理方法。但是其控制规则在推理过程中是不变的，不能适应对象变化的情况。将遗传算法的优化搜索技术和模糊推理机制有机地结合在一起，就可使模糊推理规则根据实际情况做出相应的变化，从而赋予模糊控制器自动获取模糊推理知识的能力。

图 5-10 是一个带有遗传算法的模糊控制系统，其中 k 是模糊量化因子。

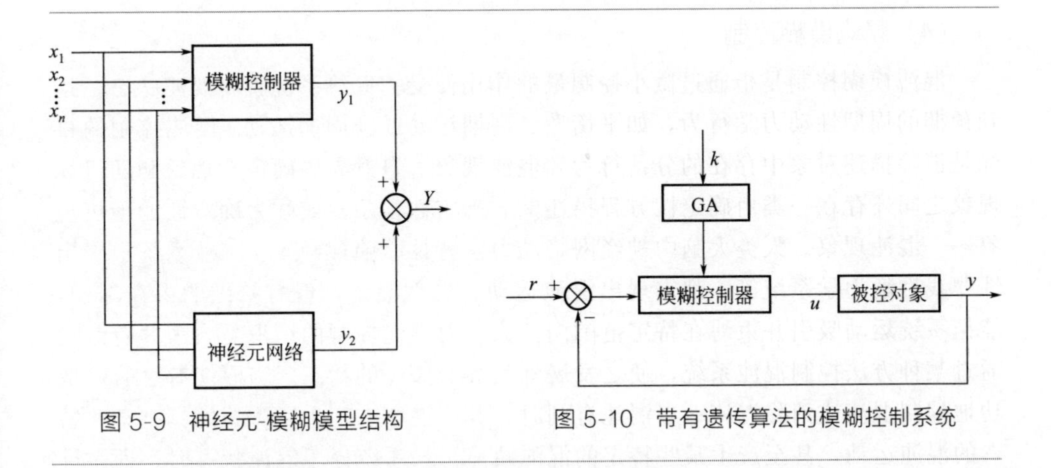

图 5-9 神经元-模糊模型结构　　图 5-10 带有遗传算法的模糊控制系统

（3）专家模糊系统

专家模糊控制是将专家系统技术与模糊理论相结合的一类智能控制。它运用模糊逻辑和人的经验知识及求解控制问题的启发式规则来构造控制策略。一般专家模糊控制器是一个二级协调控制器，由基本控制级和专家智能协调级组成。基本控制级作为基本控制器与被控过程形成闭环完成实时控制；专家智能协调级在线实时监测控制系统性能，依据系统性能在线调整控制器和参数，从而针对具体对象有效地进行控制。学习系统级在线对智能协调级的知识库和数据库内容进行升级，使整个控制系统的性能逐步得到完善。图 5-11 所示为专家模糊控制系统。

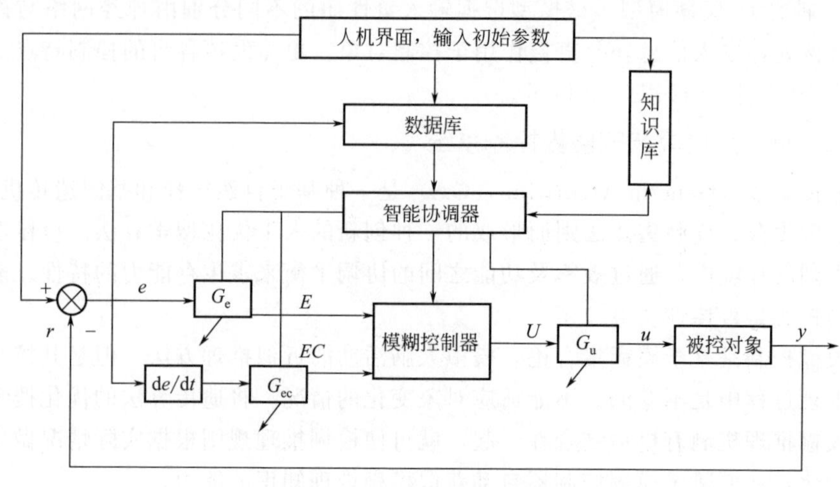

图 5-11　专家模糊控制系统

(4) 混沌模糊控制

混沌模糊控制是指通过微小控制量的作用使受控混沌系统脱离混沌状态，达到预期的周期性动力学行为，如平衡态、周期运动或准周期运动。混沌控制的目标是消除描述对象中存在的分岔行为和混沌现象。自然界中确定性现象和随机性现象之间还存在一类由确定性方程描述的非确定性现象，或称为确定性的随机现象——混沌现象。人类大脑中神经网络动力学特性、脑神经元、工业系统中确定性非线性动力学系统等，都表现出混沌运动，看似混乱，但有精细的内在结构，能把系统运动吸引并束缚在特定范围内。人们对混沌控制的认识是人为并有效地通过某种方法控制混沌系统，使之发展到实际所需要的状态。当混沌有害时，成功地抑制混沌或消除混沌；当混沌有利时，利用混沌来产生所需要的具有某些特点的混沌运动，甚至产生某些特定的混沌轨道。当系统处于混沌状态时，通过外部控制产生出人们所需要的各种输出。混沌控制的共同特点就是尽可能地利用混沌运动自身的各种特性来达到控制的目的。

在工业系统中，作为经典的一类确定性非线性动力学系统，一般都存在混沌现象，如何抑制混沌、消除混沌引起了自动化工作者极大的关注。由于混沌具有随机性、遍历性、规律性以及非周期性隐藏有序性，并且由于它对初始条件和参数变化比较敏感，人们可以从人脑中的混沌现象，根据实际经验和规则，建立混沌动力学的神经网络模型，这类模型本身就具备智能性，因而它可以更好地进行智能信息处理和控制。控制和利用混沌已在力学、通信、生物、医学、化工、机械和海洋工程等领域展开了应用。图 5-12 是混沌模糊控制系统框图，该系统输出带有混沌信号。

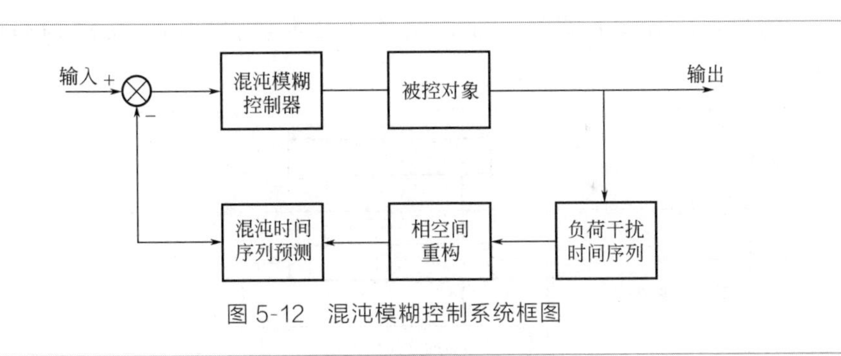

图 5-12　混沌模糊控制系统框图

5.3 智能制造装备控制系统的硬件平台设计

5.3.1 概述

智能控制系统包含硬件与软件两部分，在实际的应用中需要软硬件紧密结合才能高效地完成工作。智能控制系统典型的原理结构由六部分组成，包括执行器、传感器、感知信息处理、规划与控制、认知、通信接口。执行器是系统的输出，对外界对象发生作用。一个智能系统可以有许多甚至成千上万个执行器，为了完成给定的目标和任务，必须对它们进行协调。执行器有电机、定位器、阀门、电磁线圈、变送器等。图 5-13 所示为智能控制系统原理结构。

传感器是智能制造装备的感觉器官，用来监测外部环境和系统本身的状态，向智能制造装备感知信息处理单元提供输入。传感器种类繁多，智能制造装备常用的有位置传感器、力传感器、视觉传感器、距离传感器、触觉传感器等。

智能制造装备小型控制系统硬件结构主要是由传感器、控制器、执行器组成的。传感器用来收集环境信息或自身工作状态信息，并将这些信息传递到控制器中。控制器根据事先编写好的控制规律，对传感器传入的信息进行处理，生成控制量传递给执行器执行。传感器种类和功能的丰富以及性能的提高能够给控制器提供全面且精准的信息，大大提高了整个控制系统的工作能力和效率；控制器主要是围绕微型控制单元搭建的控制电路，比如单片机最小系统、FPGA 数字电路等；执行器主要是各种声光元件、电机、舵机等。

中大型控制系统主要指工业控制系统，在工业控制系统中，小型控制系统的硬件元件和设备难以满足复杂的工业作业环境要求。不同于小型控制系统的传感器，工业中用于收集信息的多是较大的检测仪表，采集诸如温度、压力、流量、物位、成分等信息。工业控制系统基本过程控制系统结构如图 5-14 所示。

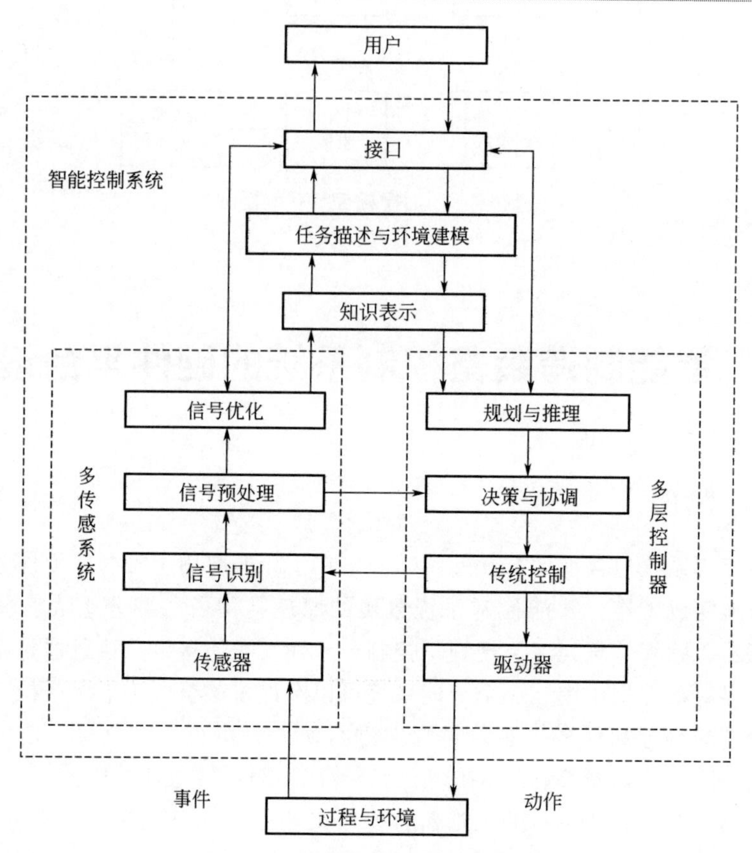

图 5-13　智能控制系统原理结构

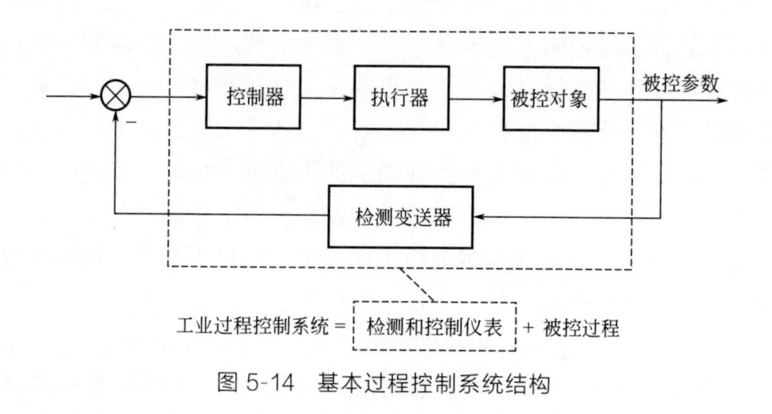

图 5-14　基本过程控制系统结构

5.3.2 常见控制系统硬件

控制系统的核心硬件是主控板或控制器。主控板一般由处理芯片和外设构成，是嵌入式设备中，用来处理信息和数据并控制系统运作的核心板件。常用负责处理信息和数据的芯片有微型处理器（MPU）、微型控制器（MCU）、数字信号处理器（DSP）等，外设有存储单元、外部接口、外部晶振、开关元件、电阻电容、数模/模数转换器等，用来将处理结果和外部设备进行交换。以主控板为核心控制硬件的场合多是在嵌入式设备中，常用嵌入式处理器有：

① ARM 处理器。主要特点为体积小、功耗低、成本低、性能高、16/32 位双指令集、市场份额大；

② MIPS 处理器。主要特点是性能高、定位广、64 位指令集；

③ PowerPC 处理器。特点是可伸缩性好、灵活度高、应用广泛；

④ Intel Atom 处理器。特点是功耗低、体积小、处理能力强。

工业控制器主要有模拟式控制器、数字式控制器和可编程逻辑控制器。DDZ-Ⅲ型模拟式控制器是一种主流的模拟式控制器，由输入电路、PID 运算电路、输出电路、内给定电路、指示电路、软/硬手操电路等组成，精度、可靠性和安全性都更高。数字式控制器型号很多，以单回路可编程调节器 SLPC 为例，该机型是 YS-80 系列代表机型，由 CPU、ROM、RAM、D/A 转换器以及输入输出接口、通信接口、人机接口等组成。可编程逻辑控制器（PLC）最大的优点为可编程，使其灵活性更高、可读可修改性更强、更可靠，其主要结构为 CPU、存储器、输入输出接口等，内部用总线进行数据传输。

无论是小型嵌入式控制系统还是中大型工业控制系统，都离不开传感器和检测仪表，用来采集温度、压力、流量、物位、成分等环境或系统状态信息。温度检测主要有热电偶、热电阻、集成传感器等；压力检测有弹性压力计、电气压力计等；流量检测有差压式、转子式、靶式、椭圆齿轮式、涡流式流量计等；物位检测有差压式、电容式、超声波式检测计等；成分检测有可燃气体传感器、氧化锆氧量计、气相色谱分析仪、红外气体分析仪、工业酸度计等；其他检测器件有光敏电阻（光强检测）、各种摄像头（图像检测）、声敏元件（声音检测）。

在嵌入式控制系统中，充当执行环节的硬件主要是声光装置（如 LED 灯、扬声器、显示屏灯）、各种小型电机和舵机等；而在工业控制系统中，充当执行环节的硬件主要是控制阀、大型电机等。

5.3.3 机器人控制系统

机器人控制系统是机器人的大脑，控制着机器人的全部动作，是机器人系统的关键和核心部分。一个典型的机器人电气控制系统主要由上位计算机、运动控制器、驱动器、执行机构和反馈装置构成。

完全采用PC机的全软件形式的机器人系统，在高性能工业PC机和嵌入式PC机的硬件平台上，可通过软件程序实现PLC和运动控制等功能，完成机器人动作所需要的逻辑控制和运动控制。通过高速的工业总线进行PC机与驱动器的实时通信，提高机器人的生产效率和灵活性。这种结构代表了未来机器人控制结构的发展方向[62,63]。

基于PC机控制系统构成如图5-15所示，PC机平台的开放式运动控制技术有如下特点：

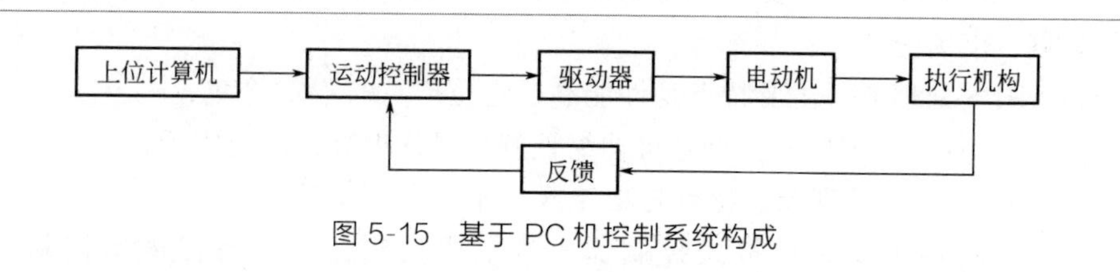

图5-15 基于PC机控制系统构成

① 人机界面友好。PC机平台控制系统越来越受到用户的青睐。与单片机和PLC方案的界面相比，PC机（包括显示器、键盘、鼠标、通信端口、硬盘、软驱等）具有无可比拟的输入输出交互能力。当然，现在很多嵌入式开发的人机界面也非常友好，且移植性强，在中小规模控制领域得到了广泛的应用。

② 功能强大。由于PC机的强大运算能力以及运动控制卡的先进技术，基于PC机的运动控制系统能够实现单片机系统和PLC系统无法实现的高级功能。尤其是工控机的性能越来越好，适于各种工业环境控制。

③ 开发便利。用户可使用VB、VC、C++等主流高级编程语言，快速开发人机界面，调用成熟可靠丰富的运动函数库，迅速完成大型控制软件的开发。开发好的软件极易移植到类似的机器中。

④ 性价比高。由于PC机成本下降，运动控制卡成本也在下降，具有很高的性价比，使基于PC机和运动控制的控制系统在大多数运动控制场合中具有良好的综合成本优势。

PC机的普及和运动控制卡的发展，满足了新型数控系统的标准化、柔性化、开放性等要求，使其在各种工业设备、国防装备、智能医疗装置等设备的自动化控制系统研制和改造中，获得了广泛的应用。

运动控制卡（图5-16、图5-17）广泛地用于制造业中设备自动化的各个领域。运动控制卡是基于计算机总线，利用高性能微处理器（如DSP）及大规模可编程器件实现多个伺服电机的多轴协调控制的一种高性能的步进/伺服电机运动控制卡，包括脉冲输出、脉冲计数、数字输入、数字输出、D/A输出等功能，它可以发出连续的、高频率的脉冲串，通过改变发出脉冲的频率来控制电机的速度，通过改变发出脉冲的数量来控制电机的位置，它的脉冲输出模式包括脉冲/方向、脉冲/脉冲方式。脉冲计数可用于编码器的位置反馈，提供机器准确的位置，纠正传动过程中产生的误差。数字输入/输出点可用于限位、原点开关等。其库函数包括S形、T形加减速，直线插补和圆弧插补，多轴联动函数等。运动控制卡一般与PC机构成主从式控制结构：PC机负责人机交互界面的管理和控制系统的实时监控等方面的工作（例如，键盘和鼠标的管理、系统状态的显示、运动轨迹规划、控制指令的发送、外部信号的监控等）；控制卡完成运动控制的所有细节（包括脉冲和方向信号的输出、自动升降速的处理、原点和限位等信号的检测等）。运动控制卡都配有开放的函数库供用户在DOS或Windows系统平台下自行开发、构造所需的控制系统。

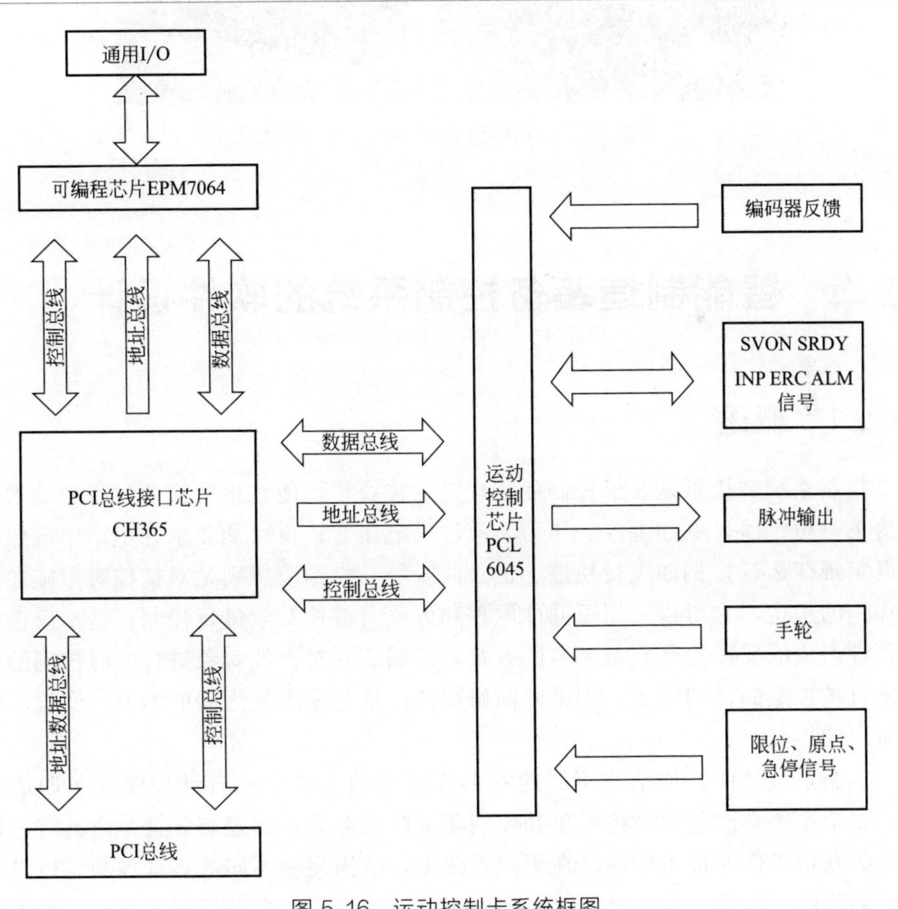

图5-16　运动控制卡系统框图

图 5-17 某种型号的多轴运动控制卡

5.4 智能制造装备控制系统的软件设计

5.4.1 概述

控制系统被控量是要求控制的物理量。被控量可能在生产作业过程中要求保持为某一恒定值，例如温度、压力、液位、电压等；也可能要求在生产中按照某一既定规律运行，例如飞行轨迹、记录曲线等。控制装置则是对被控对象施加控制作用的机构，它可以采用不同的原理和方式对被控对象进行控制，基于反馈控制原理组成的反馈控制是最基本的方式，控制装置对被控对象进行实时控制的信息来自被控量的反馈信息，用来不断修正被控量与输入量之间的偏差，实现对被控对象的控制。

控制系统是由各种结构不同的零部件组成的。从完成自动控制这一职能来看，一个系统必然包含被控对象和控制装置两大部分，而控制装置是由具有一定职能的基本工作元件组成的。在不同系统中，结构完全不同的零部件却可以具有相同的职能。因此，根据被控对象和使用元件的不同，自动控制系统有各种不同的形式，但是概括起来，一般均由给定环节、测量环节、比较环节、运算及放大环节、执行环节组成，如图 5-18 所示。

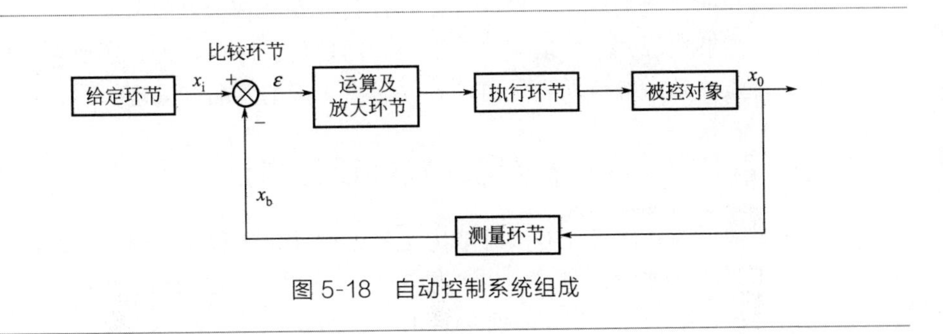

图 5-18　自动控制系统组成

(1) 给定环节

给定环节是给出输入信号的环节，用于确定被控对象的“目标值”，给定环节可以通过各种形式（电量、非电量、数字量、模拟量等）发出信号。例如，数控机床进给系统的输入装置就是给定环节。

(2) 测量环节

测量环节用于测量被控对象，并将被控对象转换为便于传送的另一物理量（一般为电量）。例如，用电位计将机械转角转换为电压信号，用测速电机将转速转换成电压信号，用光栅测量装置将直线位移转换成数字信号等。前述的热敏元件也属于这类环节。

(3) 比较环节

在这个环节中，输入信号 x_i 与测量环节发出的有关被控变量 x_o 的反馈量 x_b 相比较，如幅值比较、相位比较、位移比较等，得到一个小功率的偏差信号 $\varepsilon(\varepsilon = x_i - x_b)$，偏差信号就是比较环节的输出。

(4) 运算及放大环节

为了实现控制，要对偏差信号进行必要的校正，然后进行功率放大，以便推动执行环节，常用的放大器有电流放大、电气放大、液压放大等。

(5) 执行环节

执行环节接收放大环节送来的控制信号，驱动被控对象按照预期的规律运行。执行环节一般是一个有源的功率放大装置，工作中要进行能量转换。例如，把电能通过直流电机转换成机械能，驱动被控对象做机械运动。

给定环节、测量环节、比较环节、运算及放大环节和执行环节一起，组成了控制系统的控制部分，目的是对被控对象进行控制。

控制系统除了要有性能优良的硬件配置外，还要有功能齐全的软件，以实现实时监控、数值计算、数据处理及各种控制算法等功能。软件要具备实时性，对系统特定的输入能快速响应。控制软件还要具备并发处理信息的能力，支持多任务并行操作，能够资源共享并能实时有效地联网通信。除此之外，还要求有良好的人机界面，能够及时响应偶发性事件，并做出正确的判断和处理。

5.4.2 智能控制系统常用的软件设计方法

控制系统常用的软件设计方法有结构化程序设计、自顶向下的程序设计和模块化程序设计。这三种设计方法往往综合在一起使用，通过自顶而下、逐步细化、模块化设计、结构化编码来保证软件的快速实现。

(1) 结构化程序设计

进行程序设计时，一般先根据程序的功能编制程序的流程图，然后根据程序流程图用 VC++等高级语言来编写程序。当程序规模大、结构复杂时，要画出程序流程图是不容易的。结构化程序设计是进行以模块功能和处理过程设计为主的详细设计的基本原则。结构化程序设计以一种清晰易懂的方法来表示程序文本与其对应过程之间的关系，进而组织程序的设计和编码。结构化程序设计是过程式程序设计的一个子集，它对写入的程序使用逻辑结构，使理解和修改更有效、更容易。

结构化程序设计思路清晰，强调程序的结构性，将软件系统划分为若干功能模块，各模块按要求单独编程，再由各模块连接组合构成相应的软件系统。结构化程序设计方法的核心思想是“一个模块只要一个入口，也只要一个出口”。各个模块通过顺序、选择、循环的控制结构进行连接，一个模块只允许有一个入口被其他模块调用。由于模块相互独立，因此在设计其中一个模块时，不会受到其他模块的牵连，因而可将原来较复杂的问题简化为一系列简单模块的设计。模块的独立性还为扩充已有系统、建立新系统带来了不少的方便，因为可以充分利用现有的模块做积木式的扩展。任何算法功能都可以通过由程序模块组成的三种基本程序结构的组合——顺序结构、选择结构和循环结构来实现。

(2) 自顶向下的程序设计

当设计较复杂的程序时，一般采用自顶向下的方法。自顶向下就是从整体到局部再到细节，即先考虑整体目标，明确整体任务，然后将问题划分为几部分，各部分再进行细化，直到分解为较容易解决的问题为止。自顶向下的程序设计方法指的是首先从主控程序开始，然后按接口关系逐次分割每个功能为更小的功能模块，直到最低层模块设计完成为止。自顶向下是一种有序的逐步分层分解和求精的程序设计方法，层次清楚，编写方便，调试容易，是程序设计工程师普遍采用的设计方法。

(3) 模块化程序设计

明确了软件设计的总体任务之后，就要进入软件总体结构的设计。此时，一般采用自顶向下的方法，把总任务从上到下逐步细分，一直分到可以具体处理的基本单元为止。如果这个基本程序单元定义明确，可以独立地进行设计、调试、纠错及移植，它就被称为模块。模块化设计，简单地说就是程序的编写不是一开始就逐条录入计算机语句和指令，而是首先用主程序、子程序、子过程等框架把软件的主要结构和流程描述出来，并定义和调试好各个框架之间的输入、输出链接关系，逐步求精，得到一系列以功能块为单位的算法描述。以功能块为单位进行程序设计，实现其求解算法的方法称为模块化。模块化的目的是降低程序复杂度，使程序设计、调试和维护等操作简单化。每个模块独立地开发、测试，最后再组装出整个软件。模块化的总体结构具有结构概念清晰、组合灵活和易于调试、连接和纠错等优点，使程序设计更加简单和直观，从而提高了程序的易读性和可维护性，在处理故障或改变功能时，往往只设计局部模块而不影响整体，因此是一种常被采用的理想结构。模块化方法的关键是如何将系统分解成模块和进行模块设计，在模块设计中遵循什么样的规则。把系统分解成模块，得到最高的模块内聚性，即在一个模块内部有最大限度的关联，只实现单一功能的模块具有很高的内聚性。保持最低的耦合度，即不同的模块之间的关系尽可能减弱。模块间用链的深度不可过多，即模块的层次不能过高，一般应控制在 7 层左右，接口清晰，信息隐蔽性好，模块大小适度。

5.5 现代工业装备自动控制技术

5.5.1 概述

自动控制是指在没有人直接参与的情况下，利用外加的设备或装置，使机器、设备等被控对象或生产过程的某个工作状态或参数自动地按照预定的规律运行。自动控制以数学理论知识为基础，利用反馈原理来自动地影响动态系统，使输出值接近或者达到人们的预定值。

现代工业自动化的控制系统主要有可编程逻辑控制器（PLC）、集散控制系统（Distributed Control System，DCS）、现场总线控制系统（FCS）等。结合 DCS、工业以太网、先进控制等新技术的 FCS 将具有强大的生命力。工业网络化结构如图 5-19 所示。

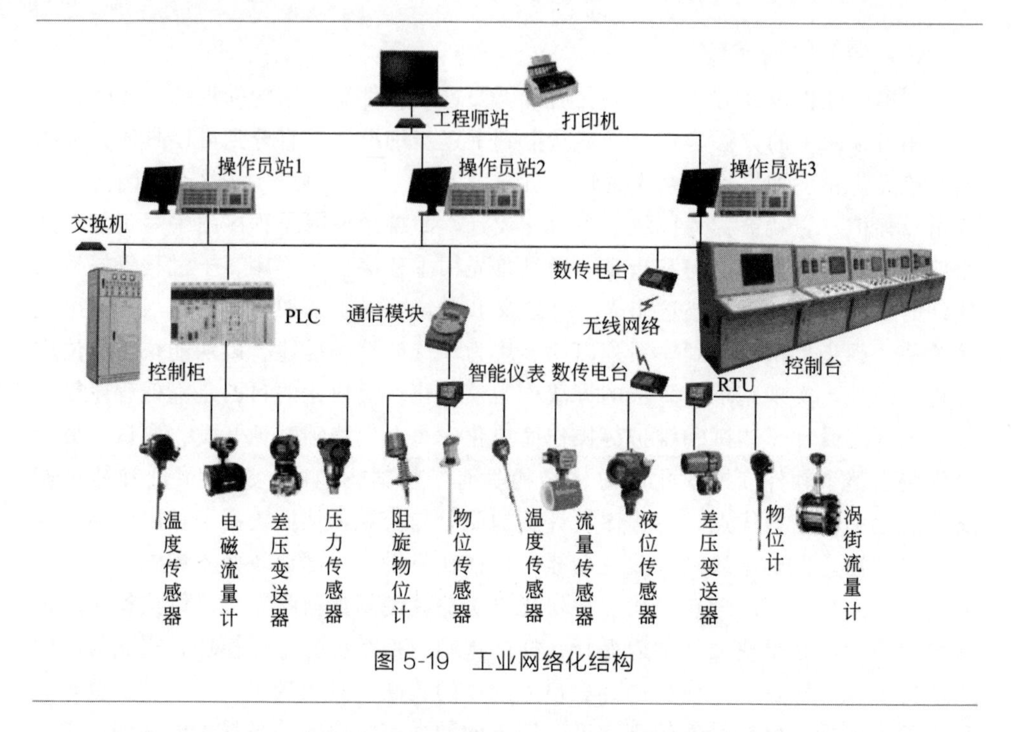

图 5-19 工业网络化结构

5.5.2 可编程逻辑控制器

PLC（Programmable Logic Controller）控制系统是一种数字运算操作的电子系统，专为工业环境应用而设计，是一种具有微处理器的用于自动化控制的数字运算控制器，是为取代继电接触器控制系统而设计的新型工业控制装置。它采用可编程序的存储器，用来在其内部存储、执行逻辑运算、顺序控制、定时、计数和算术运算等操作指令，并通过数字式、模拟式的输入和输出，控制各种类型的机械或生产过程。PLC 控制系统由 CPU、指令及数据内存、输入/输出接口、电源、数字模拟转换等功能单元组成。它采用一类可编程的存储器，用于其内部存储程序，执行逻辑运算、顺序控制、定时、计数与算术操作等面向用户的指令，并通过数字或模拟式输入/输出控制各种类型的机械或生产过程，具有通用性强、可靠性高、指令系统简单、编程方便、体积小等优点，已成为工业控制的核心部分，广泛用于机械制造、冶金、电力、纺织、环保等各行业，尤其在机械加工、机床控制中，已成为改造和研发机床等机电一体化产品最理想的首选控制器[64,65]。

（1）PLC 的发展过程

自 20 世纪 60 年代美国推出 PLC 取代传统继电器控制装置以来，PLC 得到了快速发展，PLC的功能也不断完善，在世界工控领域得到了广泛应用。随着计算机技术、信号处理技术、传感器技术、控制技术、网络技术的不断发展和用户需求的不断提高，PLC在开关量处理的基础上增加了模拟量处理和运动控制等功能，除了强大的逻辑控制功能，在运动控制、过程控制等领域也发挥着十分重要的作用。

PLC出现之前，机械控制及工业生产控制是用工业继电器实现的。在一个复杂的控制系统中，可能要使用成百上千个各式各样的继电器，接线、安装的工作量很大。如果控制工艺及要求发生变化，控制柜内的元件和接线也需要做相应的改动，费用高、工期长。

1968年，通用汽车公司（GM公司）为了适应车型不断更新的需求，提出把计算机的优点和继电器控制系统的优点结合起来做成通用控制装置，并把计算机的编程方法合成程序输入方式加以简化，用面向过程、面向问题的“自然语言”编程。美国数字设备公司（DEC）于1969年研制出了世界上第一台PLC。由于PLC功能强大，操作方便，很快在工控领域应用推广开来。

目前，为了适应大中小型企业的不同需要，进一步扩大PLC在工业自动化领域的应用范围，小型PLC向体积缩小、功能增强、速度加快、价格低廉的方向发展，使之能更加广泛地取代继电器控制；大中型PLC向大容量、高可靠性、高速度、多功能、网络化的方向发展，使之能对大规模、复杂系统进行综合性的自动控制。PLC的发展过程如表5-2所示。

表5-2 PLC的发展过程

代次	时间	主要特点
第一代	第一台诞生到20世纪70年代初	CPU由中小型规模集成电路组成，存储器为磁芯存储器。功能简单，主要能完成条件、定时、计数控制。机种单一，没有形成系列；可靠性略高于继电接触器系统；没有成型的编程语言
第二代	20世纪70年代初期到70年代末期	CPU采用微处理器，存储器采用EPROM，使PLC技术得到了较大的发展；PLC具有了逻辑运算、定时、计数、数值计算、数据处理、计算机接口和模拟量控制等功能；软件上开发出自诊断程序，可靠性进一步提高；系统开始向标准化、系统化发展；结构上开始有整体式和模块式的区分，整体功能从专用向通用过渡
第三代	20世纪70年代末期到80年代中期	单片机的出现、半导体存储器进入了工业化生产及大规模集成电路的使用，推动了PLC的进一步发展，使其演变成专用的工业化计算机。其特点是：CPU采用8位和16位微处理器，使PLC的功能和处理速度大大增强；具有通信功能远程I/O能力；增加了多种特殊功能；自诊断功能及容错技术发展迅速；软件方面开发了面向过程的梯形图语言及其变相的语句表（也称逻辑符号）；PLC的体积进一步缩小，可靠性大大提高，成本大型化、低成本

续表

代次	时间	主要特点
第四代	20 世纪 80 年代中期到 90 年代中期	计算机技术的飞速发展促进了 PLC 完全计算机化。PLC 全面使用 8 位、16 位微处理芯片的位片式芯片，处理速度也达到 1 微秒/步。具有高速计数、中断、A/D、D/A、PID 等功能，已能满足过程控制的要求，同时加强了联网的能力
第五代	20 世纪 90 年代中期至今	RISC(简称指令系统 CPU)芯片在计算机行业大量使用，表面贴装技术和工艺已成熟，使 PLC 整机的体积大大缩小，PLC 使用 16 位和 32 位的微处理器芯片。CPU 芯片也向专用化发展：具有强大的数值运算、函数运算和大批量数据处理能力；已开发出各种智能化模块；人机智能接口普遍使用，高级的已发展到触摸式屏幕；除手持式编程器外，大量使用了笔记本电脑和功能强大的编程软件

(2) PLC 的构成

PLC 采用了典型的计算机结构，硬件主要由 CPU 模块、I/O 接口模块、RAM、ROM、电源模块组成。中央处理单元（CPU）是 PLC 的核心，它是运算、控制中心，工作中接收、存储用户程序、数据及输入信号、诊断工作状态，读取用户程序，进行解释和执行，完成用户程序中规定的各种操作。存储器分为系统程序存储器和用户程序存储器。I/O 接口模块的作用是将工业现场装置与 CPU 模块连接起来，包括开关量 I/O 接口模块、模拟量 I/O 接口模块、智能 I/O 接口模块以及外设通信接口模块等。电源模块为 PLC 工作过程提供电能。PLC 硬件框图如图 5-20 所示。

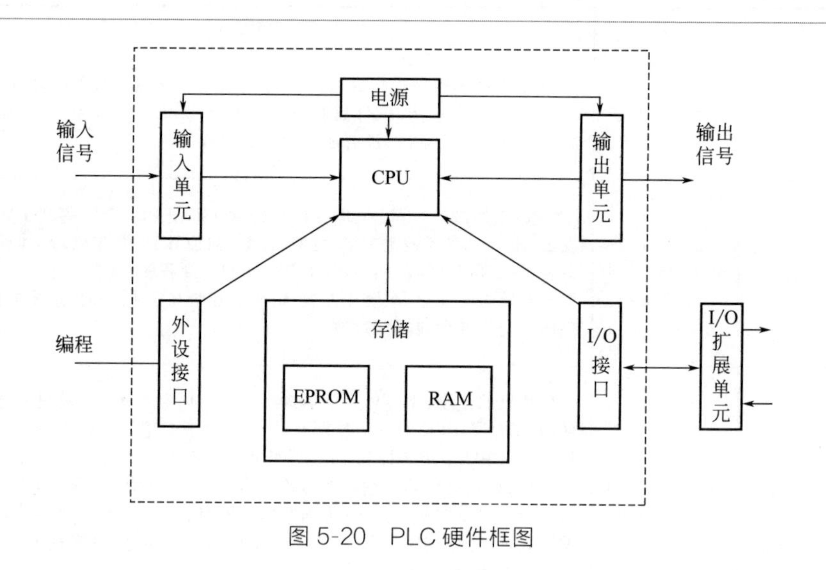

图 5-20 PLC 硬件框图

(3) PLC的工作原理

PLC控制器工作过程一般分为输入采样、用户程序执行和输出刷新三个阶段，称作一个扫描周期。在运行期间，PLC控制器的CPU以一定的扫描速度重复执行上述三个阶段。在输入采样阶段，PLC控制器以扫描方式依次地读入所有输入状态和数据，并将它们存入I/O映像区中相应的单元内。输入采样结束后，转入用户程序执行和输出刷新阶段。在这两个阶段中，即使输入状态和数据发生变化，I/O映像区中的相应单元的状态和数据也不会改变。因此，如果输入的是脉冲信号，则该脉冲信号的宽度必须大于一个扫描周期，这样才能保证在任何情况下，该输入均能被读入。在用户程序执行阶段，PLC控制器总是按由上而下的顺序依次地扫描用户程序。在扫描每一条梯形图时，又总是先扫描梯形图左边的由各触点构成的控制线路，并按先左后右、先上后下的顺序对由触点构成的控制线路进行逻辑运算，然后根据逻辑运算的结果，刷新该逻辑线圈在系统RAM存储区中对应位的状态，或者刷新该输出线圈在I/O映像区中对应位的状态，或者确定是否要执行该梯形图所规定的特殊功能指令。当扫描用户程序结束后，PLC控制器就进入输出刷新阶段。在此期间，CPU按照I/O映像区内对应的状态和数据刷新所有的输出锁存电路，再经输出电路驱动相应的外设。

扫描用户程序的运行结果与继电器控制装置的硬逻辑并行运行的结果有所区别。一般来说，PLC按顺序采样所有输入信号并读入到输入映像寄存器中存储，在PLC执行程序时被使用，通过对当前输入、输出映像寄存器中的数据进行运算处理，再将其结果写入输出映像寄存器中保存，当PLC刷新输出锁存器时用来驱动用户设备，至此完成一个扫描周期，一般在100ms以内，PLC的循环扫描工作过程见图5-21。PLC控制器的扫描周期包括自诊断、通信等，一个扫描周期等于自诊断、通信、输入采样、用户程序执行、输出刷新等所有时间的总和。

PLC程序的可读性、易修改性、可靠性、通用性、易扩展性、易维护性可以和计算机程序相媲美，再加上其体积小、重量轻、安装调试方便，使其设计加工周期大为缩短，维修也方便。

(4) PLC的特点

① 可靠性高。PLC大都采用单片微型计算机，集成度高，再加上相应的保护电路及自诊断功能，提高了系统的可靠性，在工业控制中获得了极为广泛的应用。

② 编程容易。PLC的编程多采用继电器控制梯形图及命令语句，形象直观，编程工作量比微型机指令要少得多，容易掌握、使用方便，甚至不需要太多计算机专业知识，就可进行编程。

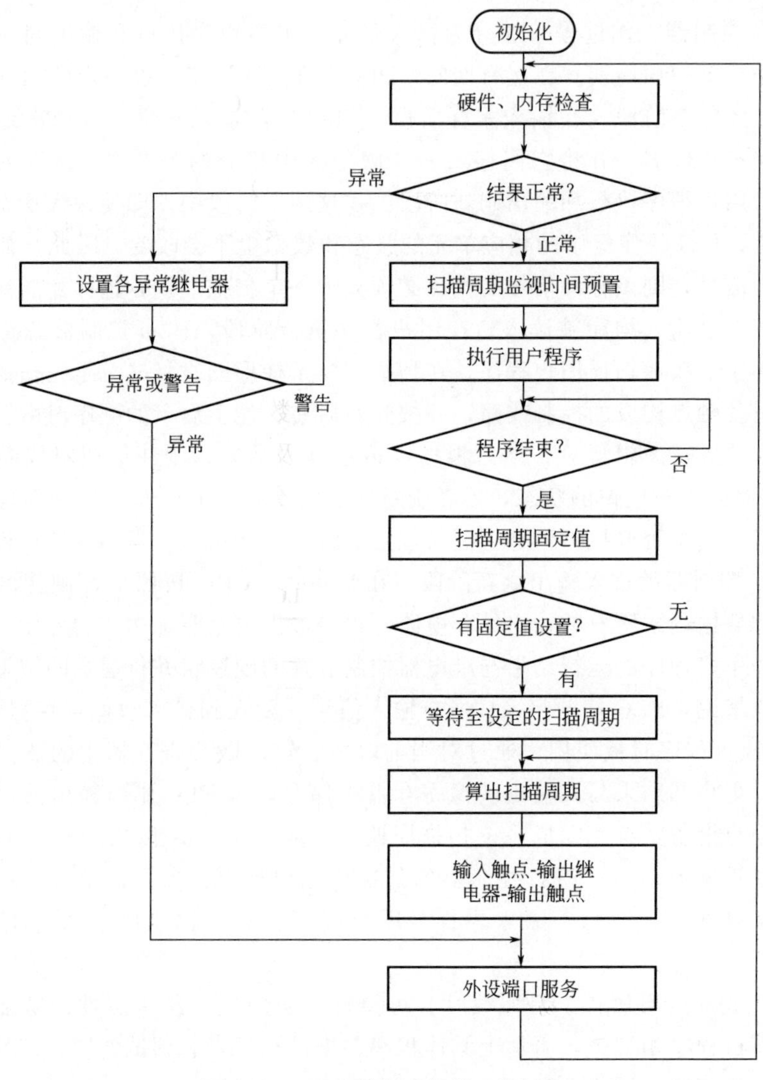

图 5-21　PLC 的循环扫描工作过程

③ 组态方便。PLC 采用积木式结构，用户只需要通过组态软件用鼠标进行拖动简单地组合，便可灵活地改变控制系统的功能和规模，因此，适用于任何控制系统。

④ I/O 模块齐全。PLC 针对不同的现场信号均有相应的模板可与工业现场的器件直接连接，并通过总线与 CPU 主板连接。

⑤ 安装方便。与计算机系统相比，PLC 的安装既不需要专用机房，又不需

要严格的屏蔽措施。使用时只需把检测器件与执行机构和PLC的I/O接口端子正确连接，便可正常工作。

⑥ 运行速度快。由于PLC是由程序控制执行的，因而无论可靠性还是运行速度，都是继电器逻辑控制无法相比的，近年来PLC与微型机控制系统之间的差别越来越小。

⑦ 环境适应性好。PLC在实现各种数量的I/O控制的同时，还具备输出模拟电压和数字脉冲的能力，使其可以控制各种能接收这些信号的伺服电机、步进电机、变频电机等，且抗干扰能力强，可适用于工业控制的各个领域，应用范围非常广。

(5) PLC的分类

① 按I/O点数。PLC控制系统处理I/O点数越多，控制关系就越复杂，用户要求的程序存储器容量越大，要求PLC指令及其他功能越多，指令执行的过程也越快。按PLC的I/O点数的多少可将PLC分为小型机、中型机、大型机三类（表5-3）。

表5-3 小、中、大型PLC特点

PLC机型	特点	典型代表
小型	以开关量控制为主，小型PLC输入、输出点数一般在256点以下，用户程序存储器容量在4K字左右。现在的高性能小型PLC还具有一定的通信能力和少量的模拟量处理能力。这类PLC的特点是：价格低廉，体积小巧，适合于控制单台设备和开发小规模的机电一体化产品	SIEMENS公司的S7-200系列、OMRON公司的CPM2A系列、MITUBISH公司的FX系列和AB公司的SLC500系列等整体式PLC产品等
中型	输入、输出总点数在256～2048点之间，用户程序存储器容量达到8K字左右。中型PLC不仅具有开关量和模拟量的控制功能，还具有更强的数字计算能力，它的通信功能和模拟量处理功能更强大，中型机比小型机更丰富，中型机适用于更复杂的逻辑控制系统以及连续生产线的过程控制系统场合	SIEMENS公司的S7-300系列、OMRON公司的C200H系列、AB公司的SLC500系列等
大型	总点数在2048点以上，用户程序储存器容量达到16K字以上。大型PLC的性能已经与大型PLC的输入、输出工业控制计算机相当，它具有计算、控制和调节的能力，还具有强大的网络结构和通信联网能力，还可以和其他型号的控制器互连，和上位机相连，组成一个集中分散的生产过程和产品质量控制系统。适用于设备自动化控制、过程自动化控制和过程监控系统	SIEMENS公司的S7-400系列、OMRON公司的CVM1和CS1系列、AB公司的SLC5/05系列等

② 按结构形式。根据PLC结构形式的不同，PLC主要可分为整体式和模块式两类。整体式结构的特点是将PLC的CPU板、输入板、输出板、电源板等基本部件紧凑地安装在一个标准的机壳内，形成一个整体，组成PLC的一个基本

单元或扩展单元。基本单元上设有扩展端口，通过扩展电缆与扩展单元相连，配有模拟量输入/输出模块、热电偶、热电阻模块、通信模块等诸多特殊功能模块，构成 PLC 不同的配置。整体式结构 PLC 体积小，成本低，安装方便。微型和小型 PLC 一般为整体式结构，如西门子的 S7-200 系列［图 5-22(a)］。

(a) S7-200

(b) S7-1500

图 5-22 SIEMENS S7 系列 PLC

模块式结构的 PLC 是由一些模块单元构成的，这些标准模块如 CPU 模块、输入模块、输出模块、电源模块和各种功能模块等，将这些模块插在框架上和基板上即可。各个模块功能是独立的，外形尺寸是统一的，可根据需要灵活配置。大、中型 PLC 都采用这种方式，如西门子的 S7-300、S7-400、S7-1500 系列，如图 5-22(b) 所示。

整体式 PLC 每一个 I/O 点的平均价格比模块式的便宜，在小型控制系统中一般采用整体式结构。但是模块式 PLC 的硬件组态方便灵活，I/O 点数的多少、输入点数与输出点数的比例、I/O 模块的使用等方面的选择余地都比整体式 PLC 大，且可根据实际情况灵活选取，维修时更换模块、判断故障范围也很方便，因此较复杂的、要求较高的系统一般选用模块式 PLC。

大中型 PLC 的典型代表 S7-1500 比 S7-300/400 的各项指标有很大的提高。CPU 1516-3PN 编程用块的总数最多为 6000 个，数据块最大 5MB，FB、FC、OB 最大 512KB。用于程序的工作存储器 5MB，用于数据的工作存储器 1MB。SIMATIC 存储卡最大 2GB；S7 定时器、计数器分别有 2048 个，IEC 定时器、计数器的数量不受限制；位存储器（M）16KB；I/O 模块最多 8192 个，过程映像分区最多 32 个，过程映像输入、输出分别为 32KB；每个机架最多 32 个模块；运动控制功能最多支持 20 个速度控制轴、定位轴和外部编码器，有高速计数和测量功能。

③ 按功能分类。根据 PLC 的功能不同可将 PLC 分为低档、中档、高档三

类。低档PLC具有逻辑运算、定时、计数、移位以及自诊断、监控等基本功能，还可有少量模拟量输入/输出、算术运算、数据传送和比较、通信等功能，主要用于逻辑控制、顺序控制或少量模拟量控制的单机控制系统。

中档PLC除具有低档PLC的功能外，还具有较强的模拟量输入/输出、算术运算、数据传送和比较、数制转换、远程I/O、子程序、通信联网等功能。有些还可增设中断控制、PID控制等功能，适用于复杂控制系统。

高档PLC除具有中档机的功能外，还增加了带符号算术运算、矩阵运算、位逻辑运算、平方根运算及其他特殊功能函数的运算、制表及表格传送功能等。高档PLC机具有更强的通信联网功能，可用于大规模过程控制或构成分布式网络控制系统，实现工厂自动化。

当然，高档PLC价格也随之提高。系统设计时，不能追求高大上，要根据实际需求，合理选择PLC，以免造成资源浪费和成本浪费。在小型的I/O控制场合，低档或整体式PLC一般可以满足要求。

(6) PLC的应用[66]

PLC控制器在国内外已广泛应用于钢铁、石油、化工、电力、建材、机械制造、汽车、轻纺、交通运输、环保及文化娱乐等行业，使用情况大致可归纳为如下几类。

① 开关量的逻辑控制。这是PLC控制器最基本、最广泛的应用领域，它取代传统的继电器电路，实现逻辑控制、顺序控制，既可用于单台设备的控制，又可用于多机群控及自动化流水线。如注塑机、印刷机、订书机械、组合机床、磨床、包装生产线、电镀流水线等。

② 模拟量控制。在工业生产过程中，有许多连续变化的量，如温度、压力、流量、液位和速度等模拟量。为了使可编程控制器能够处理模拟量，必须实现模拟量和数字量之间的A/D转换及D/A转换。PLC厂家都生产配套的A/D和D/A转换模块，使可编程控制器用于模拟量控制。不但大型、中型机具有这种功能，而且有些小型机也具有这种功能。

③ 运动控制。运动控制是工业领域中应用最多的控制方式，PLC控制器可以用于圆周运动或直线运动的控制。从控制机构配置来说，早期直接用开关量I/O模块连接位置传感器和执行机构，现在一般使用专用的运动控制模块。如可驱动步进电机或伺服电机的单轴或多轴位置控制模块。世界上各主要PLC控制器生产厂家的产品几乎都有运动控制功能，广泛用于各种机械、机床、机器人、电梯等中。

④ 过程控制。过程控制是指对温度、压力、流量等模拟量的闭环控制。作为工业控制计算机，PLC控制器能编制各种各样的控制算法程序，完成闭环控制。PID调节是一般闭环控制系统中用得较多的调节方法。大中型PLC都有

PID模块，目前许多小型PLC控制器也具有此功能模块。PID处理一般是运行专用的PID子程序。过程控制在冶金、化工、热处理、锅炉控制等场合有非常广泛的应用。

⑤ 数据处理。现代PLC控制器具有数学运算（含矩阵运算、函数运算、逻辑运算）、数据传送、数据转换、排序、查表、位操作等功能，可以完成数据的采集、分析及处理。这些数据可以与存储在存储器中的参考值比较，完成一定的控制操作，也可以利用通信功能传送到别的智能装置，或将它们打印制表。数据处理一般用于大型控制系统，如无人控制的柔性制造系统；也可用于过程控制系统，如造纸、冶金、食品工业中的一些大型控制系统。

⑥ 数据采集监控。由于PLC主要用于现场控制，所以采集现场数据是十分必要的功能，在此基础上将PLC与上位计算机或触摸屏相连接，既可以观察这些数据的当前值，又能及时进行统计分析。有的PLC还具有数据记录单元，可以将一般个人电脑的存储卡插入到该单元中保存采集到的数据。

⑦ 通信及联网。PLC控制器通信含PLC控制器间的通信及PLC控制器与其他智能制造装备间的通信。随着计算机控制的发展，工厂自动化网络发展得很快，各PLC控制器厂商都十分重视PLC控制器的通信功能，纷纷推出各自的网络系统。现在生产的PLC控制器都具有通信接口。

5.5.3 DCS控制系统

集散控制系统（Distributed Control System，DCS）是20世纪70年代中期发展起来的以微处理器为基础的分散型计算机控制系统。它是控制技术、计算机技术、通信技术、图形显示技术和网络技术相结合的产物。该装置是利用计算机技术对生产过程进行集中监视、操作、管理和分散控制的一种全新的分布式计算机控制系统。

DCS具有分散性和集中性、自治性和协调性、灵活性和扩展性、先进性和继承性、可靠性和适应性、友好性和新颖性等特点。

① 分散性。DCS不但是分散控制，还有地域分散、设备分散、功能分散和危险分散的含义。分散的目的是为了使危险分散，进而提高系统的可靠性和安全性。

② 集中性。集中性是指集中监视、集中操作和集中管理。DCS通信网络和分布式数据库是集中性的具体体现，用通信网络把物理分散的设备连成统一的整体，用分布式数据库实现全系统的信息集成，实现集中监视、集中操作和集中管理。

③ 自治性。DCS的自治性是指系统各计算机独立工作。过程控制站进行信

号输入、运算、控制和输出；操作员站实现监视、操作和管理；工程师站的功能是组态。

④ 协调性。协调性是指系统中的各计算机用通信网络互联协调工作，实现系统的总体功能。

⑤ 灵活性和扩展性。DCS 采用模块式结构，提供各类功能模块，可灵活组态构成简单、复杂的各类控制系统，还可根据生产工艺和流程的改变随时修改控制方案。

⑥ 人机界面（MMI）友好。操作员站采用彩色 LED 大屏显示器、交互式图形画面（总貌、组、点、趋势、报警、操作指导的流程图画面）等，多媒体技术的应用图文并茂，形象直观，操作简单。

⑦ 适应性。DCS 采用高性能的电子元器件、先进的生产工艺和各项抗干扰技术，可使 DCS 能够适应恶劣的工作环境。

此外，DCS 不仅采用了一系列冗余技术来减少故障的发生，如控制站主机、I/O 板、通信网络和电源等双重化，而且采用了热备份工作方式自动检查故障，一旦出现故障立即自动切换。同时，通过故障诊断与维护软件实时检查系统的硬件和软件故障，并采用故障屏蔽技术，使故障影响尽可能地小。

(1) DCS 的发展过程

DCS 最早由美国霍尼韦尔（Honeywell）公司提出，并于 1975 年 12 月正式向市场推出了世界上第一集散控制系统——TDC-2000，之后其发展经历了三个大的阶段（表 5-4）。系统的功能从底层逐步向高层扩展；系统的控制功能由单一的回路控制逐步发展到综合了逻辑控制、顺序控制、程序控制、批量控制及配方控制等的混合控制功能。

表 5-4 DCS 系统的发展

发展阶段	主要特点	代表
第一代 (1975～1980 年)	由过程控制单元、数据采集单元、CRT 操作站、上位管理计算机及连接各个单元和计算机的高速数据通道五部分组成，奠定了 DCS 的基础体系结构	以 Honeywell 的 TDC-2000 为代表，还有 Yokogawa（即横河）公司的 Yawpark 系统、Foxboro 公司的 Spectrum 系统、Bailey 公司 Netwook90 系统等
第二代 (1980～1985 年)	引入了局域网，按照网络节点的概念组织过程控制站、中央操作站、系统管理站及网关，使系统的规模、容量进一步增加，系统的扩充有更大的余地，功能上逐步走向完善，除回路控制外，还增加了顺序控制、逻辑控制等功能，加强了系统管理站的功能，可实现一些优化控制和生产管理功能	Honeywell 公司的 TDGC-3000、Fisher 公司的 PROVOX、Taylor 公司的 MOD300 及 Westinghouse 公司的 WDPF 等

续表

发展阶段	主要特点	代表
第三代 (1987 年至今)	在功能方面,实现了进一步的扩展,增加了上层网络,将生产的管理功能纳入系统中,形成了直接控制、监督控制和协调优化、上层管理三层功能结构;在网络方面,各个厂家已普遍采用了标准的网络产品,由 IEC61131-3 定义的五种组态语言已被大多数 DCS 厂家采纳;在构成系统的产品方面,除现场控制站基本上还是各个 DCS 厂家的专有产品外,人机界面工作站、服务器和各种功能站的硬件和基础软件,成为控制系统的主流	Foxboro 公司的 I/A 系列,Honeywell 公司的 TDC-3000/UCN、Yokogawa 公司的 Centum-XL/μXL、Bailey 公司的 INFI-90、Westinghouse 公司的 WDPF Ⅱ 等

新一代 DCS 的技术特点包括全数字化、信息化和集成化,将现场模拟仪表改为现场数字仪表,并用现场总线互连,将控制站内的软件功能模块分散地分布在各台现场数字仪表中,并可统一组态构成控制回路,实现彻底的分散控制。

DCS 作为新一代工业自动化过程控制设备在世界范围内被广泛应用于石油、化工、冶金、纺织、电力、食品等工业,我国在石油、冶金、化工与电力等行业也已普遍推广应用。

(2) DCS 的组成

一个基本的 DCS 应包括至少一台现场控制站、一台操作员站、一台工程师站、一条系统网络四部分。此外,还应有相应的 DCS 软件。DCS 的结构如图 5-23 所示。

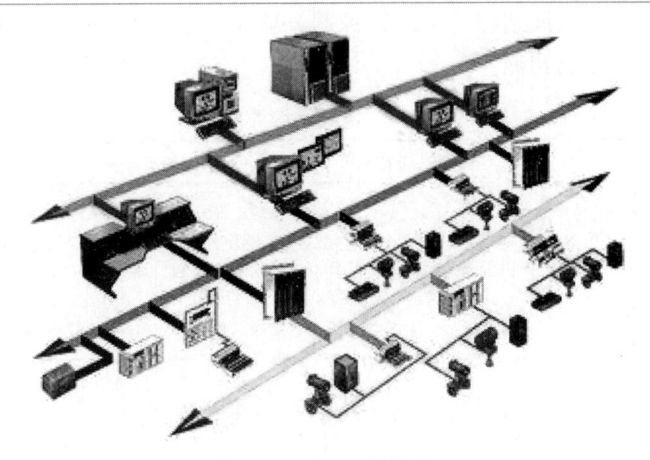

图 5-23 DCS 的结构

① 现场控制站。现场控制站是 DCS 的核心,完成系统的控制功能,系统的性能、可靠性等重要指标也都依赖于现场控制站。硬件一般采用工业级计算机系

统，还包括现场测量单元、执行单元的输入/输出设备，过程量 I/O。内部主 CPU 和内存等用于数据的处理、计算和存储的部分被称为逻辑部分，而现场 I/O 则被称为现场部分。

② 操作员站。操作员站主要完成人机界面的功能，一般采用 PC 机等桌面型通用计算机，因要实时显示、监控，一般要求有大尺寸的液晶显示器，或者扩展多屏幕显示，拓宽操作员的观察范围。为了提升画面的显示速度，一般都在操作员站上配置较大的内存和性能卓越的显卡。

③ 工程师站。工程师站主要对 DCS 进行应用组态。应用组态可实现各种各样的应用，只有完成了正确的组态，一个通用的 DCS 才能够成为一个针对具体控制应用的可运行系统。组态要完成的工作有：定义一个具体的系统，确定控制的功能、控制的输入/输出量、控制回路的算法、在控制计算中选取的参数、在系统中设置的用来实现人对系统的管理与监控的人机界面，以及报警、报表及历史数据记录等。此外，系统可能还配有特殊功能站。它是执行特定功能的计算机，如专门记录历史数据的历史站；进行高级控制运算功能的高级计算站；进行生产管理的管理站等。服务器的主要功能是完成监督控制层的工作。

④ DCS 网络。DCS 网络包括系统网络、现场总线网络和高层管理网络。系统网络是 DCS 不同功能的站之间实现有效数据传输的桥梁，以实现系统总体的功能。系统网络的实时性、可靠性和数据通信能力关系到整个系统的性能。现场总线网络使现场检测变送单元和控制执行单元实现数字化，系统与现场之间将通过现场总线互联。高层管理网络使 DCS 从单纯的低层控制功能发展到了更高层次的数据采集、监督控制、生产管理等全厂范围的控制、管理系统，使 DCS 成为一个计算机管理控制系统，实现工厂自动化。

⑤ DCS 软件。与 DCS 工作站对应，DCS 软件包括现场控制站软件、操作员站软件和工程师站软件。

现场控制站软件的主要功能是完成对现场的直接控制，包括回路控制、逻辑控制、顺序控制和混合控制等多种类型的控制。现场 I/O 驱动，完成过程量的输入/输出；对输入的过程量进行预处理；实时采集现场数据并存储在现场控制站内的本地数据库中。控制计算是根据控制算法和检测数据、相关参数进行计算，得到实时控制的量。通过现场 I/O 驱动，将控制量输出到现场。

操作员站软件的主要功能是人机界面及 HMI 的处理，包括图形画面的显示、操作命令的解释与执行、现场数据和状态的监视及异常报警、历史数据的存档和报表处理等。操作员站软件主要包括：a. 图形处理，将由组态软件生成的图形文件进行静态画面的显示和动态数据的显示及按周期进行数据更新；b. 操作命令处理；c. 历史数据和实时数据的趋势曲线显示；d. 报警信息的显示、事件信息的显示、记录与处理；e. 历史数据的记录与存储、转储及存档软件；f. 报表记录和打印；g. 系统运行日志的形成、显示、打印和存储记录等。

工程师站软件一部分是在线运行的，主要完成对DCS系统本身运行状态的诊断和监视，发现异常时进行报警，同时通过工程师站上的显示屏幕给出详细的异常信息；另一部分的主要功能是组态。

DCS的开发过程主要是采用系统组态软件，依据控制系统的实际需要，生成各类应用软件的过程。组态软件功能包括基本配置组态和应用软件组态。基本配置组态是给系统配置信息，如系统的各种站的个数、它们的索引标志、每个控制站的最大点数、最短执行周期和内存容量等。应用软件的组态主要包括以下几个方面：

① 控制回路的组态。控制回路的组态是利用系统提供的各种基本的功能模块，构成各种各样的实际控制系统。图5-24所示为某生产单元DCS实时控制示例，图5-25所示为某生产线DCS组态。目前各种不同的DCS提供的组态方法主要有指定运算模块连接方式、判定表方式、步骤记录方式等。

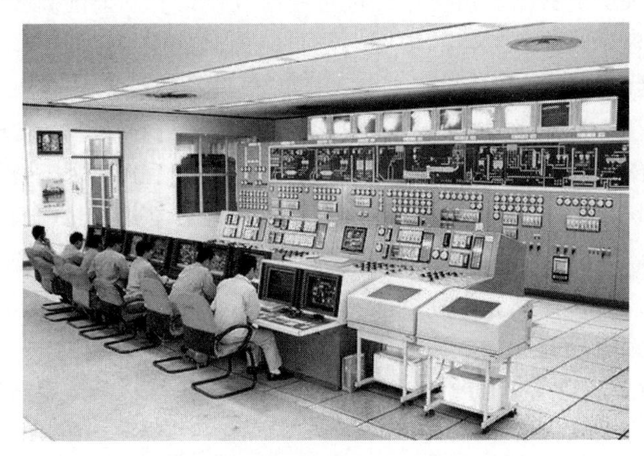

图5-24 某生产单元DCS实时控制示例

指定运算模块连接方式是调用各种独立的标准运算模块，用线条连接成多种多样的控制回路，并最终自动生成控制软件，这是一种信息流和控制功能都很直观的组态方法。判定表方式是一种纯粹的填表形式，只要按照组态表格的要求，逐项填入内容或回答问题即可，这种方式很利于用户的组态操作。步骤记录方式是一种基于语言指令的编写方式，编程自由度大，各种复杂功能都可通过一些技巧实现，但组态效率较低。另外，由于这种组态方法不够直观，往往对组态工程师在技术水平和组态经验方面有较高的要求。

② 实时数据库生成。实时数据库是DCS最基本的信息资源，这些实时数据由实时数据库存储和管理。在DCS中，建立和修改实时数据库记录常用的方法

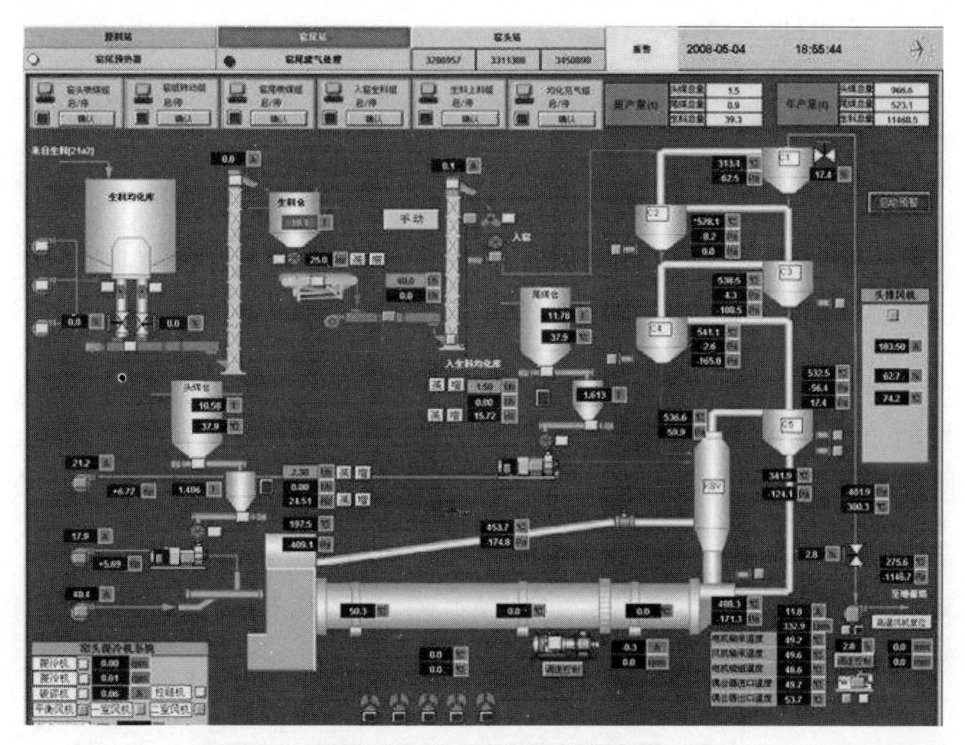

图 5-25 某生产线 DCS 组态

是用通用数据库工具软件生成数据库文件，系统直接利用这种数据格式进行管理或采用某种方法将生成的数据文件转换为 DCS 所要求的格式，非常方便、高效。

③ 工业流程画面的生成。DCS 具有丰富的控制系统和检测系统画面显示功能。结合总貌、分组、控制回路、流程图、报警等画面，以字符、棒图、曲线等适当的形式表示出各种测控参数、系统状态，是 DCS 组态的一项基本要求。此外，根据需要还可显示各类变量目录画面、操作指导画面、故障诊断画面、工程师维护画面和系统组态画面。

④ 历史数据库的生成。所有 DCS 都支持历史数据存储和趋势显示功能，历史数据库通常由用户在不需要编程的条件下，通过屏幕编辑编译技术生成一个数据文件，该文件定义了各历史数据记录的结构和范围。历史数据库中的数据一般按组划分，每组内数据类型、采样时间一样。在生成时对各数据点的有关信息进行定义。

⑤ 报表生成。DCS 的操作员站的报表打印功能通过组态软件中的报表生成部分进行组态，不同的 DCS 在报表打印功能方面存在较大的差异。一般来说，DCS 支持如下两类报表打印功能：一是周期性报表打印，二是触发性报表打印，用户根据需要和喜好生成不同的报表形式。

5.5.4 现场总线

随着控制技术、计算机技术、通信技术、网络技术等的发展，信息交换的领域正在迅速覆盖从现场设备到控制、管理各个层次，从工段、车间、工厂、企业乃至世界各地的市场，在此背景下逐步形成以网络集成自动化系统为基础的企业信息系统，现场总线是顺应这一形势发展起来的新技术。现场总线控制系统（Fieldbus Control System，FCS）是集中式数字控制系统、集散控制系统（DCS）后的新一代控制系统，被誉为跨世纪的自动控制新技术。现场总线以测量控制设备作为网络节点，以双绞线等传输介质作为纽带，把位于生产现场的、具备了数字计算和数字通信能力的测量、控制、执行设备连接成网络系统，遵循规范的通信协议，在多个测量控制设备之间以及现场设备和远程监控计算机之间，实现数据传输和信息交换，形成适应各种应用需要的自动控制系统。从本质上来说，现场总线就是一种局域网。它用标准来具体描述，软硬件与协议遵循标准规范，运用在控制系统中作为通信方法。FCS 适应了工业控制系统向数字化、分散化、网络化、智能化方向的发展，使工业自动化产品又一次更新换代。现场总线结构如图 5-26 所示。

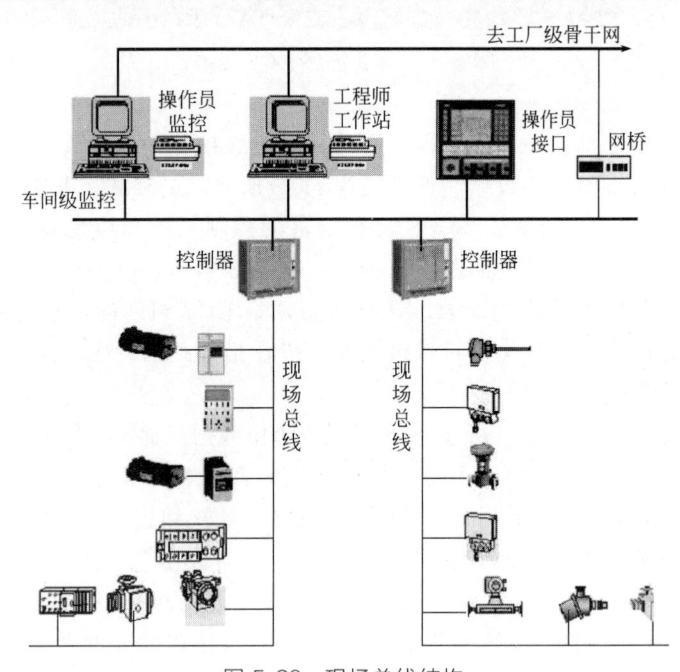

图 5-26 现场总线结构

现场总线对工业的发展起着非常重要的作用，被广泛应用于石油、化工、电力、医药、冶金、加工制造、交通运输、国防、航天、农业和楼宇等领域。

现场总线网络和其他类型的局域网相似，模型结构也是基于7层的开放式系统互联参考模型（OSI RM）制订的。为了减少由于层间操作与信息格式转换而产生的额外时间开销，各种现场总线网络模型都对OSI RM进行了不同程度的简化，一般仅采纳了OSI参考模型的物理层、数据链路层和应用层。有的总线在应用层之上还增加了用户层[67]。

（1）FCS的发展

现场总线是20世纪80年代中期诞生的。作为过程自动化、制造自动化、交通等领域现场智能制造装备之间的互联通信网络及以智能传感器、控制、计算机、数字通信、网络为主要内容的综合技术，现场总线沟通了生产过程现场控制设备之间及其与更高控制管理层网络之间的联系，为彻底打破自动化系统的信息孤岛创造了条件。现场总线控制系统既是一个开放的通信网络，又是一种全分布控制系统。它作为智能制造装备的联系纽带，把挂接在总线上、作为网络节点的智能制造装备连接为网络系统，并进一步构成自动化系统，实现基本控制、补偿计算、参数修改、报警、显示、监控、优化及控管一体化的综合自动化功能。

现场总线控制系统突破了DCS系统中通信由专用网络的封闭系统来实现所造成的缺陷，把基于封闭、专用的解决方案变成了基于公开化、标准化的解决方案，可以把不同厂商遵守同一协议的自动化设备通过现场总线网络连接成系统，同时把DCS集中与分散相结合的集散系统结构变成了全分布式结构，把控制功能彻底下放到现场，依靠现场智能制造装备本身即可实现基本控制功能。

1984年，美国仪表协会（ISA）下属的标准与实施工作组中的ISA/SP50开始制定现场总线标准；1985年，国际电工委员会决定由Proway Working Group负责现场总线体系结构与标准的研究制定工作；1986年，德国开始制定过程现场总线（Process Fieldbus）标准，简称为PROFIBUS，由此拉开了现场总线标准制定及其产品开发的序幕。

1992年，由SIEMENS、ABB等80家公司联合，成立了ISP（Interoperable System Protocol）组织，着手在PROFIBUS的基础上制定现场总线标准。1993年，以Honeywell等公司为首，成立了World FIP（Factory Instrumentation Protocol）组织，有120多个公司加盟该组织，并以法国标准FIP为基础制定现场总线标准。

1994年，ISP和World FIP北美部分合并，成立了现场总线基金会（Fieldbus Foundation，FF），推动了现场总线标准的制定和产品开发，并于1996年第一季度颁布了低速总线H1的标准，将不同厂商的符合FF规范的仪表互连为控制系统和通信网络，使H1低速总线开始步入实用阶段。同时在不同行业还陆续派生出一些有影响的总线标准。它们大都在公司标准的基础上逐渐形成，并得到其他公司、厂商、用户乃至国际组织的支持[68]。

（2）FCS的特点

① 开放性。传统的控制系统是个自我封闭的系统，一般只能通过工作站的串口或并口对外通信。现场总线致力于建立统一的工厂底层网络的开放系统，用户可按自己的需要和对象，将来自不同供应商的产品组成大小随意的系统，可以与世界上任何地方遵守相同标准的其他设备或系统连接。通信协议一致公开，各不同厂家的设备之间可实现信息交换。现场总线开发者就是要用户可按自己的需要和考虑，把来自不同供应商的产品组成大小随意的系统，通过现场总线构筑自动化领域的开放互联系统。

② 互可操作性与可靠性。现场总线在选用相同的通信协议情况下，只要选择合适的总线网卡、插口与适配器即可实现互联设备间、系统间的信息传输与沟通，大大减少接线与查线的工作量，有效提高控制的可靠性。互可操作性是指实现互联设备间、系统间的信息传送与沟通，不同生产厂家的性能类似的设备可相互替换。

③ 现场设备的智能化与功能自治性。传统装备的信号传递是模拟信号的单向传递，信号在传递过程中产生的误差较大，系统难以迅速判断故障而是带故障运行。现场总线采用双向数字通信，将传感测量、补偿计算、工程量处理与控制等功能分散到现场设备中完成，可随时诊断设备的运行状态，仅靠现场设备即可完成自动控制的基本功能。

④ 系统结构的高度分散性。现场总线已构成了一种新的全分散性控制系统的体系结构，从根本上改变了现有DCS集中与分散相结合的集散控制系统体系，简化了系统结构，提高了可靠性。

⑤ 环境适应性好。工作在生产现场前端，作为工厂网络底层的现场总线，是为适应现场环境工作而设计的，可支持双绞线、同轴电缆、光缆、射频、红外线及电力线等，具有较强的抗干扰能力，能采用两线制实现送电与通信，并可满足安全及防爆要求等。

⑥ 灵活性。各种控制器、执行器以及传感器之间通过现场总线连接，线缆少，易敷设，实现成本低，而且系统设计更加灵活，信号传输可靠性高且抗干扰能力强。基于现场总线的控制系统将逐渐取代原有控制系统，复杂的线束将被现场总线所代替。

⑦ 硬件数量少。由于现场总线系统中分散在现场的智能制造装备能直接执行多种传感、控制、报警和计算功能，因而可减少变送器的数量，不再需要信号调理、转换、隔离等功能单元及其复杂接线，还可以用工控PC机作为操作站，从而节省硬件投资及控制室的面积。

⑧ 安装费用低。现场总线系统接线简单，一条总线电缆上可挂接多个设备，电缆、端子、槽盒、桥架的用量减少。增加现场控制设备时，只需就近连接在原有的电缆上即可。

⑨ 维护费用低。现场控制设备具有自诊断与简单故障处理的能力，并通过数字通信将相关的诊断维护信息送往控制室，用户可以查询所有设备的运行、诊断、维护信息，以便早期分析故障原因并快速排除，缩短了维护停工时间，系统简单，也减少了维护工作量。

⑩ 用户系统集成主动权。用户可以自由选择不同厂商提供的设备来集成系统，系统集成过程中的主动权掌握在用户手中。

⑪ 准确性与可靠性高。与模拟信号相比，现场总线设备智能化、数字化，从根本上提高了测量与控制的精确度，减少了传送误差。同时，由于系统的结构简化，设备与连线减少，现场仪表内部功能加强，减少了信号的往返传输，提高了系统工作的可靠性。

（3）主流现场总线类型

目前国际上有40多种现场总线，但没有任何一种现场总线能覆盖所有的应用面，按其传输数据的能力可分为传感器总线、设备总线、现场总线三类。

① FF现场总线。FF现场总线基金会是由WORLDFIPNA和ISP Foundation于1994年6月联合成立的国际性组织，其目标是建立单一的、开放的、可互操作的现场总线国际标准。FF现场总线以ISO/OSI开放系统互连模型为基础，取其物理层、数据链路层、应用层为FF通信模型的相应层次，并在应用层上增加了用户层。

基金会现场总线分低速H1和高速H2两种通信速率。H1的传输速率为3125Kbps，通信距离可达1900m（可加中继器延长），支持总线供电。H2的传输速率有1Mbps和2.5Mbps两种，通信距离为750m和500m。物理传输介质可支持绞线、光缆和无线发射，协议符合IEC1158-2标准。图5-27所示为某FF-现场总线结构。

② LonWorks现场总线。LonWorks现场总线（图5-28）是美国Echelon公司1992年推出的局部操作网络，最初主要用于楼宇自动化，但很快发展到工业现场网。LonWorks技术具有完整的开发控制网络系统的平台，包括所有设计、配置安装和维护控制网络所需的硬件和软件。LonWorks网络的基本单元是节点，一个网络节点包括神经元芯片（Neuron Chip）、电源、一个收发器和有监控设备接口的I/O电路，核心是神经元芯片。提供完整的系统资源，内部集成三个CPU，其中一个用于执行用户编写的应用程序，另外两个完成网络任务。神经元芯片上的11个I/O引脚可通过编程提供34种不同的I/O对象接口，支持电平、脉冲、频率、编码等多种信号模式；它的两个16位定时器/计数器可用于

频率和定时；它提供的通信端口允许工作在单端、差分和专用 3 种模式，传输速率最高可达 1.25Mbps[69]。

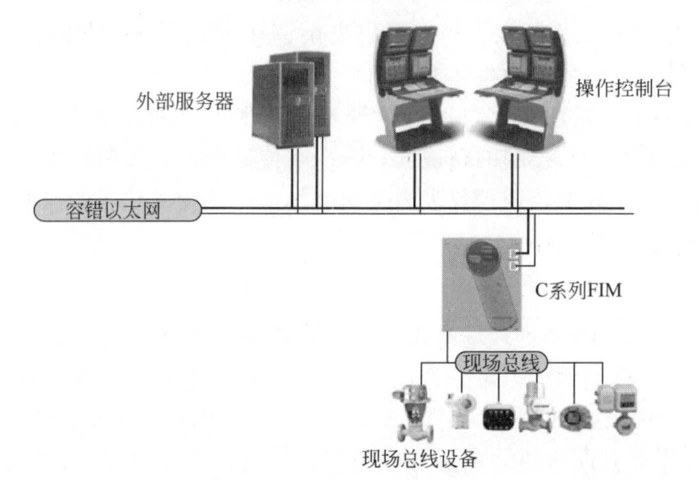

图 5-27　某 FF 现场总线结构

图 5-28　LonWorks 现场总线

LonWorks 现场总线综合了当今现场总线的多种功能，同时具备局域网的一些特点，广泛地应用于航空航天、农业、计算机/外围设备、诊断/监控、测试设备、医疗卫生、军事/防卫、办公室设备系统、机器人、安全警卫、运输设备等领域。其通用性表明，它不是针对某一个特殊领域的总线，而是具有可将不同领域的控制系统综合成一个以 LonWorks 为基础的更复杂系统的网络技术[70]。

③ PROFIBUS 现场总线。PROFIBUS 是用于自动化技术的现场总线标准（图 5-29），由德国西门子公司等十四家公司及五个研究机构共同推动制定，是程序总线网络，有 PROFIBUS-DP 和 PROFIBUS-PA 两种。

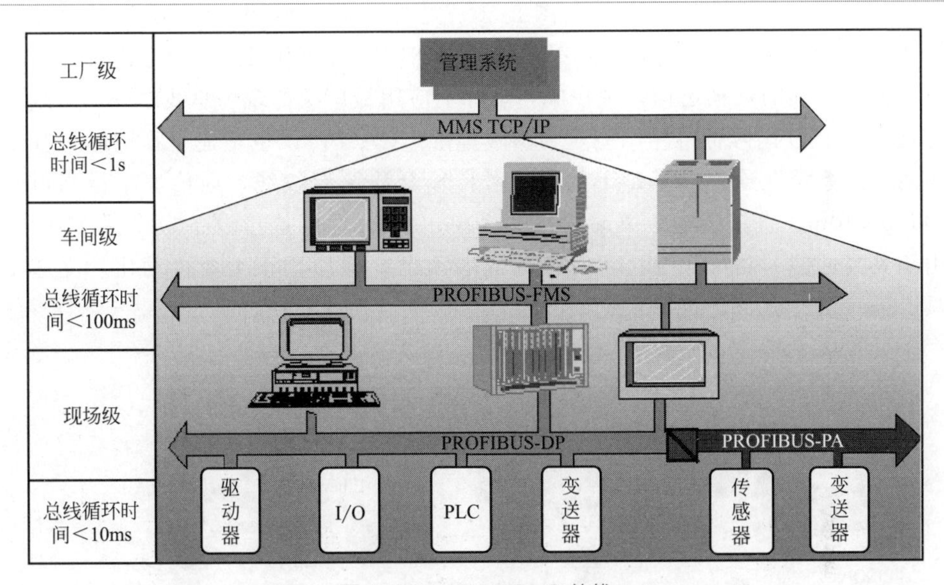

图 5-29 PROFIBUS 总线

PROFIBUS-DP（分布式周边，Decentralized Peripherals）用于工厂自动化中，可以由中央控制器控制许多传感器及执行器，也可以利用标准或选用的诊断机得知各模块的状态。

PROFIBUS-PA（过程自动化，Process Automation）应用在过程自动化系统中，由过程控制系统监控测量设备进行控制，是本质安全的通信协议，可适用于防爆区域（工业防爆危险区分类中的 Ex-zone 0 及 Ex-zone 1）。其物理层匹配 IEC 61158-2，允许由通信线缆提供电能给现场设备，即使有故障时也可限制电流量，避免出现可能导致爆炸的情形。使用网络供电时，一个 PROFIBUS-PA 网络能连接的设备数量受到限制。PROFIBUS-PA 的通信速率为 31.25Kbps。PROFIBUS-PA 使用的通信协议和 PROFIBUS-DP 相同，只要有转换设备就可以和 PROFIBUS-DP 网络连接，由速率较快的 PROFIBUS-DP 作为网络主干，将信号传递给控制器。在一些需要同时处理自动化及过程控制的应用中，可以同时使用 PROFIBUS-DP 及 PROFIBUS-PA。

PROFIBUS 现场总线的传输速率为 9.6Kbps～12Mbps，最远传输距离在 12Mbps 时为 1km，可用中继器延长至 10km。传输介质可以是双绞线，也可以是光缆，最多可挂接 127 个站点。PORFIBUS 支持主从系统、纯主站系统、多主多从混合系统等传输方式。主站可主动发送信息，有对总线的控制权。多主站系统主站之间采用令牌方式传递信息，得到令牌的站点在规定的时间内拥有总线控制权。主站拥有控制权时，可以按主从方式向从站发送或索取信息。

④ CAN 现场总线。CAN（图 5-30）是控制器局域网络（Controller Area Network，CAN）的简称，起初是由德国 BOSCH 公司开发用于汽车内部测量与执行部件之间的数据通信，现在成为国际上应用最广泛的现场总线之一，总线规范现已被 ISO 国际标准组织制定为国际标准，CAN 协议也是建立在国际标准组织的开放系统互连模型基础上的。信号传输介质为双绞线，通信速率最高可达 1Mbps/40m，直接传输距离最远可达 10km/Kbps，可挂接设备最多达 110 个。由于其高性能、高可靠性、实时性等优点现已广泛应用于工业自动化、交通工具、医疗仪器以及建筑等行业。

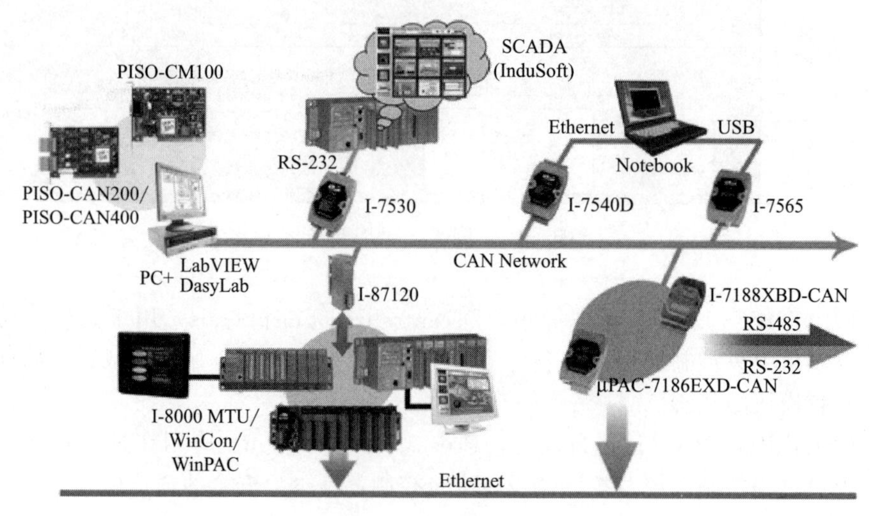

图 5-30　CAN 总线

应用 CAN 总线可以减少车身布线，模块之间的信号传递仅需要两条信号线，车上除掉总线外其他所有横贯车身的线都不再需要，大大节省成本。CAN 总线系统数据稳定可靠，线间干扰小、抗干扰能力强。某车型有车身、舒适、多媒体等多个控制网络，其中车身控制使用 CAN 网络，控制发动机、变速箱、

ABS等车身安全模块，并将转速、车速、油温等共享至全车，实现汽车智能化控制，如高速时自动锁闭车门，安全气囊弹出时自动开启车门等功能。图5-31所示为某车型CAN总线。

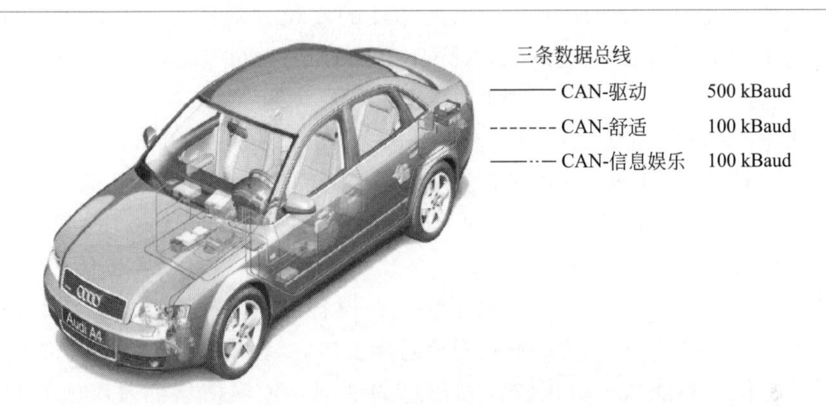

图5-31　某车型CAN总线

⑤ Devicenet现场总线。Devicenet（图5-32）是一种低成本的通信总线，使用控制器局域网络（CAN）为其底层的通信协定，其应用层有针对不同设备所定义的行规，应用包括资讯交换、安全设备及大型控制系统。它将工业设备连接到网络，消除了昂贵的硬接线成本，改善了设备间的通信。

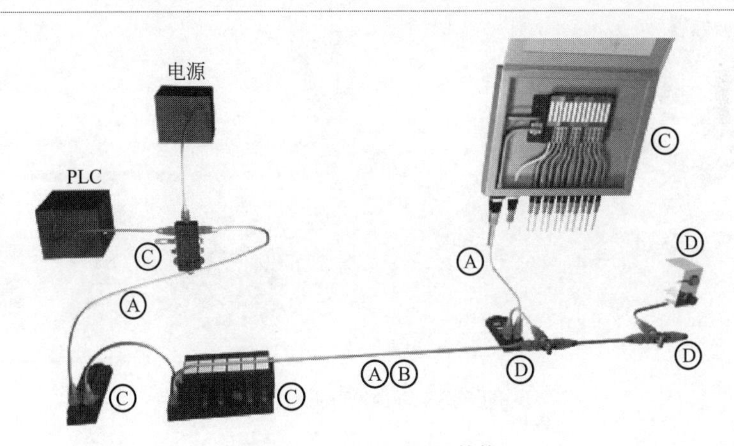

图5-32　Devicenet总线

Devicenet定义OSI模型七层架构中的物理层、数据链路层及应用层，网络中可以使用扁平电缆，可传输信号，也可给小型设备供电。允许三种比特率：125Kbps、250Kbps及500Kbps，主干线长度和比特率成反比，单一网络中最多可以有 64 个节点，有重复节点地址侦测的功能。允许单一网络中多重主站的功能，可以在高噪声的环境下使用。

Devicenet 规范和协议都是免费开放的。Devicenet 的主要特点有：短帧传输，每帧的最大数据为 8 个字节；无破坏性的逐位仲裁技术；网络最多可连接 64 个节点；数据传输波特率为 125Kbps、250Kbps、500Kbps；点对点、多主或主/从通信方式；采用 CAN 的物理和数据链路层规约。

⑥ HART 现场总线。HART（Highway Addressable Remote Transducer）通信协议，是美国 ROSEMOUNT 公司于 1985 年推出的一种用于现场智能仪表和控制室设备之间的通信协议，提供具有相对低的带宽、适度响应时间的通信，已成为全球智能仪表的工业标准。

HART 现场总线（图 5-33）采用统一的设备描述语言 DDL 描述设备特性。HART 能利用总线供电，满足本质安全防爆要求，协议可以双向传送数字信息，突破了传统仪表只能从主机接收控制信息的情况，传输信息量大，每个 HART 设备中包括诸如设备状态、诊断报警、过程变量、单位、回路电流、厂商等多达 40 个标准信息项。在数字通信模式下，一对电缆可以处理多个变量，在现场仪表中，HART 协议支持 256 个过程变量，且不同厂商的 HART 兼容产品和主系统都可以协同工作。

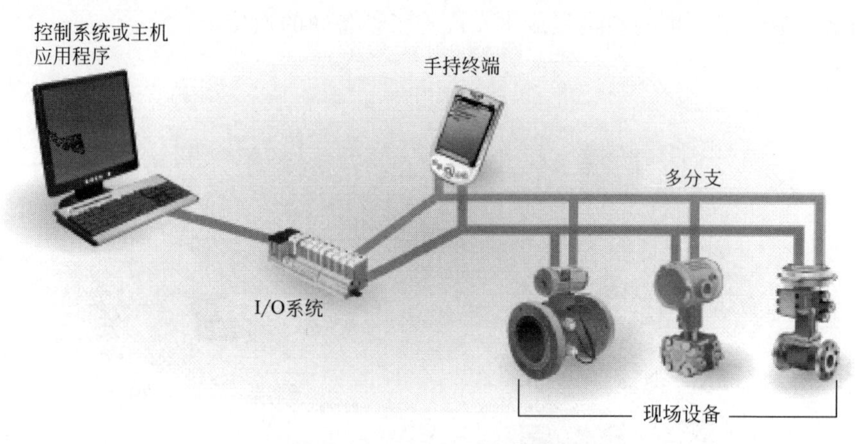

图 5-33 HART 现场总线

⑦ CC-Link 现场总线。CC-Link（Control & Communication Link）是一开放式现场总线，如图 5-34 所示，其数据容量大，通信速度多级可选择，是复合的、开放的、适应性强的网络系统，传输速率 10Mbps，性能卓越，使用简单，应用广泛，不仅解决了工业现场配线复杂的问题，同时具有优异的抗噪性能和兼容性。CC-Link 是一个以设备层为主的网络，同时也可覆盖较高层次的控制层和

较低层次的传感层。

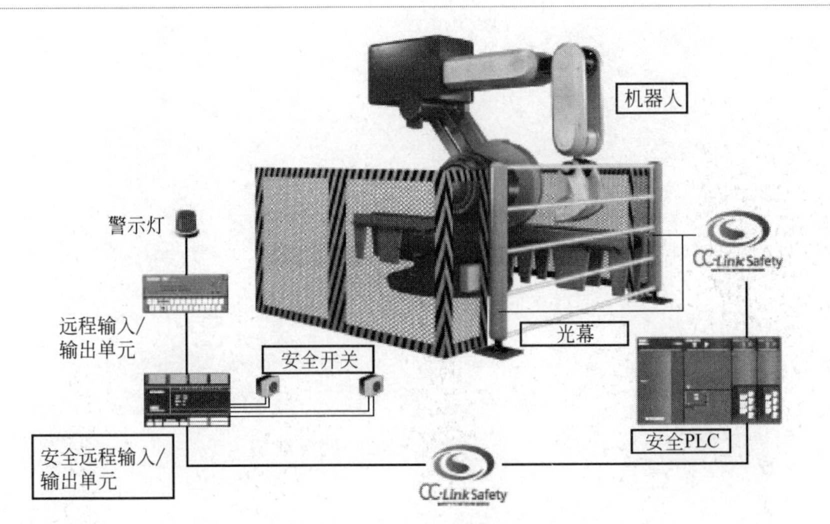

图 5-34 CC-Link 现场总线

CC-Link 是一个技术先进、性能卓越、应用广泛、使用简单、成本较低的开放式现场总线，利用 CC-Link 开发的网络控制系统具有实时性、开放性、保护功能齐全、通信速率快、网络先进、布线方便等优点，有利于分散系统实现集中监控，提高系统自动化水平，减轻工人劳动强度。

⑧ INTERBUS 现场总线。INTERBUS 是德国 Phoenix 公司推出的较早的现场总线（图 5-35），2000 年 2 月成为国际标准 IEC61158。作为一种开放的总线系统，INTERBUS 与任何 PC 平台兼容，并可用于全世界 80％的 PLC。INTERBUS 推行开放控制的控制方式，开放控制由开放式总线系统 INTERBUS、Microsoft 的开放式程序、WindowsNT 结构和工业 PC 电脑组成，目标是将办公室和生产现场基于同一平台，实现通行的、统一的信息流。通过所有的层面而不停留，实现完全垂直的集成（Complete Vertical Integration，CVI）。使用开放控制，不同的硬件和软件制造商的单个部件可集成到一个自动化系统中，真正实现不同制造商的可互操作性，无须任何界面接口，广泛地应用到汽车、烟草、仓储、造纸、包装、食品等工业，成为国际现场总线的领先者。

(4) 现场总线技术展望与发展趋势

现场总线技术已经在工控领域得到了广泛的应用，发展现场总线技术已成为工业自动化领域广为关注的焦点课题。随着网络技术的发展，低速现场总线领域将继续发展和完善，高速现场总线技术也会蓬勃发展。目前现场总线产品主要是

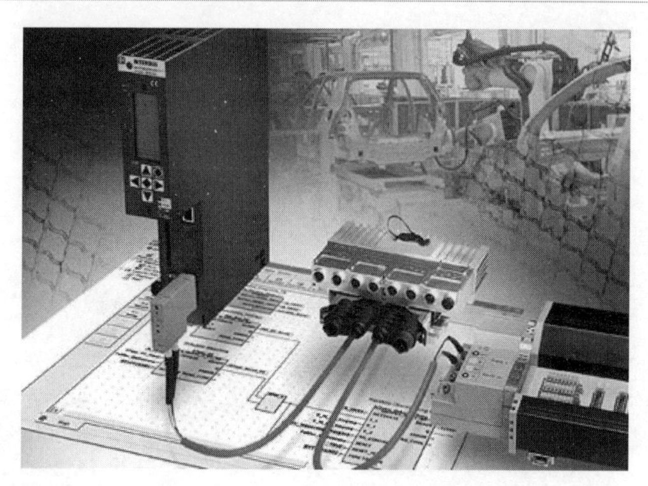

图 5-35 INTERBUS 现场总线

低速总线产品，应用于运行速率较低的领域，对网络的性能要求不是很高。无论是哪种形式的现场总线，都能较好地实现速率要求较慢的过程控制。现场总线的关键技术之一是互操作性，所以实现标准化，实现现场总线技术的统一是所有用户的愿望。具有发展前景的现场总线技术有：智能仪表与网络设备开发的软硬件技术；组态抗术，包括网络拓扑结构、网络设备、网段互连等；网络管理技术，包括网络管理软件、网络数据操作与传输；人机接口、软件技术；现场总线系统集成技术。

高速现场总线主要用于控制网内的互联，连接控制计算机、PLC 等智能程度较高、处理速度快的设备，以及实现低速现场总线网桥间的连接，它是充分实现系统的全分散控制结构的必要技术。未来现场总线的竞争可能是高速现场总线的设计开发[71,72]。

5.5.5 PC 数控

（1）PC 系统的组成

应用领域不同，PC 系统[73] 的组成结构有较大差别。常用的为普通 PC、工业 PC 和基于 PC104 的嵌入式 PC 系统。

在普通 PC 系统中，将 CPU、内存、I/O 控制器、接口电路、总线插槽等硬件模块配置在一个较大的主板上，并将其固定于带有稳压电源、硬盘、光驱等的机箱中，由此构成 PC 系统的主机。主机再连接显示器、键盘、鼠标等标准外部设备，即构成基本的 PC 系统。根据应用的需要，在基本系统基础上进一步连接打印机、扫描仪、手写板、绘图仪、投影仪、送话器、音响装置等外围设备，即可构成面向特定应用的PC系统。

工业PC系统则多采用无源底板+独立插板的结构。无源底板固定于高强度机箱中，主机的硬件电路（如CPU板、输入输出电路、应用模块等）做成独立板卡，插接于无源底板上，并通过机箱中的紧固装置予以固定。工业PC的机箱及其供电系统均采用高抗干扰设计，进出风口还采取了特殊的防尘措施，有的甚至采用全密封结构，通过空调系统进行冷却。此外，为保证硬盘、光驱等装置在工业现场可靠运行，机箱中还采取了特殊的抗震措施。

PC104系统则将组成计算机的单元电路设计成具有相同尺寸的独立模块，如CPU模块、电子盘模块、网络模块、信号采集模块等，然后通过堆栈方式将这些模块连接起来，构成一个完整系统。PC104系统一般不设计独立的计算机机箱，而是将以堆栈方式构成的PC系统作为一个部件嵌入到应用系统内部，与其融为一体，形成一个完整的设备。

尽管不同应用领域的PC系统在外部形式和组成环节上不尽相同，其物理结构也有一定的差别，但PC系统核心部分的硬件结构和软件系统却是相同的，并且在信息层面上采用相同的或相兼容的规范和标准。例如，普通PC与PC104嵌入式计算机，虽然在外部形式、组成环节和物理结构等方面完全不同，但这两类PC系统所采用的系统软件（操作系统等）却可以完全相同，系统核心与外部设备间进行信息交换所基于的规范和标准也可以完全相同。这就使得能在普通PC上运行的应用软件，也可直接在PC104系统中运行；能与普通PC连接的外部设备，也能直接连接到PC104系统上。对于完成具体任务来说，两者没有多大差别，只不过前者成本低，后者更可靠。

(2) PC系统的工作原理

PC系统的核心硬件包括CPU、内存等，外围硬件包括I/O控制器和接口电路（如硬盘控制器、软驱控制器、USB控制器、网络接口、键盘接口、鼠标接口、并行接口、串行接口等）等。应用软件是为完成某方面任务而配置的软件系统。操作系统是支持应用软件运行的软件平台。

由图5-36可见，PC系统的工作过程可看作一个信息处理与变换的过程。对于某一具体应用（如设计、计算、分析等），首先将完成该任务所需的原始信息通过PC系统的输入设备，如软驱、优盘、扫描仪、联网装置等输入PC内；其次通过PC主机内的硬件系统和操作系统，将输入信息传递给完成该任务的应用软件，应用软件通过与操作系统、PC核心硬件相配合，共同完成信息变换与处理任务，产生所需的输出信息；然后通过操作系统和硬件系统，将输出信息送往PC外部；最后通过PC系统的输出设备，如打印机、绘图仪、投影仪、外部存储设备等，将输出信息显示和保存到合适的载体上。

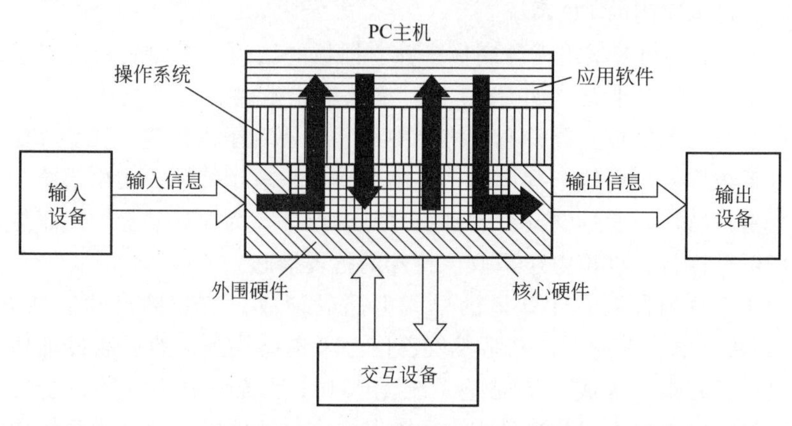

图 5-36 PC 系统的工作原理

应指出的是，PC 系统完成任务的过程一般是一个人机协调、反复交互的过程。在这个过程中，操作人员需通过键盘、鼠标、显示器等交互设备与计算机反复交流，才能完成任务。例如，利用 PC 系统进行工程设计，在设计过程中，设计人员需根据自己的知识和经验，反复与计算机交互才能产生一个理想的设计。

PC 数控系统的基本结构如图 5-37 所示。PC 数控系统的控制器（PC 数控装置）是以 PC 为核心构成的数字控制器，其基本结构由硬件系统和软件系统两大部分组成。

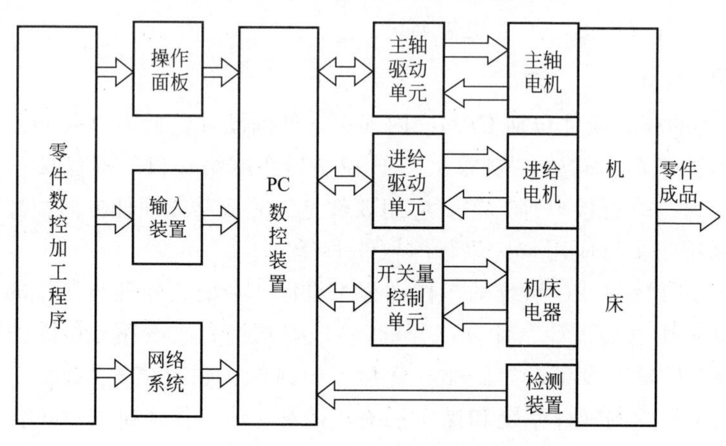

图 5-37 PC 数控系统的基本结构

硬件系统由 PC 硬件平台和附加的数控硬件模块组成。无论是普通 PC 还是工业 PC，其硬件平台都是通用的，无须数控系统生产厂家自己生产。数控硬件模块是为完成特定数控任务而附加到PC硬件平台上的功能模块，这些模块一般需由数控系统生产厂家自行设计制造。

软件系统包括PC操作系统和数控应用软件两大部分。PC操作系统属于系统软件，是通用的，可从市场上选购。数控应用软件由完成数控任务的各种信息处理软件模块和控制软件模块组成，具有很强的针对性，需由数控系统生产厂家自行开发。PC数控系统的功能与性能主要由数控应用软件决定，因此数控应用软件开发是PC数控系统开发的主要任务。

5.5.6 先进控制技术方法

（1）神经网络学习智能控制

神经网络是指由大量与生物神经系统的神经细胞相类似的人工神经元互连而组成的网络，或由大量像生物神经元的处理单元并联而成的。这种神经网络具有某些智能和仿人控制功能。学习算法是神经网络的主要特征和研究的主要课题。神经网络具备类似人类的学习功能，学习是指机体在复杂多变的环境中进行有效的自我调节。神经网络的学习过程是修改输入端加权系数的过程，最终使其输出达到期望值。常用的学习算法有Hebb学习算法、Widrow Hoff学习算法、反向传播学习算法——BP学习算法、Hopfield反馈神经网络学习算法等。

神经网络利用大量的神经元，按一定的拓扑结构和学习调整方法，实现并行计算、分布存储、可变结构、高度容错、非线性运算、自我组织、学习或自学习等，在智能控制的参数、结构或环境的自适应、自组织、自学习等控制方面具有独特的能力。

（2）自适应控制

自适应控制和常规的反馈控制和最优控制一样，也是一种基于数学模型的控制方法。自适应控制的研究对象是对具有一定程度不确定性的系统进行控制。不确定性是指描述被控对象及其环境的数学模型不是完全确定的，包含一些未知因素和随机因素。自适应控制依据的关于模型和扰动的先验知识比较少，需要在系统的运行过程中不断提取有关模型的信息，使模型逐步完善。依据对象的输入输出数据，不断地辨识模型参数，这个过程称为系统的在线辨识。随着生产过程的持续进行和在线辨识的运用，模型会变得越来越准确，越来越接近于实际。模型是随环境变化的，所以基于这种模型的控制作用也将随之不断地调整和改进，控制系统具有一定的适应能力。

（3）鲁棒控制

鲁棒性是指控制系统在一定结构、大小的参数摄动下，维持某些性能的特性。对性能的定义不同，可分为稳定鲁棒性和性能鲁棒性。以闭环系统的鲁棒性作为目标设计得到的固定控制器称为鲁棒控制器。主要的鲁棒控制理论有 Kharitonov 区间理论、H∞控制理论、结构奇异值理论（μ 理论）等。鲁棒控制的研究始于 20 世纪 50 年代，是国际自控界的研究热点之一。

鲁棒控制将经典频域设计理论和现代控制理论的优点融合在一起，系统地给出了在频域中进行回路成形的技术和手段，并充分考虑了系统不确定性的影响，不仅能保证控制系统的鲁棒稳定性，而且能优化某些性能指标。采用状态空间方法，具有时域方法精确计算和最优化的优点，多种控制问题均可变换为 H∞鲁棒控制理论的标准问题，具有一般性，并适于实际工程应用。

5.6 PLC 控制系统设计

进行 PLC 控制系统设计时，首先要熟悉被控对象并计算输入/输出设备，然后进行 PLC 选型及确定硬件配置，在此基础上设计电气原理图并设计控制台（柜），最后编制控制程序、进行程序调试和编制技术文件，如图 5-38 所示。

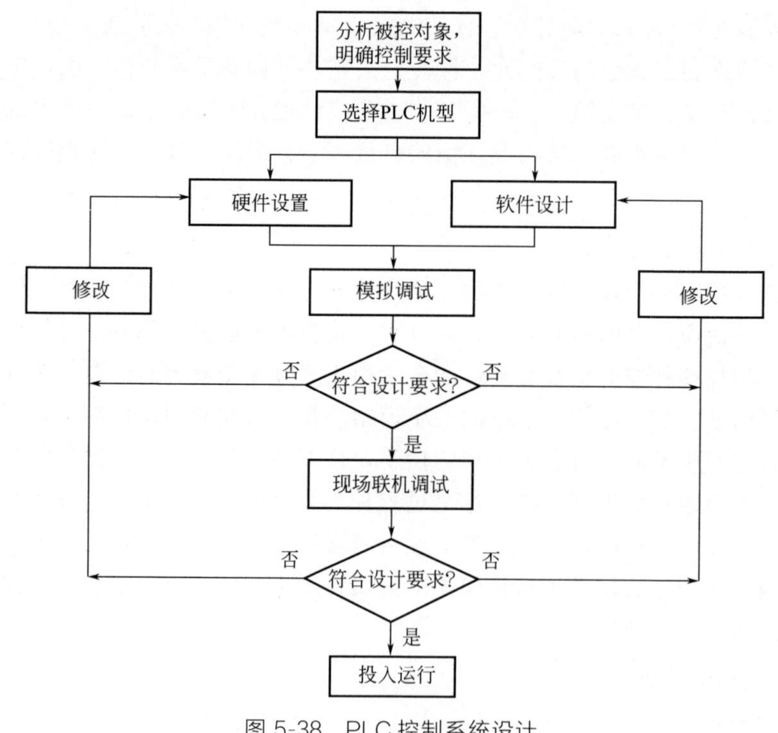

图 5-38 PLC 控制系统设计

首先要熟悉被控对象，设计工艺布置图，这是系统设计的基础。详细了解被控对象的工艺过程和它对控制系统的要求，各种机械、液压、气动、仪表、电气系统之间的关系，系统工作方式（如自动、半自动、手动等），PLC 与系统中其他智能装置之间的关系，人机界面的种类，通信联网的方式，报警的种类与范围，电源停电及紧急情况的处理等。此外，还要选择用户输入设备（如按钮、操作开关、限位开关、传感器等），输出设备（如继电器、接触器、信号指示灯等执行元件），以及由输出设备驱动的被控对象（如电机、电磁阀等）。

确定哪些信号需要输入给 PLC、哪些负载由 PLC 驱动，并分类统计出各输入量和输出量的性质及数量——是数字量还是模拟量，是直流量还是交流量，以及电压的大小等级，为 PLC 的选型和硬件配置提供依据。最后将控制对象和控制功能进行分类，可按信号用途或按控制区域进行划分，确定检测设备和控制设备的物理位置，分析每一个检测信号和控制信号的形式、功能、规模、互相之间的关系。信号点确定后，设计出工艺布置图或信号图。

5.6.1 PLC 控制系统的硬件设计

随着工控现场 PLC 的推广普及，PLC 产品的种类和数量越来越多。国外 PLC 产品、国内产品已有几十个系列、上百种型号。PLC 的品种繁多，其结构形式、性能、容量、指令系统、组态方法、编程方法、价格等各有不同，使用场合也各有侧重。进行控制系统设计时，应根据实际情况合理选择 PLC。

（1）PLC 机型的选择

PLC 机型的选择应是在满足控制要求的前提下，保证可靠、维护使用方便以及最佳的性价比。根据现场应用要求，通常可按控制功能或输入输出点数选型。整体型 PLC 的 I/O 点数固定，因此用户选择的余地较小，用于小型控制系统；模块型 PLC 提供多种 I/O 卡件或插卡，因此用户可较合理地选择和配置控制系统的 I/O 点数，功能扩展方便灵活，一般用于大中型控制系统。

输入输出模块的选择应考虑与应用要求相统一。对输入模块，应考虑信号电平、信号传输距离、信号隔离、信号供电方式等应用要求。对输出模块，应考虑选用的输出模块类型，通常继电器输出模块具有价格低、使用电压范围广、寿命短、响应时间较长等特点；晶闸管输出模块适用于开关频繁，电感性低功率因数负荷场合，但价格较贵，过载能力较差。输出模块还有直流输出、交流输出和模拟量输出等，应与应用要求一致。

电源模块在引进设备中的同时引进 PLC 中，但应根据产品说明书要求设计和选用，一般 PLC 的供电电源应设计选用 220V AC 电源，与国内电网电压一致。重要场合还应采用不间断电源或稳压电源供电。为防止电压波动损毁 PLC，有必要对输入和输出信号进行隔离，有时也可采用简单的二极管或熔丝管隔离。

此外，选择PLC时，应考虑性价比。考虑经济性时，应同时考虑应用的可扩展性、可操作性、投入产出比等因素，进行比较和兼顾，最终选出较满意的产品。点数的增加对CPU、存储器容量、控制功能范围等的选择都有影响，在估算和选用时应充分考虑，提高控制系统的性价比。

① 运算控制功能的选择。PLC的运算功能包括逻辑运算、计时和计数、数据移位、比较功能、代数运算、数据传送、PID运算和其他高级运算功能，目前的PLC都已具有通信功能。设计选型时应从实际应用的要求出发，合理选用所需的运算功能。

对于小型单台、仅需要数字量控制的设备，一般的小型PLC（如西门子公司的S7-200系列、OMRON公司的CPM1/CPM2系列等）可以满足要求。对于以数字量控制为主，带少量模拟量控制的应用系统，如工业生产中常遇到的温度、压力、流量等连续量的控制，应选用带有A/D转换、D/A转换的模拟量输入、输出模块，配接相应的传感器、变送器和驱动装置，并选择运算、数据处理功能较强的小型PLC（如西门子公司的S7-200或S7-300系列等）。

对于控制比较复杂，控制功能要求更高的工程项目，例如要求实现PID运算、闭环控制、通信联网等功能时，可视控制规模及复杂程度，选用中档或高档机（如西门子公司的S7-300或S7-400系列等）。

控制功能包括PID控制运算、前馈补偿控制运算、比值控制运算等，应根据控制要求确定是否需要采用PID控制单元、高速计数器、带速度补偿的模拟单元、ASC码转换单元等，需要考虑实际情况确定。

② 编程功能。PLC控制系统有五种标准化编程语言：顺序功能图（SFC）、梯形图（LD）、功能模块图（FBD）三种图形化语言和语句表（IL）、结构文本（ST）两种文本语言。选用的编程语言应遵守其标准（IEC6113123），同时，还应支持多种语言编程形式，如C、Basic等，以满足特殊控制场合的控制要求。

PLC编程方式有离线编程方式和在线编程方式两种。离线编程方式是指PLC和编程器共用一个CPU，编程器在编程模式时，CPU只为编程器提供服务，不对现场设备进行控制，完成编程后，编程器切换到运行模式，CPU对现场设备进行控制，不能进行编程。离线编程方式可降低系统成本，但使用和调试不方便。在线编程方式是指CPU和编程器有各自的CPU，主机CPU负责现场控制，并在一个扫描周期内与编程器进行数据交换，编程器把在线编制的程序或数据发送到主机，下一个扫描周期中，主机根据新收到的程序运行。这种方式成本较高，但系统调试和操作方便，在大中型PLC中常采用。

便携式简易编程器主要用于小型PLC，其控制规模小，程序简单，可用简易编程器。CRT编程器适用于大中型PLC，除用于编制和输入程序外，还可编辑和打印程序文本。由于IBM-PC已得到普及推广，IBM-PC及其兼容机编程软件包是PLC很好的编程工具。

③ 扫描速度。PLC采用扫描方式工作，处理速度与用户程序的长度、CPU处理速度、软件质量等有关。目前，PLC接点的响应快、速度高，每条二进制指令执行时间为0.2～0.4ns，因此能适应控制要求高、相应要求快的应用需要。扫描周期（处理器扫描周期）应满足：小型PLC的扫描时间不大于0.5ms/K；大中型PLC的扫描时间不大于0.2ms/K。设计时应根据情况选择合适的型号。

④ 联网通信功能。PLC作为工厂自动化的主要控制器件，大多数产品都具有通信联网能力。选择时应根据需要选择通信方式。大中型PLC系统应支持多种现场总线和标准通信协议（如TCP/IP），需要时应能与工厂管理网（TCP/IP）相连接。通信协议应符合ISO/IEEE通信标准。PLC系统的通信接口应包括串行和并行通信接口（RS-232C/422A/423/485）、RIO通信口、工业以太网、常用DCS接口等；大中型PLC通信总线（含接口设备和电缆）应1∶1冗余配置，通信总线应符合国际标准，通信距离应满足装置实际要求。

⑤ 其他要求。考虑被控对象对于模拟量的闭环控制、高速计数、运动控制和人机界面（HMI）等方面的特殊要求，可以选用有相应特殊I/O模块的PLC。在某些可靠性要求极高的应用场景，应采用冗余控制系统或备份系统。

系统设计时，除了硬件，PLC的编程问题亦非常重要。除了详细了解硬件，用户应当对所选择PLC产品的软件功能有所了解。对于网络控制结构或需用上位计算机管理的控制系统，有无通信软件包是选用PLC的主要依据。通信软件包往往和通信硬件一起使用，如调制解调器等。

PLC通常直接用于工业控制，一般工业现场都能可靠地工作，在选用时应对环境条件给予充分的考虑。一般PLC及其外部电路（包括I/O模块、辅助电源等）都能可靠工作。

（2）PLC容量估算

PLC的容量包括输入输出总点数和用户存储器的存储容量两方面。在选择PLC型号时应根据实际情况，不必盲目追求过高的性能指标，满足实际要求即可。一般来说，在输入输出点数和存储器容量方面除了要满足控制系统要求外，建议适当留有余量，以做坏点备用或装备扩展功能、系统扩展时使用。

① I/O点数的确定。PLC的I/O点数以系统实际的输入输出点数为基础确定。在确定I/O点数时，应考虑适当余量，以便维护和扩展。通常I/O点数可按实际需要的10%～15%考虑余量；当I/O模块较多时，一般按上述比例留出备用模块。实际订货时，还需根据制造厂商PLC的产品特点，对输入输出点数进行圆整。

② 存储器容量的确定。存储器容量是可编程序控制器本身能提供的硬件存

储单元大小，程序容量是存储器中用户应用项目使用的存储单元的大小，因此程序容量小于存储器容量。用户程序占用多少存储器容量与许多因素有关，如I/O点数、控制要求、运算处理量、程序结构等。由于用户应用程序还未编制，因此在程序编制前只能粗略地估算。存储器内存容量的估算没有固定的公式，许多文献资料中给出了不同的公式，大体上都是按数字量I/O点数的10～15倍，加上模拟I/O点数的100倍，以此数为内存的总字数（16位为一个字），另外再按此数的25%考虑余量。

（3）I/O模块的选择

PLC控制系统中，需要将对象的各种测量参数输入PLC，经过CPU运算、处理后，再将结果以数字量的形式输出，PLC和生产过程之间需要输入/输出（I/O）模块。生产设备或控制系统的开关、按钮、继电器触点等，只有通或断两种状态信息，对这类信号的拾取需要通过数字量输入模块来实现。输入模块最常见的为24V直流输入，还有直流5V、12V、48V，交流115V、220V等。对指示灯的亮灭、电机的启停、晶闸管的通断、阀门的开闭等的控制只需利用“1”和“0”二值逻辑，通过数字量输出模块去驱动。

诸如温度、压力、液位、流量等参数，可以通过不同的检测装置转换为相应的模拟量信号，然后再将其通过模拟量输入模块输入PLC，并转换为数字量。生产设备或过程的许多执行机构，往往要求用模拟信号来控制，而PLC输出的控制信号是数字量，这就要求有相应的模块将其转换为模拟量。这种模块就是模拟量输出模块。

（4）分配输入/输出点

PLC机型选择完成后，输入/输出点数的多少是决定控制系统价格及设计合理性的重要因素，因此在完成同样控制功能的情况下可通过合理设计以简化输入/输出点数。PLC机型及输入/输出（I/O）模块选择完毕后，设计出PLC系统总体配置图。然后依据工艺布置图，参照具体的PLC相关说明书或手册将输入信号与输入点、输出控制信号与输出点一一对应，画出I/O接线图即PLC输入/输出电气原理图。

（5）安全回路设计

安全回路是保护负载或控制对象以及防止操作错误或控制失败而进行连锁控制的回路，一般考虑短路保护、互锁、失压停车等。在PLC外部输出各个负载的回路安装熔断器进行短路保护，熔断器规格要根据负载参数合理选择。控制软件要保证电路的互锁，除此之外，PLC外部接线中应采取硬件的互锁措施，确保系统安全可靠地运行。PLC外部负载的供电线路应具有失压保护措施，当临时停电再恢复供电时，必须按下“启动”按钮PLC的外部负载才能自行启动。

紧急状况时，按下“急停”按钮就可以切断负载电源，程序中断，保护人身财产和设备安全。在某些超过限位可能产生危险的场合，比如电梯、塔吊等，还应设置极限保护，当极限保护动作时，直接切断负载电源，同时将信号输入 PLC。

5.6.2 PLC 控制系统的软件设计

软件设计是 PLC 控制系统设计的核心。PLC 的应用软件设计是指根据控制系统硬件结构和工艺要求，使用相应的组态软件和编程语言，对用户控制程序进行编制和形成相应文件的过程。要设计好 PLC 的应用软件，必须充分了解被控对象的生产工艺、技术特性、控制要求等。通过 PLC 的应用软件完成系统的各项控制功能。软件设计包括系统初始化程序、主程序、子程序、中断程序、故障应急措施和辅助程序的设计，小型开关量控制系统一般只有主程序。根据总体要求和控制系统的具体情况，确定程序的基本结构，画出控制流程图或功能流程图，简单的系统可以用经验法设计，复杂的系统一般用顺序控制设计法设计。

（1）PLC 应用软件设计内容

PLC 应用软件设计的主要内容包括：确定程序结构，定义输入/输出、中间标志、定时器、计数器和数据区等参数表，编制程序，编写程序说明书。PLC 应用软件设计还包括文本显示器或触摸屏等人机界面（HMI）设备及其他特殊功能模块的组态。

（2）熟悉被控制对象制定设备运行方案

PLC 硬件设计包括 PLC 及外围线路的设计、电气线路的设计和抗干扰措施的设计等。

选定 PLC 的机型和分配 I/O 点后，硬件设计的主要内容就是电气控制系统原理图的设计、电气控制元器件的选择和控制柜的设计。电气控制系统的原理图包括主电路和控制电路。电气元件的选择主要是根据控制要求选择按钮、开关、传感器、保护电器、接触器、指示灯、电磁阀等。

这些工作完成后，以此为基础，根据生产工艺的要求，分析各输入/输出与各种操作之间的逻辑关系，确定检测量和控制方法，设计出系统中各设备的操作内容和操作顺序。对于较复杂的系统，可按物理位置或控制功能将系统分区控制，如图 5-39 所示为作者所在团队开发的大型中空玻璃自动生产线关键设备合片机 PLC 控制流程。较复杂系统一般还需画出系统控制流程图，用以清楚表明动作的顺序和条件。由于 PLC 的程序执行为循环扫描工作方式，因而 PLC 程序框图在进行输出刷新后，再重新开始输入扫描，循环执行。表 5-5～表 5-9 为合片机 PLC 控制对应的参数表。

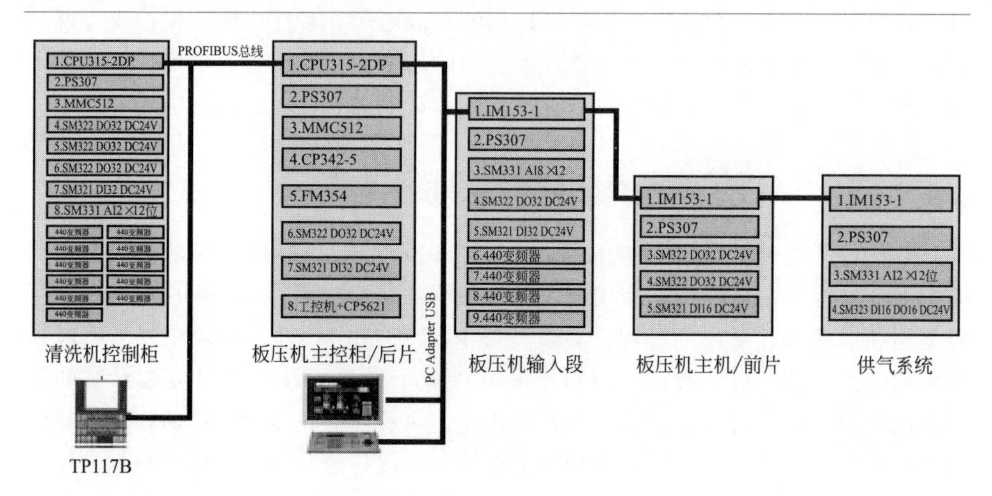

图 5-39 合片机 PLC 控制流程

表 5-5 各控制柜相应的 I/O 变量表

控制柜	I/O 模块	地址
控制柜Ⅰ（主控柜）	SM321 DI 32	0.0～3.7
	SM322 DO 32	0.0～3.7
	FM354-1	304～319
	FM354-2	320～335
控制柜Ⅱ（输入＋检测）	SM321 DI 32	4.0～7.7
	SM322 DO 32	4.0～7.7
	SM331 AI8×12	256～271
控制柜Ⅲ（主机前片）	SM321 DI 16	8.0～9.7
	SM322 DO 32	8.0～11.7
	SM322 DO 32	12.0～15.7
控制柜Ⅳ（惰性气体）	SM323 DI 16 DO 16	10.0～11.7
		16.0～17.7
	SM331 AI2×12	272～275
	SM331 AI2×12	276～279

表 5-6 柜子Ⅰ的变量表

信号描述	符号	PLC I/O 地址	上位地址（WinCC）	数据类型
转轴前限位	Spindle-L-1	I 0.0		
转轴后限位	Spindle-L-2	I 0.1		

续表

信号描述	符号	PLC I/O 地址	上位地址(WinCC)	数据类型
活动片前限位	Mov Piece-L-1	I 0.2		
活动片后限位	Mov Piece-L-1	I 0.3		
		I 0.4		
		I 0.5		
		I 0.6		
检修限位	Examine Limit	I 0.7		
传送带左缸+位	Belt-L-Cylinder+	I 1.0		
传送带左缸一位	Belt-L-Cylinder−	I 1.1		
传送带中缸+位	Belt-M-Cylinder+	I 1.2		
传送带中缸一位	Belt-M-Cylinder+	I 1.3		
传送带右缸+位	Belt-R-Cylinder+	I 1.4		
传送带右缸一位	Belt-R-Cylinder+	I 1.5		
		I 1.6		
		I 1.7		
活动片左缸 1+位	M-L-Cldr-1+	I 2.0		
活动片左缸 1−位	M-L-Cldr-1−	I 2.1		
活动片左缸 2+位	M-L-Cldr-2+	I 2.2		
活动片左缸 2−位	M-L-Cldr-2−	I 2.3		
活动片右缸 1+位	M-R-Cldr-1+	I 2.4		
活动片右缸 1−位	M-R-Cldr-1−	I 2.5		
活动片右缸 2+位	M-R-Cldr-2+	I 2.6		
活动片右缸 2−位	M-R-Cldr-2−	I 2.7		
		I 3.0		
		I 3.1		
		I 3.2		
		I 3.3		
		I 3.4		
		I 3.5		
		I 3.6		
		I 3.7		

续表

信号描述	符号	PLC I/O 地址	上位地址(WinCC)	数据类型
伺服Ⅰ上电	Serve-Ⅰ-On	Q 0.0		
伺服Ⅱ上电	Serve-Ⅱ-On	Q 0.1		
风机开	Fan-On	Q 0.2		
真空泵开	Vacuum-On	Q 0.3		
传送带左缸＋位	Belt-L-Cylinder＋	Q 0.4		
传送带左缸－位	Belt-L-Cylinder－	Q 0.5		
传送带中缸＋位	Belt-M-Cylinder＋	Q 0.6		
传送带中缸－位	Belt-M-Cylinder＋	Q 0.7		
传送带右缸＋位	Belt-R-Cylinder＋	Q 1.0		
传送带右缸－位	Belt-R-Cylinder－	Q 1.1		
左门气缸上＋	Dr-L-Cldr-U＋	Q 1.2		
左门气缸上－	Dr-L-Cldr-U－	Q 1.3		
左门气缸上定	Dr-L-Cldr-U Static	Q 1.4		
左门气缸下＋	Dr-L-Cldr-D＋	Q 1.5		
左门气缸下－	Dr-L-Cldr-D－	Q 1.6		
左门气缸下定	Dr-L-Cldr-D Static	Q 1.7		
右门气缸上＋	Dr-R-Cldr-U＋	Q 2.0		
右门气缸上－	Dr-R-Cldr-U－	Q 2.1		
右门气缸下＋	Dr-R-Cldr-D＋	Q 2.2		
右门气缸下－	Dr-R-Cldr-D－	Q 2.3		
检修安全气缸＋	Examine-Cldr＋	Q 2.4		
检修安全气缸－	Examine-Cldr－	Q 2.5		
检修大气缸＋	Examine-BigCldr＋	Q 2.6		
检修大气缸－	Examine-BigCldr－	Q 2.7		
活动片左缸 1＋位	M-L-Cldr-1＋	Q 3.0		
活动片左缸 1－位	M-L-Cldr-1－	Q 3.1		
活动片左缸 2＋位	M-L-Cldr-2＋	Q 3.2		
活动片左缸 2－位	M-L-Cldr-2－	Q 3.3		
活动片右缸 1＋位	M-R-Cldr-1＋	Q 3.4		
活动片右缸 1－位	M-R-Cldr-1－	Q 3.5		

续表

信号描述	符号	PLC I/O 地址	上位地址(WinCC)	数据类型
活动片右缸 2＋位	M-R-Cldr-2＋	Q 3.6		
活动片右缸 2－位	M-R-Cldr-2－	Q 3.7		

表 5-7 柜子Ⅱ变量表（输入＋检测）

信号描述	符号	PLC I/O 地址	上位地址(WinCC)	数据类型
输入段传感器 1	Input Sensor-1	I 4.0		
输入段传感器 2	Input Sensor-2	I 4.1		
输入段传感器 3	Input Sensor-3	I 4.2		
输入段传感器 4	Input Sensor-4	I 4.3		
输入段传感器 5	Input Sensor-5	I 4.4		
输入段传感器 6	Input Sensor-6	I 4.5		
输出段传感器 1	Output Sensor-1	I 4.6		
输出段传感器 2	Output Sensor-2	I 4.7		
脚踏开关	Foot Switch	I 5.0		
		I 5.1		
		I 5.2		
		I 5.3		
		I 5.4		
		I 5.5		
		I 5.6		
		I 5.7		
测高传感器 1	H-M-Sensor 1	I 6.0		
测高传感器 2	H-M-Sensor 2	I 6.1		
测高传感器 3	H-M-Sensor 3	I 6.2		
测高传感器 4	H-M-Sensor 4	I 6.3		
测高传感器 5	H-M-Sensor 5	I 6.4		
测高传感器 6	H-M-Sensor 6	I 6.5		
测高传感器 7	H-M-Sensor 7	I 6.6		
测高传感器 8	H-M-Sensor 8	I 6.7		
测高传感器 9	H-M-Sensor 9	I 7.0		
测高传感器 10	H-M-Sensor 10	I 7.1		
测高传感器 11	H-M-Sensor 11	I 7.2		

续表

信号描述	符号	PLC I/O 地址	上位地址(WinCC)	数据类型
		I 7.3		
		I 7.4		
		I 7.5		
		I 7.6		
		I 7.7		
上框 X 向定位	Frame-X orientation	I 256.0～257.7		
上框 Y 向定位-1	Frame-Y orientation-1	I 258.0～259.7		
上框 Y 向定位-2	Frame-Y orientation-2	I 260.0～261.7		
高度检测	H-Measure	I 262.0～263.7		
玻厚检测	Thickness-Measure	I 264.0～265.7		
铝框宽检测	Aluminum Measure	I 266.0～267.7		
		I 268.0～269.7		
		I 270.0～271.7		
变频器上电	Transducer On	Q 4.0		
		Q 4.1		
		Q 4.2		
		Q 4.3		
		Q 4.4		
		Q 4.5		
		Q 4.6		
		Q 4.7		
测高缸＋	H-Measure Cldr＋	Q 5.0		
测高缸－	H-Measure Cldr－	Q 5.1		
玻璃测厚缸＋	T-Measure Cldr＋	Q 5.2		
玻璃测厚缸－	T-Measure Cldr－	Q 5.3		
		Q 5.4		
		Q 5.5		
		Q 5.6		
		Q 5.7		
上框缸上＋	Frame-Cldr-U＋	Q 6.0		
上框缸上－	Frame-Cldr-U－	Q 6.1		
上框缸下＋	Frame-Cldr-D＋	Q 6.2		

续表

信号描述	符号	PLC I/O 地址	上位地址(WinCC)	数据类型
上框缸下一	Frame-Cldr-D—	Q 6.3		
		Q 6.4		
		Q 6.5		
		Q 6.6		
		Q 6.7		
直流Ⅰ正转	Dc Motor-I+	Q 7.0		
直流Ⅰ反转	Dc Motor-I—	Q 7.1		
直流Ⅱ正转	Dc Motor-Ⅱ+	Q 7.2		
直流Ⅱ反转	Dc Motor-Ⅱ—	Q 7.3		
直流Ⅲ正转	Dc Motor-Ⅲ+	Q 7.4		
直流Ⅲ反转	Dc Motor-Ⅲ—	Q 7.5		
		Q 7.6		
		Q 7.7		

表 5-8 柜子Ⅲ变量表前片

信号描述	符号	PLC I/O 地址	上位地址(WinCC)	数据类型
吸盘微动开关 1	Sucker ctrl switch-1	I 8.0		
吸盘微动开关 2	Sucker ctrl switch-2	I 8.1		
吸盘微动开关 3	Sucker ctrl switch-3	I 8.2		
吸盘微动开关 4	Sucker ctrl switch-4	I 8.3		
		I 8.4		
		I 8.5		
		I 8.6		
		I 8.7		
		I 9.0		
		I 9.1		
		I 9.2		
		I 9.3		
		I 9.4		
		I 9.5		
		I 9.6		
		I 9.7		

续表

信号描述	符号	PLC I/O 地址	上位地址(WinCC)	数据类型
吸盘 1	sucker 1	Q 8.0		
吸盘 2	sucker 2	Q 8.1		
吸盘 3	sucker 3	Q 8.2		
吸盘 4	sucker 4	Q 8.3		
吸盘 5	sucker 5	Q 8.4		
吸盘 6	sucker 6	Q 8.5		
吸盘 7	sucker 7	Q 8.6		
吸盘 8	sucker 8	Q 8.7		
吸盘 9	sucker 9	Q 9.0		
吸盘 10	sucker 10	Q 9.1		
吸盘 11	sucker 11	Q 9.2		
吸盘 12	sucker 12	Q 9.3		
吸盘 13	sucker 13	Q 9.4		
吸盘 14	sucker 14	Q 9.5		
吸盘 15	sucker 15	Q 9.6		
吸盘 16	sucker 16	Q 9.7		
吸盘 17	sucker 17	Q 10.0		
吸盘 18	sucker 18	Q 10.1		
吸盘 19	sucker 19	Q 10.2		
吸盘 20	sucker 20	Q 10.3		
吸盘 21	sucker 21	Q 10.4		
吸盘 22	sucker 22	Q 10.5		
吸盘 23	sucker 23	Q 10.6		
吸盘 24	sucker 24	Q 10.7		
吸盘 25	sucker 25	Q 11.0		
吸盘 26	sucker 26	Q 11.1		
吸盘 27	sucker 27	Q 11.2		
吸盘 28	sucker 28	Q 11.3		
吸盘 29	sucker 29	Q 11.4		
吸盘 30	sucker 30	Q 11.5		
吸盘 31	sucker 31	Q 11.6		
吸盘 32	sucker 32	Q 11.7		

续表

信号描述	符号	PLC I/O 地址	上位地址(WinCC)	数据类型
吸盘 33	sucker 33	Q 12.0		
吸盘 34	sucker 34	Q 12.1		
吸盘 35	sucker 35	Q 12.2		
吸盘 36	sucker 36	Q 12.3		
吸盘 37	sucker 37	Q 12.4		
吸盘 38	sucker 38	Q 12.5		
吸盘 39	sucker 39	Q 12.6		
吸盘 40	sucker 40	Q 12.7		
吸盘 41	sucker 41	Q 13.0		
吸盘 42	sucker 42	Q 13.1		
吸盘 43	sucker 43	Q 13.2		
吸盘 44	sucker 44	Q 13.3		
吸盘 45	sucker 45	Q 13.4		
吸盘 46	sucker 46	Q 13.5		
吸盘 47	sucker 47	Q 13.6		
		Q 13.7		
隔门Ⅰ上气缸＋	Baffle-Ⅰ-Cldr-U＋	Q 14.0		
隔门Ⅰ上气缸－	Baffle-Ⅰ-Cldr-U－	Q 14.1		
隔门Ⅰ中气缸＋	Baffle-Ⅰ-Cldr-M＋	Q 14.2		
隔门Ⅰ中气缸－	Baffle-Ⅰ-Cldr-M－	Q 14.3		
隔门Ⅰ下气缸＋	Baffle-Ⅰ-Cldr-D＋	Q 14.4		
隔门Ⅰ下气缸－	Baffle-Ⅰ-Cldr-D－	Q 14.5		
隔门Ⅱ上气缸＋	Baffle-II-Cldr-U＋	Q 14.6		
隔门Ⅱ上气缸－	Baffle-Ⅱ-Cldr-U－	Q 14.7		
隔门Ⅱ中气缸＋	Baffle-Ⅱ-Cldr-M＋	Q 15.0		
隔门Ⅱ中气缸－	Baffle-Ⅱ-Cldr-M－	Q 15.1		
隔门Ⅱ下气缸＋	Baffle-Ⅱ-Cldr-D＋	Q 15.2		
隔门Ⅱ下气缸－	Baffle-Ⅱ-Cldr-D－	Q 15.3		
		Q 15.4		
导轮气缸	Guide wheel Cldr	Q 15.5		
		Q 15.6		
		Q 15.7		

表 5-9　柜子Ⅳ变量表（惰性气体）

信号描述	符号	PLC I/O 地址	上位地址(WinCC)	数据类型
		I 10.0		
		I 10.1		
		I 10.2		
		I 10.3		
		I 10.4		
		I 10.5		
		I 10.6		
		I 10.7		
		I 11.0		
		I 11.1		
		I 11.2		
		I 11.3		
		I 11.4		
		I 11.5		
		I 11.6		
		I 11.7		
气体流量检测	Gas flux examine	I 272.0～273.7		
		I 274.0～275.7		
供气压力开关 1	Gas Pressure Switch 1	I 276.0～277.7		
供气压力开关 2	Gas Pressure Switch 2	I 278.0～279.7		
气体 1 电磁阀	Gas Ⅰ Valve	Q 16.0		
气体 2 电磁阀	Gas Ⅱ Valve	Q 16.1		
		Q 16.2		
		Q 16.3		
		Q 16.4		
		Q 16.5		
		Q 16.6		
		Q 16.7		
分区Ⅰ电磁阀	Subarea Ⅰ Valve	Q 17.0		
分区Ⅱ电磁阀	Subarea Ⅱ Valve	Q 17.1		
分区Ⅲ电磁阀	Subarea Ⅲ Valve	Q 17.2		
		Q 17.3		

续表

信号描述	符号	PLC I/O 地址	上位地址(WinCC)	数据类型
		Q 17.4		
		Q 17.5		
		Q 17.6		
		Q 17.7		

(3) 熟悉编程语言和编程软件

各个厂家的PLC不同，进行PLC程序设计需要掌握编程语言和编程软件，根据有关手册详细了解所使用的编程软件及其操作系统，选择一种或几种合适的编程语言形式，熟悉其指令系统和参数分类并编制一些试验程序上机操作实训，在模拟平台上进行试运行。

(4) 定义参数表

参数表的定义包括对输入/输出、中间标志、定时器、计数器和数据区的定义。参数表的定义格式和内容没有统一的标准，根据系统和个人爱好的情况而异，但所包含的内容基本是相同的。参数表总的设计原则是尽可能详细。程序编制开始以前需根据PLC输入/输出电气原理图定义输入/输出信号表。每一种PLC的输入点编号和输出点编号都有自己明确的规定，在确定了PLC型号和配置后，要对输入/输出信号分配PLC的输入/输出编号（地址），并编制成表。

输入/输出信号表要明显地标出模板的位置、输入/输出地址号、信号名称和信号类型等，输入/输出定义表注释注解内容应尽可能详细。地址尽量按由小到大的顺序排列，没有定义或备用的点也需要考虑进行编号，以便于在编程、调试和修改程序时查找使用，也便于以后功能的扩展。中间标志、定时器、计数器和数据区一般是在程序编写过程中使用时定义，在程序编制过程中间或编制完成后连同输入/输出信号表统一整理。

(5) 程序的编写

简单的PLC程序，可以用翻译法编写。用所选机型的PLC中功能相当的元器件代替原继电器-接触器控制线路原理图中的器件，将继电器-接触器控制线路翻译成PLC梯形程序图。对于顺序控制方式或步进控制方式的程序设计，可以采用功能图或状态流程图，清晰直观。

对于比较复杂的逻辑控制，在进行程序设计时以布尔逻辑代数为理论基础，以逻辑变量“0”或“1”作为研究对象，以“与”“或”“非”三种基本逻辑运算为分析依据，对电气控制线路进行逻辑运算，把触点的“通”“断”状态用逻辑变量“0”或“1”来表示，具有多变量“与”逻辑关系的表达式可以直接转化为触点串联的梯形图。具有多变量“或”逻辑关系的表达式可以直接转化为触点并联的梯形图。具有多变量“与或”“或与”逻辑关系的表达式可以直接转化为触点串并联的梯形图。

如果有操作系统支持，尽量使用编程语言高级形式，如梯形图语言。在编写过程中，根据实际需要，对中间标志信号表和存储单元表进行逐个定义，要注意留出足够的公共暂存区，以节省内存的使用。

许多小型 PLC 使用的是简易编程器，只能输入指令代码。梯形图设计好后，还需要将梯形图按指令语句编出代码程序，列出程序清单。在熟悉所选的 PLC 指令系统后，可以很容易地根据梯形图写出语句表程序。

和其他高级语言编程类似，PLC 编写程序过程中要及时对编出的程序进行注释，以免忘记其间的相互关系，增加程序的可读性和可纠错性。注释应包括对程序段功能、逻辑关系、设计思想、信号的来源和去向等的说明，以便于程序的阅读和调试，提高编程效率。

（6）程序的测试

PLC 程序编写完后，需要进行程序测试。程序测试是整个程序设计工作中的一项重要内容，可以检验程序的实际运行效果。程序测试和程序编写往往是交替进行的，测试可以发现程序的一些问题，然后再进行编程修改，如此反复，提高程序的可靠性。测试时先从各功能单元模块入手，设定输入信号，观察输入信号的变化对系统的作用，必要时可以借助仪器仪表。各功能单元模块测试完成后，再连通全部程序，测试各部分的接口情况，直到满意为止。

程序测试可以在实验室进行，也可以在现场进行。如果是在现场进行程序测试，需要将 PLC 与现场信号隔离，以免由于程序不完善引发安全事故。

（7）程序说明书

程序说明书是整个程序内容设计和综合性说明的技术文档，目的是让程序的使用者了解程序的基本结构和某些问题的处理方法，以及程序阅读方法和使用中应注意的事项。程序说明书一般包括程序设计的依据、程序的基本结构、各功能单元分析、使用的公式和原理、各参数的来源和运算过程、程序的测试情况等。

上面流程中的各个步骤都是应用程序设计中不可缺少的环节。要设计一个优秀的 PLC 应用程序，必须做好每一个环节的工作。但是，应用程序设计中的核心是程序的编写，其他步骤都是为其服务的。

（8）常用编程方法

PLC 的编程方法主要有经验设计法和逻辑设计法。逻辑设计法是以逻辑代数为理论基础，列写输入与输出的逻辑表达式，再转换成梯形图。由于一般逻辑设计过程比较复杂，而且周期较长，大多采用经验设计法。如果控制系统比较复杂，可以借助流程图。经验设计法是在一些典型应用基础上，根据被控对象对控制系统的具体要求，选用一些基本环节，适当组合、修改、完善，使其成为符合控制要求的程序。这里所说的基本环节很多是由继电接触器控制线路转换而来的，与继电接触器线路图画法十分相似，信号输入、输出方式及控制功能也大致相同。对于熟悉继电接触器控制系统设计原理的工程技术人员来讲，很快可以掌握梯形图语言设计。程序设计的质量和设计效率与编程者的经验有很大关系。经验设计法没有普遍规律可循，必须在实战中不断积累、丰富自己，逐渐形成自己的设计风格。

以作者所在科研团队开发的大型机电一体化智能制造装备——中空玻璃生产线关键设备合片机为例，介绍 PLC 工艺流程。

双腔（3 层玻璃、2 铝框）等片惰性气体介质中空玻璃（图 5-40）合片流程如图 5-41 所示。

图 5-40　双腔中空玻璃

玻璃Ⅰ流程：

合片机上电待机，此时两压板张开（默认宽度），清洗机输出端无玻璃通过信号时，合片机始终在待机状态；

清洗机输出端有玻璃通过时，合片机输入段传动轮开始动作，玻璃Ⅰ进入输入段，待传感器检测到玻璃末端进入输入段时，传动轮停止动作，操作工肉眼检查玻璃洁净程度，并贴标签（标签也可贴到玻璃Ⅱ的外侧），踩下脚踏开关，传动轮动作，玻璃继续前行；

待检测段传感器检测到有玻璃进入时，检测段传动轮停止，与此同时自动进行玻璃厚度、高度、宽度及铝框厚度的检测（宽度检测在玻璃进入过程中进行）；

检测完毕后，确认主机空闲时，玻璃Ⅰ进入板压机主机（主机传动带），末端通过主机右侧传感器一定距离 Δx 时，传送带停止，小导轮回退，右侧挡板闭合，传送带反向运动，玻璃回退靠挡板定位；挡板打开，小导轮复位；

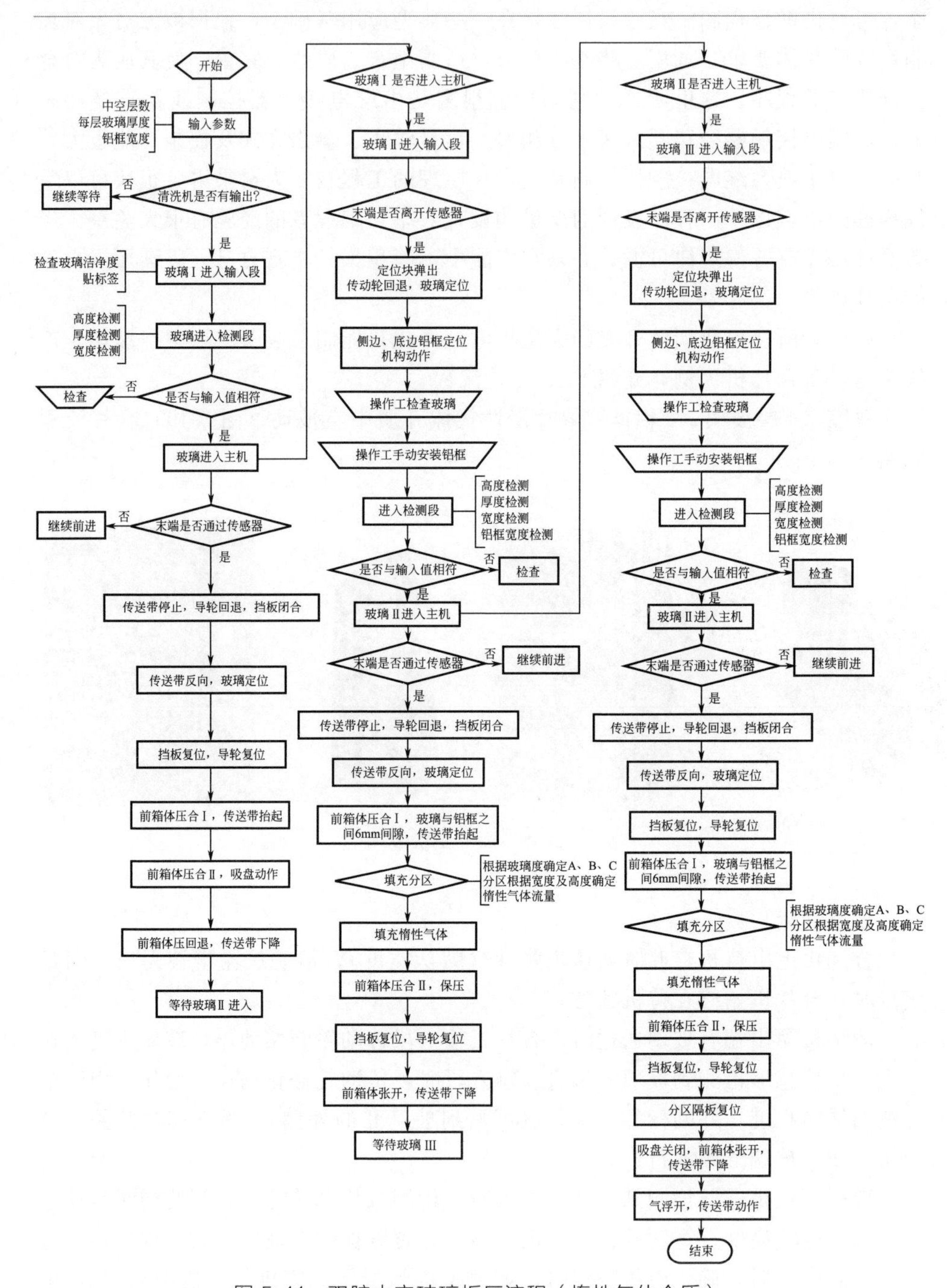

图 5-41 双腔中空玻璃板压流程（惰性气体介质）

主机前箱体闭合（行程Ⅰ），传送带抬起，前箱体压合（行程Ⅱ到位），吸盘动作吸住玻璃Ⅰ，前箱体回退，箱体张开，传送带下降，等待玻璃Ⅱ进入。

玻璃Ⅱ流程：

清洗机输出端有玻璃通过信号时，输入段传动轮开始动作，玻璃Ⅱ进入输入段，待传感器检测到玻璃末端进入输入段并移动 Δx 时，传动轮停止，定位块弹出，传动轮反向运动，玻璃回退，由定位块定位；

铝框定位系统动作（侧面铝框定位机构、底面铝框定位机构），操作工首先检查玻璃洁净程度，合格后手动安装铝框、定位，铝框安装结束后，踩下脚踏开关，传动轮动作，玻璃前行至检测段，进行玻璃厚度、高度、宽度及铝框厚度的检测；

玻璃Ⅰ进入板压机主机（主机传动带），末端通过主机右侧传感器一定距离 Δx 时，传送带停止，小导轮回退，右侧挡板闭合，传送带反向运动，玻璃回退靠挡板定位；

前箱体压合到工位Ⅰ（主机箱体带动玻璃Ⅰ与铝框保持一定间隙，约6mm），传送带抬起；根据玻璃面积自动确认分区（A、B、C三区），传送带Z向位置调整，使传送带中间气孔对准玻璃Ⅰ与玻璃Ⅱ铝框之间的间隙，惰性气体开始填充；

确认填充完毕后，前箱体压合到工位Ⅱ，并保压；

挡板打开，小导轮复位。

玻璃Ⅲ流程：

合片机上电待机，此时两压板张开（默认宽度），清洗机输出端无玻璃通过信号时，合片机始终在待机状态；

清洗机输出端有玻璃通过时，合片机输入段传动轮开始动作，玻璃Ⅲ进入输入段，待传感器检测到玻璃末端进入输入段时，传动轮停止动作，操作工肉眼检查玻璃洁净程度，并贴标签（标签也可贴到玻璃Ⅲ的外侧），踩下脚踏开关，传动轮动作，玻璃继续前行；

待检测段传感器检测到有玻璃进入时，检测段传动轮停止，与此同时自动进行玻璃厚度、高度、宽度及铝框厚度的检测（宽度检测在玻璃进入过程中进行）；

检测完毕后，确认主机空闲时，玻璃Ⅱ进入板压机主机（主机传动带），末端通过主机右侧传感器一定距离 Δx 时，传送带停止，小导轮回退，右侧挡板闭合，传送带反向运动，玻璃回退靠挡板定位；

挡板打开，小导轮复位；

主机前箱体闭合（行程Ⅰ），传送带抬起，前箱体压合（行程Ⅱ到位）；挡板复位，导轮复位；吸盘关闭前箱体张开，传送带下降。

5.6.3 PLC系统的抗干扰设计

PLC环境适应性强，抗干扰能力强，在工业生产中获得了极为广泛的应用。即使如此，为提高控制的可靠性和稳定性，在使用时也要进行抗干扰设计，尤其在过恶劣、强电磁干扰环境中。PLC系统的抗干扰性设计需要考虑以下内容。

（1）抗电源干扰

电源干扰能够引起PLC控制系统故障。输电电网覆盖范围广，受到所有空间电磁干扰并在线路上产生感应电压和电流。除此之外，车间内部影响电源的因素很多，如开关操作浪涌、大型电力设备频繁启停、交直流传动装置引起的谐波、电网短路暂态冲击等，都通过输电线路传到电源。为减小电源波动对PLC运行的影响，可以采取以下措施：

① 采用性能优良的电源。电网干扰主要通过PLC系统的供电电源（如CPU电源、I/O电源等）、变送器供电电源和与PLC系统具有直接电气连接的仪表供电电源等耦合串入PLC系统的。PLC系统供电电源一般采用隔离性能较好的电源，而变送器供电电源、与PLC系统直接通过电气连接的仪表的供电电源往往由用户自己设计，并没受到足够的重视。对于变送器和共用信号仪表供电应选择分布电容小、抑制带大（如采用多次隔离和屏蔽及漏感技术）的配电器，以减少PLC系统的干扰。

② 采用不间断供电电源。为保证电网馈电不中断，现代控制系统需要采用具有较强的干扰隔离性能的不间断供电电源（UPS）供电，提高供电的安全可靠性。UPS具有很强的抗干扰隔离性能。

③ 硬件滤波措施。在干扰较强或可靠性要求较高的场合，应该使用带屏蔽层的隔离变压器对PLC系统供电。

④ 正确选择接地点，完善接地系统。

⑤ 电缆敷设要合理、规范。强弱电严格分开。

（2）控制系统的接地设计

接地指电力系统和电气装置的中性点、电气设备的外露导电部分和装置外导电部分经由导体与大地相连。根据目的不同，可以分为工作接地、防雷接地和保护接地。良好的接地可以避免偶然发生的电压冲击危害，是保证PLC可靠工作的重要条件。完善的接地系统是PLC控制系统抗电磁干扰的重要措施之一。接地系统的接地方式一般可分为串联式单点接地、并联式单点接地、多分支单点接地三种形式。

PLC控制系统的地线包括系统地、屏蔽地、交流地和保护地等。接地系统混乱对PLC系统的干扰主要是各个接地点电位分布不均，不同接地点间存在地电位差，引起地环路电流，影响系统正常工作。电缆屏蔽层必须一点接地，如果电缆屏蔽层两端都接地，就存在地电位差，有电流流过屏蔽层，当发生异常状态（如雷击）时，地线电流将更大。此外，屏蔽层、接地线和大地有可能构成闭合环路，在变化磁场的作用下，屏蔽层内又会出现感应电流，通过屏蔽层与芯线之间的耦合，干扰信号回路。若系统地与其他接地处理混乱，所产生的地环流就可能在地线上产生不等电位分布，影响PLC内逻辑电路和模拟电路的正常工作。PLC工作的逻辑电压干扰容限较低，逻辑地电位的分布干扰容易影响PLC的逻辑运算和数据存贮。模拟地电位的分布将导致测量精度下降，引起测控信号的失真。

（3）防I/O干扰

信号引入干扰会引起I/O信号工作异常和测量精度下降，严重时将引起元器件损伤。对于隔离性能差的系统，还将导致信号间互相干扰，引起共地系统总线回流，造成逻辑数据变化、误动作或死机。防I/O干扰可以选择抗干扰性能强的I/O模块，除此之外，还可以采取如下措施。

① 布线时PLC的输入与输出分开走线，开关量与模拟量也分开敷设。模拟量信号应采用屏蔽线，屏蔽层应一端接地，接地电阻应小于屏蔽层电阻的1/10。动力线、控制线以及PLC的电源线和I/O线应分别配线，隔离变压器与PLC和I/O之间应采用双绞线连接。将PLC的I/O线和大功率线分开，如必须在同一线槽内，可加隔板，分槽走线最好。远离强干扰源，如电焊机、大功率硅整流装置和大型动力设备，避免与高压电器安装在同一个开关柜内，根据安装说明书，柜内PLC应远离动力线。与PLC靠近的电感性负载，如功率较大的继电器、接触器的线圈等，应并联RC电路。交流输出线和直流输出线不要共线，远离高压线和动力线，避免并行。

② I/O端输入接线一般不要太长。如果距离长，需要屏蔽电缆，输入/输出线要分开。输出端接线分为独立输出和公共输出，在不同组中，可采用不同类型和电压等级的输出电压。使用电感性负载时应合理选择，或加隔离继电器。

③ 正确选择接地点，完善接地系统以及对变频器干扰的抑制措施等。

5.6.4 PLC系统的调试

在硬件、软件设计完成的基础上，要进行PLC系统调试。机电联调是系统在正式投入使用之前的必经步骤。PLC系统既需要对硬件部分进行调试，又需要对软件进行调试。PLC系统的硬件调试相对简单，主要是PLC程序的编制和调试。

离线进行应用程序的编制，离线调试通过后，进行控制系统硬件检查，没有问题后，可以下载应用程序进行在线调试，进而在线修改程序直到逻辑无误运行稳定为止，最后总结整理相关资料。

5.7 电气控制系统设计

5.7.1 概述

电气控制系统由若干电气元件组合，用于实现对某个或某些对象的控制（自动控制、保护、监测），从而保证被控设备安全、可靠地运行。电气控制系统工艺设计的目的是满足电气控制设备的制造和使用要求。无论是 PLC 系统，还是其他诸如开放式数控系统等，电气控制都是必不可少的，是智能制造装备控制系统的重要组成部分，因此对电气系统进行正确合理的设计非常必要。

一般电气控制系统要进行三部分的设计。

① 输入部分设计。这部分主要包括传感器、开关、按钮等硬件及接线的设计。

② 逻辑部分设计。这部分主要包括继电器、触点等的设计。

③ 执行部分设计。这部分的主要设计内容有电磁线圈、指示灯等执行部分。

拟定电气设计任务书；确定电力拖动方案与控制方式；选择电机容量、结构形式；设计电气控制原理图，计算主要技术参数；选择电气元件，制订电气元件一览表；编写设计计算说明书。

在完成电气原理图设计及电气元件选择之后，就可以进行电气控制设备的总体配置，即总装配图和总接线图的设计，然后再设计各部分的电气装配图与接线图，并列出各部分的元件目录、进出线号以及主要材料清单等技术资料，最后编写使用说明书。

电气控制系统设计要最大限度地满足生产机械和工艺对电气控制线路的要求，在满足生产要求的前提下，力求使控制线路简单、经济、安全可靠、操作维修方便。电气原理图是电气线路安装、调试、使用与维护的理论依据，是进行工艺设计和制订其他技术资料的依据，是整个设计的中心环节。电气控制系统图是主要包括电气原理图、电气安装接线图、电气元件布置图。

进行电气控制系统设计的前提是会读图。先读机，后读电。先了解机电装备的基本结构、运行情况、工艺要求和操作方法，对装备的机械结构、被控量以及运行情况有所了解，这样才能明确对电气控制的要求，为分析电路做好前期准备。此外，还要先读主，后读辅。先从主回路开始读图，弄清楚机电装备有多少轴（电机）驱动以及各轴的功能，结合加工工艺与主电路，分析电机的制动方式，弄清楚用电设备的电气元件。

设计的时候也是如此。先机再电，先主后辅，最后进行总体检查，分析各个局部电路的工作原理以及各部分之间的控制关系后，再兼顾整个控制线路，从整体角度去进一步检查和理解各控制环节之间的联系。

为保证一次设备运行的可靠性与安全性，需要有许多辅助电气设备为之服务，即需要有能够实现某项控制功能的若干个电气组件的组合，称为控制回路或二次回路。这些设备要有以下功能：

① 保护功能。电气控制系统发生故障（过流或过载），需要一套故障检测电路，并能对设备和线路进行断开或切换回路等操作的自动保护设备。

② 自动控制。在一些高压、大电流开关设备应用场合，一般不要人直接操作，需要设计自动操控装置。当设备运行时，自动实现吸合等动作；出现故障时，自动切断电路，对供电设备进行自动控制。

③ 监视功能。机电设备需要设置各种视听信号，如警示灯、蜂鸣器、音响、监视器等，对一次设备进行电气监视。

④ 测量功能。机电装备运行过程中需要有各种仪表测量设备，测量线路的各种参数，如电压、电流、频率和功率的大小等。

5.7.2 常用的控制线路的基本回路

① 电源供电回路。供电回路的供电电源有交流 380V、220V 和直流 24V 等多种。

② 保护回路。保护（辅助）回路的工作电源有单相 220V（交流）、36V（直流）或直流 220V、24V 等多种，对电气设备和线路进行短路、过载和失压等各种保护，由熔断器、热继电器、失压线圈、整流组件和稳压组件等保护组件组成。

③ 信号回路。能及时反映或显示设备和线路正常与非正常工作状态信息的回路，如不同颜色的信号灯，不同声响的音响设备等。

④ 自动与手动回路。电气设备为了提高工作效率，一般都设有自动环节，但在安装、调试及紧急事故的处理中，控制线路中还需要设置手动环节，用于调试。通过组合开关或转换开关等实现自动与手动方式的转换。

⑤ 制动停车回路。切断电路的供电电源，并采取某些制动措施，使电机迅速停车的控制，如能耗制动、电源反接制动，倒拉反接制动和再生发电制动等。

⑥ 自锁及闭锁回路。启动按钮松开后，线路保持通电，电气设备能继续工作的电气环节叫自锁环节，如接触器的动合触点串联在线圈电路中。两台或两台以上的电气装置和组件，为了保证设备运行的安全性与可靠性，只能一台通电启动，另一台不能通电启动的保护环节，叫闭锁环节。如两个接触器的动断触点分

别串联在对方线圈电路中。

5.7.3 常用保护环节

电气控制系统必须在安全可靠的前提下来满足生产工艺要求。电气控制系统设计与运行时，必须充分考虑系统可能发生的各种故障和不正常情况，并设置相应的保护装置。保护环节是所有电气控制系统不可缺少的组成部分。低压电机常用的保护环节有：

（1）短路保护

当电器或线路出现绝缘遭到损坏、负载短路、接线错误等情况时就会发生短路现象。短路时产生的瞬时故障电流可达到额定电流的十几倍到几十倍，使电气设备或配电线路因过电流而损坏，甚至会因电弧而引起火灾。短路保护要求具有瞬时特性，即要求在很短时间内切断电源。短路保护常用的方法有熔断器保护和低压断路器保护。

（2）过电流保护

过电流保护是区别于短路保护的一种电流型保护。过电流是指电机或电气元件超过额定电流的运行状态。瞬间过电流时，电气元件并不会立即损坏，只要在达到最大允许温升之前电流值恢复正常就可以。但过大的冲击负载会引起过大的冲击电流而损坏电机。过大的电机电磁转矩也会使机械转动部件受到损坏，因此要瞬时切断电源。电机在运行中产生过电流的可能性比发生短路要大，特别是在频繁启动和正反转、重复短时工作的工况下。

过电流保护常用过电流继电器与接触器配合实现。将过电流继电器线圈串接在被保护电路中，过电流继电器常闭触头串接在接触器线圈电路中。当电路电流达到限定值时过电流继电器动作，常闭触头断开，接触器线圈断电释放，接触器主触头断开来切断电机电源。这种过电流保护环节常用于直流电机和三相绕线转子异步电机的控制电路中。

（3）过载保护

过载保护是过电流保护的一种。过载是指电机的运行电流大于其额定电流，但在 1.5 倍额定电流以内。运行过程负载突然增加、缺相运行或电源电压降低等均会引起过载。长期过载运行会损坏电气设备。通常用热继电器作过载保护。当有 6 倍以上额定电流通过热继电器时，需经 5s 后才动作，这样在热继电器未动作前，可能先烧坏热继电器的发热元件，所以在使用热继电器作过载保护时，还必须装有熔断器或低压断路器的短路保护装置。值得指出的是，不能用过电流保护方法来进行过载保护。

（4）失压保护

电机因为电源电压骤降或消失而停车，一旦电源电压恢复，有可能自行起动，极易造成生产安全事故。为防止电压恢复时电机自行启动或电气元件自行投入工作而设置的保护，称为失电压保护。采用接触器和按钮控制的启动、停止装置，就具有失电压保护作用。这是因为当电源电压消失时，接触器就会自动释放而切断电机电源；当电源电压恢复时，由于接触器自锁触头已断开，不会自行启动。

（5）欠压保护

当电源电压降低到60％～80％额定电压时，需要将电机电源切除而停止工作，这种保护称欠电压保护。除采用接触器及按钮控制方式，即利用接触器本身的欠电压保护作用外，还可采用欠电压继电器进行保护。将电压继电器线圈跨接在电源上，其常开触头串接在接触器线圈电路中，当电源电压低于释放值时，电压继电器动作使接触器线圈释放，其主触头断开电机电源，实现欠电压保护。

（6）过压保护

大电感负载及直流电磁机构、直流继电器等，在电流通断时会产生较高的感应电动势，使电磁线圈绝缘击穿而损坏，这种情况需要采用过电压保护措施。方法是在线圈两端并联一个电阻，电阻与电容串联或二极管与电阻串联，形成一个放电回路，实现过电压时的保护。

（7）弱磁保护

直流电机磁场的大幅下降会引起电机超速，需弱磁保护。通过在电机励磁线圈回路中串入欠电流继电器来实现弱磁保护。电机运行时若励磁电流过小，欠电流继电器释放，其触头断开电机电枢回路线路接触器线圈电路，接触器线圈断电释放，接触器主触头断开电机电枢回路，电机断开电源，达到保护电机的目的。

（8）其他保护

除上述保护外，还有超速保护、行程保护、压力保护等，这些都是在控制电路中串接一个受这些参量控制的常开触头或常闭触头来实现对控制电路的控制。这些装置有机械式的，也有电气式的，如离心开关、测速发电机、行程开关、压力继电器等。

5.7.4 故障维修

电气控制电路发生故障，轻者使电气设备不能工作，影响生产等，重者会造成人身伤害事故。因此，要求在发生故障时，必须及时查明原因并迅速排除。故障检修大体上可按下列几个步骤操作：

（1）观察调查故障

电气故障是多种多样的，同一故障可能有不同的故障现象，不同类故障也可能出现同种故障现象。故障现象的同一性和多样性，给查找故障带来了困难。但是，故障现象是查找电气故障的基本依据，是查找电气故障的起点，因而要仔细观察并分析故障现象，找出故障现象中最主要的、最典型的方面，搞清故障发生时间、地点、环境等。

（2）分析故障原因

根据故障现象分析故障原因，是查找电气故障的关键。在分析电气设备故障时，常用到状态分析法、图形分析法、单元分析法、回路分析法、推理分析法、简化分析法、树形分析法、计算机辅助分析法等。

（3）确定故障部位

确定故障部位是查找电气设备故障的最终目的。确定故障部位可理解成确定设备的故障点，如短路点、损坏元件等，也可理解为确定某些运行参数的变异，如电压波动、三相不平衡等。确定故障部位是在对故障现象进行周密的考察和细致分析的基础上进行的。在这一过程中，往往要采用多种手段和方法，可采用调查研究法、通电试验法、测量法、类比法等。

5.8 本章小结

本章主要介绍了智能制造装备控制系统。首先阐述了智能制造装备控制系统的分类等基本知识，然后介绍了智能制造装备控制系统硬件平台设计以及软件设计方法。以现代工业自动控制主要手段 PLC 为代表，阐述了其设计方法。结合现场总线控制的发展趋势，补充了现场总线的相关知识。最后简单介绍了电气控制系统的设计。

第6章

智能物联网机电装备系统的设计

物联网（Internet of Things，IoT）即万物相连的互联网，是在互联网基础上延伸和扩展的网络，通过信息传感器、射频识别技术、全球定位系统、红外感应器、激光扫描器等装置与技术，实时采集任何需要监控、连接、互动的物体或过程，采集其声、光、热、电、力学、化学、生物、位置等各种需要的信息，通过各类可能的网络接入，实现物与物、物与人的泛在连接，实现对物品和过程的智能化感知、识别和管理。物联网是一个基于互联网、传统电信网等的信息承载体，它让所有能够被独立寻址的普通物理对象形成互联互通的网络。物联网发展的最终目标就是使物-物之间、物-人之间、人-人之间的广泛连接成为现实，从而进行相关的信息交流、管理、控制及识别[74]。物联网的应用如图 6-1 所示，基于智能传感的物联网络如图 6-2 所示。

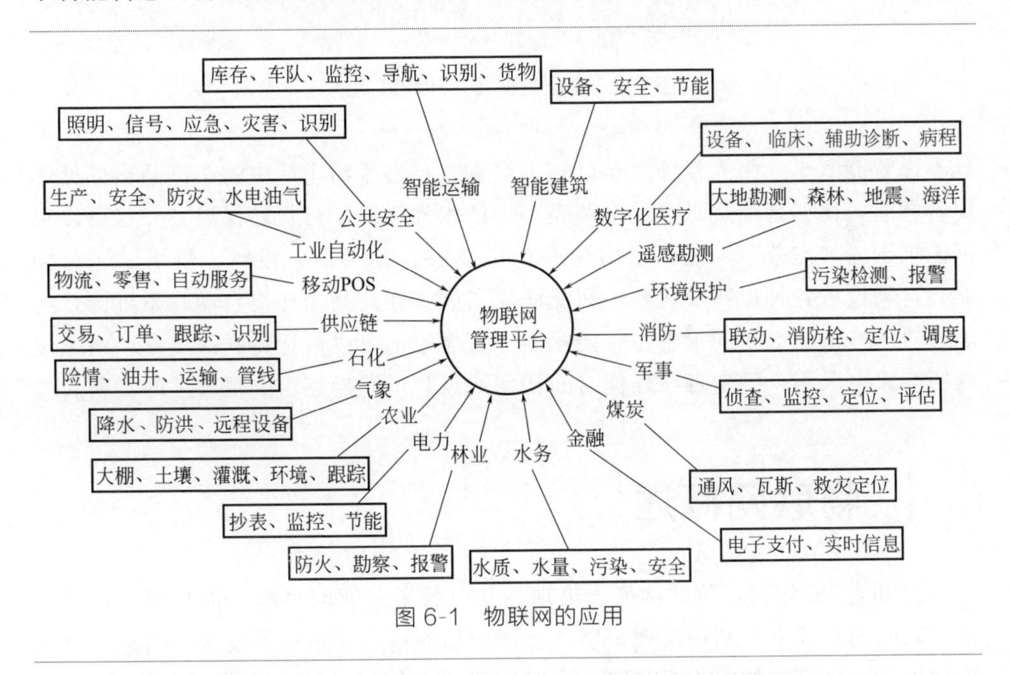

图 6-1　物联网的应用

未来的智能制造装备应该通过可连接性和智能特性，提高其核心价值，为用户创造价值。其实现在“傻瓜”似的智能制造装备已经走进了我们的日常生活。

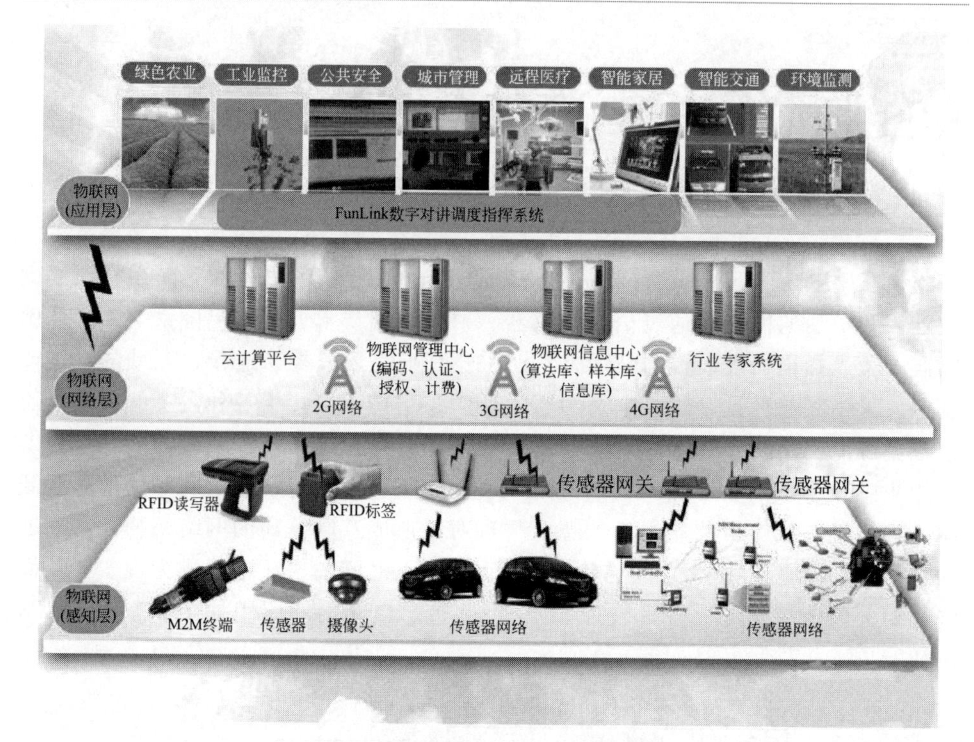

图 6-2 基于智能传感的物联网络

且不说智能汽车、无人驾驶汽车已初见端倪，日常生活生活中的小产品也处处体现着智能，比如智能烧水壶（泡茶壶）中的水沸腾时，可自动保温，并且可以根据需求选择“泡茶”功能；家用烤面包机能够自动和面、投料、烘烤，还可预约，自助设置各种口味及火候；智能洗涤器能够在产品损坏前自动联系维修，还能够协调好清洁剂量和水温。智能家居、智能家电可以依托物联网技术，将家里的所有家电联网，消费者在任何时间任何地点都可以操控、监视家里的设备。

6.1 物联网概述

20 世纪 90 年代，物联网概念出现，并引起了人们的兴趣。物联网是在计算机互联网的基础上，利用射频识别、无线数据通信、计算机等技术，构造一个覆盖世界上万事万物的实物互联网。物联网是未来网络的整合部分，它是以标准、互通的通信协议为基础，具有自我配置能力的全球性动态网络设施。在这个网络中，所有实质和虚拟的物品都有特定的编码和物理特性，通过智能界面无缝链接，实现信息共享。

工业互联网是一种链接物品、机器、计算机和人的互联网，是链接工业全系统、全产业链、全价值链，支撑工业智能化发展的关键基础设施。

工业互联网包含数据采集（边缘层）、工业 PaaS（平台层）和工业 APP（应用层）三要素。数据采集层是基础，构建一个精准、实时、高效的数据采集体系，负责采集现场数据并进行协议转换和边缘计算，采集的数据一部分在边缘侧进行处理并直接返回到机器设备，另一部分传至云端进行综合利用分析，进一步优化形成决策。平台层是核心，用来构建一个可扩展的操作系统，为工业 APP 应用开发提供基础平台。应用层是关键，形成满足不同行业、不同场景的应用服务，并以 APP 形式呈现出来。自动化设备是工业数据产生的源头，是工业互联网的基础。机器人是自动化设备的典型代表，反映了一个国家的自动化发展水平。

物联网可以看作是信息空间和物理空间的融合，将一切事物数字化、网络化，在物品之间、物品与人之间、人与现实环境之间实现高效信息交互，并通过新的服务模式使各种信息技术融入社会行为中，是信息化在人类社会综合应用达到的更高境界。物联网应用如图 6-3 所示。

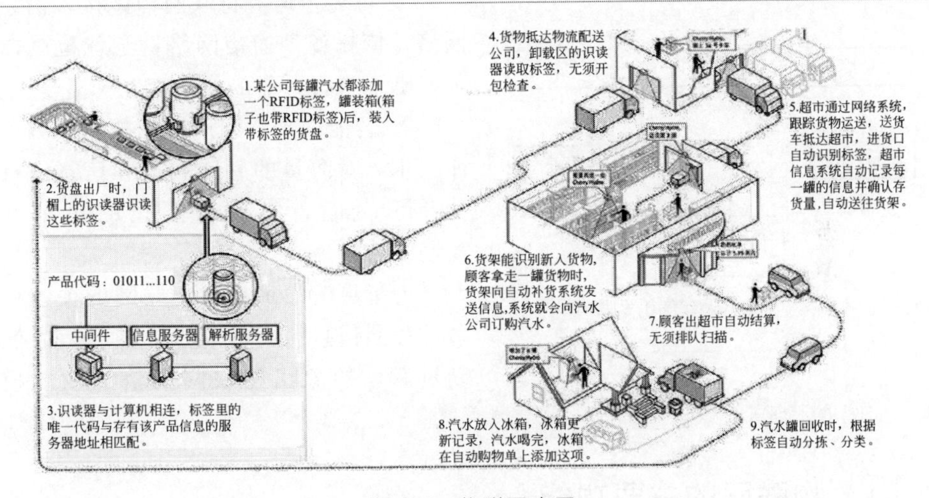

图 6-3　物联网应用

物联网的创新至少体现在以下四个方面[75]。

第一，物联网首次提出信息技术社会化的全景式框架。信息化产业被列为工业、农业、服务业之后的第四产业。物联网激发了社会各行各业应用信息技术改变生产方式和生活方式的热情。我国刘海涛提出了“感知社会论”，信息技术社会化将使物联网技术进入社会生产和生活的各个层面。

第二，物联网以感知为显著特征。通信网络加上传感器，让网络的触角向物体延伸。物联网与传统互联网最大的区别是感知，感知是通过人类生活空间中日益部署的大规模多种类传感器来实现的，通过感知来获取社会个体行为的数据信息。可以预见，感知的范围是全球化的，感知的信息将在全球范围内无缝集成，形成智能化网络。

第三，物联网将形成海量数据。各种传感器产生的数据将形成数据的海洋。物联网时代是大数据降临的时代。面对海量数据，如何存储、传输、分析数据将是一个新的课题。

第四，物联网以智慧为根本。微处理器是一个归一化的智力内核。它以通用计算机与嵌入式系统方式赋予物联网所有节点、终端、服务器无限的智慧能力。微处理器的无限数量与无限智慧，突出了物联网的智慧特征。

物联网用户端实现了任何物物之间的信息交换和通信，是互联网基础之上的延伸和扩展，其核心和基础仍然是互联网。物联网的基本特征是全面感知、可靠传送和智能处理。

① 全面感知。利用射频识别（RFID）、二维码、传感器等技术，通过感知、捕获、测量，对物或人的状态进行全面实时信息采集和获取。

② 可靠传送。将联网物体接入信息网络，依托各种通信网络，全球范围内随时随地进行可靠的信息交互和共享。

③ 智能处理。利用计算技术和数据库技术，对海量的感知数据和信息进行分析和处理，实现智能化的决策和控制[76]。

为了更清晰地描述物联网的关键环节，按照信息科学的观点，围绕信息流动过程，抽象出物联网的信息功能模型，如图 6-4 所示。

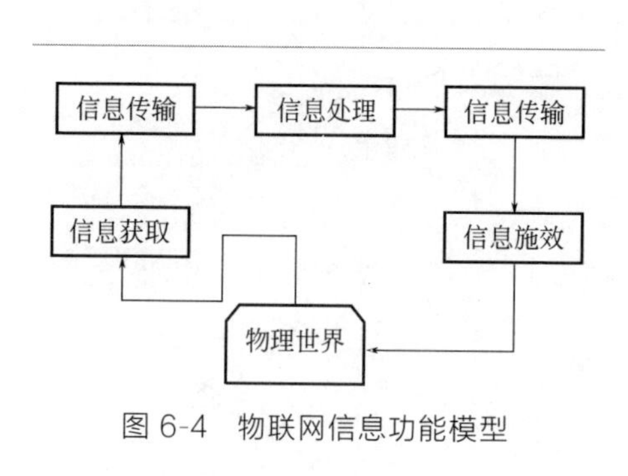

图 6-4　物联网信息功能模型

6.1.1 物联网的主要功能

物联网的主要功能有：

① 信息获取。包括信息的感知和信息的识别。信息感知指对事物状态及其变化方式的敏感和知觉；信息识别指把所感受到的事物运动状态及其变化方式表示出来。

② 在线监测。包括信息发送、传输和接收等环节，最终把事物状态及其变化方式表现出来，还可通过 GPS 和北斗实现定位追溯，是物联网最基本的功能

之一。

③ 信息处理。指信息的加工过程，是获取知识，实现对事物的认知并对已有的信息进行数据挖掘、统计分析，产生新的信息，并制订决策支持、统计报表的过程。

④ 指挥调度。指信息最终发挥效用的过程，具有很多不同的表现形式，其中最重要的就是调节对象的状态及其变换方式，基于预先设定的规章或法规对事物产生的事件进行处置，使对象处于预期的运动状态。

⑤ 报警联动。主要提供事件报警和提示，有时还会提供基于工作流或规则引擎的联动功能。

⑥ 远程维保。这是物联网技术能够提供或提升的服务，主要适用于企业产品售后联网服务。

6.1.2 物联网的关键技术

如图 6-5 所示，物联网的关键技术有射频识别、二维码传感网络、云计算、云存储等。

(1) 射频识别技术

射频识别（Radio Frequency Identification，RFID）技术的基本原理是利用无线射频信号的空间耦合实现对被识别物体的自动识别。RFID 系统一般由 RFID 和读写器组成，是物联网发展中备受关注的技术。RFID 是始于 20 世纪 90 年代的一种自动识别技术，利用射频信号通过空间耦合实现无接触信息传递，并通过所传递的信息达到识别目的的技术[77]。一套完整的 RFID 系统由一个阅读器、多个应答器（或标签）和应用软件组成，阅读器与标签之间进行非接触式的数据通信。标签由耦合元件及芯片组成，每个标签具有扩展词条唯一的电子编码，附着在物体上标识目标对象，它通过天线将射频信息传递给阅读器，阅读器就是读取信息的设备。射频技术在物流、交通、身份识别、防伪、资产管理、食品、信息统计、资料查阅、安全控制等方面均获得了广泛的应用。射频识别技术的特性有：

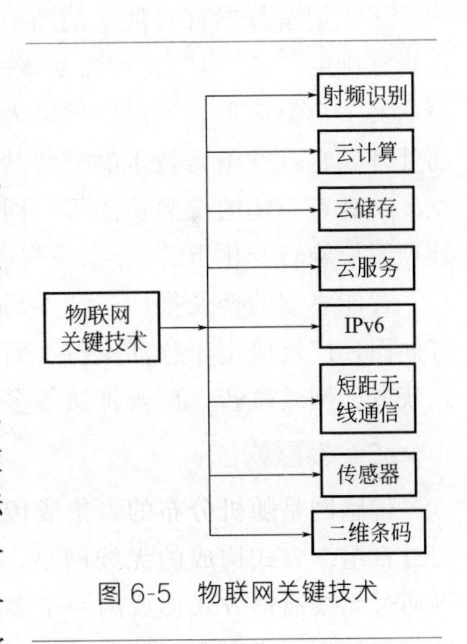

图 6-5 物联网关键技术

① 适应性广。RFID 技术依靠电磁波非接触传递信息，不受尘、雾、塑料、

纸张、木材以及各种障碍物的影响，直接完成通信。

② 传输效率高。RFID系统的读写速度极快，通常不到100ms。高频段的RFID阅读器甚至可以同时识别、读取多个标签的内容，极大地提高了信息传输效率。

③ 唯一性。每个RFID标签都是独一无二的，通过RFID标签与产品的一一对应关系，可以清楚地跟踪每一件产品的“前生今世”。

④ 结构简单。RFID标签结构简单，识别速率高，所需读取设备简单。尤其是随着NFC技术在智能手机上逐渐普及，每个用户的手机都将成为最简单的RFID阅读器。

(2) 二维码

二维码又称二维条码，是近几年来移动设备上超流行的一种编码方式。相较传统条形码，二维码的信息存储容量大、编码范围广，可对图片、声音、文字、签字、指纹等可数字化的信息进行编码，成本低，持久耐用，安全性好，误码率小于千万分之一，可靠性高。

二维码是用某种特定的几何图形按一定规律在平面维度上分布的、深浅相间的，用于记录数据符号信息的图形。在代码编制上，巧妙地利用构成计算机内部逻辑基础的“0”“1”比特流的概念，使用若干个与二进制相对应的几何形体来表示文字数值信息，通过图像输入设备或光电扫描设备自动识读，以实现信息自动处理。它具有条码技术的一些共性：有其特定的字符集；每个字符占有一定的宽度；具有一定的校验功能等。同时还具有对不同行信息的自动识别功能，还可处理图形旋转变化点。

智能终端的普及推广了二维码的应用领域。二维码技术已经渗透到生活的方方面面，广泛应用于移动支付、商品溯源、电子票务、防伪溯源、健康出行、信息获取、网站跳转、广告推送等多个领域，并将在未来得到更广阔的发展。

(3) 传感网

传感网是随机分布的，集成传感器、数据处理单元和通信单元微小节点的，通过自组织方式构成的无线网络。无线传感器网络（WSN）是由大量传感器节点通过无线通信方式形成的一个多跳的自组织网络系统，其作用是协作地感知、采集和处理网络覆盖区域中感知对象的信息，它能够实现数据的采集量化、处理融合和传输应用。

无线传感器网络（WSN）是计算机、通信、网络、智能计算、传感器、嵌入式系统、微电子等多个领域技术交叉综合的新兴技术，它将大量的多种类传感器节点组成自治的网络，实现对物理世界的动态智能协同感知。无线传感器网络最初起源于战场监测等军事应用，而现今无线传感器网络被应用于环境监测、农业监测、健康监护、医疗领域、交通控制等很多民用领域。

(4) 云存储、云计算

“云”是这些年比较火的概念。云计算旨在通过网络把多个成本相对较低的计算实体整合成一个具有强大计算能力的完美系统。云计算的一个核心理念就是通过不断提高“云”的处理能力，不断减少用户终端的处理负担，最终使其简化成一个单纯的输入/输出设备，并能按需享受“云”强大的计算处理能力。物联网感知层获取大量数据信息，在经过网络层传输以后，放到一个标准平台上，再利用高性能的云计算对其进行处理，赋予这些数据智能，才能最终转换成对终端用户有用的信息。

云存储（图6-6）是在云计算的概念上延伸和衍生发展出来的，云存储通过集群应用、网格技术或分布式文件系统等功能，将网络中大量不同类型的存储设备通过应用软件集合起来协同工作，共同对外提供数据存储和业务访问功能，保证数据的安全性，并节约存储空间。简单来说，云存储就是将储存资源放到云上供人存取的一种新兴技术。使用者可以在任何时间、任何地方，通过任何可联网的装置连接到云上方便地存取数据。

图6-6 云存储示意图

(5) IPv6

IPv6是互联网协议6的缩写，是互联网工程任务组（IETF）设计的用于替代IPv4的IP协议，IPv6中IP地址的长度为128，即地址个数最多为2^{128}，可以有效解决IPv4网络地址资源不足，扫清接入设备连入互联网的障碍，促进物联网的应用和发展。

6.1.3 物联网的应用

现在的世界是物联网的世界。物联网用途广泛，应用领域涉及方方面面，智能交通、环境保护、政府工作、公共安全、平安家居、智能消防、智慧医疗、智能教育、工业监测、环境监测、照明管控、老人护理、个人健康、花卉栽培、水系监测、食品溯源、敌情侦查和情报搜集等，有效地推动了这些领域的智能化发展，使资源使用分配更加合理，从而提高了行业效率、效益。在工业领域，物联网的应用大大提高了设备的联网率，并在设备状态监控、故障诊断、维修保养等方面表现优异；在生活服务领域，物联网使服务范围、服务方式、服务质量等都有了极大的改进，提高了人们的生活质量；在国防军事领域方面，大到卫星、导弹、飞机、潜艇等装备系统，小到单兵作战装备，物联网技术的嵌入有效提升了军事智能化、信息化、精准化，极大地提升了军事战斗力，是未来军事变革的关键。物联网应用领域如图 6-7 所示。

图 6-7 物联网应用领域

（1）智慧水务

智慧水务（图 6-8）是指把新兴的信息技术充分运用在城市水务综合管理中，把传感器嵌入和装备到自然水和社会水循环系统中，通过数采仪、无线网络、水质、水位、水压等在线监测设备实时感知城市供排水系统及地表水、水源地的状态，并整合共享气象水文、水务环境、市容绿化、建设交通等涉水领域的信息，通过普遍连接形成“感知物联网”；然后通过超级计算机和云计算将“水务物联网”整合起来，形成“城市水务物联网”，以多源耦合的二元水循环模拟、水资源调控、水务虚拟现实平台等为支撑，完成数字城市水务设施与物理城市水务设施的无缝集成，做出相应的处理结果并提出决策建议，实现对水务系统整个生产、管理和服务流程的精准管理，从而能以更加精细、动态、灵活、高效的方式对城市水务进行规划、设计和管理，达到智慧水务的状态，为电子政务、水务业务管理、涉水事务跨行业协调管理、社会公众服务等各个领域提供智能化的支持。

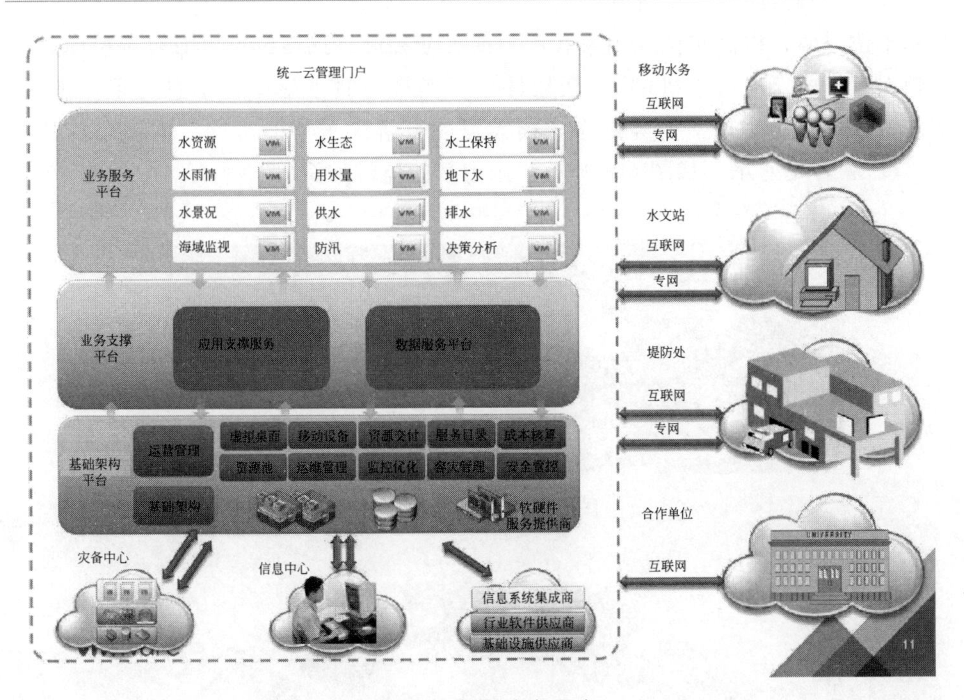

图 6-8　智慧水务平台

智慧水务的建设目标是：通过多年的实施，建成集高新技术应用于一体的智能化水务管理体系，基本实现信息数字化、控制自动化、决策智能化，使感知内容全覆盖，采集信息全掌握，传输时间全天候，应用贯穿全过程。

（2）智慧交通

物联网技术在道路交通方面的应用比较成熟。随着社会车辆越来越普及，大城市交通拥堵甚至瘫痪已成为城市的一大问题，人们花在自驾通勤的时间越来越多，严重影响着生活质量，同时造成了极大的能源浪费、大气污染、噪声污染，加剧了城市热岛效应。智慧交通系统是指利用摄像头及各种无线传感技术，对车流进行数据收集、整理和分析，使道路系统依靠自身智能将交通运量调整至最佳状态，保障交通安全、节能、高效的系统。对道路交通状况实时监控并将信息及时传递给驾驶员，让驾驶员及时做出出行调整，有效缓解了交通压力；高速路口设置道路自动收费系统（简称 ETC），免去进出口取卡、还卡的时间，提升了车辆的通行效率；公交车上安装定位系统，能及时了解公交车行驶路线及到站时间，乘客可以根据搭乘路线确定出行，免去不必要的时间浪费。社会车辆增多，除了会带来交通压力外，停车难也日益成为一个突出问题，不少城市推出了智慧路边停车管理系统，该系统基于云计算平台，结合物联网技术与移动支付技术，共享车位资源，提高车位利用率和用户的方便程度。该系统可以兼容手机模式和射频识别模式，通过手机端 APP 软件可以实现及时了解车位信息、车位位置，提前做好预定并实现交费等操作，很大程度上解决了“停车难、难停车”的问题[78]。智慧交通示例如图 6-9 所示，城市智能监管如图 6-10 所示。

图 6-9 智慧交通示例

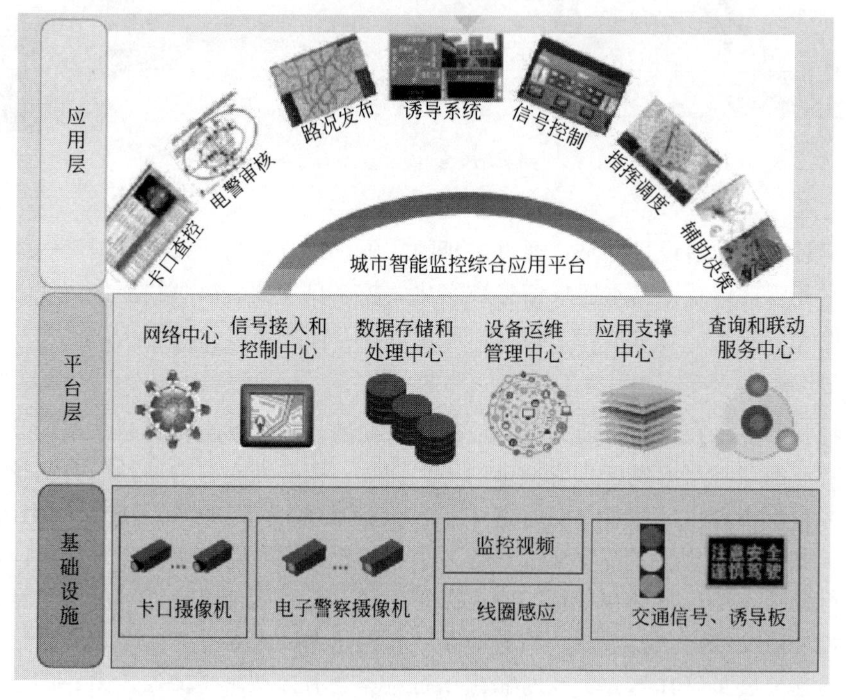

图 6-10 城市智能监管

“最后一公里”出行也是市民关注的问题。随着物联网技术的发展，近几年陆续上市了多家“共享单车”资源。基于物联网技术的共享出行，给人们的生活带来了极大的便利，共享出行已是大势所趋。基于移动互联网、物联网的远程开锁、移动支付、定位导航等，给人们的生活带来了极大的便利。图 6-11 所示为共享单车原理。

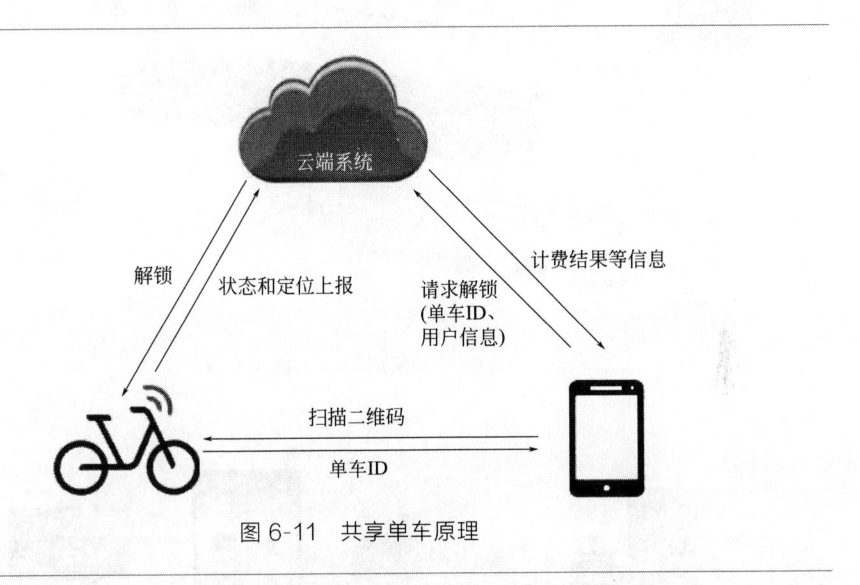

图 6-11　共享单车原理

（3）智能家居

智能家居是物联网在家庭中的基础应用，随着宽带业务的普及，智能家居产品涉及方方面面。家中无人时，可利用手机等产品客户端远程操作智能空调，调节室温，甚者还可以学习用户的使用习惯，从而实现全自动的温控操作；通过客户端实现智能灯的开关、亮度和颜色的调节等；智能插座内置 Wifi，可实现遥控插座定时通断、监测设备用电情况、生成用电图表等；智能体重秤内置可监测血压、脂肪的传感器，具有数据分析功能，可根据身体状态提出健康建议；智能牙刷与客户端相连，对刷牙时间、刷牙位置进行提醒，还可根据刷牙的数据生产图表，实时监测口腔的健康状况。智能摄像头、窗户传感器、智能门铃、烟雾探测器、智能报警器等都是家庭不可少的安全监控设备，用户可在任意时间、地点查看家中的实时状况，消除安全隐患。随着 5G 技术的推广，智能家居将迎来更加广阔的市场。图 6-12 所示为家居自动化解决方案，图 6-13 所示为智能家居示例。

（4）公共安全

近年来，全球气候异常情况频发，灾害的突发性和危害性进一步加大。互联

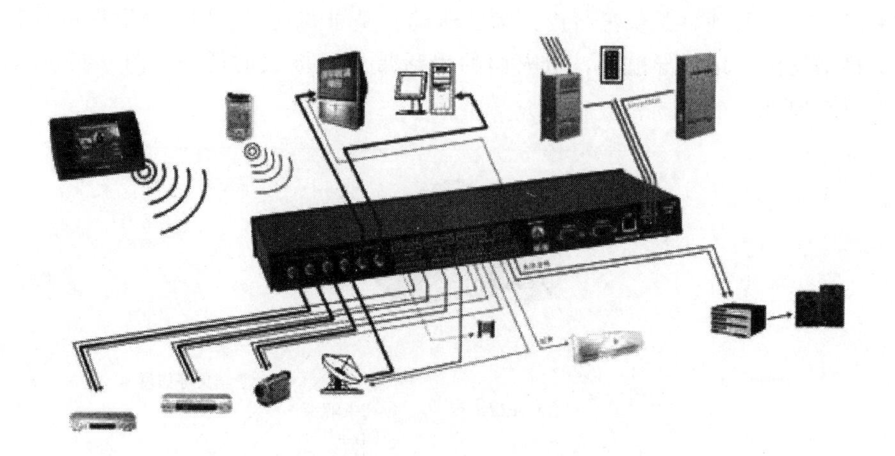

图 6-12　家居自动化解决方案

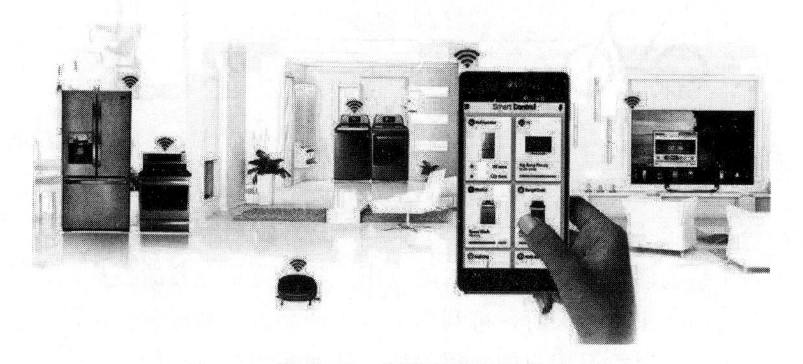

图 6-13　智能家居示例

网可以实时监测环境中的安全隐患，做到提前预防、实时预警、及时采取应对措施，降低灾害对人类生命财产的威胁。美国布法罗大学在 2013 年提出了深海互联网项目，在海底深处放置传感器分析水下情况，可以对海洋污染进行防治、对海底资源进行探测、甚至对海啸进行预警。利用物联网技术可以智能感知大气、土壤、森林、水资源等的指标数据，对于改善人类生活环境发挥巨大作用。利用遥感＋物联网技术，可以预测洪水、森林火险、山体滑坡、泥石流等自然灾害，造福人类。

2019 年底突发的新型冠状病毒肺炎疫情给世界人民健康带来了严重的威胁，“健康码”技术在我国疫情防控中起到了重要作用。健康码是运用物联网以及大数据技术进行防控的手段。公民根据自主自愿办理原则，线上填写信息，数据后台自动比对信息并进行审核，然后根据审核结果出示不同颜色的二维码。在使用阶段，采取差异化管理原则，根据不同颜色的健康码科学安全地指导人们复工复产以及日常出行。健康码具有精准性、科学性、动态性的特点，“一人一码”监测每一个人的健康状况，后台数据依据客观的评判标准和指数生成结果，健康码的颜色会随本人的行动轨迹和体温等而动态变化，通过实时监控最大限度地降低疫情蔓延的风险。基于大数据技术、物联网技术，城市突发聚集性感染时，可在第一时间确定源头，锁定高风险人群，进行精准防控，短时间内遏制病毒的蔓延，大大降低了社会风险。

（5）智慧农业

传统农业中，人们主要通过人工测量获取农田信息，往往消耗大量人力。物联网通过使用无线传感器网络获取农田信息，可以有效降低人力消耗和对农田环境的影响，获取精确的作物环境和作物信息。“面朝黄土背朝天”的场景将不复存在。

随着物联网技术在农业领域的应用推广，我们的农业生产变得更加智能化和自动化，智慧农业（图6-14）也将得到广泛的应用。根据先进技术带来的信息，主动选择适合自己农业生产的智能化系统，以提高农产品产量，增加收益。

图6-14 智慧农业

农业专家智能系统是以开发利用智能专家系统为先导，对气候、土壤、水质等环境数据进行分析研判，系统规划园区分布，合理选配农产品品种，科学指导生态轮作的系统。农业生产物联网控制系统是基于农业物联网技术，通过各种无线传感器实时采集农业生产现场的光照、温度、湿度等参数及农产品的生长情况等信息，远程监控生产环境的系统[79~81] 有机农产品安全溯源系统是在生产环节给有机农产品本身或货运包装加装 RFID 电子标签，并在运输、仓储、销售等环节不断添加、更新信息的系统。从而搭建有机农产品安全溯源系统[82,83]。农业物联网示例如图 6-15 所示。

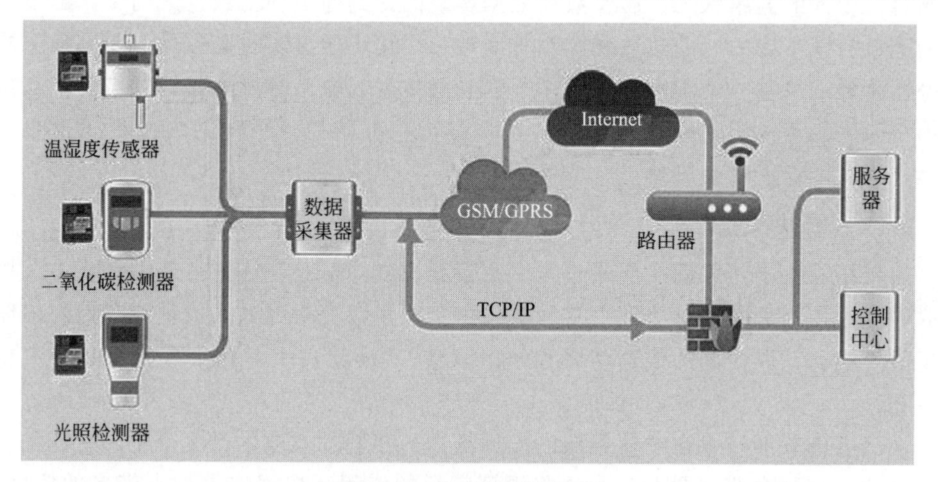

图 6-15 农业物联网示例

物联网技术在农业方面的应用主要表现在：

① 实时监测。通过传感设备实时采集温室内的空气温度、空气湿度、二氧化碳、光照、土壤水分、土壤温度、棚外温度与风速等数据；将数据通过移动通信网络传输给服务管理平台，对数据进行分析处理。

② 远程控制。条件较好的大棚安装有电动卷帘、排风机、电动灌溉系统等机电设备，可实现远程控制功能。农户可以通过手机或电脑登录农业物联网系统平台，控制温室内水阀、排风机、卷帘机的开关；也可设定好控制逻辑，系统根据内外情况自动开启或关闭卷帘机、水阀、风机等。

③ 云端查询。农户使用手机或电脑登录系统后，可以实时查询温室内的各项环境参数、历史温湿度曲线、历史机电设备操作记录、历史照片等信息；登录系统后，还可以查询当地的农业政策、市场行情、供求信息、专家通告等，实现有针对性的综合信息服务。

④ 远程预警。警告功能需预先设定适合条件的上限值和下限值，设定值可根据农作物种类、生长周期和季节变化进行修改。当某个数据超出限值时，系统立即将警告信息发送给相应的农户，提示农户及时采取措施[84]。

(6) 智慧医疗

智慧医疗（图 6-16）是以医疗大数据为基础，以电子病历、居民健康档案为依据，以信息化、自动化、智能化为体现，综合物联网、射频识别、无线传感器、云计算等技术构建的高效信息支撑体系、规范化的信息标准体系、常态化的信息安全体系、科学化的政府管理体系、专业化的业务应用体系、便捷化的医疗服务体系，人性化的健康管理体系。医院信息集成平台如图 6-17 所示。

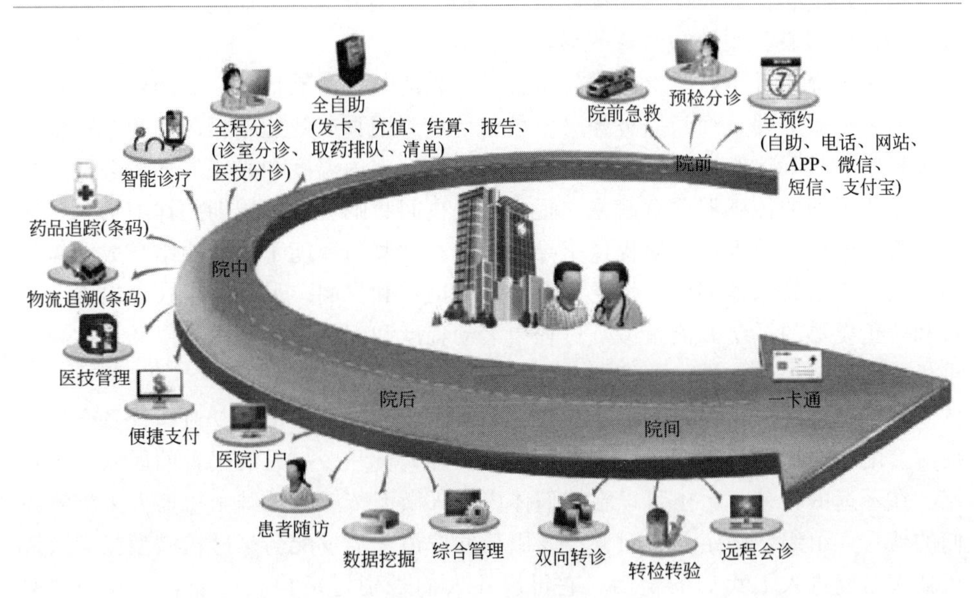

图 6-16　智慧医疗

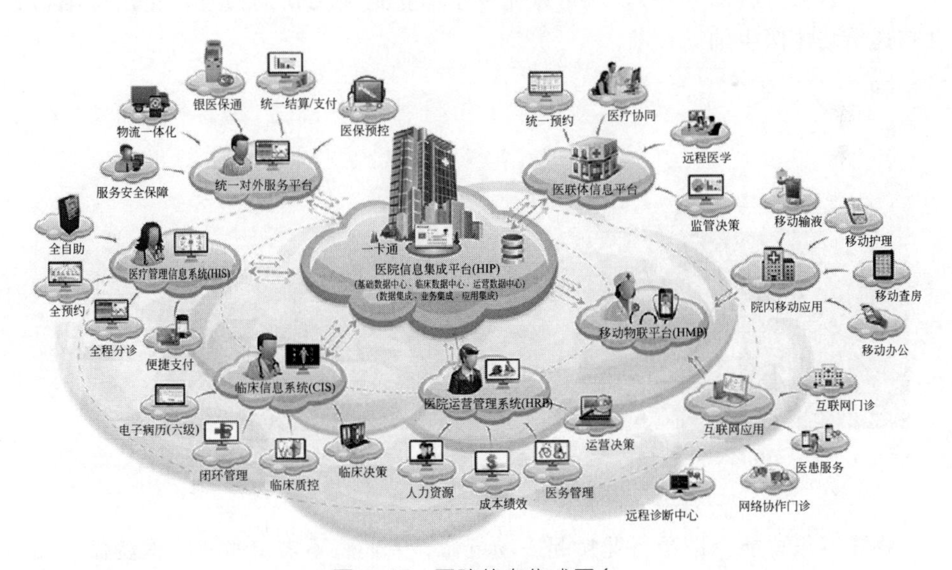

图 6-17　医院信息集成平台

健康卫生行业是物联网应用的重要发展方向。智能手环等智能穿戴设备

(图 6-18) 连接到与其他应用共享数据的应用，在个人健康领域建立起一套完整的产品和服务生态系统，从锻炼到营养一应俱全。卡路里和营养信息不需要人工记录在表格中。这些设备通过加速计测量活动情况，使用条形码扫描器极为全面地掌握卡路里、营养和锻炼情况。这些数据经云端分析后，通过网页或智能手机等终端，以图表、图解和图片的形式传递给个人。

除了可穿戴设备，日常家居等也会采集人的各种活动信息。联网体重计将数据传递到云服务器，而云服务器又将数据传递到网页或智能手机应用的个人信息仪表板中。睡眠追踪器系统记录诸如噪声等级、室内温度和光亮等环境数据，与放在床垫下面的传感器联合起来，提供有关夜间睡眠规律和周期的详细信息，通过大数据分析，给人类健康提供指导和建议。这些与智能手机应用结合成一体的系统制作出了越来越多的个性化程序，用于助眠和早叫。另外，现在也出现了测量和矫正姿势的系统、测量锻炼过程中运动程度和氧气消耗的设备以及通过智能手机应用及时提供反馈的训练器。

越来越多的医疗设备已经出现在互联网领域，包括血压计、血糖仪及会发出提醒、配置合适的药量并在出现异常时向护理人员和医疗人员报警的居家配药系统。在不远的将来，医生可以在我们体内嵌入微型传感器和纳米机器人来检测我们的器官和组织，确定什么时候需要服药并按最佳剂量配药。磁控微型胶囊胃镜机器人已经进入了我们的生活，它可以让人们告别胃镜检查的痛苦，只需“服用”一个机器人（图 6-19），就可以完成全消化道无死角的检查，给出详细信息并传递给临床医生辅助诊断。

图 6-18 智能穿戴设备

图 6-19 磁控微型胶囊胃镜机器人

物联网很可能在医药行业掀起一场革命。人们将不需要每年去医院做个几分钟的检查，护士也不需要不断地对高危病人进行巡视，传感器将全天 24 小时、全年无休地提供监测数据。使用新一代软件和精细算法，智慧医疗仪器就能分析详细的数据流，在早期查找出潜在的问题和触发点，这样医生和其他从业人员就可以制订更加积极和充分的方案治疗病症。未来的智慧病房管理系统如图6-20所示。

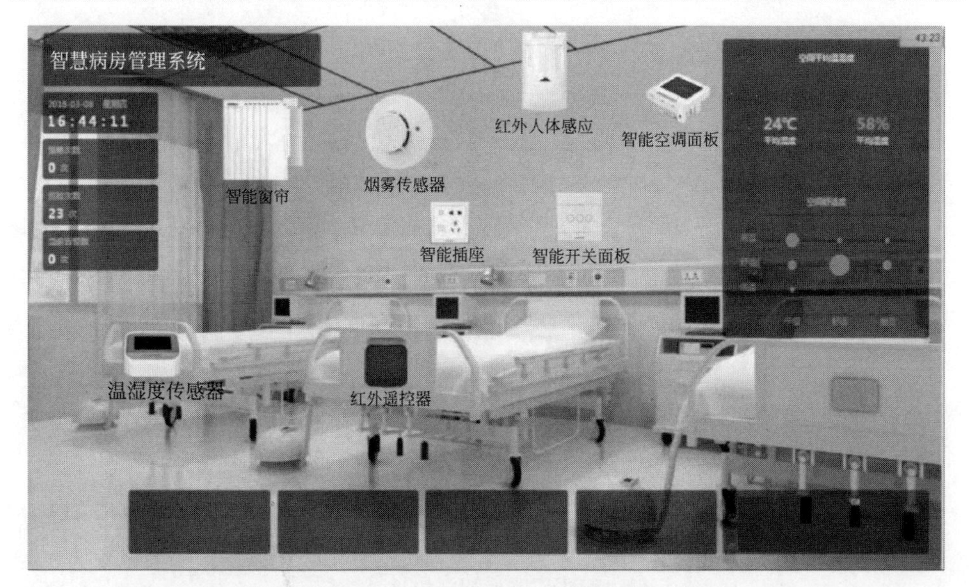

图6-20 智慧病房管理系统

(7) 智慧教育

教育信息化飞速发展，尤其2020年新冠肺炎疫情期间，高校都采取线上教学模式，教育信息化迎来了更大的发展空间。

智慧教育（图6-21）是以数字化信息和网络为基础，在计算机和网络技术上建立起来的，对教学、科研、管理、技术服务、生活服务等校园信息进行收集、处理、整合、存储、传输和应用，使数字资源得到优化利用的一种虚拟教育环境，拓展了现实教育的时间和空间维度，实现了教育过程全面信息化。

(8) 智慧社区

在物联网、下一代互联网、云计算等新一轮信息技术变革加速推进的背景下，世界各国和政府组织都提出了以信息技术来改变城市未来发展蓝图的计划，即建设智慧城市。智慧城市是继数字城市和智能城市之后出现的新概念，是工业化、信息化与城镇化建设的一个深度融合，是城市信息化的高级形态[85]。智慧社区是智慧城市的一个有机组成部分，是智慧城市所涉及的虚拟政务、公共服务和安全监控等系统的延伸，其基本组成包括传感器层、公共数据专网、应用系统、综合应用界面和数据库[86]。

图 6-21 智慧教育

6.2 物联网架构

物联网应用非常广泛，随着应用需求的不断发展，各种新技术将逐渐纳入物联网体系中，系统规划和设计时需建立具有框架支撑作用的体系构架，它决定了物联网的技术细节、应用模式和发展趋势。物联网的感知环节具有很强的异构性，为实现异构信息之间的互联、互通与互操作，未来的物联网需要一个开放的、分层的、可扩展的网络体系结构为框架。

国内研究人员多以 USN 高层架构作为基础，自下而上分为底层传感器网络、泛在传感器接入网络、泛在传感器网络基础骨干网络、泛在传感器网络中间件、泛在传感器网络应用平台 5 个层次。

物联网的技术体系框架（图 6-22）包括感知层技术、网络层技术、应用层技术和公共技术。

（1）感知层

感知层负责数据采集与感知，主要利用传感器、RFID、多媒体信息采集、二维码和实时定位等技术实现，用于采集物理世界中发生的物理事件和数据，包

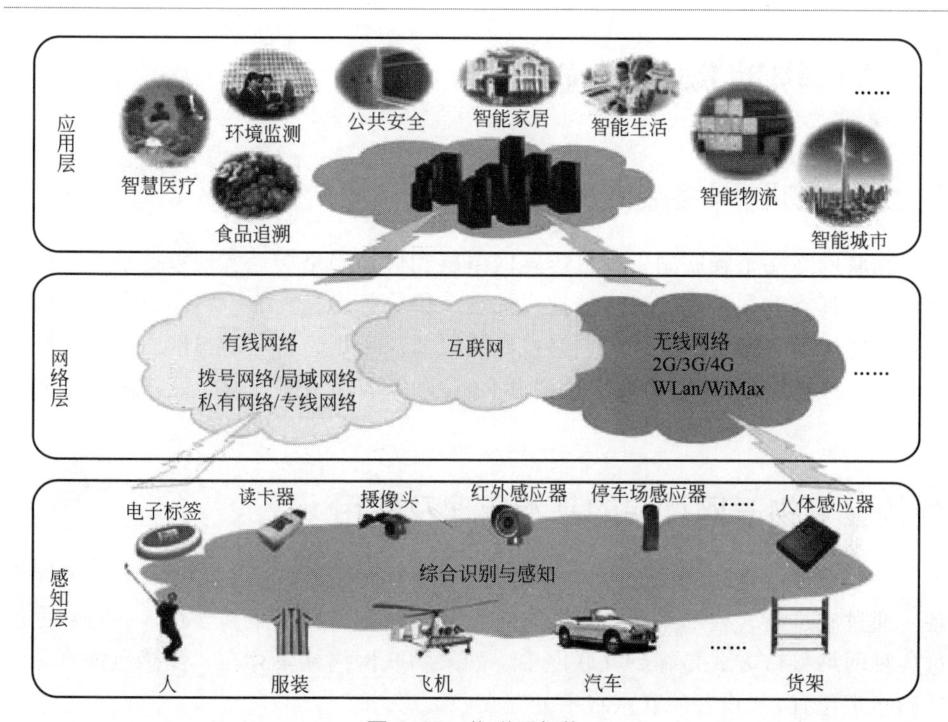

图 6-22 物联网架构

括各类物理量、标识、音频、视频数据。物联网的数据采集传感器网络组网和协同信息处理技术实现了传感器、RFID 等获取数据的短距离传输、自主组网以及多传感器对数据的协同信息处理。

(2) 网络层

实现更加广泛的互联功能，能够把感知到的信息进行无障碍、高可靠性、高安全性地传送，但是需要传感器网络与移动通信技术、互联网技术相融合。移动通信、互联网等技术的成熟，尤其是 5G 通信技术的发展，能够满足物联网数据传输的需要。

(3) 应用层

应用层主要包含应用支撑平台子层和应用服务子层。其中应用支撑平台子层用于支撑跨行业、跨应用、跨系统之间的信息协同、共享、互通的功能。应用服务子层包括智能交通、智慧医疗、智能家居、智能物流、智能电力等行业应用。

(4) 公共技术

公共技术不属于物联网技术的某个特定层面，而是与物联网技术架构的三层都有关系，它包括标识与解析、安全技术、网络管理和服务质量（QoS）管理[87]。

6.3 物联网的终端

6.3.1 物联网终端的概念

物联网终端是物联网中连接传感网络层和传输网络层，实现数据采集、发送的设备，具有数据采集、初步处理、加密、传输等多种功能。终端设备总体可分为情景感知层、网络接入层、网络控制层以及应用层，各层均与网络侧的控制设备对应。终端应当具有感知场景变化的能力以及为用户选择最佳服务通道的能力。

6.3.2 物联网终端的基本原理及作用

物联网终端是传感网络层和传输网络层的中间设备，也是物联网的关键设备，通过它进行转换和采集，才能将各种外部感知数据汇集和处理，并将数据通过各种网络接口方式传输到互联网中。如果物联网终端不存在，传感数据将无法送到指定位置，“物”的联网将不复存在。

物联网终端由外围传感器接口、中央处理模块和外部通信接口三个部分组成，通过外围感知接口与传感设备（如 RFID 读卡器、红外感应器、环境传感器等）连接，对这些传感设备的数据进行读取并通过中央处理模块处理后，按照网络协议，通过外部通信接口（如 GPRS 模块、以太网接口、Wifi 等）发送到以太网的指定中心处理平台。

6.3.3 物联网终端的分类

（1）按行业应用

按行业应用场景，物联网终端可分为工业设备检测终端、农业设施及参数检测终端、物流 RFID 识别终端、电力系统检测终端、安防视频监测终端等。

① 工业设备检测终端。工业设备检测终端主要用来采集车间大型设备或工矿企业大型机械上位移传感器、位置传感器、振动传感器、液位传感器、压力传感器、温度传感器等的数据，并通过终端的有线网络或无线网络接口发送到上位机进行数据处理，实现对工厂车间大型或重要设备运行状态的及时跟踪和确认，达到安全生产的目的。

② 农业设施及参数检测终端。农业设施及参数检测终端用来采集空气温湿度传感器、土壤温度传感器、土壤水分传感器、光照传感器、气体含量传感器等

的数据，并将数据打包、压缩、加密后通过终端的有线网络或无线网络接口发送到中心处理平台进行数据的汇总和处理。这类终端一般安装在温室或大棚中，可以及时发现农业生产中的异常环境因素，保证农业生产安全。

③ 物流 RFID 识别终端。物流 RFID 识别终端设备分固定式、车载式和手持式。固定式终端设备一般安装在仓库门口或其他货物通道，用于跟踪货物的入库和出库；车载式终端安装在运输车上，手持式终端手持使用，这两种终端具有 GPS 定位功能和基本的 RFID 标签扫描功能，用来识别货物的状态、位置、性能等参数。通过有线或无线网络将位置信息和货物基本信息传送到中心处理平台，提高物流的效率。比如我们网购商品，可以在平台随时关注物流信息状态，大大提升了购物体验。

（2）按使用场合

按使用场合，物联网终端主要包括固定终端、移动终端和手持终端。

① 固定终端。固定终端应用在固定场合，常年固定不动，具有可靠的外部供电和可靠的有线数据链路，检测各种固定设备、仪器或环境的信息，如前文所述物流仓储、设施农业、工业设备等所使用的终端。

② 移动终端。移动终端应用在终端与被检测设备同时移动的场合，一般通过无线数据链路进行数据的传输，主要检测如图像、位置、设备状态等，需要具备良好的抗震、抗电磁干扰能力。一些车载仪器、车载视频监控、货车/客车 GPS 定位等均使用此类终端。现在的客车和货车一般都有定位系统及行车记录仪，使用汽车电源，配以大容量内存卡，可以有效记录行车影像，在发生意外的时候，可以溯源。

③ 手持终端。手持终端小巧、轻便、便携、易操作，是移动终端的改造和升级，有可以连接外部传感设备的接口，采集的数据一般可以通过无线进行及时传输，或在积累一定程度后连接有线传输。该类终端大部分应用在物流射频识别、工厂参数表巡检、农作物病虫害普查等领域。

（3）按传输方式

按传输方式，物联网终端可分为以太网终端、Wifi 终端、3G 终端、4G 终端、5G 终端等，有些智能终端具有上述多种接口。

① 以太网终端。该类终端一般应用在数据量传输较大、以太网条件较好的场合，现场很容易布线，并具有连接互联网的条件。一般应用在工厂的固定设备检测、智能楼宇、智能家居等环境中。

② Wifi 终端。该类终端一般应用在数据量传输较大、以太网条件较好，但终端部分布线不容易或不能布线的场合，通过在终端周围架设 Wifi 路由或 Wifi 网关等设备实现联网。一般应用在无线城市、智能交通等需要大数据无线传输的

场合或其他终端周围不适合布线但需要高数据量传输的场合。

③ 3G终端。该类终端应用在小数据量移动传输的场合或小数据量传输的野外工作场合，如车载GPS定位、物流RFID手持终端、水库水质监测等。该类终端具有移动中或野外条件下的联网功能，为物联网的深层次应用提供了更加广阔的市场。

④ 4G、5G终端。该类终端是3G终端的升级，提高了上下行的通信速度，以满足移动图像监控、下发视频等应用，如警车巡警图像的回传、动态实时交通信息的监控等，在一些大数据量的传感应用中，如振动量的采集或电力信号实施监测，也可以用到该类终端。

随着移动互联网的发展，越来越多的设备接入到移动网络中，必须解决高效管理各个网络、简化互操作、增强用户体验的问题。5G就是为解决上述挑战，满足日益增长的移动流量需求而诞生的。5G时代已经到来，其优势在于：数据传输速率远远高于以前的蜂窝网络，最高可达10Gbps，比当前的有线互联网要快。

(4) 从使用扩展性

从使用扩展性划分，物联网终端主要分为单一功能终端和通用智能终端两种。

① 单一功能终端。单一功能终端功能简单，外部接口较少，仅适用在特定场合，满足单一应用或单一应用的部分扩展。目前市场上此类终端较多，如汽车监控用的图像传输服务终端、电力监测用的终端、物流用的RFID终端，成本较低，易于标准化。

② 通用智能终端。通用智能终端综合考虑行业应用的通用性，外部接口较多，能满足两种或更多场合的应用，可通过内部软件设置、修改参数，或通过硬件模块的组合来满足不同的应用需求，具有网络连接的有线、无线多种接口方式以及蓝牙、Wifi、ZigBee等接口，除此之外，还预留一定的输出接口。

(5) 从传输通路分

① 数据透传终端。数据透传终端在输入口与应用软件之间建立数据传输通路，使数据可以通过模块的输入口输入，通过软件直接输出，相当于一个“透明”的通道，称数据透传终端。该类终端在物联网集成项目中得到了大量应用。其优点是容易构建出符合应用要求的物联网系统，缺点是功能单一。目前市面上的大部分通用终端都是数据透传终端。

② 非数据透传终端。该类终端一般将外部多接口采集的数据通过终端内的处理器合并后传输，因此具有多路同时传输的优点，减少了终端数量。缺点是只能根据终端的外围接口选择应用，如果满足所有应用，该终端就需要很多外围接

口种类，应用中会造成接口资源的浪费，因此接口的可插拔设计是此类终端的共同特点。

6.3.4 物联网终端的标准化

终端推广的最大障碍是终端的标准化。物联网技术在中国的蓬勃发展，据估计未来将是万亿级规模的大市场。现制约物联网技术大规模推广的主要原因是终端的不兼容问题，不同厂商的设备和软件无法在同一个平台上使用，设备间的协议没有统一的标准。因此，在物联网普及和终端大规模推广前必须解决标准化问题，具体表现为以下几个方面：

① 硬件接口标准化。物联网的传感设备由不同厂商提供，如果每家的接口规则或通信规则都不同，便会导致终端接口设计不同，而终端不可能为每个厂商都预留接口，所以需要传感设备厂商和终端厂商共同制定标准的物联网传感器与终端间的接口规范和通信规范，以满足不同厂商设备间的硬件互通、互连需求。

② 数据协议标准化。数据协议指终端与平台层的数据流交互协议，该数据流可以分为业务数据流和管理数据流。中国移动与爱立信合作制定的 WMMP 协议就是一个很好的管理协议，它的推广和普及必将推动数据协议的标准化进程，方便新研发终端的网络接入及管理。物联网的发展需要国家相关部门主导，相关行业联合制定出类似 WMMP 的更完善的通用协议，以满足各种应用和不同厂家终端的互联问题，扩大未来物联网的推广。

目前，物联网终端的规模推广主要局限在国家重点工程的安保、物流、环境监测等领域，并没有在其他领域大规模使用，其主要原因是：物联网的概念及其带来的效益还不完全为人所知；在一些行业推广方和使用方还很难找到各自的盈利点和盈利模式，系统的高成本和运行的高费用使得客户热情不高。剖析行业应用和降低系统成本（尤其是运行成本）是物联网大规模推广的必由之路。降低终端成本、传感器成本和部署成本。随着物联网各种技术的成熟和终端的标准化，物联网中各环节的成本会大大降低。

6.4 物联网技术在装备中的应用

早期的互联网实现了人与静态信息的连接，现在互联网则发展到了人与人的连接。物联网实现了人与物、物与物的连接，涉及生产生活的方方面面，通过芯片、传感器互联，实时感知、捕获、交流并主动响应数十亿个智能装备的信息，真正意义上实现了“地球村”。物联网的应用如图 6-23 所示。

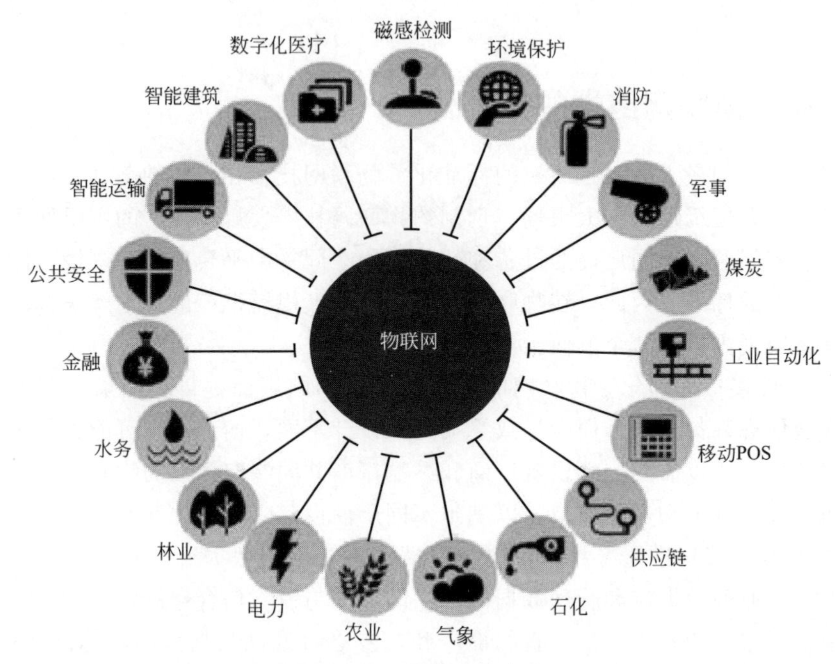

图 6-23 物联网的应用

多个不同的市场研究报告显示，美国每个家庭都大约有 7 件联网设备。同时，经济合作与发展组织预测，到 2020 年达到 20 件。调查数据表明，88%的移动设备用户已经对家庭自动化系统有所了解，越来越多的智能手机、电子书，蓝光播放器等设备用户表示，互联网连通性及查看内容的功能性是购买产品时首先考虑的。

物联网时代，用户是设备的使用者和控制者，网络中的设备应该以用户体验和用户定义的价值作为设计的标准，这对物联网的广泛应用至关重要。随着越来越多的设备变得智能化并连接在一起，现有的许多实体产品将会转变成数字体验。许多人机交互将会被机器与机器之间的交互所取代，而新的机器与人的交互模式将会出现。大多数的机器与机器之间的通信交流将变得无形，同时人机通信沟通将变得更具有互动性。成功的物联网解决方案必须做到简单和可靠。设计物联网智能装备时，需考虑以下因素。

(1) 简化入门

设计一款新的智能产品时，将用户引入新系统的第一步是最困难的。在多设备交互的情况下，通常意味着重复认证，例如不同设备之间的网关进程以及切换到其他服务。简化输入，例如轻松使用代码、手势、人脸、语音等而不是密码进行安全验证，是一项很好的举措。考虑到使用物联网系统通常意味着在移动终端设备或嵌入式软件之间切换设备，简单、安全和智能的验证显得尤为重要。

(2) 跨平台设计和交互

云是跨多种物联网产品实现一致用户体验的关键。基于云的应用程序和网络设备以最简单高效的方式为用户提供了系统元素之间的无缝转换。同时，物联网的响应性设计涵盖了所有设备、平台和软件，超越了 Web 或移动端的体验一致性。

(3) 个性化和背景

自由、个性是现代人的追求，对产品也是如此。小众化、个性化是现代智能产品的必然要求。越来越多的数字工具可以从用户行为中学习和识别模式，从而提供更精细的体验。物联网系统的用户体验应该是个性化的，就像网络设备的个性化表现一样。随着互联网和物联网技术的发展，人们可以随时随地定制属于自己的产品，实现真正意义上的“私人订制”。

(4) 一体化体验

物联网用户体验设计中最困难的任务之一是使网络设备与现实世界的差距最小化，并在所有系统元素之间建立平滑的体验。网络产品的设计者和工程师应该尽最大努力为物联网系统创造一个统一的环境。根据权限级别，最终用户应该能够从设备、传感器和集成平台访问数据，并在不同的终端平台执行高质量的数据可视化和分析。

(5) 创新体验方式

面向消费者的物联网产品设计师们已经开始关注语音产品，越来越多的智能助理出现在家中，智能家居系统也具备智能助理技能，但声音不是唯一的交流方式。一个流畅的用户体验在未来将变得更加情境化和自然化。智能车的副驾驶员使用手势来确保安全驾驶。生物特征的激活功能可以实现更快、更安全的认证。这对医疗物联网系统、工业物联网和其他访问受限的领域尤为重要。

以智能穿戴产品为例，智能穿戴装备是物联网时代的关键入口，是物联网中人与物相连的关键。智能穿戴不仅指人体可穿戴设备，而且覆盖各行业的智能化未来。随着医学需求的拉动，在医疗智能可穿戴的带动下，专家预言智能穿戴市场将会迎来新一波的热潮。智能穿戴的设计需求考虑佩戴的舒适度、佩戴的位置。从人机交互的角度，关注“人”“机”“环境”三者之间的因素，在产品的不同周期采用不同的体验设计策略。智能穿戴的交互解放了双手，以语音交互为主，采用多设备、多模态的交互方式。

6.5 机电装备物联网设计

6.5.1 概述

机电一体化涉及机械、电子、控制、网络等多项技术，物联网在其中发挥的作用越来越大。当今的机电一体化产品不仅仅是一款冰冷的机电产品，而是有“智慧”的产品。

物联网技术实现了人、机器设备和系统软件三者的互联。生产车间机电设备繁多，需要将全部的机器设备及工装夹具统一连接进行网络管理，实现人-机电设备的“物联”。数控编程工作人员在 PC 上编写程序，发送至 DNC 网络服务器，机器设备实际操作人员能够下载需要的程序进行加工生产，待任务完成后，再通过 DNC 互联网将数控机床程序流程传回至网络服务器中，由程序流程管理人员或加工工艺人员进行整理，全部生产流程保持数字化、追溯化管理方法。工业生产过程控制系统、物联网、ERP、CAD/CAM/CAE/CAI 等技术可离开生产制造公司获得市场应用。生产制造公司生产流水线高速运行，由生产线设备产生、收集和解决的信息量远高于公司中电脑和人工服务统计的数据，对统计数据的实用性规定也更高。

车间及车间设备通过条码、二维码、RFID、工业传感器等将不同的设备联系起来，每过几秒钟就搜集一次统计数据，通过这些统计数据可以剖析主轴轴承运行率、主轴轴承负荷率、运行率、返修率、产出率、机器设备综合性使用率（OEE）、零部件达标率、品质百分数等。同时，还可使生产制造文本文档无纸化，保持高效率、智能制造。

6.5.2 物联网平台架构设计过程

（1）方案设计阶段

物联网工程总体方案设计包括工程项目网络总体方案设计以及系统功能总体方案设计等，其中网络设计又分为逻辑网络设计和物理网络设计。

总体方案设计通常由系统设计阶段和结构设计阶段组成，系统设计阶段确定系统的总体架构和逻辑网络选择；结构设计阶段确定具体实现方案，包括物理网络的选择和设备选型、数据中心的选择和确定、安全的实施策略、软件模块结构的详细设计等。

系统设计工作应该自上向下地进行。首先设计总体结构，设计系统的框架和概貌，向用户单位和部门做详细报告。然后在此基础上再逐层深入，直至进行每一个模块的详细设计。

综上，物联网系统的总体方案设计也是在前期系统分析的基础上，对整个系统的划分、机器设备（包括软、硬设备）的配置、数据的存贮规模以及整个系统实现规划等进行的整体框架结构设计。

（2）核心架构设计及网络通信选取阶段

一个完整的物联网平台必须具备设备管理、用户管理、数据传输管理、数据管理这四大核心模块，而所有其他的功能模块都可以认为是此四大功能模块的延展。图 6-24 所示为机电设备物联网架构。

① 设备管理。设备管理包含设备类型管理和设备信息管理两部分。设备类型管理即定义设备的类型，其功能一般由设备的制造商定义。设备信息管理即定义设备相关信息，根据定义的使用者属性选择设备类型，使用者激活设备后就对该设备有完全的控制权。

② 用户管理。用户管理包含组织、用户、用户组、权限管理四部分。组织管理即对所有的设备、用户、数据都基于组织进行管理。用户管理即基于一个组织下的人员构成的管理，每个组织的管理员可以为其服务的组织添加不同的用户，并分配每个用户不同的权限。一个用户也可以属于多个不同的组织，并且扮演不同的组织管理员。

③ 数据传输管理。数据传输管理包含基本格式、数据解析定义、数据储存三部分。基本格式即定义针对一类型设备的数据传输协议，包含设备序列号、命令码以及数据三个组成因素。数据解析定义即组织管理员可根据需求为同种设备类型定义多条使用不同解析方式的命令。数据储存要支持分布式架构，可以为每个设备定义不同的存储位置，每条数据定义生命周期，在生命结束后，系统将自动删除。

④ 数据管理。数据管理包含权限管理、大数据、数据导出三部分。权限管理即数据归属权，数据属于谁是一个非常重要的概念，只有设备的拥有者才能定义数据可以给谁看，数据的权限在物联网平台中至关重要。大数据的作用为依靠大数据平台实现物联网海量数据的可视化分析处理，并得到有价值的信息。数据导出即用户可导出物联网部分数据进行本地分析。

网络通信选型也是物联网设计中的关键内容。目前云端的物联网平台和设备之间的通信，本质上都是建构在 TCP/IP 协议之上的，区别只是对数据包的再封装。基于此目前广泛使用 Wifi、4G 来实现设备和云平台的通信。随着 5G 的推广，通信选型又有了更广阔的天地。设备与设备之间的通信可以有 Wifi、蓝牙、ZigBee 等多种方式，常见的通信架构选取如表 6-1 所示。

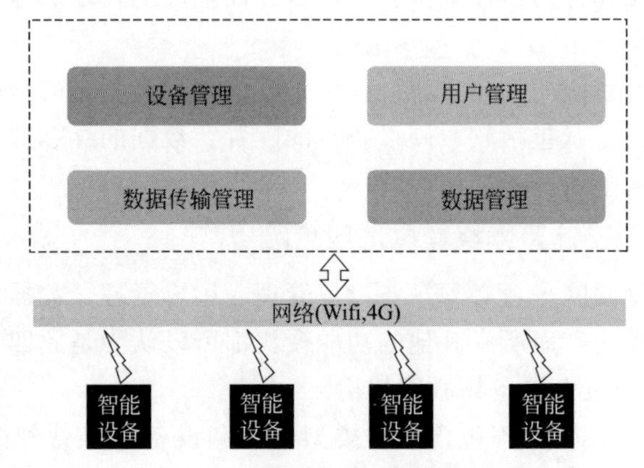

图 6-24 机电设备物联网架构

表 6-1 物联网通信架构

通信架构	主要特点	存在问题
基于移动网络 3G/4G 的通信	最简单的架构，基于移动通信来上网	每个设备都需要一个 SIM 卡；数据流量问题；通信质量问题
基于 Wifi 局域网	适合于所有的物联网设备都运行在一个局部环境中	局域网内的智能设备是没有公网独立的 IP 的，只有一个局域网内的 IP；功耗问题；干扰问题
基于蓝牙通信	典型的点对点的通信方式	蓝牙网关的容量问题；蓝牙的配对问题
基于 ZigBee	ZigBee 本身是针对传感器之间的联网设计的，具有非常强的低功耗	设备能力和功耗本身是自相矛盾导致的数据量问题

(3) 工业级物联网项目架构设计阶段

一个典型的物联网项目，至少由设备端、云端、监控端三部分组成。

① 设备端架构设计。设备端主要负责数据采集、工艺逻辑执行及控制。从功能层面上分，设备端架构一般可分三层：一是数据采集、控制输出层；二是工艺流程执行层；三是数据上传、命令接收通信层。

② 云端架构设计。云端一般包含 Web 前台、Web 后台及中间件三部分。作为工业级的物联网项目，Web 前台一般会显示四部分内容：工艺画面、各种数据报表、运行日志以及系统诊断信息。Web 后台相对复杂，一般需要处理 Get 和 Put 请求；向前台界面传输实时数据；建立设备数据和各种报表、曲线、日志的对应关系，以便于适用尽可能多的现场等。中间件主要功能就是负责与现场设备进行通信，获取数据或发送相关控制指令。中间件程序一般是系统的一个服务

程序或普通应用程序，生命周期较长，可长时间连续运行，因此可以处理一些相对复杂的业务逻辑、数据换算及数据转储工作。

③ 监控端架构设计。监控端一般包含 PC、手机或平板监控。从功能上划分，架构可以相对简单地分为两层，一是 UI 界面显示及操作层，二是数据通信层，实现和服务器信息交互。

(4) 后期维护阶段

物联网平台开发完毕后，并非是一个成熟的应用平台，维护工作将占据很多时间。维护工作不仅仅是开发团队的维护，更为重要的是现场维护，排除问题，及时定位，及时解决。针对如上问题，需要在设计之初考虑统一化和组态化的架构设计。

6.6 本章小结

本章介绍了物联网的概念、主要功能和关键技术，并阐述了物联网终端和架构。在此基础上，介绍了物联网技术在装备中的应用以及机电装备物联网设计方法。物联网技术的发展日新月异，有关物联网发展的最新进展和应用，需要及时关注数据库和媒体，以获得最新的资讯。

第7章

具有复杂工艺与高性能运动要求的工业装备系统

7.1 案例一 中空玻璃全自动涂胶机开发

玻璃被广泛应用于建筑、交通运输、船舶、航空、制冷等行业，它不仅是良好的透明材料，而且是一种具有良好热导性的材料。无论玻璃被应用于哪个领域，透过玻璃的热传导会导致大量的能量损失。随着玻璃加工行业的发展，越来越多的人认识到中空玻璃具有显著的节能效果，中空玻璃在我国的应用也越来越多，尤其是建筑中越来越多地采用幕墙结构，更加促进了中空玻璃的应用。此外，国内外的实践证明，提高建筑物围护结构的保温性能，特别是提高窗户的保温性能，是防止建筑物热量散失的最经济、最有效的方法。中空玻璃在相关的建筑应用中起到了关键的作用。

中空玻璃是两片（或多片）玻璃用有效的支承件（一般为内装干燥剂的中空铝隔条或实心热塑隔条）均匀隔开，周边黏结密封，使玻璃层间形成干燥气体腔室的产品，如图 7-1 所示[88]。

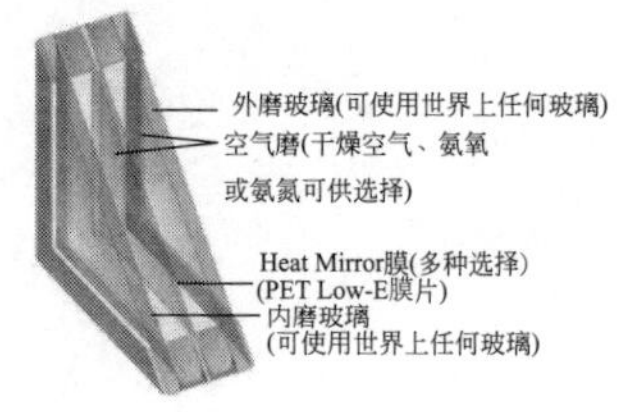

图 7-1 中空玻璃结构

中空玻璃的密封过程有两道操作工艺，即第一道密封和第二道密封。第一道密封工序主要采用热熔型丁基胶将已折弯成形的铝隔框和两块或多块玻璃黏结为一体。第二道密封工序是将聚硫胶和硅酮胶混合后均匀地涂在玻璃与铝隔框形成的凹槽中，保证了玻璃和铝隔框之间的结构性黏结，如图 7-2 所示。中空玻璃生产线就是专门用来生产中空玻璃的设备，作为一套完整的中空玻璃生产线，应包括主要的加工设备（如玻璃划片机、磨边机、玻璃清洗机、合片-压合机、涂胶机等）以及必要的辅助设备（如铝隔条存放机、玻璃装载机、卸料机、原料输送车、成品输送车等）。

全自动涂胶机是全自动中空玻璃生产线非常重要的组成部分，也是中空玻璃生产线的核心设备，负责对玻璃周边进行涂胶密封（即二次密封），如图 7-2 所示，涂胶机涂胶速度的快慢直接影响整个生产线的生产速度，涂胶质量直接影响中空玻璃的品质。作者所在的团队在充分研究市场和了解国内外玻璃深加工设备的基础上，研发了基于工业计算机＋运动控制卡的总线控制的中空玻璃生产线全套设备。全自动涂胶机器人是有代表性的一款大型智能制造装备，实现了从配胶到各种运动（12 个轴）的控制，用比较低的成本实现了设备的智能化，代替进口设备。

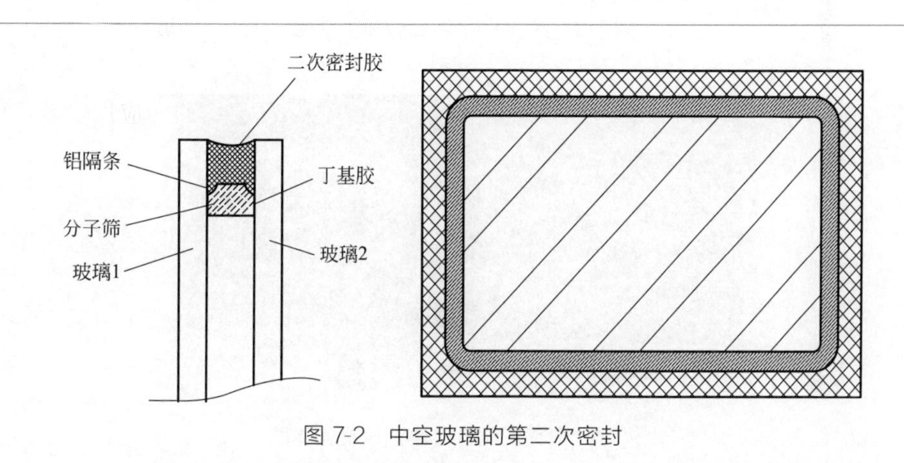

图 7-2　中空玻璃的第二次密封

7.1.1　中空玻璃全自动涂胶机机械本体设计

涂胶机的整体机械简化结构如图 7-3 所示，其实体图如图 7-4 所示。该设备按照机械功能主要分为供胶部分、混合胶部分、打胶部分及玻璃输送部分。

① 供胶部分。负责从胶桶向（A 组分、B 组分）柱塞泵提供胶体，两胶桶各有一个气泵挤压桶内胶体，以辅助供胶。A、B 组分别由 A、B 电机带动柱塞泵工作。同时，为了最大限度地克服胶体黏度的影响，柱塞泵前端设置了辅助供胶气缸，可以在打胶时提前将胶体吸入该气缸处的储胶缸内，供下一次胶体回吸使用。

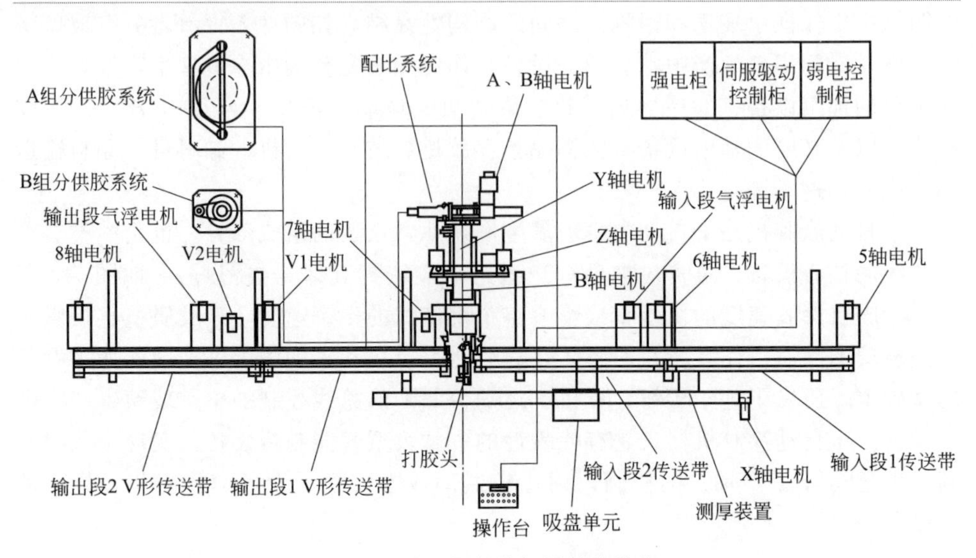

图 7-3 涂胶机整体机械简化结构

图 7-4 中空玻璃全自动涂胶机实体图

② 混合胶部分。A、B 柱塞泵通过电机带动将胶体按对应的比例（不同的胶体比例不同，一般为 10∶1）挤入混合胶部分的混合器中，两种胶体在混合器内进行充分混合后可以送至打胶部分的打胶头，供打胶使用。

打胶部分由打胶头、抹板、月牙板等组成，完成打胶工艺的相关动作。

玻璃输送部分由两套输入同步带、两套输出同步带、X 轴以及测厚单元等装置组成。输入段 1 由减速器、联轴器、同步带结构组成，用于将玻璃运送至打胶区，在段末有玻璃厚度检测装置，当玻璃运送至该部位时检测玻璃厚度；输入段 2 结构除末端没有测厚装置和传感器功能不同外，其他与输入段 1 相同，玻璃长度测量主要在该段完成，输入段 2 与输出段 1 是打胶过程中 X 方向打胶的执行部件；吸盘组件由吸盘、同步带结构、导轨等组成，用于在打胶过程中吸合固定玻璃，保持玻璃的稳定，也是X方向打胶的执行部件，其动作过程中始终保持与6轴、7轴同步；输出段1由两条同步带以V形分布组成，除是X方向打胶的执行部件外，玻璃的回退动作等由该段完成；输出段2结构与输出段1相同，用于将打胶完毕的玻璃输出至本段末，等待卸载。

打胶头部分主要包括胶头、抹板、打胶深度检测装置（月牙板）等。打胶头对玻璃周边填涂胶体，是涂胶机的核心部件之一。

7.1.2 中空玻璃全自动涂胶机驱动系统设计

中空玻璃全自动涂胶机驱动系统采用电机驱动加气动的形式。系统使用12个运动控制电机、2个气浮电机外加1个单端编码器。

9个伺服电机分别为A组分、B组分、输入段1、输入段2、输出段1、输出段2、打胶头升降轴、吸盘单元（以下简称X轴）和胶头旋转功能段上的电机。3个步进电机，分别为输出段1 V带V1调整轴、输出段2 V带V2调整轴以及打胶头伸缩（Y轴）功能段上的电机。

1个增量式编码器，该编码器占用一个轴卡通道，但没有实际意义上的电机，它与月牙板转动轴相连，系统通过读取编码器脉冲数来测量月牙板的转动量，经计算后得到月牙板测量的深度。月牙板的测量数值是影响打胶质量的一个重要因素，同上一代设备采用的测量准确度低且易受到干扰的电位计相比，该编码器大大提高了测量精度（理论精度为0.1°/脉冲），同时，由于编码器传输的是数字信号，较电位计的模拟量信号抗干扰能力大大增强，打胶质量明显改善。

2个三相异步电机用来带动气浮风机。气浮结构为机械部分新采用的玻璃靠板支承技术。前一代胶机靠板上安装的是若干排滚轮，通过滚轮支承使玻璃运输过程中始终保持在一个特定的平面上。但由于所需滚轮数量比较多，要做到使所有滚轮都处在同一平面上调试工作相当烦琐，且困难较大，且玻璃传送过程中滚轮对玻璃存在一定的摩擦阻力。因此新设计出的气浮结构可以使玻璃与靠板间形成一层均匀的“气垫”，中间空隙均匀，阻力比滚轮小很多。

胶枪的部分动作、供胶部分动作以及其他辅助动作驱动机构由高性能气动系统实现。

增量编码器用来测量月牙板打胶深度，该编码器占用第13路轴卡通道，9个电机轴为安川伺服驱动器和安川伺服电机，另外3个轴使用的是斯达特步进电机。伺服电机采用脉冲加方向控制方式，在安川伺服驱动器上，需要设置的参数为Pn000的第1位为1，即选择“位置控制（脉冲列指令）”方式，另外，根据机械设备的安装特性，可以通过设置的参数为Pn000的第0位来选择。“旋转方向选择”，部分参数设置参见表 7-1。

表 7-1 部分控制参数

电机每转步数设定（细分数设定）	每一种型号驱动器都有 16 种步数（细分数）可选，通过驱动器上的拨位开关的第 1、2、3、4 位设定，此 16 种步数基本涵盖了用户对电机步距的要求，步数设定必须在驱动器未加电或已加电但电机未运行时才有效
驱动器输出电流设定	每一种型号驱动器都有 16 挡输出电流可选，由驱动器上的拨位开关的第 7、8、9、10 位设定，驱动器输出相正弦电流给电机，电流大小以有效值标称
控制信号方式设定	每一种型号驱动器都有 2 种控制信号方式可选，由驱动器上的拨位开关的第 5 位设定。 Cpd 方式：电机的旋转方向由 DIR 换向电平控制，而步进信号取决于 CP。DIR 为高电平时电机为顺时针旋转，DIR 为低电平时电机则为反方向逆时针旋转。此种换向方式称为单脉冲方式。拨位开关的第 5 位设定在“0”位置。 CW/CCW 方式：驱动器接收两路脉冲信号（一般标注为 CW 和 CCW），当其中一路（如 CW）有脉冲信号时，电机正向运行；当另一路（如 CCW）有脉冲信号时，电机反向运行，我们称之为双脉冲方式。拨位开关的第 5 位设定在“1”位置
自动半电流	自动半电流是指驱动器在脉冲信号停止施加 1 秒左右，自动进入半电流状态，这时电机相电流为运行时的一半，以减小功耗和保护电机，此功能由驱动器上的拨位开关的第 6 位设定：0——无此功能；1——有此功能
相位记忆功能（无时间限制）	驱动器断电时处于某一相位，下次加电时如果和此相位不同，电机就会“抖动”一下，为了消除电机抖动就需要保护功能——过温保护、过流保护、欠压保护、保护信号输出必须把断电时的相位记住。此功能在某些行业非常重要，记忆时间为无限
保护功能	过温保护、过流保护、欠压保护、保护信号输出

7.1.3 中空玻璃全自动涂胶机控制系统

（1）涂胶的主要工艺及流程

合理的工艺动作流程是完成整个涂胶动作的关键，是涂胶机设备高效率生产的前提。掌握合理的涂胶机工艺流程及其逻辑时序关系，可以为编制涂胶机控制程序奠定坚实的理论基础。数控涂胶机的主要工艺过程是将中空玻璃由输入段传送至涂胶区域，对玻璃各边涂胶，最终由输出段输出成品的过程。涂胶机整个工作流程如图 7-5 所示。

上电回零：对各轴按照顺序自动回零，确保轴与轴之间不发生运动干涉，且该操作仅在上电后执行一次。

参数初始化：在加工同一批次的产品前，输入玻璃厚度、胶体比例值、打胶速度、胶枪翻转判定值等参数。

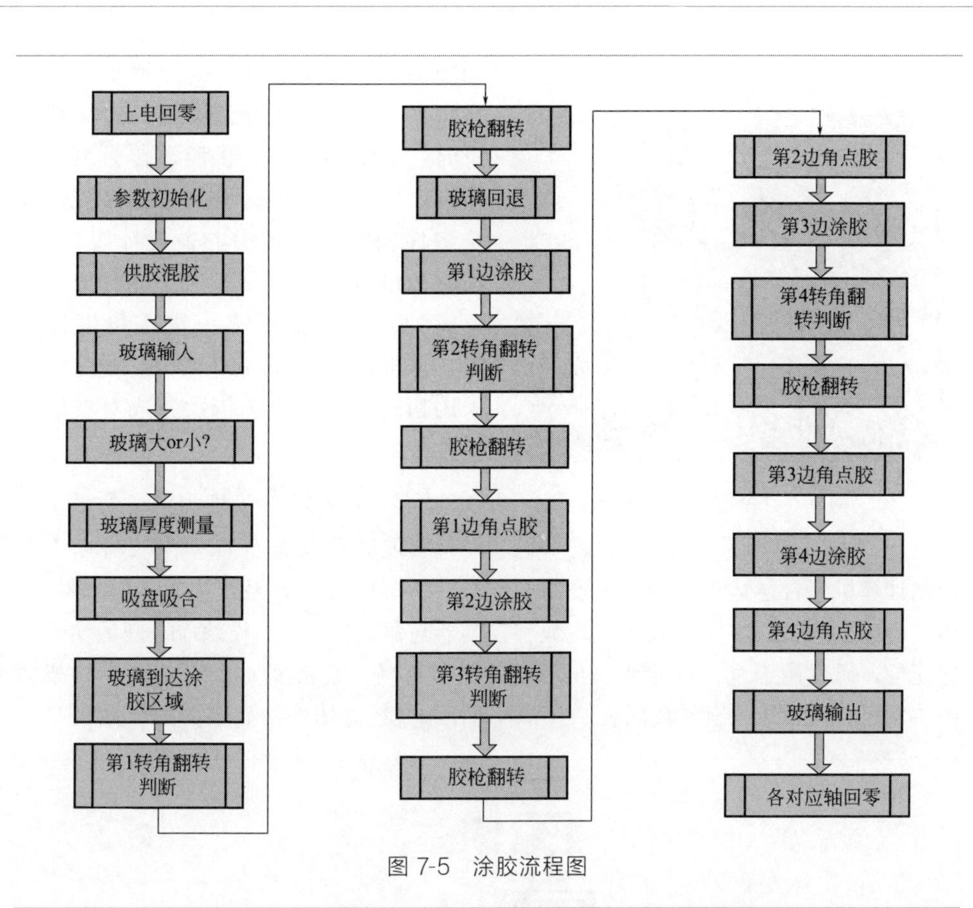

图 7-5 涂胶流程图

玻璃输入：在胶桶胶源充足、胶压正常，设备各段无玻璃，胶枪混合器在位、脚踏开关按下的情况下，玻璃输入段电机启动，传送玻璃，当玻璃前沿经过光电开关时，减速传送；当玻璃前沿经过下一个光电开关后，伺服电机制动，测量玻璃厚度。

玻璃厚度测量：气动电磁阀在光电开关信号作用下打开，驱动测厚机构压紧玻璃，电位计读数发生变化，上位机通过模数转换，同时执行必要的滤波程序，得到准确的玻璃厚度值，玻璃厚度值为胶枪对中和型带调整获得的驱动数据。

吸盘吸取：当玻璃传送至涂胶区域时，停止传送，吸盘组件后支承气缸先动作，吸盘气缸再动作，真空发生器随之启动，吸紧玻璃。轴内设置的真空度传感器的真空度达到一定值时产生信号输出，此时可以确定吸盘吸合紧实，然后锁紧气缸锁，后支承气缸退回，吸盘与输入输出传送带同步运动，将玻璃传送至涂胶区域[89,90]。

涂胶工艺过程：主要包括四边分别涂胶、胶枪翻转、三边边角点胶。在涂胶系统中，定义与垂直平面成 90°角的平面为平面，与该面平行的轴设置为 Z 轴。

图 7-6 涂胶机第一边涂胶

如图 7-6 所示为涂胶系统沿轴正向运动为中空玻璃第一边涂胶。第一边涂胶结束时，配比部分停止供胶，转为由胶桶向混合器补充胶体。胶枪停止涂胶，胶枪组件相对其旋转中心逆时针旋转 90°使胶枪口对正玻璃第二边。此时抹板靠紧第一边，胶枪对第一边边角进行点胶，抹板离开玻璃后，对第二边涂胶。采用相同的操作工艺依次完成对玻璃其他各边的涂胶。

(2) 涂胶机的控制系统

智能制造装备全自动涂胶机以工业控制计算机＋台达运动控制卡为硬件平台，以 Windows 操作系统为软件操作平台，通过台达 DMC-NET 总线技术实现数字控制器与驱动器、I/O 模块等之间的实时高速通信，研发用于全自动涂胶机的开放式数控系统，涂胶机控制系统硬件构架如图 7-7 所示，部分控制参数如表 7-1 所示，控制系统总体框架如图 7-8 所示。

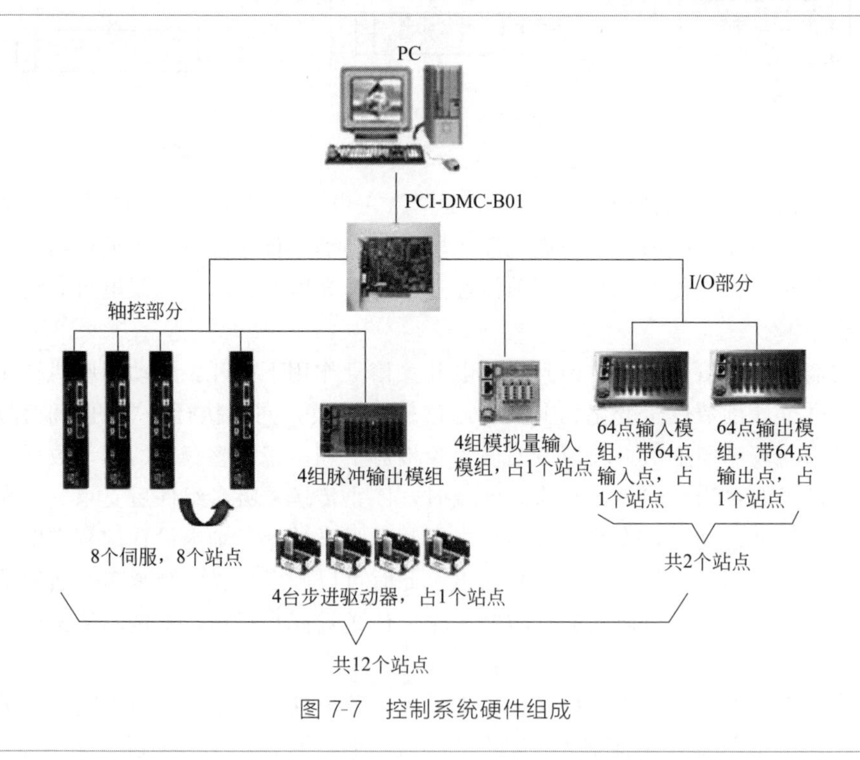

图 7-7 控制系统硬件组成

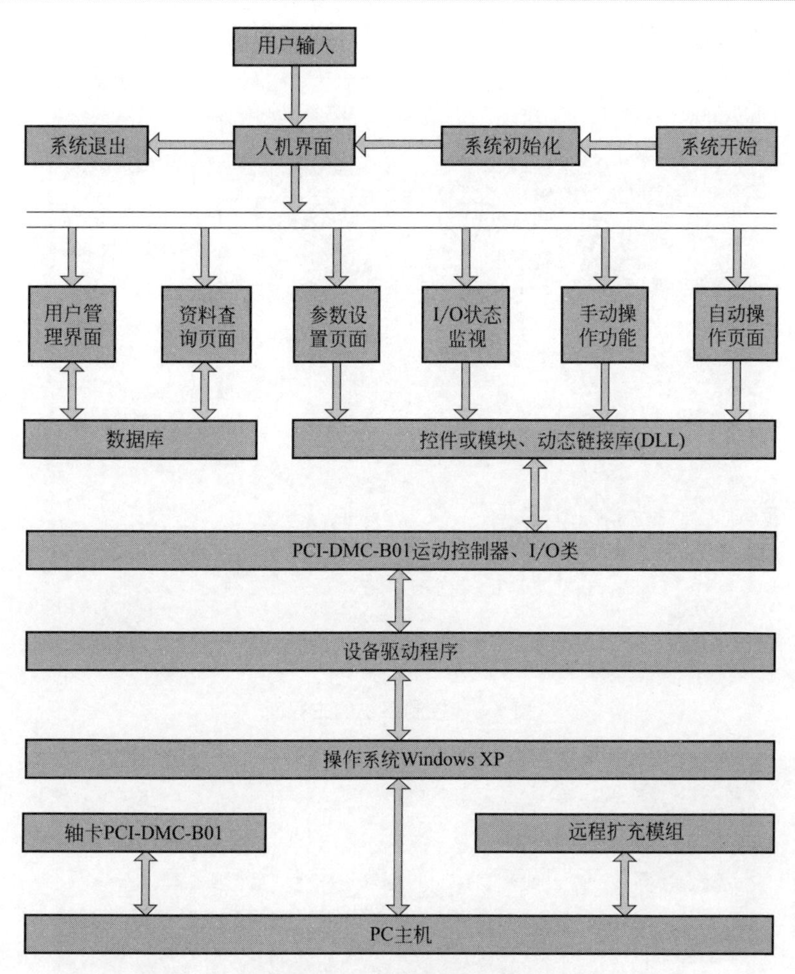

图 7-8 控制系统整体框架

本案例中用到的上位软件为基于 Windows 操作系统的 Visual Studio 2005，下位机配套调试软件包括 Pewin32Pro、Pmac Plot Pro、Pmac Turning Pro。为方便用户开放，还提供了 Windows 下的动态链接库 Pcomm32. dll。

Pewin32Pro 是 Delta Tau UMAC 控制器的 Windows 系统可执行程序，是下位程序在上位机上的开发、调试工具。根据功能需要，并借鉴了前一代开发经验，本控制程序上位设计了一套功能齐全、操作简便的人机交互界面（图 7-9）。通过此界面，并配合操作台上的按钮，几乎可以完成涂胶的所有工作。本界面在内容上分为四大部分：生产管理、打胶设置、手动操作和使用帮助。

生产管理包括生产查询和操作人员管理。通过生产查询，可以查出该设备工作的详细记录。通过操作人员管理项，可以为操作人员设定账号及登录密码等，避免非操作人员对该设备进行操作。生产管理界面如图 7-10 所示。

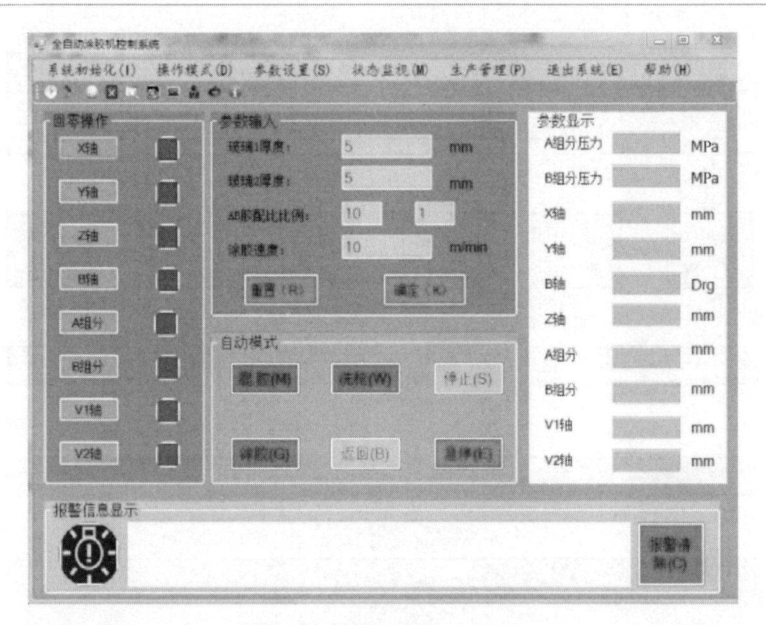

图 7-9 控制系统的主界面

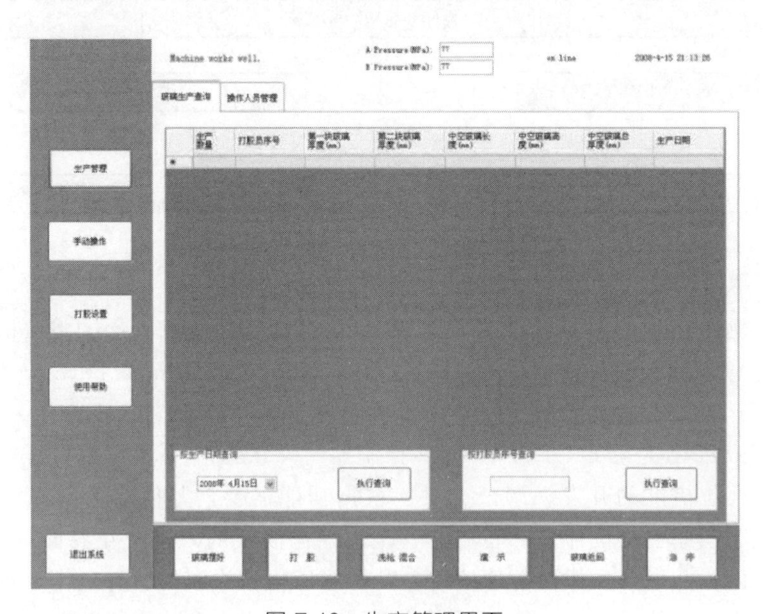

图 7-10 生产管理界面

打胶设置界面允许用户进行各边及拐角点胶处的胶量修改，见图 7-11。

基本设置与前面讲述的玻璃参数初始化相对应，通过界面上相应的选项设置初始玻璃厚度、胶体配比以及铝隔条圆角面积等，基本设置界面见图 7-12。

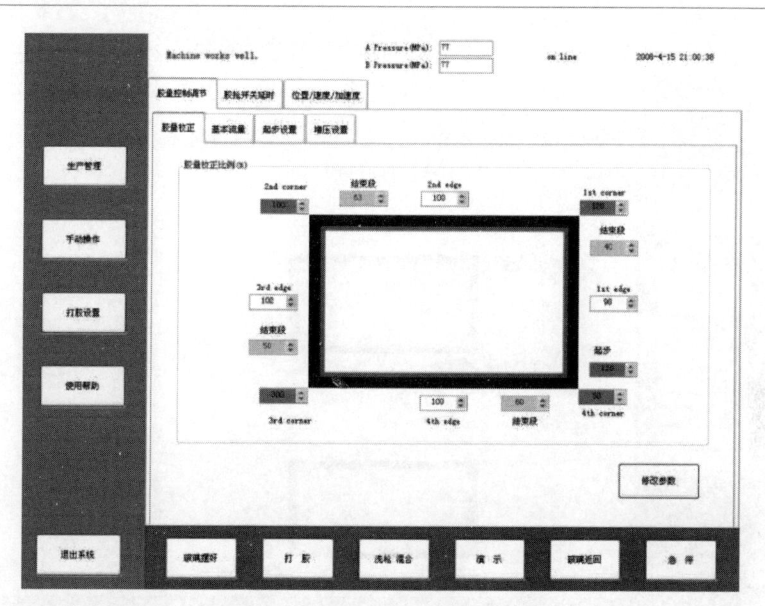

图 7-11　胶量校正界面

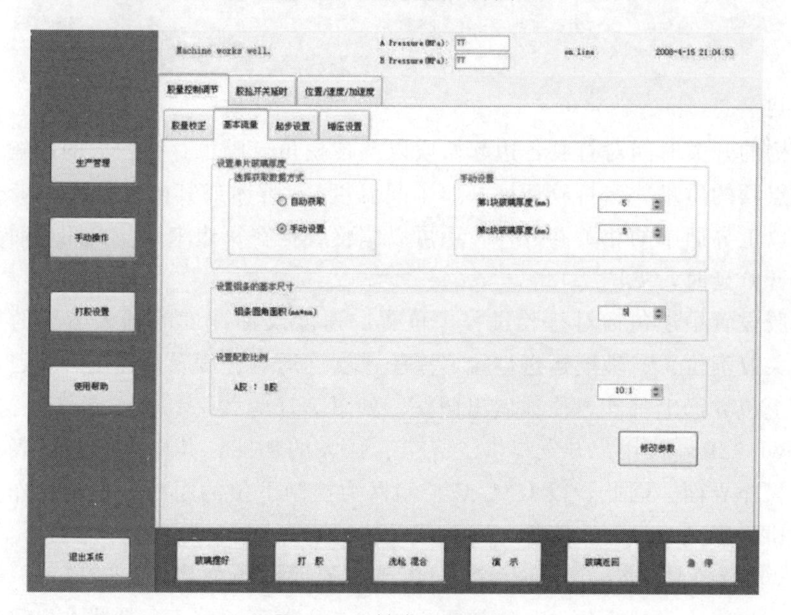

图 7-12　基本设置界面

各边打胶起始位置可以通过上位机进行调整。起步设置用来调整起步出胶量的比例，根据当前打胶效果可以随时进行调整。胶枪开启位置也直接关系到打胶质量，在理论建议数值基础上，结合实际情况允许用户进行调整，起步设置界面见图 7-13。

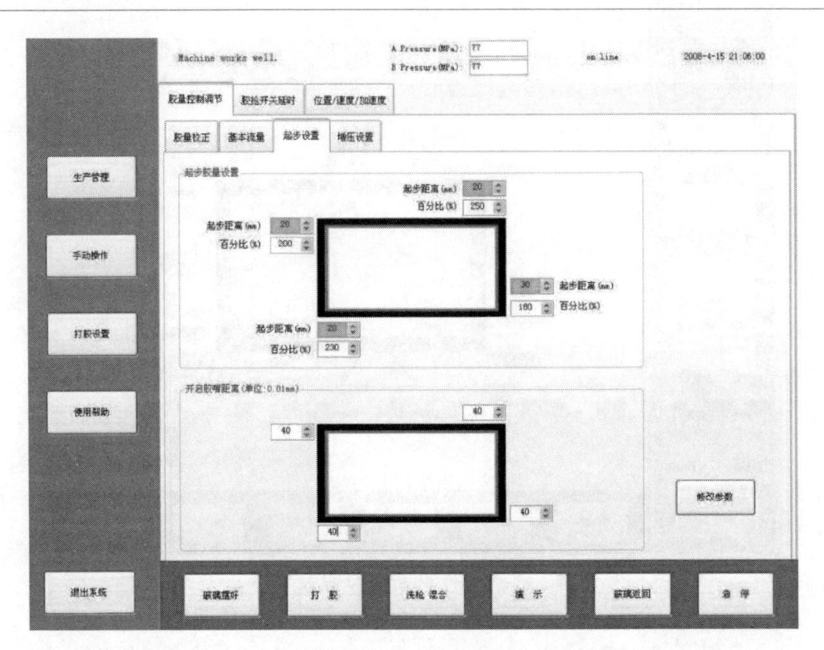

图 7-13　起步设置界面

胶枪的开关时间对打胶各边起始段以及各拐角点胶也存在较大的影响，尤其是影响点胶的质量。当打胶环境（如车间温度）、胶体或其配比等发生变化时除了调整以上界面中的相关参数外，还可以调整胶枪在每边末端的关闭延时和每边始端的开枪延时，见图 7-14。

打胶设置中还包括对打胶过程中位置、速度及加速度等相关参数的控制调节。开关胶嘴位置、玻璃运送位置、涂胶速度、运送速度及加速度等都已经参数化，在上位界面上都能方便地做出调整，见图 7-15～图 7-19。

Pewin32Pro 为用户开发提供了齐全、强大的功能，其中最具有代表性的就是手动操作界面。因此，以 UMAC 控制器为控制下位的系统，手动操作界面对用户来讲显得尤为重要，功能上不可或缺。

Pewin32Pro 功能虽然很强大，但由于其界面为英文界面，操作也只针对变量，对用户来讲必然不便，加之该界面过于专业，不适用于工业生产。因此，本团队编写了简洁但功能齐全针对工业生产上使用的界面。

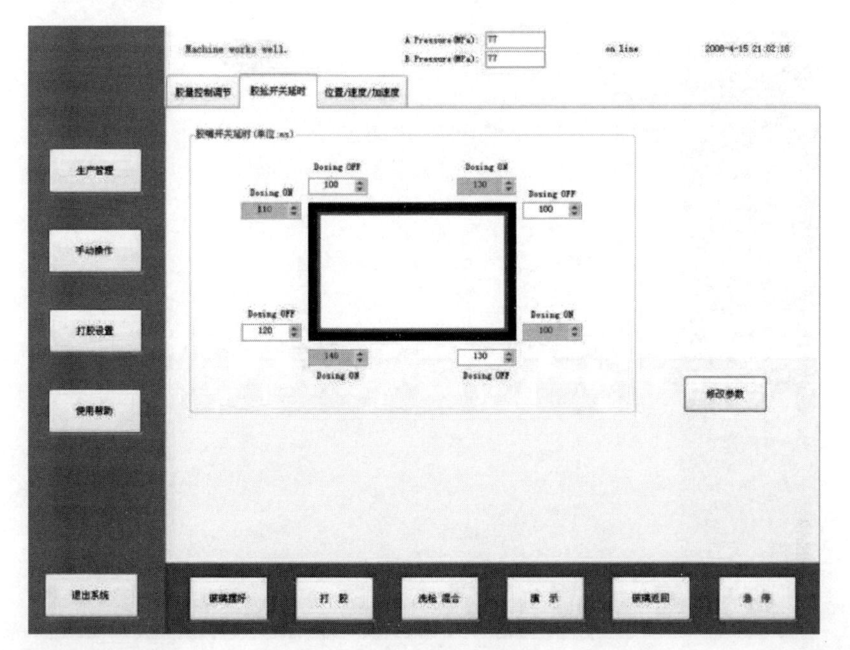

图 7-14 胶枪开关延时

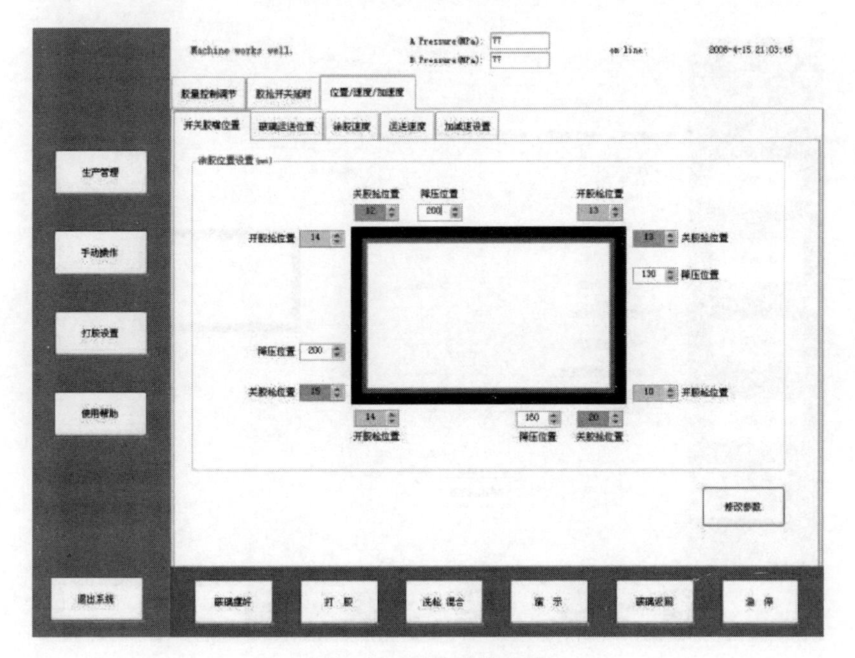

图 7-15 开关胶嘴位置

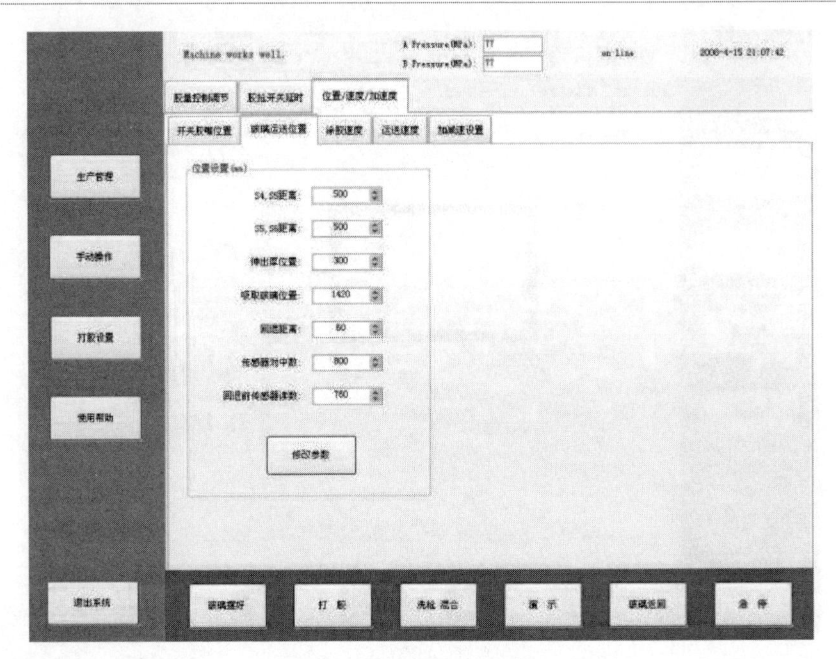

图 7-16　玻璃运送位置

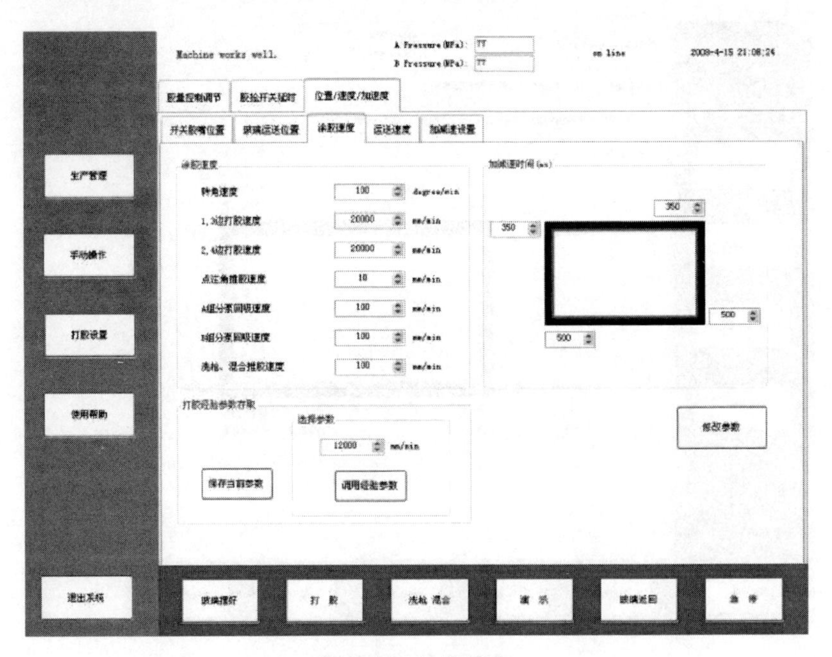

图 7-17　涂胶速度

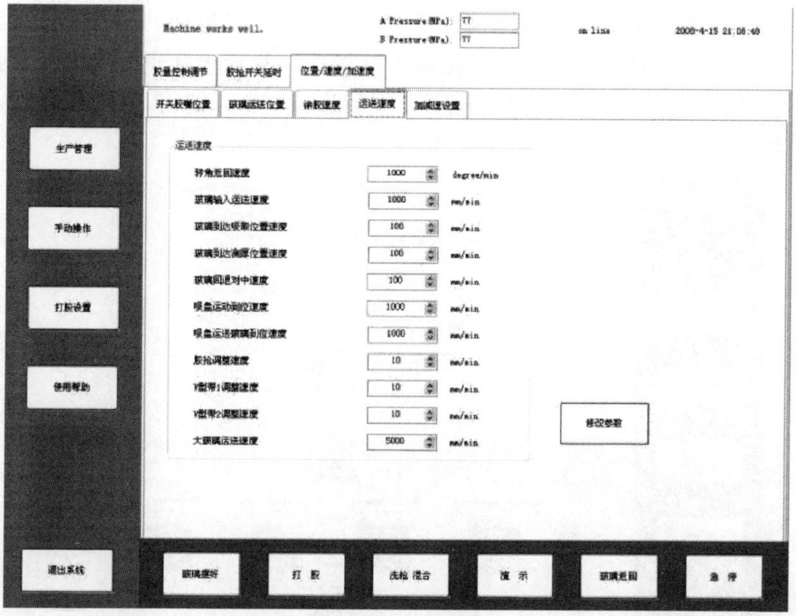

图 7-18 运送速度

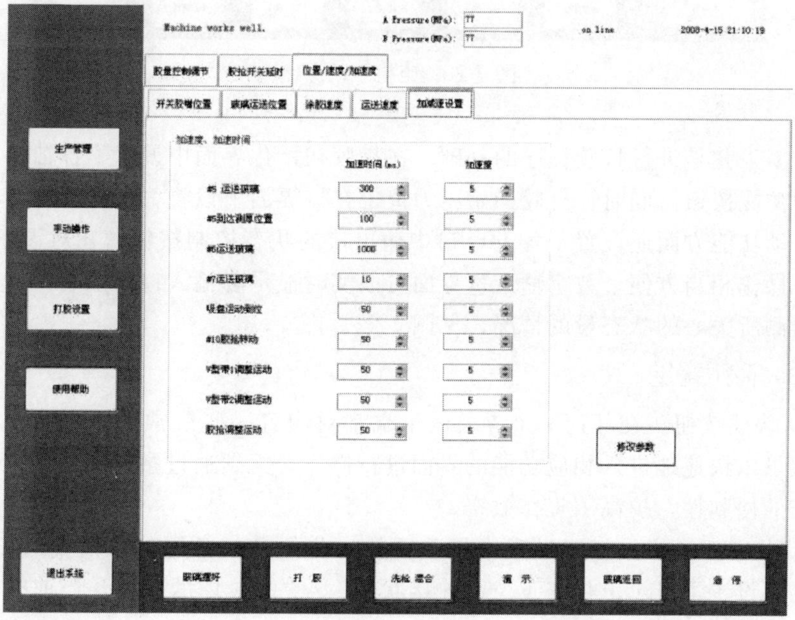

图 7-19 加速度

该界面上包括了很多手动设置内容，几乎涉及需要操作的各个方面，包括对操作过程中需要手动功能的电机设置了手动功能，通过界面的复选功能，配合操作台面板上的“正向”与“反向”按钮进行操作。界面上还设置了电机速度的调整条，见图 7-20。

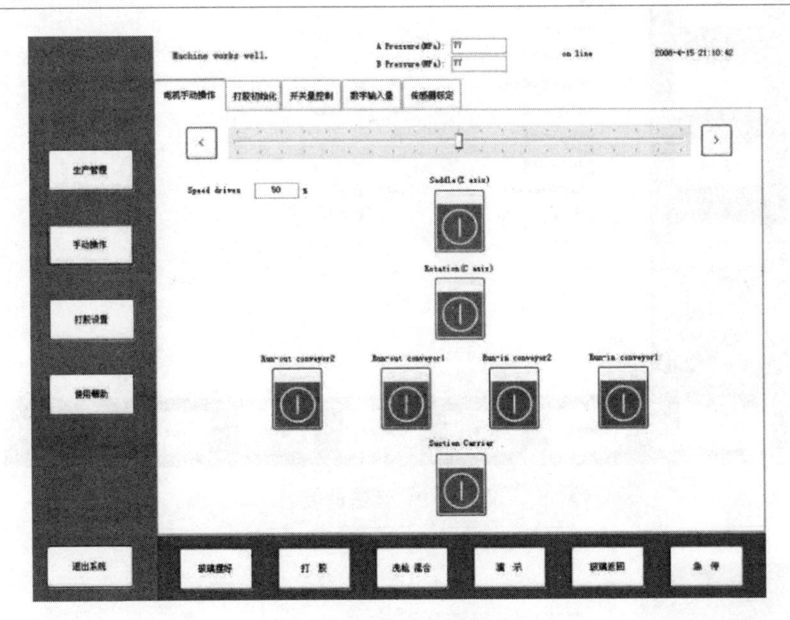

图 7-20 电机手动操作

回零工艺是进行打胶程序的基础，在打胶初始化界面中设置了各轴回零操作相应的功能按钮。同时，打胶初始压力值也在该界面上设置，见图 7-21。

手动功能方面还设置了各 I/O 口中输出口的状态控制按钮，在对设备调试、维护时操作相当方便。数字输入量界面可以实时显示各输入口的状态，用户可以实时监测所关心的状态量的情况，见图 7-22、图 7-23。

(3) 使用帮助

① 快捷按钮。在任何一个界面的下端都对应着一些最常用的按钮，通过对应按钮可以快速地进入相应功能的界面进行操作，无须通过多级菜单进入，提高了操作的便利性，提高了工作效率。

② 状态显示栏。打胶过程中最重要的一些信息或常用信息需要时刻显示，程序上部设置了显示上位与下位的连接状态，A、B 胶体的压力，当前时间等信息。当系统出现异常或提示用户进行某一操作时，相关的提示或报警信息也会在该状态栏上显示。

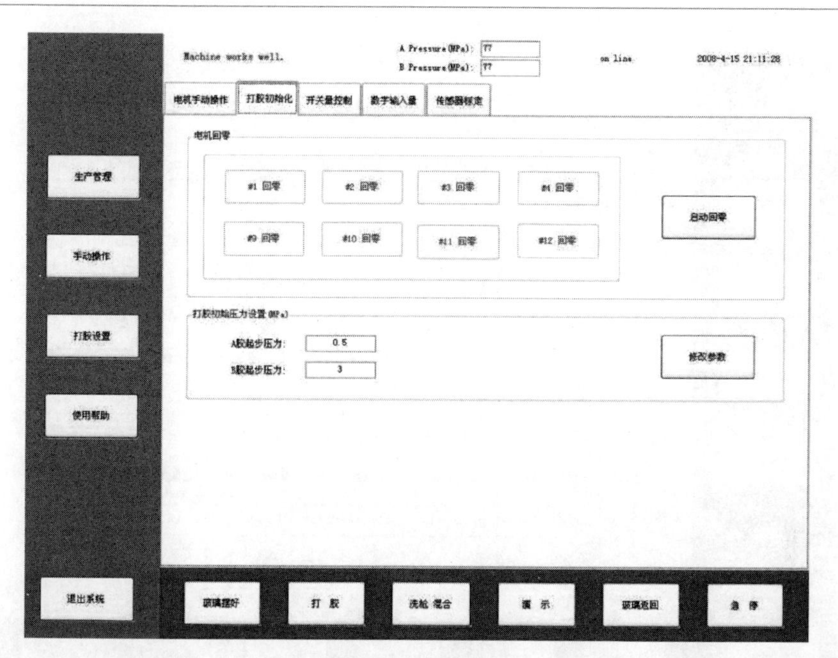

图 7-21 打胶初始化

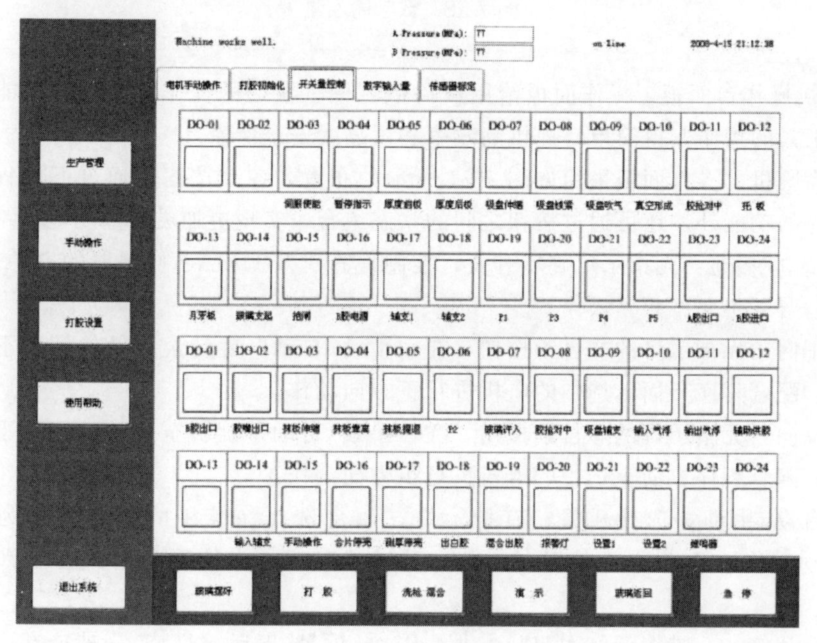

图 7-22 开关量控制

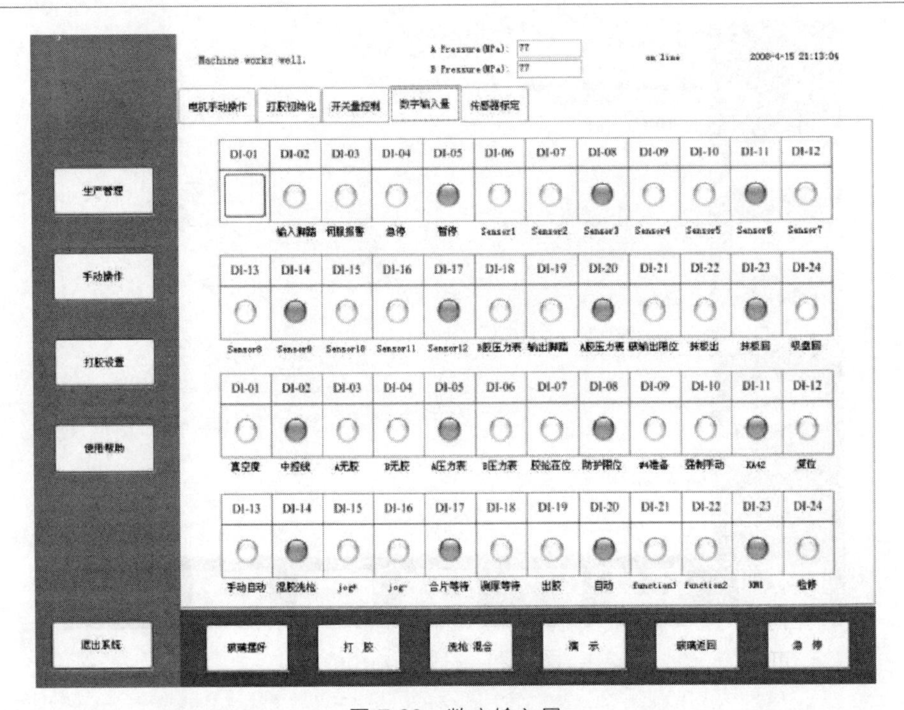

图 7-23 数字输入量

③ 操作台面板。操作面板给用户提供方便、快捷的操作，合理的功能布置会使工人的操作变得简单，提供高效率和可靠的安全保障。

涂胶机的操作面板采用如图 7-24 所示的布置，各个按钮除通过下位程序实现对应的功能外，还可通过按钮之间的状态组合，实现更加灵活的功能。

断电/接通：无指示灯旋转开关，控制计算机及 UMAC 控制器的电源通断，一般情况下不允许频繁操作。

正向：无指示灯的非自锁按钮，在“手动/自动”旋转至手动的情况下按住有效，配合程序界面上选中的电机进行正方向动作。

反向：无指示灯的非自锁按钮，在“手动/自动”旋转至手动的情况下按住有效，配合程序界面上选中的电机进行负方向动作。

自动/手动：选择开关，有指示灯，用来选择涂胶机的控制方式为自动或手动动作，手动位置时灯亮。若在手动状态时，上位程序会具有干涉防撞判断。

合片等待：带指示灯的双状态非自锁按钮，按下后（灯亮），玻璃在合片后停止在合片完毕位置，等待，至重新按下（灯灭）方可继续按程序运行。

图 7-24 操作台面板

测厚等待：带指示灯的双状态非自锁按钮，按下后（灯亮），玻璃在测量完厚度后停止当前位置，等待，至重新按下（灯灭）方可继续按程序运行。

混胶/白胶：带指示灯的旋转开关，混胶位置时灯灭；白胶位置时，灯亮，仅出白胶，可配合出胶按钮进行人工取胶或洗枪操作。

正常/强制：带钥匙的旋转开关，一般正常操作时都处于正常状态；强行手动操作只允许专业技术人员进行，强行操作功能是在机器不响应程序或手动操作失效等情况下使用。为保证安全，此时机器速度很慢。强制功能很少使用，因为此时不判断干涉情况，所以需操作人员明白此操作可能引起的后果，确保绝对安全的情况下才能使用。

报警：指示灯，程序或动作出现错误或有提示信息时闪动，操作面板内的蜂鸣器配合间断的声音提醒/报警。

开始/复位：无指示灯的非自锁按钮，a. 自动打胶程序开始按钮，自动/手动旋钮旋转至自动情况下有效；b. 暂停后的恢复按钮；c. 清除报警指示灯报警或提醒信息。

暂停：带指示灯的双状态非自锁按钮，停止或暂停操作按钮，有效状态时灯亮，停止或暂停的状态通过“开始/复位”按钮恢复。

出胶：带指示灯的非自锁按钮，自动打胶时指示灯显示胶枪嘴的开关状态，胶枪嘴开时灯亮，胶枪嘴关灯灭；手动状态下按住（灯亮），胶枪嘴出胶，配合“混胶/白胶”按钮人工取混合胶或洗枪。

设置 1：带指示灯的双状态非自锁按钮，配合程序上位界面中的自定义选项 1 中的相关设置执行打胶，有效时灯亮。

设置 2：带指示灯的双状态非自锁按钮，配合程序上位界面中的自定义选项

2 中的相关设置执行打胶，有效时灯亮。

ENMERGENCY STOP：急停。

7.1.4 中空玻璃全自动涂胶机下位控制

为使胶机运行可靠且有较好的反应速度，UMAC 给用户提供类似于 BASIC 语言形式的 PLC 和运动控制编程语言，UMAC 最多允许 256 个运动程序（PROG）和 32 个 PLC 程序同时运行。用户编写的程序可以通过 UMAC 配备的基于 Windows 下的 Pewin32Pro 软件包在上位机上进行调试、状态监控并提供下载功能，允许用户将编写好的下位程序下载（写入）到 UMAC 的 EEPROM 中去，完成下位机程序的编写。此外，用户只要编写好相应的下位机程序并将其下载到 UMAC 中去，UMAC 就可以实现独立运行。

UMAC 内部变量（I、M、P、Q 变量）是 PMAC 内部变量的 4 倍，使用更方便、灵活。

涂胶机在工作过程中需要大量的逻辑判断，所以下位程序使用 PLC 程序编写。在下位机程序的编写过程中，主要依据打胶工艺的需求兼顾硬件的功能编写对应的子程序模块。

Delta Tau 公司为方便用户开发，提供了基于 Windows 以及 Lunix 等操作系统的动态链接库，Windows 下动态链接库为 Pcomm32. dll，动态链接库支持 VB、VC、Dephi、C＋＋Builder 等语言进行上位程序的开发。该动态链接库包含了 499 个库函数，用户可以根据需要方便地调用这些函数，如：

OpenPmacDevice ()——打开 UMAC 数据交换通道；

ClosePmacDevice ()——关闭 UMAC 数据交换通道，释放系统资源；

PmacGetResponseA——用来向 PMAC 发送一条在线指令，这是一个应用最广的函数，它可以是 UMAC 所识别的各种指令，还能从 UMAC 获得响应。

通过诸多函数，用户可以访问卡上几乎所有的内存和寄存器地址空间，实现上位机与下位机的通信，通过上位界面将需要的配置数据写入下位机以及在上位机上显示各种下位信息等，比如各控制轴的状态、各 I/O 口的开关状态、A/D 传感器采集数值以及下位机的各种报警信息等，该动态链接库使用户进行上位程序的开发变得相当方便。涂胶机上下位机通信原理见图 7-25。

① 下位 PLC 程序。根据涂胶机工艺，采用模块结构对下位程序进行编写。根据不同的功能编写子 PLC 程序块，根据打胶流程调用相应功能的 PLC，同时对已经使用完毕的功能，关闭其 PLC 程序，最大限度地节省系统资源。

本胶机下位程序对应的 PLC 程序，见表 7-2。

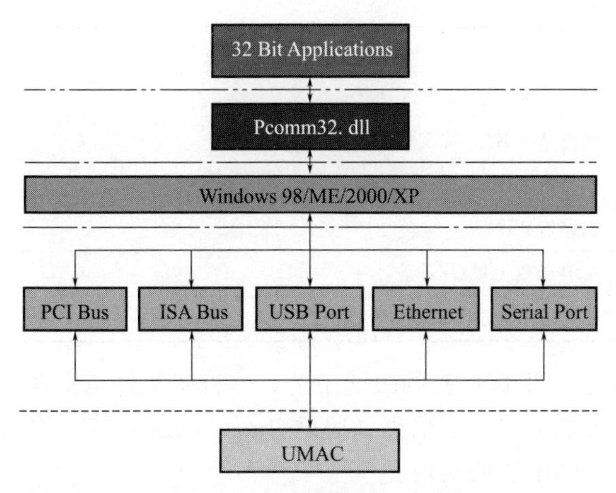

图 7-25 上下位机通信原理框图

表 7-2 PLC 程序汇总表

编号	程序对应功能
PLC0	暂停程序
PLC1	玻璃打胶深度测量、滤波程序
PLC2	各轴手动回零程序
PLC3	下位 I/O 口检测扫描程序
PLC4	控制台操作面板中正向、反向操作
PLC5	参数初始化程序
PLC6	IP1 玻璃运送程序
PLC7	IP2 玻璃运送程序
PLC8	胶枪 Y 轴与 V1 调整程序
PLC9	V2 调整程序
PLC10	第一边打胶、高度测量、第二转角及回吸
PLC11	点胶、第二边打胶、第三转角及回吸
PLC12	点胶、第三边打胶、第四转角及回吸
PLC13	点胶、第四边打胶、第四转角点胶及 X、B、Z、A、B 等轴回零
PLC14	点胶程序
PLC15	A、B 电机回吸程序
PLC16	打胶完毕后 Z 轴、B 轴回零程序
PLC17	OP1 玻璃运送程序

续表

编号	程序对应功能
PLC18	OP2 玻璃运送程序
PLC19	玻璃厚度测量、滤波程序
PLC21	操作台面板按钮操作扫描程序
PLC22	报警信息程序
PLC29	A、B 胶压力采集、滤波程序
PLC30	回退传感器位置采集、滤波程序

② 跟随的实现。根据打胶的跟随工艺，本设备很好地实现了出胶量的控制。打胶过程中对相关数据进行了采集（通过 Pmac Turning Pro 软件工具），根据相关数据来验证本跟随工艺的实现。

打胶过程中第二边打胶时，对打胶速度、A 电机的跟随速度、B 电机的跟随速度以及打胶深度进行了采集。

图 7-26 为打胶速度采样曲线图。曲线 1 为 A 电机的跟随速度，图中曲线 2 为 B 电机的跟随速度，曲线 3 为 6 轴的运动速度，即用户设定的打胶速度。

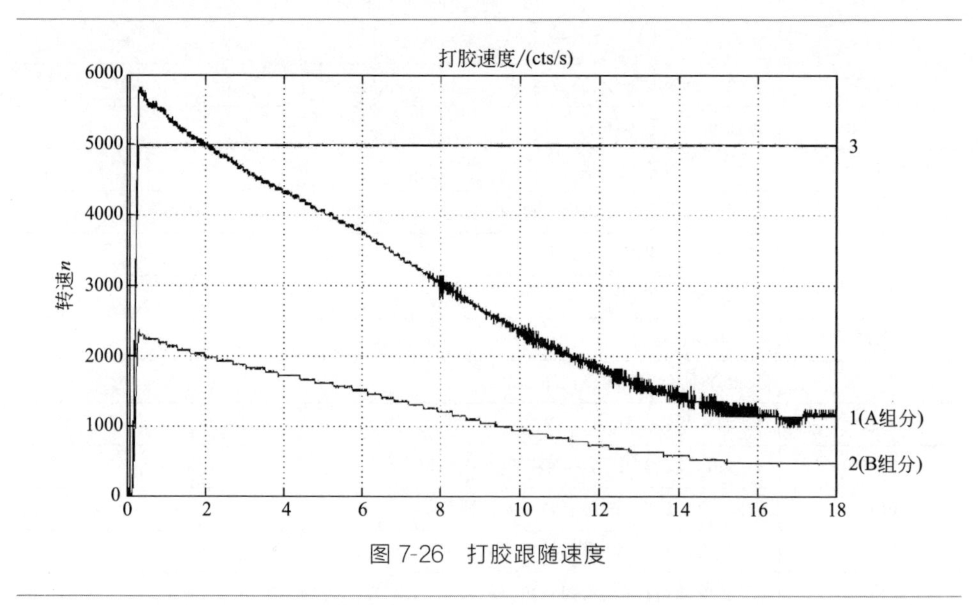

图 7-26 打胶跟随速度

图 7-26 所示为打胶跟随速度，从图中可以看出，A 组分与 B 组分的跟随速度比大约为 2.5∶1。计算得到 A、B 组分实际速比理论值应为：

$$n_b \xi_b = \frac{5.01}{N} n_a \xi_a \tag{7-1}$$

其中，$\xi_b=39.322$，$\xi_a=31.667$，$N=10$，代入式(7-1) 得：

$$\frac{n_a}{n_b}=\frac{10\times 39.322}{5.01\times 31.667}=2.48 \tag{7-2}$$

由式(7-1) 可以看出，A、B电机跟随速度的实际采集数据数值与计算的理论数值吻合。通过曲线3可以看出打胶过程中打胶速度为一恒定值，即用户设定的打胶速度。

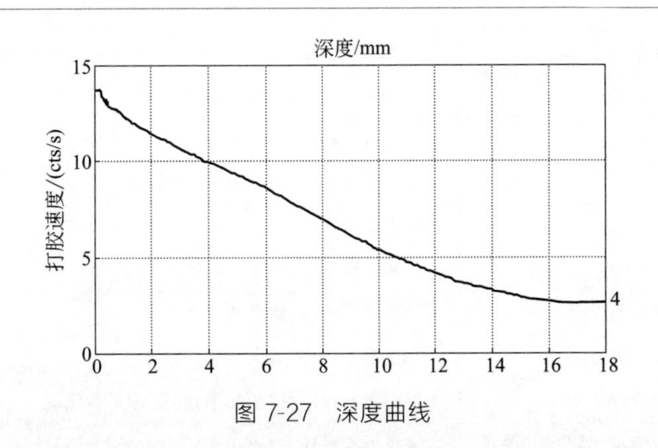

图 7-27 深度曲线

因为在打胶过程中打胶速度 U 不变，打胶宽度 b 不变，打胶比例 N 不变，A组分电机的转速 n_a 与打胶深度 h 成线性比例关系。根据式(7-2) 可知，A、B组分电机转速间具有良好的线性度，转速即对应打胶速度，见图 7-27。

③ 报警信息的监控。完善的上位界面不仅要使操作人员操作简洁，而且需要给用户提供完整的信息，其中报警信息就是重要的一项。设备对下位机的各种状态应该做到实时监控，根据本设备的特点以及各种信息的严重程度，将需要用户必须进行干预的情况设置为报警信息。表 7-3 为本工艺中采用的报警信息统计，可以完全满足用户的需要。

报警信息应该设置为最高级别，并且需要在最短的时间内给用户发出警报，所以本工艺中为提高系统报警的实时性，特将报警信息的检测放置在独立的PLC22 程序内，并保证其扫描周期，保证系统报警的优先级，相关的报警信息见表 7-3。

表 7-3 报警信息表

编号	报警内容	处理措施
1	上下位机通信失败	停止所有程序,需用户重新建立连接
2	急停或未使能	检查急停状况、是否使能
3	伺服驱动器有报警	停止所有程序,检查伺服驱动器
4	1～12 号电机开环报警	停止所有程序,排除故障,将开环电机闭环

续表

编号	报警内容	处理措施
5	1～12号正限位报警	停止所有程序，检查电机位置，消除限位
6	1～12号负限位报警	停止所有程序，检查电机位置，消除限位
7	厚度异常	停止所有程序，检查玻璃、检查测量环境
8	长度异常	停止所有程序，检查玻璃、测量环境、检查传感器
9	深度异常	停止所有程序，检查玻璃深度，检查测厚编码器
10	A组分缺胶	停止所有程序，A组分换胶
11	B组分缺胶	停止所有程序，B组分换胶
12	A组分压力异常	停止所有程序，检查A胶管道压力，检查压力传感器
13	B组分压力异常	停止所有程序，检查B胶管道压力，检查压力传感器
14	KM1-2未吸合	检测KM1-2接触器
15	输入段检修1开启	停止所有程序，确认检修1段状态
16	输入段检修2开启	停止所有程序，确认检修2段状态
17	回退位置异常	停止所有程序，监测回退位置，传感器状态
18	触发玻璃输出限位开关	停止所有程序，检查玻璃输出位置
19	抹板未伸到位	程序在当前状态等待，检测抹板，检查胶头伸缩传感器，检查对应气缸电磁阀
20	抹板未回退到位	程序在当前状态等待，检测抹板，检查胶头伸缩传感器，检查对应气缸电磁阀
21	吸盘未缩回到位	程序在当前状态等待，检测吸盘，检查吸盘伸缩传感器，检查对应气缸电磁阀
22	吸盘未达到真空度	程序在当前状态等待，检查吸盘，检查真空发生器，检查真空度传感器
23	胶枪不在位	程序在当前状态等待，检查胶枪位置
24	Z轴伺服未准备好	检测Z轴电机状态，检查使能、抱闸状态
25	强行手动操作	高危险性，不允许一般用户操作
26	Y轴调整异常	停止所有程序，检查Y轴调整位置
27	V1调整异常	停止所有程序，检查V1轴调整位置
28	V2调整异常	停止所有程序，检查V2轴调整位置
29	转角1不满足反转条件	停止所有程序，检查该角反转条件、状态
30	转角2不满足反转条件	停止所有程序，检查该角反转条件、状态
31	转角3不满足反转条件	停止所有程序，检查该角反转条件、状态
32	转角4不满足反转条件	停止所有程序，检查该角反转条件、状态
33	混胶状态超过15min未打胶	发出报警信息及蜂鸣，提醒用户进行打胶操作或进行洗枪

7.2 案例二 全自动立式玻璃磨边机开发

节能玻璃深加工设备中的关键设备——大型立式玻璃磨边机，因其独特的结构特性，已得到各玻璃加工企业的信赖与认可。

与卧式玻璃磨边机相比，全自动立式玻璃磨边机（图 7-28）有三个方面优势：其一是立式磨边机设备向空间发展，减小占地面积[91～93]；其二是从材料力学理论出发，薄脆性物体竖起后，强度大，所以加工操作过程中玻璃破损率低；其三是能够充分保证批量加工的装卸方便性。

图 7-28 全自动立式玻璃磨边机

7.2.1 全自动立式玻璃磨边机机械本体设计

大型立式自动砂轮玻璃磨边机主要用于玻璃四边的磨削，因此主要组成结构可分为传送部分和磨削部分。传送部分又包括滚轮传送部分和聚酯乙烯材料包裹的夹送机构。其中滚轮传送部分主要用于将待磨玻璃与磨削后的玻璃送入与送出磨削部分；夹送结构主要用于磨削过程中玻璃的磨削夹紧与传送。磨削部分的组成机构主要有机架、磨头机构（包括上磨头和下磨头）、支承架等。为了保证玻璃递送与磨削的可靠性，机架部分通过地脚螺栓固定，并与垂直方向呈 7°倾斜；通过滚珠丝杠副带动上下磨头机构上下移动与其内转筒的转动，实现对玻璃四边的磨削；支承架则是用于夹送机构及上下磨头的准确定位。具体的结构如图 7-29 所示[94]。

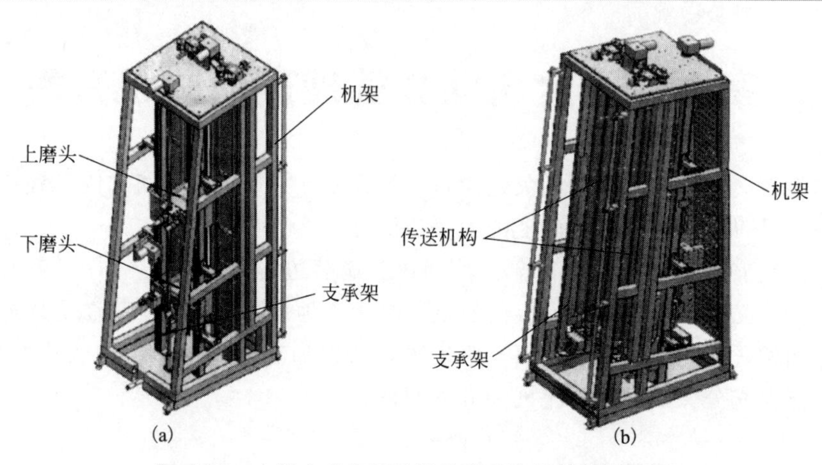

图 7-29 大型立式自动砂轮玻璃磨边机结构示意图

立式玻璃磨边机的机架是一种由标准空心方管型材焊接而成的框架结构，长1780mm，宽 1360mm，高 3800mm。空心方管的边长为 100mm，壁厚为 5mm。机架主要由多个方管焊接而成的框架体、两个后门和四个支脚组成。具体结构如图 7-30 所示。

图 7-30 机架结构图

机架是立式玻璃磨边机的外部框架结构，主要作用是固定支承架、下磨头和其他的附属机构。支承架通过两边的六个支承板和下面的四个螺栓固定在机架上，同时与下磨头相连的丝杠固定在机架的顶板上。因此，机架主要承受支承架的压力和下磨头的重力。

机架采用的材料是 Q235 碳素钢，弹性模量为 2.06×10^{11}Pa，泊松比为 0.3。

立式玻璃磨边机的支承架是一个由标准空心方管型材和空心矩形管型材焊接而成的结构，总长900mm，宽 800mm，高 3700mm。空心方管的尺寸为 100mm × 100mm × 5mm，空心矩形管的尺寸为 100mm×50mm×5mm。立式玻璃磨边机支承架的结构主要由两个前立柱、两个后立柱、两个横梁和四个加强筋板组成，支承架的顶面板和底面板分别通过螺栓与机架相连，具体的结构形式如图 7-31 所示。

支承架是玻璃磨边机的核心支承部件，用于支承夹送辊和上磨头机构，同时上、下磨头机构通过导轨固定在支承架上，支承架的变形将直接影响上、下磨头的运动精度和夹送辊的变形。

支承架采用的材料是Q235碳素钢，弹性模量为2.06×10^{11}Pa，泊松比为0.3。

立式玻璃磨边机的夹送辊是一个外面附有一层聚氨酯橡胶的空心钢管，外径120mm，长2870mm。其中聚氨酯橡胶层的厚度为9mm，钢管的壁厚为15mm。夹送辊是用于实现玻璃磨削过程中玻璃夹紧和传送的机构。玻璃的传送动作由两个完全相同的夹送辊组件执行。一个夹送辊组件中包含四个夹送辊，按功能不同将四个夹送辊分为两个主动辊和两个从动辊，从动辊的位置可调，用于夹紧，主动辊和从动辊相向旋转用来传送玻璃。这两个夹送辊组件分别安装在支承架的两个横梁上，夹送辊组件的具体结构形式如图7-32所示。

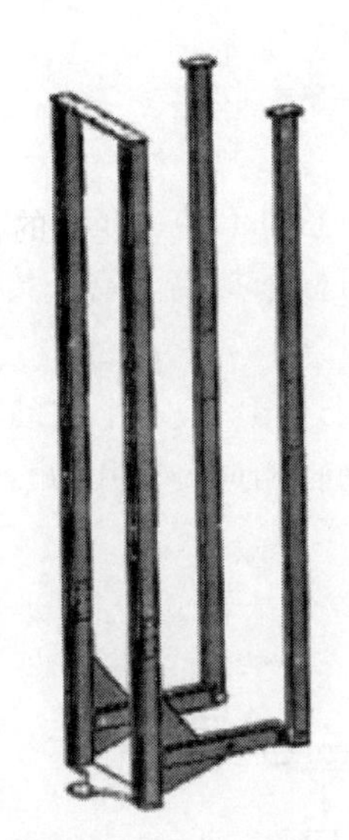

图7-31　支承架结构

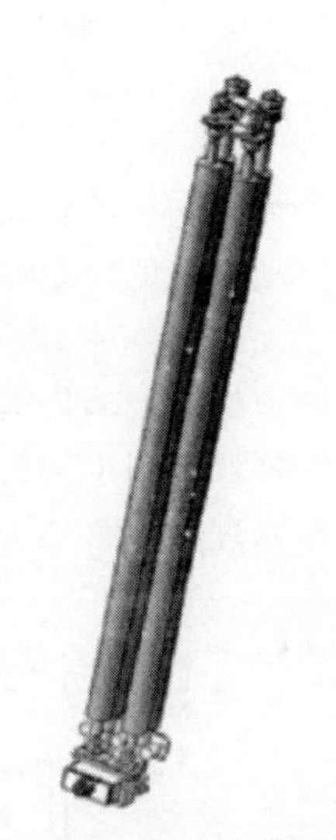

图7-32　夹送辊组件结构

夹送棍的钢管材料是45号优质碳素结构钢，弹性模量为2.1×10^{11}Pa，泊松比为0.3；夹送辊的外层橡胶是聚氨酯橡胶，弹性模量为8.0×10^{7}Pa，泊松比为0.47。

立式玻璃磨边机下磨头传动系统和上磨头传动系统相互配合，用三步完成对玻璃四边的高精度磨削。下磨头传动系统负责对玻璃的底边进行磨削，涉及的主要运动包括上下运动和旋转运动，工作原理如图7-33所示。

在下磨头开始磨削玻璃前，下磨头距离玻璃底边有一段距离，为了使下磨头在较短的距离内更快速地移动到玻璃底边，要求下磨头传动系统有较好的起动响

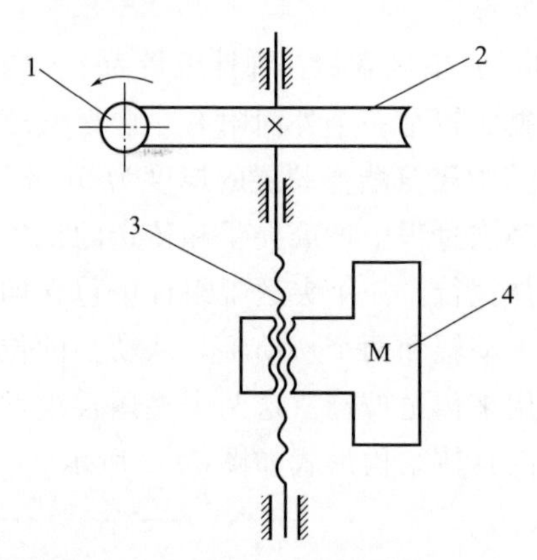

图 7-33 下磨头传动系统原理图

1—蜗杆；2—蜗轮；3—丝杠；4—下磨头机构

应特性，而整个传动系统的转动惯量对起动响应特性有重要的影响，因此，该结构设计以整个传动系统的转动惯量最小为优化目标来提高下磨头传动系统的起动响应特性。

立式玻璃磨边机的玻璃传送系统包含 8 个夹送辊——4 个主动辊和 4 个从动辊，从动辊位置可调，用于夹紧，主动辊和从动辊相向旋转用以传送玻璃。玻璃传送系统的工作原理如图 7-34 所示。

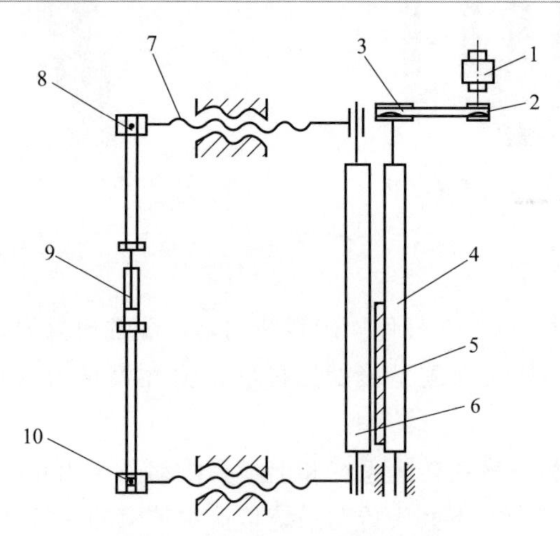

图 7-34 玻璃的传送系统原理图

1—电机；2—带轮 1；3—带轮 2；4—主动辊；5—玻璃；6—从动辊；7—丝杠；

8—同步带轮 1；9—气缸；10—同步带轮 2

如图 7-34 所示，主动辊在电机的驱动下自转，并且位置固定不变。从动辊在丝杠的作用下位置可变，并且在与同步带相连的气缸的作用下可夹紧玻璃。在玻璃磨削过程中主动辊和从动辊负责夹紧玻璃或通过相向旋转带动玻璃前后移动。与气缸相连的同步带能够使主动辊和从动辊的运动保持一致[95]。

根据工程实践可知，立式玻璃磨边机的玻璃传送系统的起动响应特性对玻璃的磨削效率有重要影响。系统的起动响应特性越好，立式玻璃磨边机的玻璃磨削效率和精度越高。夹送辊是该传送系统的核心部件，它的转动惯量对传送系统的起动响应特性具有巨大影响，其影响程度远大于其他机构的影响程度。因此，设计时主要通过优化夹送辊的转动惯量来提高玻璃传送系统的起动响应特性，夹送辊的结构形式与尺寸如图 7-35 所示。

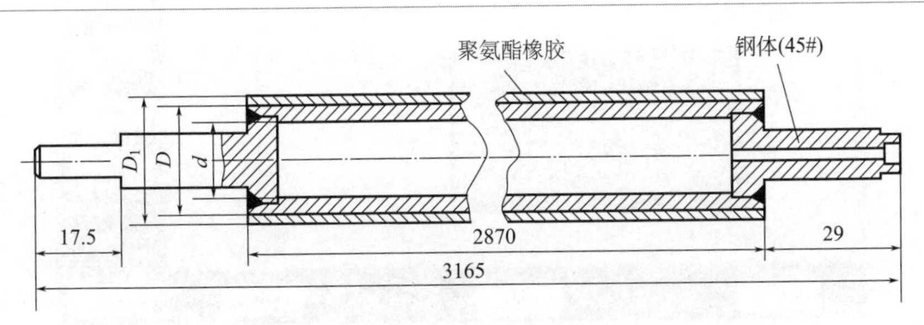

图 7-35　夹送辊的结构形式与尺寸

由图 7-35 可知，夹送辊的结构是一个表层附有聚氨酯橡胶的空心方管。为了方便优化，设计中将忽略夹送辊端的阶梯轴，简化后的夹送辊的结构是一个附有聚氨酯橡胶层的长 $L=3000\text{mm}$ 的空心钢管。磨头及夹送辊关键部件如图 7-36 所示。

图 7-36　磨头及夹送辊关键部件

7.2.2 全自动立式玻璃磨边机控制系统设计

全自动立式玻璃磨边机控制系统开发流程类似于全自动涂胶机，这里不再详述，其控制系统软件界面如图 7-37 所示。

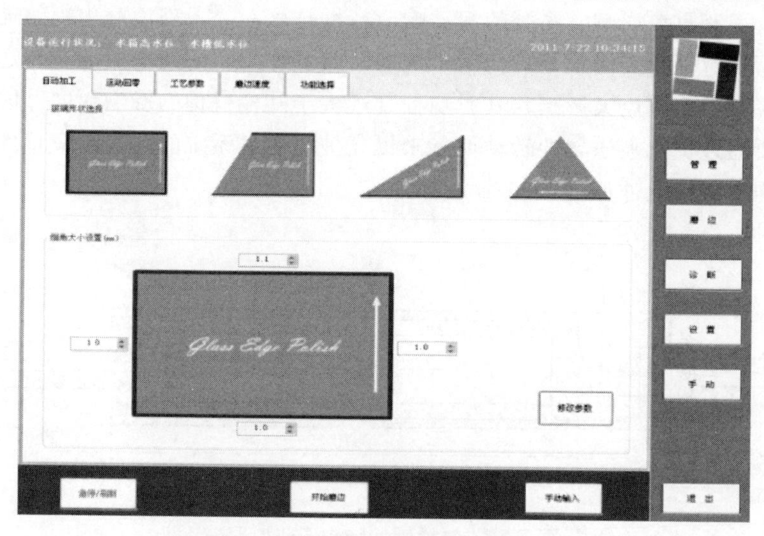

图 7-37 全自动立式玻璃磨边机控制系统

附录

2015年全国智能制造试点示范典型经验

附录一：2015年全国智能制造试点示范典型经验（一）

——九江石化建设智能工厂，培育核心优势

“十二五”初，中国石油化工股份有限公司九江分公司（以下简称“九江石化”）确立了建设千万吨级一流炼化企业的愿景目标，倾力培育“绿色低碳、智能工厂”两大核心竞争优势，努力实现传统炼化企业的创新发展和转型升级。2012年，九江石化列入中国石化智能工厂试点建设企业名单；2014年，列入国家工信部“两化”融合管理体系贯标试点企业、江西省“两化”融合示范企业行列；2015年7月，入选国家工信部智能制造试点示范企业。

（1）智能工厂试点建设

九江石化智能工厂建设聚焦计划调度、安全环保、能源管理、装置操作、IT管控五个领域，实现具有自动化、数字化、可视化、模型化、集成化——“五化”特征的智能化应用。

① 智能工厂神经中枢建成投用。九江石化智能工厂神经中枢——生产管控中心于2014年7月建成投用，具备经营优化、生产指挥、工艺操作、运行管理、专业支持、应急保障的“六位一体”功能，生产运行实现由单装置操作向系统化操作、管控分离向管控一体的转变。

② 智能工厂架构逐步形成。构建了矩阵式集中管控新模式；建立了生产经营优化、三维建模等一系列专业团队；充实信息化管理、开发及运维力量，建立关键用户激励机制。

③ 企业级中央数据库逐步建成。突破了此前业内普遍采用的插管式集成方式的限制，集成了13个业务系统的标准数据，为9个业务系统提供有效数据。通过采标、扩标、建标方式，完成了与中国石化标准化平台的对接。

④ 基于设计的三维数字化应用取得突破。基于工程设计的三维数字化平台集成120万吨/年连续重整等15套生产装置，以企业级中央数据库为基础，实现了工艺管理，设备管理，健康、安全与环境管理体系（HSE管理体系），操作培

训，三维漫游，视频监控六大类深化应用。

⑤ 全流程优化平台应用取得实效。自主开发的全流程优化平台提升了流程工业模型（PIMS）、炼厂模拟（RSIM）、炼油动态调度系统（ORION）、制造执行系统（SMES）一体化联动优化功效，实现了炼油全流程优化的闭环管理。全流程优化平台与原油评价、实验室信息管理系统（LIMS）、SMES、企业资源计划（ERP）等系统共享数据，提升了生产经营优化的敏捷性和准确性。

⑥ HSE 管理及应急指挥实现实时化、可视化。HSE 管理系统实现全员全过程 HSE 管理；施工备案系统对当天每项作业实行“五位一体”有效监管；各类报警仪、视频监控实现集中管理、实时联动。环保地图系统实时在线监测各类环境信息，异常情况及时处置、闭环管理。

（2）智能工厂取得成效

① 实现敏捷生产、提升经济效益。九江石化利用全流程优化平台，持续开展资源配置优化、加工路线比选、单装置优化等工作，2014 年滚动测算 127 个案例，增加经济效益 2.2 亿元，助推企业加工吨原油边际效益在沿江 5 家企业排名中逐年提升，2014 年位列首位。

② 提高本质安全、践行绿色低碳。九江石化智能工厂实践将“安全环保、绿色低碳”理念置于优先位置。施工作业备案及监管体系对 850 台可燃气报警、1000 余处火灾报警、585 套视频监控等实现集中管理和一体化联动，支撑 HSE 管理由事后管理向事前预测和事中控制转变。九江石化连续 5 年获评中国石化安全生产先进单位，外排达标污水化学需氧量（COD）、氨氮等指标处于行业内先进水平。

③ 管理效率大幅提升。九江石化各类信息系统助推公司扁平化、矩阵式管理及业务流程进一步优化，管理效率持续提升。在生产能力、加工装置不断增加的情况下，公司员工总数减少 12%、班组数量减少 13%、外操室数量减少 35%。

（3）智能工厂建设体会

到 2015 年底，九江石化将采用虚拟现实技术，基于业务需求以及工程设计数据，建成覆盖全厂的全三维数字化炼厂，并实现六大类深化应用，对炼油、石化企业推进智能工厂建设具有示范作用。

一是炼油、石化企业建设智能工厂，要明确建设目标、规划实施路线、制订实施策略、落实保障措施，顶层设计、全员参与、积极培育 IT 文明。

二是炼油、石化企业建设智能工厂，要以业务需求为导向，立足于解决生产经营、发展建设和企业管理实际问题，在统一智能工厂平台及架构的基础上，推进各信息子系统建设，避免形成新的信息“孤岛”。

三是炼油、石化企业建设智能工厂，要下大力气推进装备国产化和软件国产化，逐步摆脱对国外软硬件的依赖，努力形成自主知识产权。

附录二：2015年全国智能制造试点示范典型经验（二）

——潍柴以智能制造推动企业快速发展

潍柴动力股份有限公司（以下简称“潍柴”）是一家拥有整车整机、动力总成、豪华游艇和汽车零部件四大产业板块，跨领域、跨行业经营的国际化公司。潍柴通过智能制造试点示范项目，持续实现以数据为核心的人、机器、产品的互联互通，打造智能化企业，提高单件产品品质和工业附加值，进而带动整个产业的协同和资源再配置。

（1）建设智能车间

潍柴一方面通过在关键生产设备上安装传感器、控制器，并与控制平台集成，使设备可感知更要可控制；另一方面通过工业互联网实现设备-产线-产品之间的互联互通，并结合工艺水平优化，使3000多种订货号的产品能够实现工艺过程仿真、产品和设备状态的在线检测与控制、物流智能拉动、制造资源优化配置等，从而实现小批量、个性化定制的生产能力，通过建设智能车间打造未来智能制造的硬实力。

（2）建设数字化企业

潍柴建立了覆盖全价值链流程的“6＋N＋X”（业务运营平台＋管理平台＋基础平台）信息化支撑平台，支撑了企业的高速发展。特别是全球协同研发平台，将分散在中国、美国、德国等5个国家12个地区的研发中心进行了高效协同，真正站在客户的角度提供卡车、客车、工程机械等产品的一站式解决方案。由中国总部出具统一的设计标准并进行任务的派发和资源配置，美国研发中心利用其高端人才和前沿技术优势，进行后处理技术研发，降低排放指标。通过共同在一个虚拟化平台上进行设计协作、知识共享，不仅提高了研发效率和质量，而且保持了潍柴产品在行业中的技术领先地位。

（3）建设智能化协同研发平台

潍柴的上游有近500家供应商，下游有4000多家维修服务站以及300多万的客户群体。前期通过搭建供应商门户平台以及售后服务平台，将传统的线下交易模式实现了线上化，提升了工作效率，降低了供应链总体成本。如供应商门户系统，不仅可以使供应商能够在线准确查看潍柴的采购需求、产品库存、产品质量等信息，帮助他们合理指导生产、送货，而且大幅降低了物流、质量等成本，每年为供应商节约成本5000万元以上。但面对新的互联网时代，传统的线下业务线上化，已经不能满足行业发展的要求，迫切需要将潍柴独有的“整车-动力总成-关键零部件”的产业链平台优势推广到整个行业，以智能产品为核心，以信息技术为依托，将上下游企业紧密地融合在一起，推动行业的转型升级。目前，潍柴正在将更多的供应商加入“全球协同研发平台”，为未来打造行业性的众创、众包平台提供技术基础和模式探索。同时，加快发动机的智能化，利用自主电子控制单元（ECU）的开发，实现基于大数据分析的远程故障诊断和节油驾驶模式匹配，通过车联网技术、移动互联网拉近终端用户与厂家的距离。在未来，潍柴要打造一个商用车行业的云服务平台，从用户买车—养车—修车的基本需求，逐渐扩展到融资租赁、加油等用车领域，甚至司机的住宿、休闲等生活领域，真正站在客户的角度，为客户提供一站式服务体验。

在大力推进智能制造工作的过程中，潍柴也面临一些挑战和困难。例如支撑车间智能化的核心生产装备多为欧美日韩所垄断，工业系统底层的解析与控制尚有困难，车间互联标准和技术尚不成熟，支撑企业间协同的标识解析体系还未建立，工业互联网网络安全有待加强，这些问题需要依靠整个行业的共同投入。

附录三：2015年全国智能制造试点示范典型经验（三）

——海尔智能制造创新实践

（1）智能制造进展

海尔集团公司（以下简称“海尔”）顺应全球新工业革命以及互联网时代的发展潮流，逐步探索出一条以互联工厂为核心的智能制造发展路线。

一是互联工厂的用户价值创新（纵轴）——颠覆传统的业务模式，建立新的生态系统平台。

海尔互联工厂的探索实践将业务模式由大规模制造颠覆为大规模定制，打造U+智慧生活平台，对外从生产产品硬件向提供智慧解决方案转型；对内整合用户碎片化需求，通过互联工厂实现个性化定制。海尔的制造转型最终是建立起一个互联工厂生态系统。

二是互联工厂的企业价值创新（横轴）——建立持续引领的智能制造技术体系。分为四个层次：

① 模块化。例如，一台冰箱原来有300多个零部件，现在在统一的模块化平台上整合为23个模块，通过通用化和标准化、个性化模块的整合创新，满足用户个性化需求。

② 自动化。与用户互联的智能自动化，由用户个性化订单自动驱动自动化、柔性化生产。

③ 数字化。通过以可集成制造执行系统（IMES）为核心的五大系统集成，实现物联网、互联网和务联网三网融合，以及人人互联、人机互联、机物互联、机机互联。最终使整个工厂变成一个类似人大脑一样智能的系统，自动与人交互、满足用户需求，自动响应用户个性化订单。

④ 智能化。一是智能产品，从现在简单的功能性产品变成智能产品，冰箱、空调可以自动感知需求，空调可以自动感知温度，可以感知用户的使用习惯。二是整个工厂通过信息互联、数据积累及大数据分析可实现针对不同的订单类型和数量，自动优化调整生产方式。

（2）智能制造取得的效果

海尔目前已经初步建立起互联工厂体系，实现了6个互联工厂的引领样板。4个整机工厂（沈阳冰箱、郑州空调、佛山滚筒、青岛热水器）和2个前工序工厂（青岛模具、电机工厂），初步实现了向互联工厂的转型，可实时、同步响应全球用户需求，并快速交付智慧化、个性化的方案。

一是互联工厂带来了用户价值的大幅提升——可定制。用户可以通过海尔交互平台提报产品设计方案，成为产品的设计者，如冰箱的模块化产品通过用户的选择和组合，由原来的20个型号，到现在的500多个型号；可同时在生产线上进行高效柔性生产，快速满足用户的个性化体验。可视化。用户从消费者变成产销者，用户可以参与企业的全流程，并且实现体验的可视化。

二是互联工厂总体经济效益明显。在效率上，互联工厂整体提升20%，产品开发周期缩短20%以上。在效益上，互联工厂运营成本降低20%，能源利用率提升5%，厂内库存天数下降50%以上，交货周期由21天缩短到10天。

（3）实施智能制造的经验

海尔智能制造发展的经验和模式将为家电业从大规模制造向大规模定制转型，加快向数字化、网络化和智能化转型提供经验借鉴。

一是观念颠覆，主动创新、勇于试错探索。智能制造没有成熟的模式可以复制，在互联网时代和德国工业4.0有同样的机会和起点，不能简单跟随。海尔一直倡导主动创新的文化，人人都要成为创客，敢于打破传统的模式体系，勇于试错、主动创新，探索中国的智能制造模式，实现中国制造竞争力的引领。

二是业务模式颠覆，由制造产品转化成创业孵化平台。智能制造模式通过建立资源无障碍进入平台，吸引全球一流资源，持续创新、迭代，实现从卖单一产品到提供智慧解决方案转型；同时，海尔将过去流水线式的员工转变为知识型员工或创客，在海尔平台上目前已孵化出2000多个创客小微团队。

三是全价值链打通，带动产业升级。智能制造不是一个节点，不是一个企业自己就能做成的，需要全系统全价值链的打通与颠覆。海尔将以前大规模制造时代串联的方式整合形成并联，与终端消费者之间互联，去中间化、去中介化，从而打通整个价值链，初步形成高效运转的消费生态圈，带动整个产业链价值升级。

附录四： 2015年全国智能制造试点示范典型经验（四）

——长虹以大规模个性化定制驱动产业智能转型

四川长虹电器股份有限公司（以下简称“长虹”）通过运用互联网、物联网技术，打造从消费者需求动态感知、产品研发、制造、交易到服务的一体化运营平台，构建低成本、高效率、敏捷的智能制造模式，打破企业与消费者之间的围墙，满足个人需求的即视化、订单的便捷化、产品的个性化、服务的管家化，从而进一步助推长虹向服务型制造跨越式转型。

（1）大规模个性化定制的基础

作为工信部两化融合试点单位，长虹在研发、制造、交易等诸多环节实现了信息技术与工业技术的深度融合，累计投入超过10亿元，形成了以企业资源计划（ERP）、产品数据管理（PDM）为核心的、完整的制造业信息系统框架，涵盖了产品的研发设计、生产管理、产品销售、原材料采购、物流管理、财务管理、信用管理、决策支持等公司经营管理的全过程，并与第三方供应商开展了信息系统的协同和集成，取得了较为明显的经营成效。

在制造模式方面，长虹以物联网信息系统为核心，研究并构建了一种新型的多阶段混联离散型生产模式。该模式以传感器、企业服务总线（ESB）、制造执行系统（MES）等技术为支撑，实现对生产系统、产品、设备工作状态的动态实时监测，在充分满足大批量生产的同时，也可满足多品种小批量混线生产。

目前，该模式已成功运用至长虹集团旗下的电视、冰箱、空调、注塑无人工厂等多个领域。其中，电视产品实现了场地利用率提升30%以上、库存周转效率提升25%以上、单品成本下降10%、人均产值提升20%以上，成效显著。以绵阳生产基地为例，工厂占地面积由4万平方米节约到2.3万平方米（提升42.5%），在多品种混线生产的情况下，人效提升40%以上，累计实现经济效益达20.8亿元。

(2) 建立“以人为中心”的大规模个性化定制

智能制造不仅仅是单纯地以机器人、自动化设备等技术手段武装工厂，来满足内部制造效率的提升，更是需要站在消费者的角度，将消费者的需求作为智能制造的最高标准，反向考量研发、生产、销售、服务等各个环节，从而实现大规模个性化需求定制的全新产品生命周期。其中，在产品设计方面，以面向模块化设计为核心，建立产品族，构建“平台+模块”的产品结构，满足消费者个性化定制需求；在产品营销方面，以O2O、C2B等商业模式为方向，建立信息归集与精算中心，实时进行信息推送，满足消费者方便快捷的定制化需求输入；在供应链方面，以敏捷供应链为方向，建立销售预测模型、VMI+JIT供料、高级计划排程等体系，实现对消费者的快速响应和交付；在产品制造方面，以先进制造为方向，通过信息化生产系统、柔性生产模式、智能装备、虚拟仿真等工具，以用户可接受的交货周期和成本，实现大规模个性化定制；在售后服务方面，以一对一窗口服务为方向，建立客户关系管理系统，提供给消费者全天候的管家式服务。

长虹将继续以“中国制造2025”发展战略为宏伟蓝图，构建和完善智能制造体系，打造更加完善的智能制造平台，逐步向智慧社区下智慧家庭的产品和服务提供商转型，力争在2017年实现模块化定制，2020年全面实现个性化定制。

附录五：2015年全国智能制造试点示范典型经验（五）

——和利时用智能控制系统助力制造业转型升级

实施智能制造，需要技术、管理、工艺三个方面的专家分工配合。智能制造解决方案，是方便三类专家的使用，也是有效降低技术风险和实施成本的重要考虑。

（1）智能控制系统解决方案

为有效降低制造业企业向智能制造转型升级的技术风险，控制投资规模，同时也有利于通过自主可控的技术来保障我国的产业安全。

一是开发支撑智能制造的公共技术和产品平台。在装置级和车间级，以智能控制器为核心，来实现装置级和车间级的单元控制、协调控制和智能控制，并承担车间级的信息安全防护。在工厂级和企业级，基于智能控制云平台，来构建数字化、智能化工厂。

二是开放智能控制云平台技术。作为公共技术平台，提供给各细分行业应用方案商，共建智能制造技术生态圈，通过事实上的大面积应用，来推进智能制造技术标准的建设和完善。从云计算的层次看，生态系统包含信息基础设施提供商（IaaS）、智能控制平台提供商（PaaS）和细分行业应用提供商（SaaS）三类。

智能控制系统平台，是基于北京和利时系统工程有限公司（以下简称“和利时”）长期积累的自动化核心技术，面向“大数据、云计算、移动互联、智能化”四大技术趋势逐步平台化演进的结果。它包含以下核心产品：智能控制器、智能工厂建模工具、智能工厂数据服务、工业数据总线、智能工厂人机界面。

（2）智能控制系统的验证性应用

和利时智能控制系统平台正在集团下属的电子制造工厂进行装置级、车间级和工厂级解决方案试验验证，从而进一步完成从装置级、车间级、工厂级到企业级四个完整层级的自动化、信息化集成，并为智能化应用打下坚实基础。该验证项目在2015年完成一期验证，2016年完成二期验证。

基于开放的平台，可以随时加载行业应用专家的知识和软件。得益于公共技术平台的支撑，在验证项目实施过程中，团队成员的构成主要以行业应用专家和管理专家为主，信息技术专家为辅。该验证工厂的工厂级运营指标优化，交期由7天缩短到1天，物料周转天数由30天缩短到10天，在确保合格率为99.99%的前提下，直通率由95%提高到99.5%，人工减少了40%。

（3）智能控制系统的推广前景

一是依托智能控制系统平台，推进智能控制关键技术自主化和产业化。用自主可控的智能控制技术助力我国制造业转型升级，保障我国的产业安全。

二是借助智能控制系统平台，建立智能制造技术生态圈，推动我国智能制造技术标准的建设，整合行业智力资源，形成合力。有效避免智能制造方案提供商重复开发和投资的问题，促进分工合作，提高全行业的社会效率，确保方案实施质量，降低项目实施风险。

三是基于智能控制系统平台，利用工业云平台技术，降低制造业企业转型升级的投资规模，有助于解决中小企业资金困难的问题，加快我国广大中小型制造业企业的转型升级步伐。

参考文献

[1] 谭建荣，刘振宇. 智能制造关键技术与企业应用[M]. 北京：机械工业出版社，2017.

[2] 西门子工业软件公司. 工业 4.0 实战—装备制造业数字化之道[M]. 北京：机械工业出版社，2016.

[3] 国家制造强国建设战略咨询委员会. 中国制造 2025 蓝皮书[M]. 北京：电子工业出版社，2018.

[4] 张策. 机械工程史[M]. 北京：清华大学出版社，2015.

[5] 万荣，张泽工，高谦，等. 互联网+ 智能制造[M]. 北京：科学出版社，2016.

[6] Brauckmann，O. 智能制造：未来工业模式和业态的颠覆与重构[M]. 张潇，郁汲译. 北京：机械工业出版社，2015.

[7] 吴军. 智能时代[M]. 北京:中信出版社，2016.

[8] 孙磊，孙吉南. 我国工业经济智能制造发展面临机遇及挑战[J]. 财经界，2020（20）：19-20.

[9] Serope Kalpakjian，Steven R. Schmid. 王先逵. Manufacturing Engineering and Technology-Machining[M]. 北京：机械工业出版社，2012.

[10] 焦波. 智能制造装备的发展现状与趋势[J]. 内燃机与配件，2020（09）：214-215.

[11] 文丹枫、韦绍锋. 互联网+ 医疗——移动互联网时代的医疗健康革命[M]. 北京：中国经济出版社，2015.

[12] 肖昕. 环境监测[M]. 北京：科学出版社，2017.

[13] 张福，王晓方. 机械制造装备设计[M]. 武汉：华中科技大学出版社，2017.

[14] Kalma Toth. 人工智能时代[M]. 赵俐，译. 北京：人民邮电出版社，2017.

[15] 乔雪涛，张力斌，闫存富，等. 我国工业机器人 RV 减速器发展现状分析[J]. 机械强度，2019，41（06）：1486-1492.

[16] 中国制造 2025 再度力挺工业机器人发展[J]. 工具技术，2015，49（08）：58.

[17] 赵杰. 我国工业机器人发展现状与面临的挑战[J]. 航空制造技术，2012（12）：26-29.

[18] 雷宗友. 高端装备制造业[M]. 上海：上海科学技术文献出版社,2014.

[19] 孟庆春，齐勇，等. 智能机器人及其发展[J]. 中国海洋大学学报：自然科学版，2004，34（5）:831-838.

[20] 姚其槐. 精密机械工程学[M]. 北京：机械工业出版社，2015.

[21] 黎恢来. 产品结构设计设计实例教程：入门、提高、精通、求职[M]. 北京：电子工业出版社，2013.

[22] 卢耀舜，张予川. 设计决策分析及评价模型[J]. 武汉理工大学学报（交通科学与工程版），2000，24（002）：185-188.

[23] 关慧贞. 机械制造装备设计[M]. 北京：机械工业出版社，2019.

[24] 中国机械工程学会机械设计分会，谢里阳. 现代机械设计方法[M]. 北京：机械工业出版社，2007.

[25] 王先逵，易红，唐小琦. 机床数字控制技术手册[M]. 北京：国防工业出版社，2013.

[26] 成湖. 直线运动滚动导轨工程设计[J]. 河北工业科技，2003，20（3）：38-42.

[27] 胡秋. 数控机床伺服进给系统的设计[J]. 机床与液压，2004（6）：54-56.

[28] 耿曙光，张立新. 机械执行系统的方案设计[J]. 吉林工程技术师范学院学报，2004（06）：29-31.

[29] Robert L. Norton. 机械设计[M]. 黄平，李静蓉，翟敬梅，等，译. 北京：机械工业出版社，2017.

[30] 吴康平. 机械机构优化设计理念及方法探讨[J]. 内燃机与配件，2018（12）：34-35.
[31] 王大康. 计算机辅助设计及制造技术[M]. 北京：机械工业出版社，2005.
[32] 刘检华，孙连胜，张旭等. 三维数字化设计制造技术内涵及关键问题[J]. 计算机集成制造系统，2014，20（03）：494-504.
[33] 王隆太. 先进制造技术[M]. 北京：机械工业出版社，2019.
[34] 李书权. 电机学[M]. 北京：机械工业出版社，2015.
[35] 武锐. 直线电机伺服控制技术研究[D]. 新乡：河南师范大学，2012.
[36] 洪乃刚. 电机运动控制系统[M]. 北京：机械工业出版社，2015.
[37] 包西平，吉智，朱涛. 高性能永磁同步伺服系统研究现状及发展[J]. 微电机，2014，47（07）：84-88.
[38] 约瑟夫 · 迪林格. 机械制造工程基础[M]. 杨祖群，译. 长沙：湖南科学技术出版社，2007.
[39] 胡泓，姚伯威. 机电一体化原理及应用[M]. 北京：国防工业出版社，2002.
[40] 赵波，王宏元. 液压与气动技术[M]. 北京：机械工业出版社，2017.
[41] 王军政，赵江波，汪首坤. 电液伺服技术的发展与展望[J]. 液压与气动，2014（05）：1-12.
[42] 沈婵，路波，惠伟安. 气动技术的发展与创新[J]. 流体传动与控制，2011（04）：7-10.
[43] 宋玉生. 我国气动工具行业现状及发展趋势[J]. 凿岩机械气动工具，2020（01）：40-46.
[44] 赵惟，张文瀛. 智慧物流与感知技术[M]. 北京：电子工业出版社，2016.
[45] 高成. 传感器与检测技术[M]. 北京：机械工业出版社，2015.
[46] 吴建平，彭颖，覃章健. 传感器原理及应用[M]. 北京：机械工业出版社，2017.
[47] Tero Karvinen，Kimmo Karvinen，Ville Valtokari. 传感器实战全攻略[M]. 于欣龙，李泽，译. 北京：人民邮电出版社，2016.
[48] Jacob Fraden. 现代传感器手册：原理、设计及应用[M]. 宋萍，隋丽，潘志强，译. 北京：机械工业出版社，2019.
[49] 安森美. 智能无源传感器助力智能汽车发展[J]. 汽车工艺师，2016（11）：69-71.
[50] Michael J. McGrath，Cliodhna Ni Scanaill. 智能传感器：医疗、健康和环境的关键应用[M]. 胡宁，王君，王平，译. 北京：机械工业出版社，2017.
[51] Reza Ghodssi，Pinyen Lin. MEMS MATERIALS AND PROCESSES HANDBOOK[M]. 黄安庆，译. 南京：东南大学出版社，2014.
[52] 王淑华. MEMS 传感器现状及应用[J]. 微纳电子技术，2011，4808：516-522.
[53] 刘月，鲍容容，陶娟，等. 触觉传感器及其在智能系统中的应用研究进展[J]. Science Bulletin，2020，65（01）：70-88.
[54] 景博，张劼，孙勇. 智能网络传感器与无线传感器网络[M]. 北京：国防工业出版社，2011.
[55] 王小强，欧阳骏，黄宁淋. ZigBee 无线传感器网络设计与实现[M]. 北京：化学工业出版社，2012.
[56] Gerard Meijer，Michiel Pertijs，Kofi Makinwa. 智能传感器系统新型技术及其应用[M]. 靖向萌，明安杰，刘丰满，等译. 北京：机械工业出版社，2018.
[57] 樊尚春. 传感器技术及应用[M]. 北京：北京航空航天大学出版社，2010.
[58] 徐科军. 传感器与检测技术[M]. 北京：电子工业出版社，2016.
[59] 杨咸启，常宗瑜. 机电工程控制基础[M]. 北京：国防工业出版社，2005.
[60] 楚焱芳，张瑞华. 模糊控制理论综述[J]. 科技信息，2009，000（020）：161-162.
[61] 张煜东. 专家系统发展综述[J]. 计算机工

程与应用，2010，46（19）：43-47.

[62] 张国忠. 智能控制系统及应用[M]. 北京：中国电力出版社，2007.

[63] 田茂胜，唐小琦，孟国军等. 基于嵌入式PC的工业机器人开放式控制系统交互控制的实现[J]. 计算机应用，2010，30（11）：3087-3090.

[64] 李岚，梅丽凤. 电力拖动与控制[M]. 北京：机械工业出版社，2016.

[65] 高安邦，石磊，张晓辉. 西门子S7-200/300/400系列PLC自学手册[M]. 北京：中国电力出版社，2012.

[66] 马丁. 西门子PLC常用模块与工业系统设计实例精讲[M]. 北京：电子工业出版社，2009.

[67] 苏绍璟. 数字化测试技术[M]. 北京：国防工业出版社，2015.

[68] 冯冬芹，施一明，褚健. "基金会现场总线（FF）技术"讲座 第1讲 基金会现场总线（FF）的发展与特点[J]. 自动化仪表，2001（06）：54-56.

[69] 王俊杰，张伟，谢春燕. "LonWorks技术及其应用"讲座 第一讲 现场总线的发展与LonWorks技术[J]. 自动化仪表，1999（07）：3-5.

[70] 田敏，高安邦. LonWorks现场总线技术的新发展[J]. 哈尔滨理工大学学报，2010，15（01）：33-39.

[71] 高杰，高艳，蒋登科，史红军，等. 现场总线的现状和发展[J]. 煤矿机械，2006（06）：915-916.

[72] 范铠. 现场总线的发展趋势[J]. 自动化仪表，2000（02）：1-4.

[73] 周凯. PC数控原理、系统及应用[M]. 北京：机械工业出版社，2007.

[74] 刘陈，景兴红，董钢. 浅谈物联网的技术特点及其广泛应用[J]. 科学咨询，2011（9）：86.

[75] 愈建峰. 物联网工程开发与实践[M]. 北京：人民邮电出版社，2013.

[76] 韵力宇. 物联网及应用探讨[J]. 信息与电脑，2017（3）:3.

[77] 王爱英. 智能卡技术：IC卡、RFID标签与物联网[M]. 北京：清华大学出版社，2015.

[78] 李雨泽. 物联网发展现状及应用研究[J]. 数字通信世界，2020（03）：234-235.

[79] 李道亮，杨昊. 农业物联网技术研究进展与发展趋势分析[J]. 农业机械学报，2018，49（01）：1-20.

[80] 田宏武，郑文刚，李寒. 大田农业节水物联网技术应用现状与发展趋势[J]. 农业工程学报，2016，32（21）：1-12.

[81] 李瑾，郭美荣，高亮亮. 农业物联网技术应用及创新发展策略[J]. 农业工程学报，2015，31（S2）：200-209.

[82] 葛文杰，赵春江. 农业物联网研究与应用现状及发展对策研究[J]. 农业机械学报，2014，45（07）：222-230，277.

[83] 徐刚，陈立平，张瑞瑞，等. 基于精准灌溉的农业物联网应用研究[J]. 计算机研究与发展，2010，47（S2）：333-337.

[84] 物联网技术在我国农业生产中的应用[OL]. http：//www. qianjia. com/zhike/html/2020-09/15_28713. html.

[85] 魏晓光. 现代工业系统集成技术[M]. 北京：电子工业出版社，2016.

[86] 王喜富，陈肖然. 智慧社区-物联网时代的未来家园[M]. 北京：电子工业出版社，2016.

[87] 陈天超. 物联网技术基本架构综述[J]. 林区教学，2013（3）：64-65.

[88] 孟广军，谢富春，罗学科. UMAC运动控制器在全自动打胶机上的应用[J]. 机械研究与应用，2007（06）：66-69.

[89] 王强，罗学科，谢富春. 基于PMAC的开放式数控系统在全自动打胶机中的应用[J]. 机电工程技术，2006（02）：85-87，95，105.

[90] 刘瑛，谢富春. 打胶机多组分配比和出胶速度控制的数控实现[J]. 机床与液压，2008，36（12）：117，144-146.

[91] 高文生，崔建志，贺献宝. 平板玻璃磨边工艺探讨[C]//第十一届中国科协年会会议论文集，重庆，2009：1-6.
[92] Popov A V. Increasing the efficiency of diamond edging of flat glass[J]. Steklo i Keramika，2009(6)：16-17.
[93] Popov A V. Increasing the quality of diamond wheels for edge grinding flat glass[J]. Glass and Ceramics，2010，67(7/8)：252-254.
[94] 徐宏海，李晓阳. 立式玻璃磨边机砂轮架升降传动系统传动比优化设计[J]. 机械设计，2013，30(12)：37-41.
[95] 郑晓丽. 基于 MATLAB 的立式玻璃磨边机传送辊的优化设计[J]. 机械研究与应用，2012(05)：89-91.